개정판

R을 이용한 데이터마이닝

박창이 · 김용대 · 김진석 · 송종우 · 최호식 지음

KYOWOO

머리말(개정판)

이 책의 개정판에서는 초판의 많은 오타를 수정하였으며, 설명이 부족한 부분을 좀 더 친절하게 설명하려고 노력하였다. 그리고 초판에서 설명이 많이 부족하였던 모형의 평가부분을 따로 만들어서 4장에 첨가하였다. 아직도 최적화 알고리즘, 네트워크 분석 등 현재 데이터마이닝에서 관심이 고조되고 있는 여러 분야들을 개정판에서 기술하지 못한 점은 아쉬움으로 남는다. 이러한 내용은 다음 개정판에서 기대해본다.

2015년 1월 16일 저자일동

머리말(초판)

필자가 지난 몇 년간 학부에서 데이터마이닝을 강의하면서 느낀점은 학부생들에게 적합한 데이터마이닝 입문서가 부족하다는 것이다. 기존의 학부 데이터마이닝 교재의 대부분이 SAS Enterprise Miner 사용법 위주로서 데이터마이닝 기법을 통계적 관점에서 체계적으로 다루고 있지 않다는 문제점이 있다. 또한 대학원에서 데이터마이닝 교재로 사용되는 Hastie, Tibshirani, Friedman의 *The Elements of Statistical Learning*은 통계적 관점에서 데이터마이닝의 전반을 다루고 있지만 너무 광범위한 내용을 다루고 있어서 그 책의 내용을 이해하기가 쉽지 않다.

이 책을 쓰게 된 동기는 학부 또는 석사수준에서 데이터마이닝 기법들을 체계적으로 학습할 수 있도록 하기 위함이다. 데이터마이닝의 주요 기법들간의 연관성과 아이디어를 중심으로 되도록 간략하게 설명하고자 노력하였으며, 학부 데이터마이닝 교과목의 교재 또는 데이터마닝에 관심 있는 대학원생들을 위한 입문서로 활용할 수 있을 것으로 생각한다. 1부의 내용을 잘 이해하기 위해서는 학부의 회귀분석, 수리통계학, 다변량 통계분석 등에 대한 지식이 필요하고, 2부의 경우에는 (함수)해석학, 최적화 이론 등의 교과목을 선수강할 것을 권장한다. 학부 수준에서는 부록의 기초적인 R 사용법에 대하여 1-2주정도 간략히 소개한 후에 SAS Enterprise Miner의 사용법을 병행하여 1부의 각 장별로 수업을 진행하면 큰 무리가 없을 것이다. 학부수준에서 다루기 좀 어려운 절은 *표시를 하였다. 석사 수준에서는 부록을 포함한 책 전체를 강의에 활용할 수 있다. 부록의 R 패키지 생성, C언어와의 연동, 데이터베이스와의 연동 등의 내용은 실용적 측면뿐만 아니라 교육적으로도 유익할 것으로 판단된다. 또한 2부의 고급 기법들은 너무 번잡하지 않도록 주요한 고급 기법들만을 다루려고 노력하였다. 책의 예제에 대한 R 코드 및 관련 자료는 필자의 웹사이트

http://statlearn.uos.ac.kr/books.html

에서 다운로드 받을 수 있다.

마지막으로 이 책의 부족한 점들은 개정판에서 보완할 수 있기를 희망하며, 책이 나올 수 있게 도와주신 하느(나)님, 서울대 통계학과 박사과정 김광수, 교우사와 그 밖의 모든 분들께 감사드린다.

2011년 6월 30일 저자일동

차 례

제 I 편 데이터마이닝의 기본 방법론 **1**

제 1 장 데이터마이닝에 대한 소개 **3**

1.1 개요 3

1.2 데이터마이닝의 적용 사례 7

1.3 데이터마이닝의 솔루션들 9

1.4 이 책의 범위와 구성 10

제 2 장 회귀분석 **17**

2.1 단순선형회귀 17

2.2 다중선형회귀 21

2.2.1 최소제곱 추정의 원리* 23
2.3 다항회귀 24
2.4 범주형 입력변수 27
2.5 로지스틱 회귀분석 28
2.5.1 단순 로지스틱 회귀 28
2.5.2 다중 및 다항 로지스틱 회귀 30
2.5.3 로지스틱 모형의 계수 추정* 32
2.5.4 로지스틱 모형을 이용한 분류 33
2.5.5 불균형 자료의 분석* 34
2.6 R 예제 35
2.6.1 선형회귀 35
2.6.2 로지스틱회귀모형 38

제 3 장 의사결정론 **43**
3.1 회귀분석에 대한 의사결정론* 43
3.1.1 자료 구조와 손실함수 43
3.1.2 회귀함수의 추정 45
3.2 로지스틱 회귀에 대한 의사결정론* 46
3.3 분류에 대한 의사결정론* 47
3.4 판별분석 49
3.5 변수선택 52
3.5.1 변수선택이 필요한 이유 52
3.5.2 편의와 분산의 상충 예제 54
3.5.3 모형의 복잡도와 모형의 선택방법 55
3.5.4 최적의 모형선택기준 57
3.5.5 벌점화 방법과 변수선택* 61
3.6 R 예제 64
3.6.1 선형회귀의 변수선택 64

3.6.2 로지스틱회귀의 변수선택 71
3.6.3 능형회귀와 LASSO회귀 77

제 4 장 모형 평가 **85**
4.1 사후확률과 절단값 86
4.2 오분류에 대한 다양한 추정치 89
4.3 ROC 곡선 91
4.4 이익도표 93
4.5 R 예제 96

제 5 장 의사결정나무 **105**
5.1 개요 105
5.2 의사결정나무의 형성 107
5.2.1 회귀나무 107
5.2.2 분류나무 109
5.3 불순도의 여러 가지 측도 109
5.4 여러 가지 의사결정나무 알고리즘 113
5.5 의사결정나무의 특징 114
5.6 R 예제 115

제 6 장 신경망 **125**
6.1 개요 125
6.2 다층신경망 126
6.2.1 다층신경망의 구조 127
6.2.2 다층신경망의 적합 128
6.3 신경망 모형 구축시 고려사항 130
6.3.1 입력변수 130
6.3.2 초기치와 다중 최소값 문제 131

6.3.3 학습모드와 학습률 131

6.3.4 은닉층과 은닉노드의 수 132

6.3.5 과대적합 문제 132

6.4 R 예제 134

제 7 장 기타 지도학습기법 141

7.1 일반화 가법모형* 142

7.2 사영추적회귀* 144

7.3 MARS* 145

7.4 단순 베이즈 분류 147

7.5 k-근방 분류 148

7.6 R 예제 150

7.6.1 가법 로지스틱회귀 150

7.6.2 사영추적회귀 154

7.6.3 MARS 157

7.6.4 단순 베이즈 분류 161

7.6.5 k-근방 분류 162

제 8 장 차원축소기법 165

8.1 주성분분석 165

8.1.1 주성분분석 모형 166

8.1.2 주성분변수의 수리적 유도과정 167

8.1.3 다변량 정규분포 가정하의 주성분분석에 대한 해석 170

8.1.4 정리 및 예제 171

8.1.5 경험위험 관점에서의 표본주성분분석의 이해* 173

8.1.6 표본주성분분석 예제 및 행렬도 178

8.2 인자분석 180

8.2.1 인자분석과 주성분분석의 차이점 184

8.2.2 추정법 185
8.2.3 인자회전과 인자점수 193
8.3 독립성분분석* 194
8.4 다차원 척도법 202
8.4.1 다차원 척도법의 종류 203
8.4.2 다차원 척도화의 평가 205
8.5 R 예제 206
8.5.1 주성분분석 206
8.5.2 인자분석 208
8.5.3 독립성분분석 215
8.5.4 다차원척도법 218

제 9 장 연관규칙분석 227

9.1 개요 227
9.2 연관규칙 228
9.3 연관규칙분석의 측도 229
9.4 연관규칙분석 절차 232
9.4.1 빈발품목집합의 생성 233
9.4.2 연관규칙의 생성 233
9.5 연관규칙분석의 고려사항 235
9.6 R 예제 236
9.6.1 자료의 변환 236
9.6.2 Adult 자료 241
9.6.3 Titanic 생존 자료 245

제 10 장 군집분석 251

10.1 개요 251
10.2 거리 253

10.3 k-평균 군집법 254
10.3.1 k-평균 군집법의 변형 255
10.4 계층적 군집분석 256
10.4.1 병합방법 257
10.5 가우스 혼합모형 261
10.6 기대화-최대화 알고리즘에 의한 추정* 262
10.7 군집분석의 고려사항 265
10.7.1 군집수의 결정 265
10.7.2 자료 표준화 265
10.8 R 예제 266
10.8.1 거리 266
10.8.2 계층적 군집분석 268
10.8.3 비계층적 군집분석 269
10.8.4 가우스 혼합모형 271

제 II 편 데이터마이닝의 고급 방법론 **277**

제 11 장 커널 방법론* **279**
11.1 벌점화 방법 280
11.2 재생 커널 힐버트 공간 283
11.2.1 양정치 커널 283
11.2.2 재생 커널 힐버트 공간 284
11.2.3 커널과 재생 커널 힐버트 공간 287
11.2.4 여러 가지 커널 288
11.2.5 대표자 정리 289
11.3 여러 가지 커널 기계 291
11.3.1 벌점화 최소제곱법 291

11.3.2 커널 판별분석 292
11.3.3 커널 로지스틱 회귀 294
11.3.4 커널 주성분분석 295

제 12 장 축소 추정법* 299

12.1 회귀문제에 대한 통합 벌점화 300
12.1.1 λ의 선택 301
12.1.2 벌점함수의 완화 302
12.2 여러 가지 축소추정량 307
12.2.1 SCAD와 MCP의 일변량 해의 자취 309
12.3 구조화된 벌점함수 310
12.4 벌점함수들간의 관계 313
12.5 최적화 알고리즘 313
12.6 R 예제 315

제 13 장 앙상블* 323

13.1 배깅 323
13.1.1 학습방법의 불안정성 323
13.1.2 배깅 알고리즘 325
13.1.3 이론적 배경 327
13.2 부스팅 328
13.2.1 가파른 강하 알고리즘으로서의 AdaBoost 331
13.2.2 기울기 강하 알고리즘으로서의 부스팅 332
13.2.3 함수 ANOVA 분해 337
13.3 랜덤 포레스트 338
13.3.1 이론적 배경 339
13.3.2 부분 의존성 도표 342
13.4 R 예제 345

13.4.1 배깅 345
13.4.2 부스팅 347
13.4.3 랜덤 포레스트 349

제 14 장 서포트 벡터 기계* 355

14.1 서포트 벡터 기계에 의한 분류 356
14.1.1 선형 분류 356
14.1.2 비선형 분류 358
14.1.3 벌점화 기법으로서의 서포트 벡터 기계 360
14.2 서포트 벡터 기계에 의한 회귀 361
14.3 R 예제 364
14.3.1 서포트 벡터 분류 364
14.3.2 서포트 벡터 회귀 371

제 III 편 부록 377

부록 A R의 기초적인 사용법 379

A.1 R의 기초 379
A.2 자료 처리 382
A.2.1 파일을 이용한 자료 입력 383
A.2.2 파일을 이용한 자료 출력 385
A.2.3 자료의 생성 386
A.2.4 객체 다루기 388
A.3 그래픽 기법 400
A.4 R 프로그래밍 401
A.4.1 루프와 벡터화 401
A.4.2 R 프로그램 작성 404
A.4.3 함수의 작성 404

부록 B R과 데이터베이스와의 연동 **407**

부록 C R에서 C언어 함수 불러오기 **409**

부록 D R 패키지 생성법 **413**

D.1 필요한 도구의 설치 413

D.2 패키지 작성 절차 414

D.2.1 패키지 구조 414

D.2.2 DESCRIPTION파일의 작성 415

D.2.3 R 함수의 도움말 파일 작성 416

D.3 패키지 체크, 컴파일 및 인스톨 417

참고 문헌 **421**

그림 차례

2.1 에어컨 예약대수와 판매대수의 산점도와 잔차도 20
2.2 최소제곱법의 기하적 해석 24
2.3 다항회귀 예제에 대한 산점도 25
2.4 다항회귀 예제 자료에 대한 2차 다항회귀 결과 26

3.1 훈련오차, 예측오차, 모형의 복잡도의 관계 53
3.2 능형회귀와 LASSO 회귀의 비교 63
3.3 Sonar 자료의 금속과 암석 신호의 상관행렬 72
3.4 전립선암 예제에 대한 모든 가능한 회귀의 결과 79
3.5 전립선암 예제에 대한 능형 및 LASSO 회귀계수의 프로파일 . . . 80

4.1 절단값에 따른 ROC 곡선 92
4.2 ROC 곡선의 예측력 비교 92
4.3 ROC 곡선의 예측력 비교 93
4.4 이익도표 95

4.5 선형회귀모형과 로지스틱모형에서의 ROC 곡선 99
4.6 선형회귀모형과 로지스틱모형에서의 이익도표 102

5.1 신용자료에 대한 의사결정나무 106
5.2 붓꽃 자료에 대한 산점도 행렬 116
5.3 붓꽃 자료에 대한 가지치기 이전의 나무모형 118
5.4 붓꽃 자료에 대하여 가지치기를 적용한 나무모형과 분할영역 . . . 119
5.5 붓꽃 자료에 대하여 오분류율을 이용한 나무모형의 가지치기 . . . 120
5.6 붓꽃 자료에 대하여 party 패키지를 이용한 나무모형 122

6.1 다층신경망 모형의 구조 126
6.2 시그모이드 함수 128
6.3 혼합 자료에 대한 가중치 감소의 효과 133
6.4 붓꽃 자료에서 은닉 노드수와 시험자료 오분류율 비교 136

7.1 오토바이 사고 모의실험 자료에 대한 여러 가지 산점도 평활 . . . 143
7.2 혼합 자료에 대한 k-근방 분류 149
7.3 남아프리카 심장병 자료에 대하여 가법 로지스틱 회귀에서 후진 소거법에 의해 선택된 추정 함수 155
7.4 rock 자료에 대하여 2개의 항을 갖는 사영추적회귀에 의해 추정된 능형함수 158
7.5 블랙 체리 나무 자료에 대한 산점도 159
7.6 블랙 체리 나무 자료에 대한 MARS 추정 결과 160

8.1 2차원상의 모의실험 자료에 대한 제 1, 2 주성분변수 167
8.2 2차원상의 모의실험 자료에 대한 제 1주성분 177
8.3 우편번호 영상 자료에서 임의로 선택된 숫자 3의 49개의 영상 . . . 179
8.4 x_1과 제 1주성분 z_1의 히스토그램 197
8.5 다차원척도법 예제에 대한 1차원, 2차원의 가시적 공간상의 배치 . 203

8.6 USArrests 자료에 대한 산점도 행렬과 주성분분석의 제 1-2주성분 에 의한 행렬도 206
8.7 Harman자료에서 제 1-2인자적재계수의 산점도 214
8.8 서로 독립인 두 신호 자료에 대한 독립성분분석 215
8.9 일양분포를 따르는 두 신호 자료에 대한 독립성분분석 216
8.10 eurodist 자료에 대한 고전적 척도화 결과 219
8.11 Swiss 자료에 대한 여러 가지 척도화 결과 220
8.12 voting 자료에 대한 Shepard-Kruskal 척도화 결과 221

9.1 Titanic 생존 자료에 대한 연관규칙의 여러 가지 시각화 248

10.1 k-평균 군집법 알고리즘에 대한 예시 255
10.2 최단연결법과 최장연결법의 덴드로그램 261
10.3 정규난수 자료에 대한 계층적 군집분석 결과 269
10.4 모의실험 자료에 대한 k-평균 군집 예시 272

12.1 l_0-노음과 여러 벌점함수들 303
12.2 작용소와 $\boldsymbol{X}^T\boldsymbol{X} = n\boldsymbol{I}$일 때 LASSO 해의 자취 305
12.3 LASSO, SCAD 그리고 MCP 벌점함수 308
12.4 여러 가지 벌점과 group LASSO 벌점의 비교 312
12.5 여러 가지 벌점함수들간의 관계 314
12.6 diabetes 자료에 대한 LASSO 해의 자취 318
12.7 diabetes 자료에 대한 LASSO, elastic net, SCAD와 MCP의 해의 자취 320

13.1 의사결정나무의 불안정성에 대한 예시 324
13.2 부스팅을 이용해 추정한 성분들 336
13.3 주요 변수들의 부분 의존성 도표 343
13.4 2인자 교호작용의 부분 의존성 도표 344

13.5 Biomarker 훈련자료에서 랜덤 포레스트의 투표 결과 351
13.6 Biomarker 자료에 대한 부분 의존성 도표 352

14.1 선형 서포트 벡터 기계 356
14.2 붓꽃자료에 대한 서포트 벡터 기계의 분류도표 366
14.3 스팸 자료에서 격자 탐색에 의한 모수 선택 372
14.4 모의실험 자료에 대한 서포트 벡터 회귀 374

표 차례

2.1 겨울철 난방비에 미치는 효과 36
2.2 전립선암 양성 판별 변수 설명 38

3.1 입력변수의 갯수에 따른 모위험 54
3.2 함수 step에 대한 설명 67
3.3 함수 paste, as.formula에 관한 설명 75

4.1 오분류표 90
4.2 이익도 테이블 95
4.3 predict와 performance 함수 97

5.1 함수 tree, snip.tree에 대한 설명 120

6.1 함수 nnet에 대한 설명 134

7.1 함수 gam, step.gam에 대한 설명 150
7.2 함수 attach, detach에 대한 설명 156

7.3 함수 pairs, mars에 대한 설명 158

8.1 예제 8.4에 대한 주축인자추정법을 통한 해 188

9.1 함수 str, apriori, subset에 대한 설명 241

10.1 함수 dist에 대한 설명 267
10.2 함수 hclust에 대한 설명 268

12.1 노음에 따른 해의 세 가지 성질 306
12.2 함수 lars, predict.lars에 대한 설명 319

13.1 Breiman (1996b) 논문의 예시 중 일부 326
13.2 부스팅의 예측오차 330
13.3 Biomarker 자료에 대한 랜덤 포레스트의 예측오차 350

제 I 편

데이터마이닝의 기본 방법론

1 데이터마이닝에 대한 소개

1.1 개요

과거에는 자료로부터 유용한 정보를 얻기 위해 수작업으로 분석하였지만 근래에는 자료의 양이 커지고 복잡해짐으로써 자동화된 분석이 필요하게 되었다. 최근 데이터베이스, 압축, 통신 등 정보산업의 발전으로 이러한 대용량 자료(large data set)에 대한 수집, 저장, 분석이 가능하게 되었다. 또한 1950년대에 신경망(neural networks), 군집분석(cluster analysis), 유전자 알고리즘(genetic algorithm), 1960년대에 의사결정나무(decision trees), 1990년대에는 서포트벡터기계(support vector machines) 등의 방법론들이 개발됨으로써 대용량 자료를 분석하는 것이 어느정도 가능하게 된 것이다. 데이터마이닝은 이러한 기법들을 적용하여 자료에 숨겨진 패턴을 찾는 과정으로 볼 수 있으며 학계, 산업, 정부 등 여러 부문에서 널리 활용되고 있다.

데이터마이닝은 현재도 활발히 연구되고 있는 분야이므로 이를 명확히 정의하는 것은 쉽지 않은 일이나, 대용량의 자료로부터 정보의 요약과 미래에 대한 예측을 그 목표로 하며 자료에 존재하는 관계, 패턴, 규칙 등을 탐색하고 이를 통계적으로 모형화함으로써 이전에는 알려지지 않은 유용한 지식을 추출하는 일련의 과정으로 정의할 수 있다(Hand 외, 2001). 통계적 관점에서 데이터마이닝은 대용량 자료에 대한 자동화 또는 반자동화된 탐색적 자료 분석으로 볼 수 있으며 데이터베이스, 기계학습, 자료의 시각화 등 여러분야에 걸쳐 공통적으로 연구되는 분야이다(Berry와 Linoff, 1997).

데이터마이닝이 실생활과 어떻게 관련되는지에 대한 이해를 돕기 위해 다음의 몇가지 활용분야를 살펴보도록 한다.

- 데이터베이스 마케팅(database marketing)
  데이터베이스 마케팅은 고객 자료를 분석하여 획득한 정보를 마케팅 전략 구축에 활용하는 것으로서 유통, 금융, 보건, 보험, 통신 등 다양한 부문에서 사용되며 데이터마이닝의 가장 성공적인 적용분야의 하나이다. 목표마케팅(target marketing), 고객세분화(segmentation), 고객성향변동분석(churn analysis), 장바구니분석(market basket analysis) 등에서 흔히 사용된다. 최근에는 아마존 같은 인터넷 쇼핑회사에서 고객들에게 새로운 제품을 추천하는 추천시스템 (recommendation system)의 구축에 데이터마이닝 기법이 중요하게 사용되어지고 있다.

- 신용평가(credit scoring)
  신용평가란 특정인의 신용상태를 점수화하는 과정으로서 신용거래에서 대출여부와 대출한도를 결정하는 것이 주요 목표이다. 불량채권과 대손을 추정하여 이를 최소화함으로써 신용리스크를 관리하기 위한 것이다. 금융기관에서 신용카드, 보험, 대출 등의 업무에 주로 적용한다.

- 생물정보학(bioinformatics)
  최근 마이크로어레이(microarray) 기술은 세포의 수많은 유전자 발현값(gene expression)을 동시에 측정할 수 있게 함으로써 의료, 보건, 제약 등 바이오산업에 널리 활용되고 있다. 생물정보학은 이러한 인간 유전체 규명계획(human genome project)로부터 얻은 방대한 양의 유전자 정보로부터 가치 있는 정보를 추출하는 것으로서 질병의 진단과 치료법 또는 신약의 개발 등에 활용된다.

- 텍스트마이닝(text mining)
  텍스트마이닝은 전자우편이나 신문기사 등의 디지털화된 자료로부터 유용한 정보를 획득하는 과정을 말하며 입력 텍스트의 구조화, 구조화된 자료에서 패턴 검색, 결과에 대한 해석과 평가로 이루어진다. 텍스트 분류, 텍스트 군집화, 개념/개체 추출(concept/entity extraction), 세분화된 분류(granular taxanomy), 감성분석(sentiment analysis), 문서 요약, 개체 관계 모형화 등에 적용된다. 또한 인터넷 검색 엔진에서 관련 문서의 순위를 정하는 기술에 데이터마이닝 기법이 사용된다.

- 사기방지(fraud detection)
  최근 신용대출 신청시 부정확한 정보 제공, 사기성 거래, 주민등록 번호 등을 이용한 신원절도(identity theft), 보험 사기 등 여러 가지 유형의 사기 행위가 보험, 신용카드 등 여러 산업분야에서 큰 문제로서 대두되고 있다. 사기방지는 사전에 사기행위를 탐지함으로써 회사와 고객이 사기행위에 노출될 위험을 줄이는 것을 목표로 하며, 예측 모형을 이용하여 자료로부터 사기행위 패턴을 분석하고 발견된 패턴을 데이터베이스 시스템상에 규칙으로 저장하는 방법 등을 이용한다.

기존의 통계학 분야와 구별되는 데이터마이닝의 특징은 무엇인지 알아보자. 첫째, 실험계획(experimental design)이나 샘플링(sampling)에서는 사전의 계획에 따라 자료가 수집되지만, 데이터마이닝에서는 대용량의 관측 가능한 자료를 다루며 일반적으로 자료가 비계획적으로 수집되는 관측자료(uncontrolled or observational data)인 경우가 많다. 따라서 변수사이의 관계를 왜곡하는 교락효과가 존재할 수 있다. 두번째 특징은 분석하는 자료가 모집단인 경우가 많이 있으며, 이 경우 통계학에서 주요 관심사인 추정량의 불확실성 (예: p-value) 등은 데이터마이닝의 주 관심사가 아니며, 자료에 대한 탐색적인 분석이 중요하게 된다. 따라서, 기존의 통계학 분야들에 비해 컴퓨터 중심의 기법과 경험적 방법론들이 매우 중시된다. 셋째, 데이터마이닝은 미래에 대한 예측을 중시한다. 즉, 데이터마이닝은 현재의 자료를 잘 설명하는 모형보다는 미래의 자료를 잘 설명할 수 있는 (일반화 또는 예측이 잘되는) 모형을 추구한다.

데이터마이닝은 통계학뿐만 아니라 경영학, 정보과학, 공학 등 여러 학문 및 산업분야에서 활발하게 연구 및 활용되고 있으며 다음과 같은 분야들과 관련이 있다.

- 데이터베이스에서의 지식 탐색(knowledge discovery in database)
  데이터마이닝의 결과를 이용하여 유용하며 이해할 수 있는 정보로 변환하는 것으로서 자료의 사전처리(pre-processing), 데이터마이닝, 결과의 검증 및 해석의 세 단계로 이루어진다. 사전처리 단계는 노이즈나 결측치를 제거하거나 자료를 변환하여 분석에 사용될 수 있도록 자료를 정리하는 것으로서 통계학에서 분석전에 자료를 정리하는 단계와 유사하다. 데이터마이닝 단계에서는 분류, 군집, 회귀, 연관규칙 등 데이터마이닝 기법들을 적용하여 자료를 분석한다. 결과의 검증 및 해석 단계에서는 데이터마이닝 단계에서 찾은 패턴이 모집단의 다른 부분으로 일반화가 잘 되는지 여러 가지 방법의 예측력을 비교하고 그 결과에 대한 해석을 한다.

- 기계학습(machine learning)
  인공지능(artificial intelligence)의 한 분야로서 컴퓨터로 하여금 센서나 데이터베이스로부터의 자료를 이용하여 판단하도록 하는 알고리즘을 개발하는 학문 분야이다. 특히 자료에 기반하여 복잡한 패턴을 인식하고 의사결정을 내릴 수 있게 자동적으로 학습하는데에 중점을 둔다. 따라서 통계학, 확률론, 데이터마이닝, 패턴인식, 인공지능 등의 분야와 밀접한 관련이 있다. 주요 응용분야는 컴퓨터비전(computer vision), 웹검색엔진, 음성 및 문자인식, 게임, 로봇운동(robot locomotion) 등이다.

- 패턴인식(pattern recognition)
  패턴인식은 원자료를 이용하여 사전지식이나 패턴에서 추출된 통계적 정보에 기반하여 자료 또는 패턴을 분류하는 것을 목적으로 한다. 분류될 패턴은 흔히 다차원 공간에서 점으로 정의되는 측정치 또는 관측치의 그룹이다. 패턴인식 시스템은 분류될 관측치를 수집하는 센서, 관측값에서 수치 또는 문자 정보를 계산하는 특성 추출 메카니즘(feature extraction mechanism), 추출된 특성치를 이용하는 분류 및 설명 체계(classification or description scheme)로 구성된다.

- 통계학(statistics)
  통계학은 관심의 대상이 되는 모집단의 특성을 파악하기 위하여 모집단의 일부인 표본을 추출하여 자료를 수집, 정리, 분석, 해석하는 일련의 과정이다. 통계학에서는 흔히 기계학습을 통계적학습(statistical learning)이라고 부르며, 데이터마이닝의 대부분의 기법들은 통계학적 관점에서 비선형 함수추정 문제로 볼 수 있다. 예를 들면 데이터마이닝의 신경망 모형은 통계학에서는 자료의 선형 결합에 대하여 비선형 함수를 취하여 예측하는 사영추적회귀(projection pursuit regression)의 일종이다.

1.2 데이터마이닝의 적용 사례

이 절에서는 데이터마이닝이 유통, 금융, 의료, 제조, 통신 등 다양한 업계에서 실제로 적용되어 효과를 거둔 성공 사례들을 살펴보도록 한다.

- 유통
  미국의 한 할인점에서는 매장내의 상품진열과 고객들의 구매패턴의 연관성을 발견하기 위하여 연관규칙분석(association rule analysis) 알고리즘을 적용하였다. 그 결과 기저귀와 맥주가 강한 연관성을 보였고 매장에서 기저귀와 맥주를 가까이 배치함으로써 매출이 증가하였다. 이는 데이터마이닝을 적용한 최초의 성공 사례로서 여러 데이터마이닝 교재에 공통적으로 등장하는 고전적인 예이다.

- 금융

국내 어느 신용카드회사는 사기행위를 적발하고 이를 예방하기 위해 정상적인 거래(transaction)와 사기행위 거래 자료를 의사결정나무(decision trees)와 신경망(neural networks) 등을 이용하여 분석하여 사기방지 시스템을 구축하였다. 사기방지 시스템에서는 승인을 요청하는 거래의 패턴이 카드 소지자의 기존 패턴과 다른 경우 부정사용으로 의심하여 거래에 대한 승인을 보류하고 콜센터에서 카드소지자에게 전화로 거래여부를 확인하도록 하였다. 이를 통해 고객의 자산 보호 및 회사의 손해액을 감소시킬 수 있었다.

- 의료

미국의 한 대학병원에서는 종양 진단의 정확성을 높이기 위해 종양의 악성(malignant) 또는 양성(benign) 여부에 대하여 판별 및 분류분석(discriminant and classification analysis)을 시행하였다. 과거의 환자들에 대한 종양 검사의 결과(종양의 크기, 모양, 색깔 등)를 근거로 종양의 악성 또는 양성 여부를 예측하는 분류모형을 만든 후, 새로운 환자에게서 얻은 측정값을 입력변수값으로 사용하여 악성 또는 양성 여부를 판별하였다. 이렇게 얻은 결과를 진단시 참고자료로 활용하여 진단의 정확도가 더욱 향상되었다. 최근에는 유전자 칩을 이용한 암진단 분야에 대한 관심이 크게 고조되고 있다.

- 제조

국내 모 반도체회사에서는 정상인 반도체를 그 특성에 기반하여 몇 개의 군집으로 나눈 후, 새로운 제품이 정상제품들의 군집 범위의 밖에 있는 경우 불량으로 규정하도록 하였다. 연관규칙분석과 군집분석 알고리즘을 사용하여 불량품 검출 시스템을 구축하였다. 이 시스템의 도입으로 반도체 제품의 불량율이 감소하여 회사의 이익이 증가하였다.

- 통신

미국의 한 장거리 전화회사에서는 매년 23%의 고객이 이탈하는데 새로운 고객 한명을 유치하는데 필요한 비용이 $350이었다. 고객성향변동관리(churn management)와 군집분석을 이용한 결과 현재 고객의 40%가 이탈가능성이 높은 것으로 나타났다. 또한 이익분석(profit analysis)을 통하여 이탈가능성이 높은 고객들 중 회사의 이탈방지 노력이 효과적일 것으로 예상되는 고객을 선별하였다. 선별된 고객에 대한 무료 통화서비스 등의 목표마케팅(target marketing)으로 이탈고객이 19.7%로 감소하였고 이를 통해 기업의 이익이 증가하였다.

- 정보산업
  미국의 아마존에서는 개별 고객의 과거 구매제품과 관련있는 상품을 발굴하고 이를 고객에게 개별적으로 소개함으로써 매출이 크게 신장하고 있다. 또한 Netflix라는 인터넷 DVD 대여 회사는 개별 고객의 취향을 고려한 영화를 추천하는 시스템을 운영하고 있다. 구글과 네이버로 대표되는 인터넷 검색 사이트 운영 회사는 각 질의(query)에 대응되는 관련성이 높은 문서의 탐색을 위하여 데이터마이닝 기법을 사용하고 있다.

그 밖의 데이터마이닝 적용 사례는 허명회와 이용구 (2003), 배화수 외 (2005), 강현철 외 (2006), 김연형 외 (2007) 등을 참고하기 바란다.

1.3 데이터마이닝의 솔루션들

대표적인 유료 데이터마이닝의 툴로서 SAS의 Enterprise Miner, SPSS의 Clementine, IBM의 Intelligent Miner, Oracle의 Darwin, Salford의 CART & MARS 등이 있다. SAS는 대용량 자료처리가 용이한 장점이 있어서 대용량 자료를 많이 다루는 컨설팅, 정부기관, 금융 등의 업계에서 많이 사용된다. Enterprise Miner의 사용법 및 예제 분석은 배화수 외 (2005) 또는 강현철 외 (2006)에 쉽게 잘 설명되어 있으니 참고하기 바란다.

이에 비해 공개 소프트웨어인 R은 학계에서 많이 사용되는 연구용 툴이다. 다른 상용 소프트웨어들은 90년대 중반에 많이 연구된 신경망과 같이 검증된 방법론만을 구현하는 반면, R에서는 서포트 벡터 기계 등 최근에 소개된 분석방법들을 R 패키지(또는 라이브러리) 형태로 제공하고 있다.

R은 기존의 통계소프트웨어인 S를 바탕으로 만들어졌다. R에는 다양한 통계기법들과 그래픽 도구들이 제공된다. 특히 R의 그래픽 도구들은 고화질의 그래프를 제공한다. 또한 R은 누구나 쉽게 통계기법을 패키지 형태로 만들 수 있도록 되어 있어서 최근 개발되는 데이터마이닝의 많은 기법들이 R에서 사용이 가능하다는 장점이 있다. 또한 C나 fortran 등의 저수준(low level) 프로그램 언어와 쉽게 호환할 수 있어서 데이터마이닝 프로젝트 수행시 독창적인 통계기법의 사용이 가능하다.

1.4 이 책의 범위와 구성

이 절에서는 본 교재에서 다루는 데이터마이닝 기법들의 범위와 구성에 대하여 살펴본다. 제 I편에서는 학부 수준에서 데이터마이닝의 기본 방법론을 다루며, 제 II편에서는 석사 수준에서 데이터마이닝의 주요 고급 방법론을 소개하며, 부록에서는 R의 기초적인 사용법 외에 실제 대용량 자료처리에 유용한 데이터베이스와 C언어와의 연동, R 패키지 생성법을 소개한다.

데이터마이닝의 중심이 되는 학습(learning)은 크게 지도학습(supervised learning)과 자율학습(unsupervised learning)으로 나눌수 있다. 자료가 입력변수(input variable)와 출력변수(output variable)로 주어지면 출력변수와 입력변수의 함수적 의존관계를 자료로부터 추정함으로써 예측모형을 얻을 수 있다. 이러한 학습을 지도학습(supervised learning)이라고 하며, 관심의 대상이 되는 출력변수의 타입에 따라 연속형(continuous)인 경우 회귀(regression), 범주형인 경우 분류(classification)로 세분화할 수 있다. 반면 비지도학습(unsupervised learning)은 출력변수가 없이 입력변수만 주어진 경우에 입력변수들간의 상호관계나 입력자료값들간의 관계에 대하여 탐색적으로 분석하는 것을 말한다.

제 I편 데이터마이닝의 기본 방법론

제 I편에서는 기초적인 지도 및 자율학습 방법을 학습하며, 각 장의 학습내용을 간략히 살펴보면 다음과 같다.

- 2장 회귀분석(regression analysis)
  입력과 출력변수들간의 관계가 선형이라는 가정에 기반한 선형회귀모형과 변수선택을 다룬다. 또한 출력변수가 범주형인 경우의 회귀분석 기법인 로지스틱 회귀를 학습한다. 로지스틱 회귀는 입력변수값이 주어졌을 때 출력변수값에 대한 조건부 확률을 소위 로짓 연결함수(logit link function)를 통해 입력변수의 선형함수로 설명하고자 하는 방법이다.

- 3장 의사결정론(decision theory)
  의사결정론의 기본 아이디어를 소개하고 선형회귀와 로지스틱회귀의 추정에 대한 의사결정론적 해석을 설명한다. 또한 일반적인 분류문제에서의 의사결정론과 이를 기반으로 개발된 판별분석을 소개하며, 마지막으로 변수선택을 의사결정론 관점에서 다룬다. 따라서 3장은 지도학습 기법들에 대한 모형평가 및 선택에 대한 이론적인 기반을 제공한다.

- 4장 모형평가(model assessment)
  주어진 모형들의 예측성능을 평가하는 방법에 대해서 배운다. 특히, 모형구축에 사용된 자료가 모집단의 분포와 다른 경우에 모형을 평가하는 방법에 대해서 설명한다. 민감도, 특이도를 포함하여 ROC(receiver operator characteristic) 곡선과 향상도표(lift chart)를 소개한다.

- 5장 의사결정나무(decision trees)
  의사결정나무는 지도학습 기법으로서 각 입력변수의 영역을 반복적으로 분할하여 전체 입력변수의 영역에서의 규칙을 생성한다. 의사결정나무의 예측력은 상대적으로 다른 지도학습 기법에 비해 대체로 떨어지지만 해석이 쉬운 장점을 지닌다. 5장에서는 의사결정나무의 형성과정, 불순도의 측도, 그리고 회귀 및 분류 의사결정나무 알고리즘 등을 주요 내용으로 다룬다.

- 6장 신경망(neural networks)
  신경망은 인간의 두뇌구조의 작동원리를 모방한 지도학습 기법으로서 여러 개의 뉴런(neuron)들을 상호 연결하여 입력값에 대한 최적의 출력값을 예측하고자 한다. 통계적 관점에서는 입력변수의 선형결합에 대하여 비선형 함수를 적용하는 사영추적회귀의 일종으로 볼 수 있다. 신경망은 예측력은 좋지만 해석이 어렵다는 단점이 있다.

- 7장 기타 지도학습기법
  7장에서는 앞의 장들에서 소개되지 않은 일반화 가법모형(generalized additive models), 사영추적회귀, MARS(multivariate adaptive regression splines), 텍스트마이닝 문제에서 많이 사용되는 단순 베이즈 분류(naive Bayes classifier), k-근방 분류를 다룬다.

- 8장 차원축소기법
  차원축소(dimension reduction)는 분석대상이 되는 변수의 수를 줄이는 일련의 탐색적 자료분석의 과정을 말하며 자율학습에 해당된다. 차원축소는 고차원 자료(high dimensional data)의 분석에 특히 유용한 것으로 알려져 있다. 8장의 주요 내용은 주성분분석(principal component analysis), 인자분석(factor analysis), 독립성분분석(independent component analysis), 다차원 척도법(multidimensional scaling)이다.

- 9장 연관규칙분석(association rule analysis)
  연관규칙분석은 자료에 존재하는 항목(item)들간의 if - then 형식의 연관규칙을 찾아주는 방법으로서 비지도학습의 일종이다. 일반적으로 기업의 데이터베이스에서 상품의 구매, 서비스 등 거래 또는 사건들간의 연관성에 대한 규칙을 찾기 위해 사용된다. 연관규칙분석은 기업의 마케팅이나 텍스트마이닝에서 웹페이지간의 링크 분석 등 여러 가지 분야에 적용된다.

- 10장 군집분석(cluster analysis)
  군집분석은 대표적인 자율학습방법으로서 모집단에 대한 사전정보가 없는 경우에 관측값(또는 변수)들을 여러개의 군집으로 나누는 방법이다. 이렇게 얻어진 군집을 통하여 각 군집별 특성을 파악함으로써 전체 자료 구조에 대한 이해를 돕는다. 주요 학습내용은 확률모형이 없는 방법인 k-평균군집법(k-means clustering)과 계층적 군집법(hierarchical clustering) 그리고 확률모형에 기반한 가우스 혼합모형(Gaussian mixture model) 이다.

학부 수준을 벗어나는 내용은 학습자의 수준에 따라 생략할 수 있도록 제목 뒤에 *표시를 했다.

제 II편 데이터마이닝의 고급 방법론

제 II편에서는 데이터마이닝의 주요 고급 방법론과 기법들을 소개한다. 각 장의 내용은 다음과 같다.

- 11장 커널 방법론(kernel methods)
  학습문제에서는 최종모형의 해석상의 편리성 또는 과대적합 문제를 피하기 위해 선형모형을 고려하는 경우가 많다. 그러나 특별한 경우를 제외하고는 회귀함수(regression function)나 베이즈 분류함수(Bayes classification function)가 선형이라는 가정은 그리 현실적이지 않다. 11장에서는 최근 활발히 연구되는 비선형 모형화 기법인 커널 방법론을 학습한다.

- 12장 축소 추정법(shrinkage estimation)
  2장에서 다룬 최적부분집합 선택법(best subset selection)은 추출된 표본에 따라 결과가 크게 달라지는 불안정한 성질을 지니고 있는데, 12장에서는 계수추정 및 변수선택을 동시에 수행함으로써 보다 안정적인 결과를 제공하는 벌점화에 기반한 축소추정법을 소개한다. 또한 축소추정에 사용되는 여러 가지 벌점함수(penalty function)의 성질에 대하여 학습한다.

- 13장 앙상블(ensemble)
  앙상블은 주어진 자료를 이용하여 여러 가지 예측모형을 만든 후에 이들을 결합하여 하나의 최종 예측모형을 만드는 방법을 말하며, 상황에 따라 예측력을 향상시킬수 있음이 경험적으로 입증되었다. 대표적인 앙상블 기법인 배깅(bagging), 부스팅(boosting), 랜덤 포레스트(random forrest)를 소개한다.

- 14장 서포트 벡터 기계(support vector machines)
  서포트 벡터 기계는 예측이 정확하고 모형이 유연(flexible)하여 다양한 자료에 적용이 가능한 장점이 있어 최근 여러 가지 예측(특히 분류)문제에 적용되고 있다. 14장에서는 서포트 벡터 기계에 의한 분류와 회귀를 다룬다.

다루지 않은 기법들

본 교재에서 다루지는 않지만 중요한 데이터마이닝 기법들은 다음과 같다. 이러한 기법들 제외한 이유는 기법이 중요하지 않아서가 아니라 제한된 지면에 모든 내용을 담을 수 없는 현실적 제약 때문이다. 이러한 기법들은 개정판에서 소개할 수 있게 되기를 기대한다.

- 다범주 분류(multi-class classification)
  본 교재에서는 분류 문제에서는 범주가 두개인 문제(예: 암과 정상)만을 고려하지만, 실제로는 범주가 3개 이상인 다범주 분류 문제를 흔히 접하게 된다. 예를 들면, 문자인식 문제에서는 범주의 수는 문자의 수와 같아진다. 영문자 인식에서는 알파벳 문자의 갯수인 26이 범주의 수가 될 것이다. 다범주 분류 문제는 직접적으로 다범주 문제를 푸는 접근법과 더불어 이진 분류 기법을 반복 적용하는 접근법 등 다양한 방법이 개발되고 있다.

- 일범주 분류(one-class classification)
  이진 분류 문제에서 두개의 범주 중 한 범주의 자료는 관측이 불가능한 경우가 있다. 예로는, 위조지폐 탐지 모형의 개발에서 위조지폐에 대한 자료는 존재하지 않는다. 일범주 문제는 통계학적으로는 자료 분포의 서포트(support)를 추정하는 문제와 동치이다.

- 상관분석(correlation analysis)
  최근에 페이스북 등의 SNS(social network service) 서비스 회사에서 수집되는 자료를 바탕으로 변수들간의 상관성을 분석하는 분야가 크게 각광받고 있다. 그밖에 생물정보학에서는 유전자들간의 관계를 연구하는 유전자 네트워크(gene network)에 대한 연구가 활발히 진행되고 있다. 이러한 변수들간의 상관성 분석에서는 고차원 상관행렬의 추정이 필요하며, 다양한 기법들(예: graphical model, network analysis)이 현재 개발되고 있다.

- 함수형 자료 분석(functional data analysis)
  관측된 자료가 스칼라 또는 벡터가 아니라 함수인 자료를 함수형 자료라고 부른다. 뇌의 활동을 측정하는 자기공명영상(functional magnetic resonance imaging)을 그 예로 들 수 있다. 이러한 자료의 분석을 위해서는 기존의 통계적 기법들과는 다른 특별한 기법이 필요하고 최근에 연구가 왕성하게 진행되고 있다.

- 순위 추정(rank estimation)
  최근 자료들의 순위를 추정하는 문제에 대한 관심이 고조되고 있다. 특히 인터넷 검색에서 주어진 질의에 대응되는 문서들의 순위를 추정하는 문제는 데이터마이닝의 아주 중요한 응용분야이다.

연습문제

1. 인터넷 검색으로 적어도 한가지의 데이터마이닝 적용 사례를 찾아보고, 사례의 출처와 함께 배경, 과정, 결과 등을 간략히 설명하라.

2 회귀분석

회귀분석(regression analysis)은 연속형 출력변수 Y와 입력변수 X의 함수관계를 다음과 같이 모형화하는 방법이다:

$$Y = f(X) + \epsilon.$$

여기서 ϵ은 오차항으로서 기대값이 0이고 분산이 σ^2이다. 따라서 회귀분석에서는 X가 주어졌을 때 Y의 조건부 기대값을 특정형태의 함수로 가정하고 자료로부터 그 함수를 추정하게 된다. 이 장에서는 f가 선형함수라고 가정하는 선형회귀와 Y가 이산형인 경우의 회귀분석법인 로지스틱 회귀(logistic regression)를 소개한다.

2.1 단순선형회귀

에어컨 예약대수를 이용하여 내년에 판매되는 에어컨 대수를 예측하기 위해 지난 10년간의 에어컨 예약대수와 판매대수를 관측하였다(1단위: 1,000대).

예약대수(x)	11	19	23	26	29	30	38	39	46	49
판매대수(y)	29	33	51	40	49	50	69	70	64	89

이 때 다음과 같은 단순선형회귀(simple linear regression) 모형을 고려할 수 있다.

$$y_i = \beta_0 + \beta_1 x_i + \epsilon_i, i = 1, \ldots, n. \tag{2.1}$$

여기서 x_i는 에어컨 예약대수, y_i는 에어컨 판매대수, ϵ_i는 서로 독립적으로 평균이 0이고 분산이 σ^2인 오차항이다.

회귀 계수에 대한 추론(추정과 검정)에 대하여 설명하기 전에 '단순선형'의 의미를 알아보자. '선형'은 입력변수와 출력변수의 관계가 선형임을 의미한다. 가령 $y = \sin(2x) + \epsilon$과 같은 모형은 비선형 모형이다. '단순'은 입력변수의 갯수가 하나임을 의미하며 입력변수의 갯수가 2개 이상인 경우는 다중선형회귀(multiple linear regression) 모형이라 부른다.

모형 (2.1)에서 β_0와 β_1은 미지의 상수로서 모수(parameter)라 부르며 오차제곱합

$$\sum_{i=1}^{n}(y_i - \beta_0 - \beta_1 x_i)^2$$

을 최소로 하는 값 $(\hat{\beta}_0, \hat{\beta}_1)$를 최소제곱 추정치(least square estimate)라 부르며 다음과 같이 주어진다.

$$\begin{aligned} \hat{\beta}_0 &= \frac{\sum_{i=1}^{n}(x_i - \bar{x})(y_i - \bar{y})}{\sum_{i=1}^{n}(x_i - \bar{x})^2}, \\ \hat{\beta}_1 &= \bar{y} - \hat{\beta}_0 \bar{x}. \end{aligned}$$

새로운 입력변수 x의 값이 주어지면 출력변수 y의 값을 $\hat{y} = \hat{\beta}_0 + \hat{\beta}_1 x$로 예측할 수 있다. 이 때, $\hat{\beta}_1$은 x가 한 단위 증가할 때의 y의 증가량을 나타내며, $\hat{\beta}_1$이 양수(음수)이면 x가 증가(감소)하면 y가 증가한다. 예를 들어 에어컨 판매대수 예제에 대하여 최소제곱법으로 추정된 모형식이 $y = 9.74 + 1.44x$이고 올해 에어컨 예약대수가 45단위이면 에어컨 판매대수는 $9.74 + 1.44 \times 45 = 74.54$단위로 예측할 수 있다. 또한 에어컨 예약대수가 1단위 증가하면 에어컨 판매대수는 1.44단위 증가하는 것으로 해석할 수 있다.

다음으로 회귀계수의 검정문제를 생각해 보자. 회귀계수 β_1이 0이면 입력변수 x와 출력변수 y사이에 아무런 관계가 없음을 의미한다. 즉, 회귀계수 β_1이 0이면

적합된 추정식은 아무 의미가 없게 된다. 따라서 적합된 추정식이 의미가 있는지 (또는 자료를 잘 설명하는지)를 검정하는 것은 회귀계수 β_1이 0인지를 검정하는 것과 같다. 이에 대한 검정통계량은

$$t = \frac{\hat{\beta}_1}{s.e.(\hat{\beta}_1)}$$

이고 $|t|$가 크면 β_1이 0이라는 가설(귀무가설)을 기각한다. 즉, 추정된 회귀식이 유의하다라고 결론을 내린다. 여기서 $s.e.(\hat{\beta}_1)$은 추정치 $\hat{\beta}_1$에 대한 표준오차의 추정치이다. 에어컨 예약대수에 대한 단순선형회귀분석의 결과는 다음과 같다.

변수	자유도	추정값	표준오차	t	유의확률
절편	1	9.7364	6.6620	1.471	0.1796
x	1	1.4407	0.2004	7.188	0.0001

x에 대한 p-값(p-value)이 0.0001로 매우 작으므로 회귀계수 β_1이 0이라는 가설은 기각되며 추정된 회귀직선은 자료를 잘 설명한다고 할 수 있다.

단순선형회귀에서 전체제곱합(total sum of squares, SST) $\sum_{i=1}^{n}(y_i - \bar{y})^2$은 회귀모형에 의해 설명되는 회귀제곱합(regression sum of squares, SSR) $\sum_{i=1}^{n}(\hat{y}_i - \bar{y})^2$과 오차제곱합(error sum of squares, SSE) $\sum_{i=1}^{n}(y_i - \hat{y}_i)^2$의 합으로 표현된다. 결정계수 R^2는 전체제곱합에서 회귀제곱합의 비를 나타내며 (즉 SSR/SST) $0 \leq R^2 \leq 1$이고 1에 가까울수록 회귀모형이 자료를 잘 설명하는 것으로 볼 수 있다. 에어컨 판매대수 예제에서 $R^2 = 0.8659$로 자료의 전체 변동중 회귀모형이 86.59%를 설명한다고 해석할 수 있다.

마지막으로 선형회귀모형에 사용되는 가정들과 가정이 맞지 않는 경우에 대한 대처방법에 대하여 알아보자. 선형회귀모형에서 사용되는 가정들로 선형성, 등분산성, 독립성, 정규성이 있다. 선형성은 입력변수와 출력변수의 관계가 선형적이라는 것이고, 등분산성은 오차의 분산이 입력변수와 무관하게 일정하다는 가정이다. 독립성은 오차들이 서로 독립이라는 가정이며, 정규성은 오차의 분포가 정규분포를 따른다는 것으로 다소 강한 가정이다. 선형회귀모형을 자료에 적합하기 전에 위의 네가지 가정이 만족되는지를 확인해야 한다. 특히 선형성

은 가장 중요한 가정으로서 이 가정이 맞지 않은 경우에는 선형회귀모형은 좋지 않은 결과를 주게 된다.

위의 네가지 가정에 대한 검증 방법은 다음과 같다. 단순선형회귀모형에서는 입력변수값과 출력변수값의 산점도를 그려보고, 다중선형회귀모형에서는 잔차 $(y_i - \hat{y}_i)$와 출력변수의 산점도를 그려보아 선형성을 만족하는지 체크할 수 있다. 선형회귀모형에 사용된 모든 가정이 만족되는 경우에 잔차는 랜덤할 것이다. 따라서 잔차에 대한 산점도에서 어떤 패턴이 발견되면 선형회귀모형의 가정을 의심하게 된다.

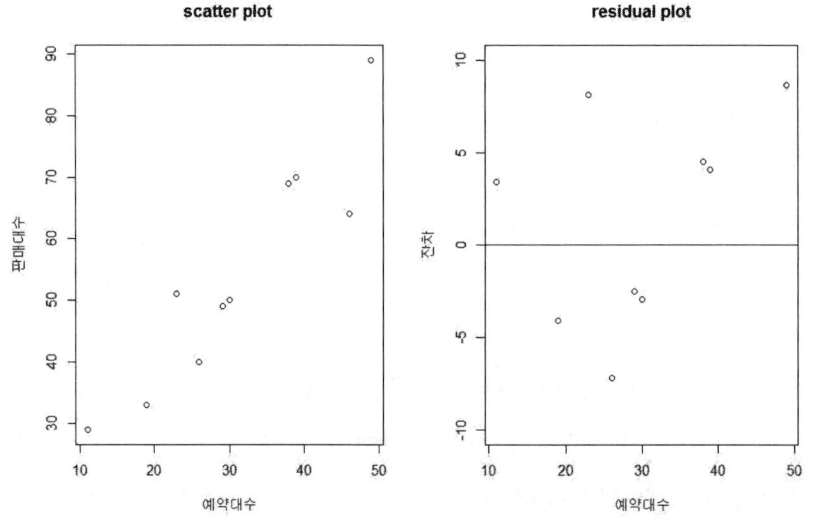

그림 2.1: 에어컨 예약대수와 판매대수의 산점도와 잔차도

그림 2.1은 에어콘 예약대수와 판매대수 사이의 산점도와 잔차도이다. 산점도로부터 예약대수와 판매대수 사이에 강한 선형관계가 존재하는 것을 알 수 있으며, 잔차도를 통하여 잔차들이 특별한 패턴이 없이 랜덤하게 잘 분포한다는 것을 알 수 있다. 이를 통하여 자료가 선형회귀모형의 여러 가정을 잘 만족한다고

결론 내릴 수 있다.

그러면 가정들이 맞지 않은 경우에 어떻게 할 것인가? 선형성 가정이 만족되지 않은 경우에는 다항회귀(polynomial regression) 등의 비선형회귀모형이나 회귀모형에 아무런 가정도 하지 않는 의사결정나무, 신경망 모형과 같은 비모수적 회귀모형 등을 고려할 수 있다. 자료가 등분산성을 만족하지 않는 경우에는 가중회귀방법(weighted regression)을 사용할 수 있다. 정규성을 만족하지 않을 때에는 로버스트 회귀(robust regression)를 고려할 수 있다. 이러한 방법들 및 예제는 Faraway (2004)를 참조바란다.

2.2 다중선형회귀

입력변수가 $p \geq 2$개인 다음과 같은 다중선형회귀모형을 생각해보자.

$$y_i = \beta_0 + \beta_1 x_{i1} + \cdots + \beta_p x_{ip} + \epsilon_i.$$

$i(= 1, \ldots, n)$에 대하여 $x_i = (x_{i1}, \ldots, x_{ip}) \in \mathbb{R}^p$는 입력변수 벡터, $y_i \in \mathbb{R}$는 출력변수를 나타내며, ϵ_i은 오차항으로 평균이 0이고 분산이 σ^2이다. 회귀계수 $\beta_0, \beta_1, \ldots, \beta_p$는 자료로부터 추정해야 하는 미지의 모수이다.

훈련자료 $(x_1, y_1), \ldots, (x_n, y_n)$가 주어졌을 때 최소제곱 추정치 $\hat{\beta}_0, \hat{\beta}_1, \ldots, \hat{\beta}_p$는

$$\sum_{i=1}^{n}(y_i - \beta_0 - \beta_1 x_{i1} - \cdots - \beta_p x_{ip})^2$$

를 최소화하는 값으로 정의된다. $j(= 1, \ldots, p)$번째 회귀계수 β_j의 $H_0 : \beta_j = 0$ 대 $H_1 : \beta_j \neq 0$대한 검정통계량은 단순회귀와 마찬가지로

$$t_j = \frac{\hat{\beta}_j}{s.e.(\hat{\beta}_j)}$$

이며 $|t_j|$이 크면 회귀계수 β_j는 유의하다고, 즉, β_j가 0이 아니라고, 결론을 내린다.

새로운 입력변수값 $x_1, \ldots, x_p$에 대한 출력변수 y의 예측값은

$$\hat{y} = \hat{\beta}_0 + \hat{\beta}_1 x_1 + \cdots \hat{\beta}_p x_p$$

이다. 여기서 $\hat{\beta}_j$는 다른 변수들의 값이 고정되었을 때 x_j가 한 단위 증가할 때의 y의 증가량을 의미한다. $\hat{\beta}_j$가 양수(음수)일 때 x_j의 값이 증가하면 y의 값이 증가(감소)한다.

다음은 다중회귀모형의 분산분석표이다.

요인	제곱합	자유도	제곱평균	F-값
회귀	회귀제곱합(SSR)	p	$MSR = SSR/p$	$F = MSR/MSE$
오차	잔차제곱합(SSE)	$n-p-1$	$MSE = SSE/(n-p-1)$	
계	전체제곱합(SST)	$n-1$		

분산분석표에서 F-값이 크면 귀무가설 $H_0 : \beta_1 = \cdots = \beta_p = 0$ 기각한다. 즉, 모형이 유의하다고 결론을 내린다.

이제 다중선형회귀에 대한 예제를 살펴보자. A건설회사가 고객에게 주로 받는 질문은 집에 관한 여러 변수들이 겨울의 난방비에 어떻게 영향을 미치는가이다. 이 질문에 답하기 위하여 A건설회사에서 만든 20개의 아파트를 임의로 추출하여 겨울철 외부 온도, 단열재의 두께, 창문수, 아파트의 나이를 조사하였다. 자료는 표 2.1에 있다. 분석결과 다음과 같은 분산분석표를 얻었다.

요인	제곱합	자유도	제곱평균	F-값	유의확률
회귀	175042.37	4	43760.59	14.77	<0.001
오차	44443.38	15	2962.89		
계	219485.75	19			

유의확률이 0.001보다 작으므로 이 회귀모형은 유의하다고 결론을 내릴 수 있다. 다음은 회귀계수에 대한 추정값이다.

입력변수	회귀계수	표준오차	t	유의확률
절편	294.46	64.61	4.55	< 0.001
외부.온도	-8.44	1.55	-5.43	<0.001
단열재.두께	-14.90	5.30	-2.80	0.013
창문수	-1.16	5.11	-0.22	0.822
아파트나이	6.26	4.31	1.45	0.166

이 결과로부터 다른 변수들의 값이 고정되었을 때, 평균온도 1도가 떨어지면 난방비가 8.44단위 증가하고 단열재의 두께가 1단위 증가하면 난방비가 14.91 단위 감소하며, 창문수가 1개 증가할수록 난방비가 1.16단위 증가한다. 아파트의 나이가 1년 증가하면 난방비가 6.26단위 증가하는 것으로 해석할 수 있다. 단, 창문수와 아파트의 나이는 p-값이 0.822, 0.166로 통계적으로 유의하지는 않다.

2.2.1 최소제곱 추정의 원리*

$\boldsymbol{X}$는 $i(=1,\ldots,n)$번째 행이 $(1, x_{i1}, \ldots, x_{ip})$인 $n \times (p+1)$ 행렬이고 $y = (y_1, \ldots, y_n)^T$는 출력변수 벡터를 나타낸다. 다중선형회귀의 오차제곱합을 행렬로 표현하면

$$SSE(\beta) = (y - \boldsymbol{X}\beta)^T(y - \boldsymbol{X}\beta)$$

이다. 최소제곱 추정치 $\hat{\beta}$는 오차제곱합을 최소화하며, 정규방정식(normal equation)

$$\frac{\partial SSE}{\partial \beta} = -2\boldsymbol{X}^T(y - \boldsymbol{X}\beta) = 0$$

를 만족하는 해로 주어진다. 즉, 정규방정식은 $\boldsymbol{X}^T(y - \boldsymbol{X}\beta) = 0$이다. 행렬 $\boldsymbol{X}$의 계수(rank)가 $p+1$이면 유일한 해 $\hat{\beta} = (\boldsymbol{X}^T\boldsymbol{X})^{-1}\boldsymbol{X}^T y$가 존재한다. 이 경우 $\hat{y} = \boldsymbol{X}\hat{\beta} = \boldsymbol{H}y$로 주어진다. 여기서 $\boldsymbol{H} = \boldsymbol{X}(\boldsymbol{X}^T\boldsymbol{X})^{-1}\boldsymbol{X}^T$는 정사영행렬(projection or hat matrix)이라 한다. 정사영행렬 $\boldsymbol{H}$의 가장 큰 특징은 $\boldsymbol{H}^2 = \boldsymbol{H}$를 만족한다는 것이다. 바꿔 말하면 $\boldsymbol{H}y$는 주어진 벡터 y를 $\boldsymbol{X}$의 열벡터에 의해

생성된 선형공간으로 사영한 값이다. 즉, $S = \{\boldsymbol{X}a : a \in \mathbb{R}^p\}$에 대하여

$$\hat{y} = \arg\min_{z \in S} \sum_{i=1}^{n} (y_i - z_i)^2$$

이다.

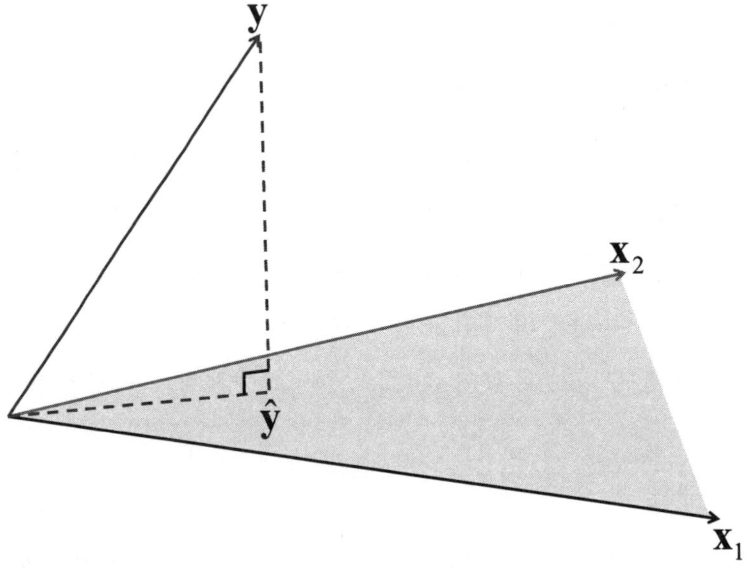

그림 2.2: 최소제곱법의 기하적 해석

그림 2.2는 최소제곱 추정법의 기하적인 해석을 보여준다. 그림에서 $\hat{y}$은 두 입력 벡터 x_1과 x_2에 의해 생성되는 초평면으로 y의 정사영이다. 즉, $y - \hat{y} = y - \boldsymbol{X}\hat{\beta}$는 $\boldsymbol{X}$와 직교한다.

2.3 다항회귀

특정 화학제품을 만드는데 있어서 촉매와 산출량과의 관계를 규명하기 위하여 다음과 같은 자료를 얻었다.

촉매(catalyst)	1.0	2.0	3.0	4.0	5.0	6.0	7.0	8.0	9.0	10.0
산출량(yield)	10.2	13.71	19.6	23.5	25.6	23.3	25.1	17.5	14.3	0.02

그림 2.3은 이 자료에 대한 산점도로서 출력변수와 입력변수와 관계가 선형이 아님을 알 수 있다. 이러한 자료에 대하여 다항회귀모형

$$y = \beta_0 + \beta_1 x^1 + \cdots + \beta_p x^p + \epsilon$$

을 고려할 수 있고, 모수들의 추정값은 $z_1 = x, \ldots, z_p = x^p$라 놓고 p차원의 입력변수 $z_1, \ldots, z_p$와 출력변수 y간의 다중선형회귀모형을 적합하여 구할 수 있다.

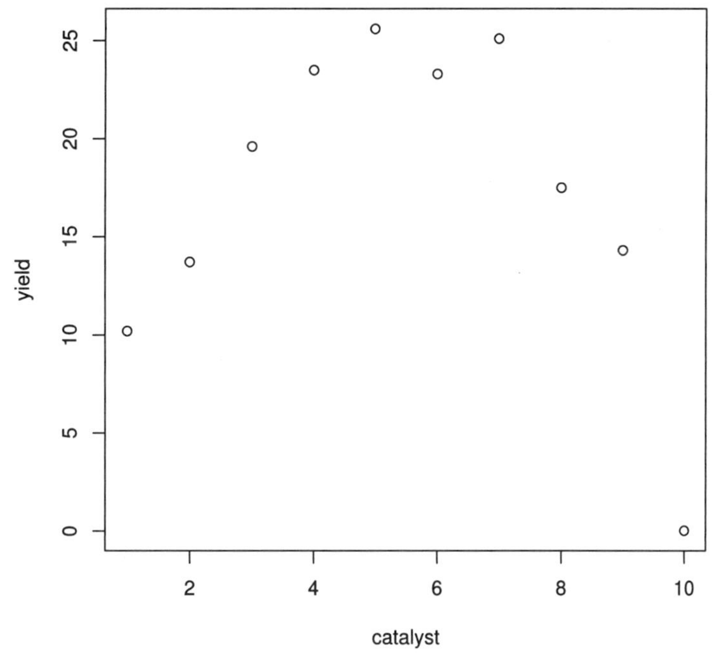

그림 2.3: 다항회귀 예제에 대한 산점도

일반적으로 다항회귀에서는 적절한 차수 p를 결정해야 하는데 다음과 같은 접근법을 흔히 사용한다. $p = 1$부터 순차적으로 값을 증가시키면서 모형을 적합한다. p가 증가하면서 결정계수값은 계속해서 증가하므로 결정계수값의 증가가 둔화되는 p를 선택할 수 있다. 다항회귀모형은 차수의 결정에 따라 그 결과가 민감하게 반응하는 경향이 있기 때문에 p값이 불필요하게 커지지 않도록 주의해야

한다. p의 선택은 3장에서 다루는 변수선택방법을 이용하여 할 수 있다.

예제에 대하여 2차함수를 적합한 결과는 다음과 같다.

입력변수	회귀계수	표준오차	t	유의확률
절편	-1.26	2.71	-0.46	0.65
x	10.32	9.11	9.11	0.00
x^2	-0.99	0.10	9.88	0.00

그림 2.4는 자료와 추정된 2차 다항회귀 곡선을 보여준다. 그림 2.4와 회귀계수의

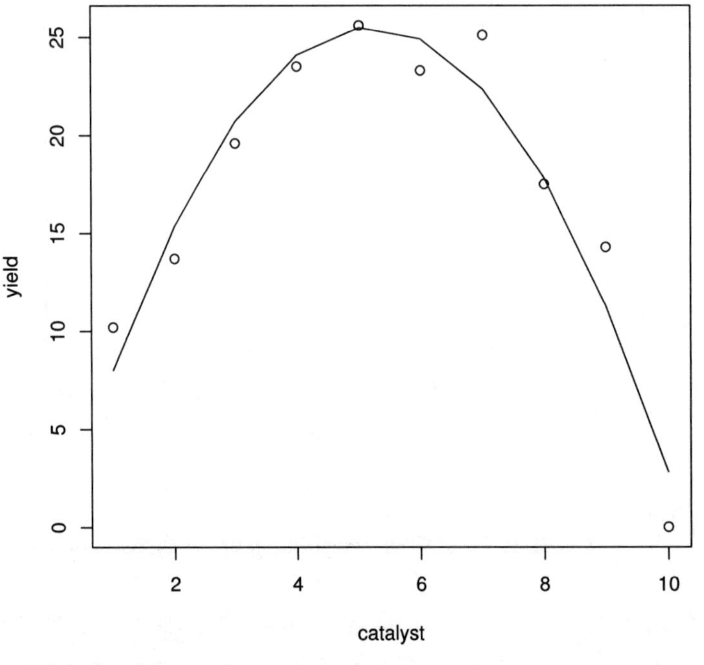

그림 2.4: 다항회귀 예제 자료에 대한 2차 다항회귀 결과

유의확률로부터 이차함수가 적합하다고 결론을 내릴 수 있다.

2.4 범주형 입력변수

자료분석시 입력변수가 범주형으로 주어지는 경우를 흔히 볼 수 있다. 범주의 수가 K개인 범주형 입력변수는 $(K-1)$개의 가변수(dummy variable) $z_1, \ldots, z_{K-1}$로 코딩할 수 있다. 즉, 입력변수가 $k(=1,\ldots,K-1)$번째 범주에 속하는 경우에 $z_k = 1$로 나머지 $(K-2)$개의 z들은 0으로 코딩할 수 있다. $K=3$인 경우 다음과 같이 2개의 가변수 z_1과 z_2를 잡을 수 있다.

범주	z_1	z_2
1	1	0
2	0	1
3	0	0

가변수를 이용한 선형모형은

$$y = \beta_0 + \sum_{k=1}^{K-1} \beta_k z_k + \epsilon$$

이 된다. 여기서 회귀계수의 해석은 β_0는 K번째 범주에서의 y의 평균이 되고 $\beta_0 + \beta_k, k \le K-1$은 k번째 범주에서의 y의 평균이 된다. 따라서, β_k는 k번째 범주에서의 y의 평균과 K번째 범주에서의 y의 평균의 차이가 된다.

다음 예제는 계절 요인이 매출액에 미치는 영향을 분석하고자 계절에 따른 매출액을 조사한 결과이다.

봄	여름	가을	겨울	봄	여름	가을	겨울
231.21	337.28	336.81	300.44	283.91	255.61	285.49	338.52
봄	여름	가을	겨울	봄	여름	가을	겨울
238.37	259.98	280.13	306.02	224.70	264.45	317.51	327.78

계절이라는 범주가 넷이므로 다음과 같이 가변수 z_1, z_2, z_3를 잡고

계절변수	z_1	z_2	z_3
봄	0	0	0
여름	1	0	0
가을	0	1	0
겨울	0	0	1

계절에 따른 매출액을 y로 하는 단순회귀모형을 적합할 수 있다. 회귀계수의 추정결과는 다음과 같다.

입력변수	회귀계수	표준오차	t	유의확률
절편	244.55	14.3	17.10	<0.001
z1	34.78	20.22	1.72	0.111
z2	60.44	20.22	2.98	0.011
z3	73.64	20.22	3.64	0.003

이 결과로부터 여름의 매출액은 봄의 매출액 비해 34.78단위 높으나 통계적으로 유의하지 않고(p-value=0.11), 가을의 매출액은 봄의 매출액보다 60.44단위 높으며, 겨울의 매출액은 봄의 매출액에 비해 73.64단위 높고, 가을과 겨울의 매출액은 봄의 매출액보다 모두 통계적으로 유의하게 높음을 알 수 있다.

2.5 로지스틱 회귀분석

2.5.1 단순 로지스틱 회귀

로지스틱 회귀는 출력변수 y가 범주형인 경우에 적용할 수 있는 방법이다. 논의의 편의상 $y = 0$ 또는 1의 값을 갖고 입력변수가 x 하나인 경우를 생각해보자. 단순선형회귀모형

$$y = \beta_0 + \beta_1 x + \epsilon$$

을 적용하는 경우에 $\beta_0 + \beta_1 x$는 범위 $[0, 1]$을 벗어날 수 있고 오차항 ϵ의 분포가 정규분포가 아니라는 문제점이 있다. 이에 대한 대안으로서 연속이고 증가함수이며

$[0,1]$사이에서 값을 갖는 $p(x)$에 대하여

$$\mathbb{P}(Y=1|x)=p(\beta_0+\beta_1 x)$$

로 모형화 할 수 있다. 즉, x가 주어졌을때 Y의 조건부 평균이 아니라 조건부 확률을 적절한 연결함수(link function) p를 통해 모형화하는 것이 로지스틱 회귀의 아이디어이다. 연결함수의 형태에 따라 $p(x)=\exp(x)/(1+\exp(x))$이면 로지스틱 모형, $p(x)=\exp(-\exp(x))$이면 검벨(Gumbel) 모형, $p(x)$가 표준정규분포의 분포함수인 경우를 프로빗(probit) 모형이라 부르며 생물학 독성실험 등에서 사용된다. 이들중 계산상의 편리성으로 인하여 로지스틱 모형이 널리 사용된다.

단순 로지스틱 모형은

$$\mathbb{P}(Y=1|x)=\exp(\beta_0+\beta_1 x)/(1+\exp(\beta_0+\beta_0 x))$$

으로 주어진다. 로지스틱모형의 특징 중 하나는 입력변수 x가 한단위 증가할 때 오즈비가 일정하게 증가한다는 것이다. 주어진 입력변수 x에 대하여, 오즈 (odds)는 $\mathbb{P}(Y=1|x)/\mathbb{P}(Y=0|x)$로 정의되며, 입력변수 $x+1$에서의 오즈와 입력변수 x에서의 오즈의 비, 즉 오즈비 (odds ratio)는 다음과 같이 주어진다:

$$\frac{\mathbb{P}(Y=1|x+1)/\mathbb{P}(Y=1|x)}{\mathbb{P}(Y=0|x+1)/\mathbb{P}(Y=0|x)}=\frac{\mathbb{P}(Y=1|x+1)\mathbb{P}(Y=0|x)}{\mathbb{P}(Y=0|x+1)\mathbb{P}(Y=1|x)}=\exp(\beta_1).$$

즉, 오즈비는 x가 한 단위 증가할 때 $y=1$일 확률과 $y=0$일 확률의 비의 증가율을 나타낸다. 예를 들어 x는 소득이고 y는 어떤 상품에 대한 구입여부(1=구입, 0=미구입)라 하자. $\hat{\beta}_1=3.72$이면 소득이 한 단위 증가하면 물품을 구매하지 않을 확률에 대한 구매할 확률의 오즈비가 $\exp(3.72)=42$배 증가하는 것으로 해석할 수 있다.

단순 로지스틱 모형에 대한 우도함수(likelihood function)는

$$L(\beta_0,\beta_1)=\prod_{i=1}^{n}p(\beta_0+\beta_1 x_i)^{y_i}(1-p(\beta_0+\beta_1 x_i))^{1-y_i}$$

이다. 여기서 $p(x) = \exp(x)/(1+\exp(x))$이다. 회귀계수의 추정을 위해는, 일반적으로 로그 우도함수

$$l(\beta_0, \beta_1) \;=\; \sum_{i=1}^{n} \left(y_i \log p(\beta_0 + \beta_1 x_i) + (1 - y_i) \log(1 - p(\beta_0 + \beta_1 x_i))\right)$$

를 최대로 하는 최대우도추정량(maximum likelihood estimator) $(\hat{\beta}_0, \hat{\beta}_1)$을 사용한다. 그러나, 로그우도함수는 비선형 함수이므로 이를 최대화하는 최대우도(maximum likelihood)추정치 $(\hat{\beta}_0, \hat{\beta}_1)$은 수치적 방법을 이용하여 구하여야 한다.

입력변수 x가 y를 설명하는데 유의한지(즉, $\beta_1 = 0$인지)에 대한 유의성 검정의 우도비검정통계량은

$$\chi^2 = -2\left(\max_{\beta_0} l(\beta_0, 0) - l(\hat{\beta}_0, \hat{\beta}_1)\right)$$

으로 주어진다. χ^2통계량은 근사적으로 자유도가 1인 카이제곱 분포를 따르며 그 값이 크면 β_1가 0이 아니라고 결론을 내리게 된다.

2.5.2 다중 및 다항 로지스틱 회귀

선형회귀와 마찬가지 방법으로 단순 로지스틱 회귀를 다중 및 다항 로지스틱 회귀로 확장할 수 있다. 출력변수가 이항 범주인 경우(즉 $y \in \{0, 1\}$) 다항 로지스틱 회귀모형은 입력변수 x에 대하여

$$\mathbb{P}(Y = 1|x) = p(\beta_0 + \beta_1 x + \cdots + \beta_p x^p)$$

이며, 다중 로지스틱 회귀모형은 입력변수 $x_1, \ldots, x_p$에 대하여

$$\mathbb{P}(Y = 1|x) = p(\beta_0 + \beta_1 x_1 + \cdots + \beta_p x_p)$$

이다. 여기서 $p(x) = \exp(x)/(1+\exp(x))$이고 모수 $\beta_0, \ldots, \beta_p$는 최대우도법으로 추정될 수 있으며 유의성 검정은 단순 로지스틱 회귀와 마찬가지로 우도비 검정을 이용한다. 입력변수가 범주형인 경우에도 선형회귀와 동일한 방법으로 가변수를 잡아서 분석할 수 있으며, 변수선택도 선형모형의 방법을 적용할 수 있다. 단,

선택기준은 선형회귀모형에서 사용하는 오차제곱합 대신에 로그 우도함수값을 사용한다. 예를 들어 전진선택법에서는 각 단계마다 로그 우도함수값의 증가량이 가장 큰 변수를 추가하고 AIC 또는 BIC 등의 선택기준을 최소화하는 모형을 그 최종모형으로 선택한다. 변수선택에 대한 자세한 내용은 3장을 참조바란다.

다음은 다중 로지스틱 회귀의 예제이다. 회사채의 신용등급(안정과 위험)을 여러 가지 재무변수를 이용하여 설명하고자 한다. 출력변수는 회사채 신용등급으로서 안정인 경우 1이고 위험이면 0인 범주형 변수이다. 입력변수는 자산대비 부채현황 지표(x_1), 현금회전율(x_2), 종업원수(x_3)이다. 종업원수는 50인 이하이면 0, $50-100$인이면 1, 100인 이상이면 2인 범주형 변수로서 다음과 같이 가변수 z_1과 z_2를 이용하여 분석할 수 있다.

범주	z_1	z_2
50인 이하	0	0
50-100인	1	0
100인 이상	0	1

이 예제에 대한 로지스틱 회귀모형은

$$\mathbb{P}(Y=1|x) = p(\beta_0 + \beta_1 x_1 + \beta_2 x_2 + \beta_3 z_1 + \beta_4 z_2)$$

이며 회귀계수 추정값은 다음과 같다.

입력변수	회귀계수	표준오차	χ^2	유의확률
절편	12.221	3.594	11.562	0.000
x_1	-1.072	0.393	7.438	0.006
x_2	11.524	4.131	7.781	0.005
z_1	0.698	0.357	3.940	0.047
z_2	2.614	0.791	10.907	0.001

우선 모든 변수가 유의수준 $\alpha = 0.05$에 비해 작은 유의확률을 가지기 때문에 출력변수를 설명하는데 유의함을 알 수 있다. 다른 변수의 값이 고정되었을 때, x_1의 회귀계수의 부호가 음수이므로 부채비율이 높을수록 회사채의 신용이 낮아지고,

x_2의 회귀계수의 부호가 양수이므로 현금회전율이 높을수록 회사채의 신용이 높아진다. z_1과 z_2는 가변수이므로 그 계수에 대한 해석에 주의할 필요가 있다. z_1의 계수는 0.698이므로 50 – 100인 규모의 회사와 50인 미만의 회사의 회사채 신용등급의 오즈비는 $\exp(0.698) = 2.00$이다. 즉, 50 – 100인 규모의 회사의 회사채가 50인 미만의 회사채에 비하여 약 2배 정도 신용이 좋다는 의미로 해석할 수 있다. z_2의 계수는 2.614이므로 100인 이상 규모의 회사와 50인 미만의 회사의 회사채 신용등급의 오즈비는 $\exp(2.614) = 13.65$이다. 따라서 100인 이상 규모의 회사의 회사채가 50인 미만의 회사채에 비하여 약 13.65배 정도 신용이 좋다는 의미이다. 이 경우 가변수인 z_1과 z_2의 해석은 항상 50인 미만의 회사(가변수 값이 모두 0인)를 기준으로 비교하였는데 가변수를 다르게 코딩하면 회귀계수의 추정치가 달라진다. 그러나 상대적인 오즈비는 항상 일정하고 그 결과의 해석에는 차이가 없다.

2.5.3 로지스틱 모형의 계수 추정*

이항분류 문제에서 다중 로지스틱 회귀의 계수 추정법은 다음과 같다. 편의상 $\tilde\beta = (\beta_0, \dots, \beta_p)^T$과 $\tilde x_i = (1, x_{1i}, \dots, x_{pi})^T$로 놓으면 로그 우도함수의 도함수는

$$\begin{aligned}\frac{\partial l(\tilde\beta)}{\partial\tilde\beta} &= \sum_{i=1}^n \tilde x_i(y_i - p(\tilde\beta^T\tilde x_i)) = \tilde{\boldsymbol X}^T(y - p(\tilde\beta)),\\ \frac{\partial^2 l(\tilde\beta)}{\partial\tilde\beta\partial\tilde\beta^T} &= -\sum_{i=1}^n \tilde x_i\tilde x_i^T p(\tilde\beta^T\tilde x_i)(1 - p(\tilde\beta^T\tilde x_i)) = -\tilde{\boldsymbol X}^T\boldsymbol W(\tilde\beta)\tilde{\boldsymbol X}\end{aligned}$$

이다. 여기서 $\tilde{\boldsymbol X}$은 i번째 행이 $\tilde x_i$인 행렬, $p(\tilde\beta) = (p(\tilde\beta^T\tilde x_1), \dots, p(\tilde\beta^T\tilde x_n))^T$, $\boldsymbol W(\tilde\beta)$는 i번째 대각원이 $p(\tilde\beta^T\tilde x_i)(1 - p(\tilde\beta^T\tilde x_i))$인 대각행렬이다. Newton-Raphson 알고리즘은 현재의 추정치 $\tilde\beta^t$를 다음과 같이 갱신한다:

$$\begin{aligned}\tilde\beta^{t+1} &= \tilde\beta^t - \left(\frac{\partial^2 l(\tilde\beta)}{\partial\tilde\beta\partial\tilde\beta^T}\right)^{-1}\frac{\partial l(\tilde\beta)}{\partial\tilde\beta}\Bigg|_{\tilde\beta=\tilde\beta^t}\\ &= \tilde\beta^t + (\tilde{\boldsymbol X}^T\boldsymbol W(\tilde\beta^t)\tilde{\boldsymbol X})^{-1}\tilde{\boldsymbol X}^T(y - p(\tilde\beta^t))\\ &= (\tilde{\boldsymbol X}^T\boldsymbol W(\tilde\beta^t)\tilde{\boldsymbol X})^{-1}\tilde{\boldsymbol X}^T\boldsymbol W(\tilde\beta^t)z(\tilde\beta^t). \qquad (2.2)\end{aligned}$$

여기서

$$z(\tilde{\beta}^t) = \tilde{\boldsymbol{X}}\tilde{\beta}^t + \boldsymbol{W}^{-1}(\tilde{\beta}^t)(y - p(\tilde{\beta}^t)) \tag{2.3}$$

이다. 적절한 초기치(예를 들어 $\tilde{\beta}^0 = 0$)가 주어지면 반복적으로 식 (2.2)와 (2.3)에 대입하여 수렴할 때까지 값을 업데이트 한다. 이러한 알고리즘은 각 반복에서 가중 최소제곱 추정값

$$\tilde{\beta}^{t+1} \leftarrow \arg\min_{\tilde{\beta}}(z(\tilde{\beta}^t) - \tilde{\boldsymbol{X}}\tilde{\beta})^T\boldsymbol{W}(\tilde{\beta}^t)(z(\tilde{\beta}^t) - \tilde{\boldsymbol{X}}\tilde{\beta})$$

을 구하는 것으로서 반복재가중 최소제곱법(iteratively reweighted least squares)이라 부른다.

2.5.4 로지스틱 모형을 이용한 분류

로지스틱 회귀는 주어진 입력변수 x에 대하여 출력변수 Y가 1이 될 확률 $\mathbb{P}(Y = 1|x)$를 추정하는데, 0과 1사이의 적당한 수 c를 절단값으로 선택하여, $\mathbb{P}(Y = 1|x)$가 c보다 크면 자료를 $Y = 1$인 클래스로 분류하고 $\mathbb{P}(Y = 1|x)$가 c보다 작으면 자료를 $Y = 0$인 클래스로 분류할 수 있다.

이때 절단값 c의 결정은 다음과 같은 사항을 고려하여 결정한다. 첫째, 사전정보를 고려한다. 사전정보에 의하여 두번째 범주의 자료($y = 1$인 자료)가 많이 나타난다면 절단값을 작은 값으로 정할 수 있다. 둘째, 적절한 손실함수를 고려한다. 두번째 범주의 자료를 잘못 분류하는 손실이 첫번째 범주의 자료를 잘못 분류하는 것에 비하여 손실 정도가 심각하게 큰 경우에는 절단값 c를 작게 잡을 수 있다. 예를 들면 정상적인 이메일을 스팸 이메일로 잘못 분류하는 경우에 대한 손실함수를 그 반대의 경우에 비해 크게 잡음으로써 정상적인 이메일이 스팸으로 분류되어 필터에서 걸러지는 경우를 방지할 수 있다. 그 밖에 전문가 의견이나 민감도와 특이도 등을 고려하여 c값을 결정할 수 있다. 민감도란 $Y = 1$인 그룹에 속한 자료 중 올바르게 분류된 자료의 확률이며, 특이도란 $Y = 0$인 그룹의 자료 중에서 올바르게 분류된 자료의 확률이다.

가령 $\mathbb{P}(Y=1|x)>c$이면 클래스 1로 분류하는 규칙을 생각해 보자. 이 규칙은 $\log\left(\mathbb{P}(Y=1|x)/(1-\mathbb{P}(Y=1|x))\right)>\log(1+c)/c$이면 클래스 1로 분류하는 것과 동일하다. 즉, $c^*=(1+c)/c$로 놓으면 $\beta_0+\beta_1 x>\log(c^*)$이면 클래스 1로 분류하는 것이다. 따라서 로지스틱 모형의 분류경계는 선형임을 알 수 있다. 분류경계가 비선형인 경우에는 다항 로지스틱 모형으로 추정하거나 의사결정나무나 신경망모형 등의 비선형 분류경계를 찾는 방법들을 고려할 수 있다.

2.5.5 불균형 자료의 분석*

우리가 현실에서 접하게 되는 많은 분류 문제에서는 두 그룹의 자료의 수에 큰 차이가 나는 경우가 있다. 이러한 자료를 불균형 자료(unbalanced data)라고 한다. 예를 들면, 사기방지를 위한 분류문제에서는 정상자료의 수가 전체 자료의 99% 이상일 것이다. 이러한 경우, 원자료를 그대로 사용하지 않고 정상자료에서 적절한 수의 표본을 추출하여 모형을 구축하는 방법이 실제 자료분석에서 널리 사용되고 있다. 특히, 자료의 크기가 매우 커서 양을 줄이고자 할 때 이러한 표본추출법은 매우 유용하다. 그러나 한가지 주의할 점은 모형의 해석이다. 그 이유는 추출된 표본의 분포가 원자료의 분포와 다르기 때문이다. 예를 들면, 사기방지를 위한 분류문제에서, 정상자료에서 사기자료의 수 만큼의 자료를 추출하여 사용할 경우, 원자료에서 사기자료의 비율은 매우 작은 반면 추출된 자료에서 사기자료의 비율은 0.5가 된다.

불균형 자료에서 그룹별로 다른 확률로 자료를 추출하는 방법은 임상실험 분야에서 많이 사용되고 있는 사례-대조연구(case-control study)와 같게 된다. 이 경우에는 로지스틱 회귀모형에서 절편항 β_0는 편의추정이 되나 기울기 β_k는 점근적으로 일치(consistent)하게 추정할 수 있음이 Prentice와 Pyke (1979)에 의해서 증명되었다. 즉, 추출된 자료를 이용하여 로지스틱모형을 적합한 경우에 확률의 추정은 불가능하나 자료들 사이의 확률의 대소는 추정할 수 있게 된다. 즉 $\mathbb{P}(Y=1|x)$는 알 수 없으나, 주어진 두개의 입력변수 x_1과 x_2에 대해서 $\mathbb{P}(Y=1|x_1)>\mathbb{P}(Y=1|x_2)$의 여부는 알 수 있다. 이러한 이유로 실제 자료분

석에서 로지스틱 모형으로부터 추정되는 확률을 점수(score)라고 부른다. 또한, 원자료에서 두 그룹의 확률 $\mathbb{P}(Y=1)$과 $\mathbb{P}(Y=0)$이 알려져 있는 경우에는 추출된 자료로부터 추정된 확률에 대한 적절한 변환을 통하여 원자료에서의 확률을 추정할 수 있으며, 이러한 작업을 보정(calibration)이라고 한다. 데이터베이스 마케팅에서 우수고객의 추출에 관심이 있는 경우에는 점수의 추정으로 충분하지만, 위험도 분석(risk analysis)에서는 확률자체에 관심있고 이 경우에는 확률 추정치의 보정이 필수적이다. 데이터 마이닝에서 사례-대조 연구의 아이디어의 응용에 대한 자세한 내용은 4장를 참조하기 바란다.

2.6 R 예제

2.6.1 선형회귀

이 절에서는 앞에서 다중선형회귀 예제로 사용된 집과 관련된 여러 변수들이 겨울의 난방비에 미치는 영향을 분석한다. 20채의 아파트를 임으로 추출한 후 아파트의 외부 온도, 단열재의 두께, 창문수, 아파트의 나이, 난방비를 조사한 후, 난방비는 출력변수로 놓고 나머지 변수들을 입력변수로 설정하여 분석하였다. 이 예제에 대한 R 코드는 다음과 같다. 결과에 대한 해석은 다중선형회귀 예제를 참조하기 바란다. 자료를 분석하는 R 코드는 다음과 같다.

```
> rd = read.csv("난방비.csv",header=T)
> gfit = lm(난방비~.,data=rd)
> anova.lm(gfit)

Analysis of Variance Table

Response: 난방비
            Df Sum Sq Mean Sq F value    Pr(>F)
외부.온도     1 141838  141838 47.871  0.000 ***
단열재.두께   1  26455   26455  8.928  0.009 **
창문수        1    495     495  0.167  0.688
```

표 2.1: 겨울철 난방비에 미치는 효과

난방비	외부 온도	단열재 두께	창문수	아파트나이
252	1.65	3	10	6
382	-1.65	4	1	10
167	2.2	7	9	3
45	15.4	6	8	9
94	18.15	5	8	6
202	-1.1	5	9	5
357	-12.1	6	14	7
292	-13.75	10	9	10
232	-6.05	9	11	11
122	12.65	2	9	5
75	12.1	12	11	4
207	8.8	5	10	1
402	-6.6	5	12	15
322	3.85	4	10	7
74	15.4	8	8	6
274	-6.6	5	10	8
96	14.3	7	10	3
192	4.4	8	11	11
237	-2.75	9	14	8
141	-1.1	7	9	5

```
아파트나이   1   6255    6255  2.111  0.166
Residuals   15  44443    2963
---
Signif. codes:  0 ‘***’ 0.001 ‘**’ 0.01 ‘*’ 0.05 ‘.’ 0.1

> summary(gfit)

Call:
lm(formula = 난방비 ~ ., data = rd)

Residuals:
    Min      1Q  Median      3Q     Max
-79.221 -36.600  -1.548  28.339  87.483

Coefficients:
            Estimate Std. Error t value Pr(>|t|)
(Intercept)  294.460     64.615   4.557 0.000 ***
외부.온도      -8.442      1.553  -5.436 0.000 ***
단열재.두께   -14.907      5.307  -2.809 0.013 *
창문수         -1.165      5.114  -0.228 0.822
아파트나이      6.263      4.310   1.453 0.166
---
Signif. codes:  0 ‘***’ 0.001 ‘**’ 0.01 ‘*’ 0.05 ‘.’ 0.1 ‘ ’ 1

Residual standard error: 54.43 on 15 degrees of freedom
Multiple R-squared: 0.7975,     Adjusted R-squared: 0.7435
F-statistic: 14.77 on 4 and 15 DF,  p-value: 4.385e-05
```

2.6.2 로지스틱회귀모형

다음의 예제는 림프절이 전립선암에 대해 양성인지 여부를 예측하는 것이다. 자료는 Brown (1980) 에 근거한 53명의 환자자료로, 변수에 대한 설명은 표 2.2와 같다.

표 2.2: 전립선암 양성 판별 변수 설명

변수명	변수 설명
aged	환자의 연령
stage	질병 단계: 질병이 얼마나 진행되어 있는지 나타내는 측도
grade	종양의 등급: 진행의 정도
xray	X-선 결과
acid	혈청인산염(serum acid phosphatase): 특정한 부위에 종양이 전이되었을 때 상승되는 혈청의 인산염값

전립선암 자료를 분석하는 R 코드는 다음과 같다.

```
> library(boot)
> data(nodal)
> rd = nodal[,-1]
> gfit = glm(r~., data=rd, family="binomial")
>
> summary(gfit)

Call:
glm(formula = r ~ ., family = "binomial", data = rd)

Deviance Residuals:
    Min       1Q   Median       3Q      Max
-2.3317  -0.6653  -0.2999   0.6386   2.1502
```

```
Coefficients:
            Estimate Std. Error z value Pr(>|z|)
(Intercept)  -3.0794     0.9868  -3.121   0.0018 **
aged         -0.2917     0.7540  -0.387   0.6988
stage         1.3729     0.7838   1.752   0.0799 .
grade         0.8720     0.8156   1.069   0.2850
xray          1.8008     0.8104   2.222   0.0263 *
acid          1.6839     0.7915   2.128   0.0334 *
---
Signif. codes:  0 '***' 0.001 '**' 0.01 '*' 0.05 '.' 0.1 ' ' 1

(Dispersion parameter for binomial family taken to be 1)

    Null deviance: 70.252  on 52  degrees of freedom
Residual deviance: 47.611  on 47  degrees of freedom
AIC: 59.611

Number of Fisher Scoring iterations: 5
```

xray와 acid의 추정계수는 유의수준 $\alpha = 0.05$에 비해 작은 유의확률을 갖으므로 출력변수를 설명하는데 유의함을 알 수 있다. 다른 변수의 값이 고정되었을 때, stage, grade, xray, acid의 회귀계수의 부호가 양수이므로 X-선 결과가 좋지 않을수록, 질병의 진행 단계가 심화된 상태일수록, 종양의 등급이 높을수록, 혈청 인산염 값이 높을수록 전립선암이 양성일 확률이 높아진다. aged의 회귀계수는 부호가 음수이므로 연령이 낮을수록 전립선암일 확률이 높아진다. 변수 stage, grade, xray는 가변수이며, 가변수를 다르게 코딩하면 회귀계수의 추정치가 달라지므로 항상 일정한 상대적인 값을 갖는 오즈비를 이용하여 결과를 해석해야 한다. stage의 경우 계수가 1.37이므로 질병의 단계가 심화된 그룹(stage $= 1$) 대비 그렇지 않은 그룹(stage $= 0$)의 오즈비는 $\exp(1.37) = 3.94$로, 질병의 진행단계가 심화된 그룹은 그렇지 않은 그룹에 비해 전립선암일 확률이 약 3.94

배 정도 높다고 해석할 수 있다. 종양의 등급이 높은 그룹(grade = 1)은 종양의 등급이 낮은 그룹(grade = 0)에 비해 exp(0.87) = 2.39배 만큼 전립선암일 확률이 높으며, x선 결과가 좋지 않은 그룹(xray=1)은 x선 결과가 좋은 그룹에 비해 exp(1.80) = 6.05배 만큼 전립선암일 확률이 높다고 할 수 있다.

연습문제

1. `mlbench` 패키지의 BostonHousing 자료에 대하여 `lm` 함수를 이용하여 다중 선형회귀를 적합하고 결과를 해석하라. 참고로 R에서 다음과 같은 방법을 통해 BostonHousing자료를 이용할 수 있다.

```
> library(mlbench)
> data(BostonHousing)
```

2. 다음의 코드를 이용하여 자료를 생성하라.

```
> set.seed(7)
> n = 100
> x1 = runif(n)
> x2 = x1/2 + rnorm(n, sd=0.1)
> eps = rnorm(n)
> y = 2 + 2*x1 + 0.3*x2 + eps
```

   (a) 위의 코드에서 사용된 회귀모형식으로 표현하라. 또한 `x1`과 `x2`에 대한 산점도를 그려보고 두 변수의 상관관계를 설명하라.

   (b) 출력변수는 `y`이고 입력변수는 `x1`과 `x2`인 다중선형회귀모형을 적합하고 회귀계수에 대한 유의성 검정 결과를 설명하라.

   (c) 출력변수는 `y`이고 입력변수가 각각 `x1`과 `x2`인 단순선형회귀모형을 적합하고 각 경우에 회귀계수의 유의성 검정 결과를 설명하라.

   (d) (b)-(c)의 결과를 종합적으로 설명하라.

3. 본문에 소개된 로지스틱 회귀 계수를 구하는 반복재가중 최소제곱 알고리즘을 R로 구현하고 예제의 자료에 대하여 `glm`에 의한 추정계수와 비교하라.

4. 다음 코드를 이용하여 자료를 생성하라.

```
> w = rnorm(500)
> z = rnorm(500)
> w2 = w^2
> x = (-1 + 3*w2 - 1*z)
> p = exp(x) / (1 + exp(x))
> y = rbinom(500, size=1, prob=p)
```

(a) y를 w와 z를 이용하여 로지스틱 회귀모형을 추정하고 절단값 0.5에서 오분류표(confusion matrix)를 작성하라. 이 모형은 자료의 생성모형이 아니다.

(b) y를 $w2$와 z를 이용하여 로지스틱 회귀모형을 추정하고 절단값 0.5에서 오분류표를 작성하라. 이 모형은 실제 자료가 생성모형이다.

(c) 두 로지스틱 회귀의 결과(계수, 가설검정, 오분류표)를 비교하라.

* 오분류표에 대한 내용은 4.2절을 참조하기 바란다.

3 의사결정론

본 장에서는 앞 장에서 설명한 선형회귀와 로지스틱회귀의 추정에 대한 의사결정론적 해석을 소개한다. 또한 일반적인 분류문제에서의 의사결정론과 이를 기반으로 개발된 판별분석을 소개하며, 변수선택문제를 다룬다.

3.1 회귀분석에 대한 의사결정론*

3.1.1 자료 구조와 손실함수

입력과 출력변수의 쌍을 $Z = (Y, X)$라 하자. 여기서 $Y \in \mathbb{R}$이고 $X \in \mathbb{R}^p$이므로 $Z \in \mathbb{R}^{p+1}$이 된다. 확률벡터 Z의 분포함수를 P_Z로 나타내자. 의사결정론 관점에서 회귀분석을 설명하기 위해서는 두 가지를 정해야 하는데, 하나는 분석에서 고려되는 함수공간 $\mathcal{F}$이고 다른 하나는 손실함수 L이다. 그러면, 회귀분석에서 구하고자 하는 함수는 함수공간 $\mathcal{F}$에 있는 함수 중 기대손실(또는 모위험함수, population risk) $R(f) = \mathbb{E}[L(Y, f(X))]$를 최소로 하는 함수가 되며 이를 **회귀함수**(regression function)라고 부른다.

회귀분석은 입력변수로부터 출력변수를 예측하는 함수(즉, $\mathbb{R}^p$ 공간에서 $\mathbb{R}$로 대응시키는 함수)를 찾는 것이기 때문에 고려되는 함수공간은 $\mathbb{R}^p$를 정의역으로 $\mathbb{R}$을 치역으로 갖는 함수들의 집합이다. 그러나 모든 함수를 다 고려할 경우 최적의 함수를 찾는 것은 이론적으로 거의 불가능하고, 가능하더라도 유한개의 자료를 가지고 추정해야 하므로 그 예측력은 매우 떨어질 수 있다. 따라서 $\mathbb{R}^p$에서 $\mathbb{R}$로의 모든 함수들의 공간에 대한 적절한 부분공간 $\mathcal{F}$를 고려한다. 예를 들면, 선형회귀의 경우 $\mathcal{F} = \{f(x) = x^T\beta : \beta \in \mathbb{R}^p\}$이 되며, 함수공간의 원소는 회귀계수 β와 일대일 대응이 된다.

손실함수의 선택은 분석목표에 따라서 달라지며 손실함수의 선택 이론은 이 책의 수준을 넘어선다. 따라서 주 손실함수에 대하여 간략하게 소개하도록 한다. 대표적인 손실함수로는 제곱손실(squared error loss)함수가 있는데 $f \in \mathcal{F}$에 대하여 $L(y, f(x)) = (y - f(x))^2$로 정의된다. 또 다른 손실함수로는 절대값손실(absolute error loss)함수 $L(y, f(x)) = |y - f(x)|$가 있다. 제곱손실함수는 오차의 분포가 정규분포인 경우에 가장 효율적인 추정량을 제공하며 절대값손실함수는 이상치에 둔감한 추정량을 제공한다. 여러 가지 다른 손실함수와 이들의 성질에 대해서는 참고문헌 Seber와 Lee (2003)를 살펴보기 바란다.

회귀함수는 손실함수의 선택에 따라서 달라진다. 예를 들어 $\mathbb{R}^p$에서 $\mathbb{R}$로의 모든 함수의 공간을 생각해 보자. 제곱손실함수를 사용하는 경우 회귀함수는 $\mathbb{E}(Y|X)$이고 절대값손실함수의 경우에는 $\text{median}(Y|X)$임을 보일 수 있다. 여기서 중요한 성질 중 하나는 회귀함수가 X와 Y의 결합확률분포에 의존하지 않고 X가 주어졌을 때 Y의 조건부 확률분포에만 의존한다는 것이다. 이러한 성질은 임의의 손실함수에 대하여 항상 성립한다.

X가 주어졌을 때 Y의 조건부 분포가 정규분포이면 기대값과 중간값이 같기 때문에 제곱손실함수와 절대값손실함수에 대응되는 회귀함수가 동일하다. 그러나 일반적으로는 이 두 손실함수에 대응되는 회귀함수는 일치하지 않는다. 따라서 회귀분석에서는 어떠한 손실함수를 사용하는가는 어떤 회귀함수를 추정하는가와 같은 의미이며, 주어진 문제의 특성에 따라 손실함수를 신중하게 결정야 한다. 제곱손실함수는 계산이 용이하고 추정량의 이론적 성질이 잘 알려져 있어서 일반적으로 널리 사용된다. 이 책에서도 회귀모형에서는 특별한 경우가

아니면 제곱손실함수를 사용하기로 한다.

3.1.2 회귀함수의 추정

앞 절에서 회귀분석의 목표는 회귀함수를 찾는 것임을 언급했다. 그러나 일반적으로 Z의 분포인 $\mathbb{P}_Z$를 모르기 때문에 회귀함수를 직접 구하는 것은 불가능하다. 따라서 훈련자료 $\{(x_i, y_i)\}_{i=1}^n$가 $\mathbb{P}_Z$로부터의 확률표본(random sample)이라는 가정하에 주어진 훈련자료를 이용하여 회귀함수를 추정하게 된다. 훈련자료를 이용하여 회귀함수를 추정하는 방법은 크게 두 가지가 있다. 하나는 회귀함수를 직접 추정하는 것이고, 다른 하나는 모위험함수를 추정한 후 추정된 모위험함수를 최소로 하는 함수를 구하는 것이다.

먼저 회귀함수를 직접 추정하는 방법에 대해서 살펴보자. 함수공간이 선형모형인 경우 회귀함수는 $x^T\beta^*$로 주어지고 대응되는 회귀계수 β^*는 다음과 같다:

$$\beta^* = (\mathbb{E}(XX^T))^{-1}\mathbb{E}(XY). \tag{3.1}$$

$\mathbb{E}(XX^T)$와 $\mathbb{E}(XY)$의 적률추정량(moment estimator)은 $\boldsymbol{X}^T\boldsymbol{X}/n$과 $\boldsymbol{X}^Ty/n$이다. 여기서 $\boldsymbol{X}$는 $n \times p$설계행렬로써 i번째 행이 x_i^T이고 $y = (y_1, \ldots, y_n)^T$이다. 이 추정량을 회귀함수에 대응하는 회귀계수 (3.1)에 대입하면 앞 장에서 소개되었던 최소제곱 추정량을 얻게 된다. 즉, 최소제곱 추정량은 회귀함수에 대한 적률추정량임을 알 수 있다.

두번째 방법은 모위험함수의 추정량인 경험위험함수를 이용하며 이러한 방법을 경험위험 최소추정법(empirical risk minimization)이라고 부른다. 모위험함수는 $\mathbb{E}_Z L(Y, f(X))$이므로 이에 대한 자연스러운 추정량은 훈련자료에 대한 손실의 평균이다. 즉,

$$\sum_{i=1}^n L(y_i, f(x_i))/n$$

은 모위험함수의 추정치인 **경험위험함수**라 하며 이를 최소로 하는 함수가 회귀함수의 추정치가 된다. 선형회귀에서 경험위험함수는 잔차제곱합이 되고, 이를 최소화하는 최소제곱 추정량이 회귀함수의 추정량이 된다.

앞에서 소개한 회귀함수를 추정하는 두 가지 방법 중 경험위험함수를 이용하는 방법이 더 많이 사용된다. 그 이유는 다음과 같다. 1) 회귀함수를 구하지 않아도 되고, 2) 추정을 위해서 최적화를 적용할 수 있고, 3) 추정량의 성질에 대한 이론적 연구가 용이하기 때문이다. 제곱손실함수를 제외한 많은 손실함수에서는 회귀함수가 명시적으로 주어지지 않으며 회귀함수를 직접 추정하는 것은 매우 어렵다. 반면 경험위험함수는 이 경우에도 잘 정의가 되기 때문에 최적화 문제만 풀 수 있으면 추정량을 구할 수 있다. 또한 직접적으로 회귀함수를 추정하는 방법은 회귀함수가 알려진 경우에도 어떻게 추정해야 하는가를 결정해야 한다. 회귀함수를 추정하는 방법은 여러 가지가 있을 수 있고 이들중 하나를 선택하는 것은 그 자체로도 매우 어려운 문제이다. 이에 비해 경험위험함수를 이용하면 어떤 추정방법을 적용할 것인가를 고려할 필요가 없다. 단지 최적화 문제를 풀기만 하면 된다. 마지막으로 경험위험함수의 이론적 성질을 이용하여 회귀함수 추정량의 이론적 성질을 쉽게 규명할 수 있다. 경험위험함수는 모위험함수의 표본평균이므로 대수의 법칙, 중심극한정리 등 여러 가지 잘 알려진 이론적 사실들을 적용하여 그 성질을 연구할 수 있다.

3.2 로지스틱 회귀에 대한 의사결정론*

선형회귀모형과 마찬가지로 $Z = (X, Y)$를 입력변수와 출력변수의 쌍이라 하자. 여기서 $X \in \mathbb{R}^p$인 확률벡터이고 $Y \in \{0, 1\}$을 갖는 확률변수이다. 함수공간 $\mathcal{F}$는 $\mathbb{R}^p$에서 $\mathbb{R}$로의 모든 함수의 집합 또는 선형함수의 집합이라고 하자. 로지스틱 회귀모형에서는 다음의 로지스틱손실함수가 흔히 사용된다.

$$L(y, f(x)) = -\{y \log p(x) + (1 - y) \log(1 - p(x))\} \tag{3.2}$$

여기서 $p(x) = \exp(f(x))/(1+\exp(f(x)))$이다. 로지스틱손실함수는 $p(x) = \mathbb{P}(Y = 1|X = x)$이면, 즉 $Y|X$가 $Beronoulli(p(X))$분포를 따르는 경우, 로지스틱손실함수는 음의 로그 우도함수가 된다.

$f^*(x)$를 모위험함수를 최소로 하는 회귀함수라 하자. 그러면 로지스틱손실함수에 대한 회귀함수는

$$f^*(x) = \log\left(\frac{\mathbb{P}(Y=1|X=x)}{\mathbb{P}(Y=0|X=x)}\right) \tag{3.3}$$

임을 보일 수 있다. 이 경우에도 회귀함수가 X의 분포에는 의존하지 않고 $Y|X$의 분포에만 의존함을 알 수 있다. f^*의 추정을 위하여 경험위험 최소추정법을 적용하면 추정된 회귀함수는 최대우도추정량(maximum likelihood estimator)이 된다.

3.3 분류에 대한 의사결정론*

분류는 출력변수 Y가 $\mathcal{K}$의 값 중 하나를 갖을 때 주어진 독립변수 X에 대하여 Y를 예측하는 것으로 볼 수 있다. 이 절에서는 논의의 편의상 $\mathcal{K}=\{-1,1\}$인 이진 분류문제에 대한 의사결정론을 소개하고 이를 바탕으로 여러 가지 분류방법들을 소개한다.

분류 문제는 수학적으로는 최적의 분류기(classifier) $C(x):\mathbb{R}^p \to \mathcal{K}$를 찾는 문제이다. 분류에서는 회귀분석과는 달리 다음과 같은 이상적인 손실함수가 존재한다.

$$L(z, C) = I(C(x) \neq y).$$

이를 0-1손실함수라고 부르며 올바르게 분류된 경우 0의 값을 주고 잘못 분류된 경우는 1의 값을 준다. 베이즈 분류기(Bayes classifier) C^* 는 모든 분류기 공간에서 0-1손실함수에 대한 모위험함수를 최소로 하는 분류기로 정의된다. 베이즈 분류기의 모위험함수 $\mathbb{P}_Z(Y \neq C^*(X))$를 베이즈 위험(Bayes risk)이라 부른다. 회귀분석과 마찬가지로 실제 문제에서는 Z의 분포 또는 $Y|X$의 분포가 미지이므로 베이즈 분류기를 직접 구할 수는 없다. 따라서 훈련자료 $(x_1, y_1), \ldots, (x_n, y_n)$를 이용하여 베이즈 분류기를 추정하게 된다.

베이즈 분류기를 추정하는 방법은 크게 두 가지가 있다. 하나는 $\mathbb{P}(Y=k|X=x), k \in \mathcal{K}$를 추정하고 이 조건부 확률 추정치를 최대로 하는 클래스로 분류하는

방법이다. $\mathbb{P}(Y = k|X = x)$ 추정치를 $\hat{\mathbb{P}}(Y = k|X = x)$이라 하면, 대응되는 분류기 추정치는

$$\hat{C}(x) = \text{argmax}_k \hat{\mathbb{P}}(Y = k|X = x)$$

가 된다. 이러한 방법은 베이즈 분류기가 다음과 같이 주어진다는 사실을 이용한 것이다.

$$C^*(x) = \text{argmax}_k \mathbb{P}(Y = k|X = x).$$

다른 하나는 주어진 분류기 공간 $\mathcal{C}$에 대해서 $\sum_{i=1}^n I(y_i \neq C(x_i))/n$을 최소로 하는 분류함수를 찾는 경험위험 최소추정법이다.

첫번째 방법은 조건부 확률을 추정하여 베이즈 분류기를 추정하는 방법으로서 로지스틱회귀가 그 대표적인 예이다. $\hat{\beta}$를 로지스틱회귀의 추정계수라고 하면 $\text{sign}\{\hat{f}(x) = x^T\beta\}$로 분류함수를 추정할 수 있다. 이 밖에도 조건부 확률을 추정하는 방법은 여러 가지가 있으며, 다음 절의 판별분석도 그러한 방법들중 하나이다.

두번째 방법인 경험위험 최소추정법은 최적화할 목적함수가 볼록(convex)이 아니기 때문에 실제 계산도 어렵고 여러 가지 이론적인 문제도 있기 때문에, 0-1손실함수에 의해 정의되는 경험위험 대신 계산이 쉬운 대체손실(surrogate loss) 함수를 이용한다. 대체손실함수 V를 이용한 의사결정론에서는 대체모위험 함수 $R_V(f) = \mathbb{E}_Z V(Z, f)$를 최소화하는 분류함수 f_V^*를 구한 후 분류기 $C_V(x) = \text{sign}(f_V^*(x))$를 얻게 된다. 이때 대체손실함수를 이용하여 구한 최적의 분류기 $C_V^*(x)$와 베이즈 분류기가 일치하는 경우에 대체실함수는 Fisher 일치성(Fisher consistency)을 갖는 대체손실함수라고 부른다.

모든 가능한 함수공간상에서 Fisher 일치성을 갖는 손실함수는 다음과 같은 예들이 있다. 각 손실함수에 대한 Fisher 일치성의 증명은 연습문제로 남긴다.

- 로지스틱손실함수: $\log(1 + \exp(-Yf(X)))$.
- 지수손실함수: $\exp(-Yf(X))$.
- 제곱손실함수: $(Y - f(X))^2$.

- 경첩손실함수(hinge loss): $\max(1 - Yf(X), 0)$.

- ψ손실함수: $I(Yf(X) < 0) + \max(1 - Yf(X), 0)I(0 \le Yf(X))$.

위의 대체손실함수 중에서 처음 4개는 볼록함수이고 그 중 경첩손실함수를 제외한 3개의 손실함수는 순볼록(strictly convex) 함수로서 미분이 가능하다. 마지막의 ψ손실함수는 볼록함수도 아니고 미분도 가능하지 않다. 실제 분류문제에서 어떠한 손실함수를 써야하는가는 이론적으로 매우 어려운 문제이며 현재 통계적 학습이론 분야에서 활발한 연구가 진행되고 있다. 자세한 내용은 이 책의 범위를 넘어가므로 생략하기로 한다.

분류문제에서는 어떠한 대체손실함수를 사용했는가에 따라서 손실함수를 이용하는 방법, 최적화 알고리즘, 모형의 해석 등이 다르기 때문에 각각의 분류방법이 결정된다. 로지스틱손실함수를 사용하는 경우 로지스틱 회귀라고 부르고, 지수손실함수를 사용하는 경우를 부스팅, 경첩손실함수를 사용하면 서포트 벡터기계(support vector machine)라고 한다. 부스팅을 비롯한 앙상블 기법과 서포트 벡터 기계 등은 2부의 데이터마이닝의 고급 방법론에서 자세히 설명하기로 한다.

참고. 본 절에서는 두개의 클래스를 $\mathcal{K} = \{-1, 1\}$로 구분하였고, 2장에서 로지스틱회귀모형을 설명할 때는 $\mathcal{K} = \{0, 1\}$로 구분하였다. 두 개의 구분은 기호의 편의를 위하여 사용되는 것이며, 같은 결과를 제공한다는 것은 쉽게 알 수 있다.

3.4 판별분석

$\mathcal{K} = \{0, 1\}$인 이진분류문제에서 $Y = y$일때 X의 조건부 확률밀도함수를 $f_y(x)$라고 하고 $\pi_y = \mathbb{P}(Y = y)$라고 하자. 베이즈 정리에 따르면

$$\mathbb{P}(Y = y | X = x) = \frac{\pi_y f_y(x)}{\pi_0 f_0(x) + \pi_1 f_1(x)} \tag{3.4}$$

이다. 베이즈 분류함수를 추정하기 위해서 먼저 $f_y(x)$와 π_y를 추정하여 $\mathbb{P}(Y = y|X = x)$에 대한 추정값을 얻고 입력변수의 값이 주어지면

$$C^*(x) = \max_{k \in \mathcal{K}} \mathbb{P}(Y = k|X = x). \tag{3.5}$$

를 이용하여 y값을 예측할 수 있다.

판별분석에서는 각 집단의 확률밀도함수 $f_y(x)$를 다변량 정규분포 $N_p(\mu_y, \mathbf{\Sigma}_y)$라고 가정하고 분류함수를 추정한다. 판별분석은 본래 R. A. Fisher가 처음 제안하였는데, Fisher는 정규분포의 성질을 이용하지 않고 기하학적으로 분류문제를 해석하여 판별분석을 개발하였다. 그 이후에 의사결정론과 다변량정규분포로부터 Fisher의 판별분석을 설명할 수 있음이 밝혀졌다.

먼저 각 집단의 공분산행렬이 동일한 경우($\mathbf{\Sigma}_0 = \mathbf{\Sigma}_1 = \mathbf{\Sigma}$)를 생각해보자. 베이즈 분류기는 $C^*(x) = (\text{sign}(f^*(x)) + 1)/2$이며

$$f^*(x) = x^T \mathbf{\Sigma}^{-1}(\mu_1 - \mu_0) - \frac{1}{2}(\mu_1^T \mathbf{\Sigma}^{-1}\mu_1 - \mu_0^T \mathbf{\Sigma}^{-1}\mu_0) + \log\left(\frac{\pi_1}{\pi_0}\right)$$

로 주어진다. 이 경우 최적의 분류함수 $f^*(x)$가 선형이고, 이러한 방법을 특별히 선형판별분석(linear discriminant analysis)이라고 부른다.

다음으로 공분산행렬이 다른 경우에는 베이즈 분류기는 $C^*(x) = (\text{sign}(f^*(x)) +1)/2$이고

$$\begin{aligned} f^*(x) &= -\frac{1}{2}\Big((x-\mu_1)^T \mathbf{\Sigma}_1 (x-\mu_1) - (x-\mu_0)^T \mathbf{\Sigma}_0 (x-\mu_0)\Big) \\ &\quad -\frac{1}{2}\log\Big(\frac{|\mathbf{\Sigma}_1|}{|\mathbf{\Sigma}_0|}\Big) + \log\left(\frac{\pi_1}{\pi_0}\right) \end{aligned}$$

로 주어진다. 여기서 $f^*(x)$는 이차함수이고, 따라서 이러한 방법을 이차판별분석(quadratic discriminant analysis)이라고 부른다.

훈련자료 $(x_1, y_1), \ldots, (x_n, y_n)$가 주어지면 다음과 같이 모수를 추정하며 이를

이용하여 분류함수를 추정한다.

$$\begin{aligned}\hat{\pi}_y &= \sum_{i=1}^{n} I(y_i = y)/n,\\ \hat{\mu}_y &= \sum_{i=1}^{n} x_i I(y_i = y)/\sum_{i=1}^{n} I(y_i = y),\\ \hat{\mathbf{\Sigma}}_y &= \sum_{i=1}^{n}(x_i - \hat{\mu}_y)(x_i - \hat{\mu}_y)^T I(y_i = y)/(\sum_{i=1}^{n} I(y_i = y) - 1),\\ \hat{\mathbf{\Sigma}} &= \sum_{y=1}^{2}\sum_{i=1}^{n}(x_i - \hat{\mu}_y)(x_i - \hat{\mu}_y)^T I(y_i = y)/(n-2).\end{aligned}$$

판별분석은 클래스의 수가 2개 이상인 경우로 쉽게 확장이 된다. 만약 $\mathcal{K} = \{1, \ldots, K\}$이면

$$\mathbb{P}(Y = y|X = x) = \frac{\pi_y f_y(x)}{\sum_{k=1}^{K} \pi_k f_k(x)}$$

가 되며, π_k와 $f_k(x)$를 자료를 통하여 추정을 하면 대응되는 분류기를 추정할 수 있다.

Fisher의 판별분석을 이용할 경우 입력변수에 대한 차원축소(dimension reduction)가 가능하다. 만일 $\mathcal{K} = \{1, \ldots, K\}$이고 X의 차원이 $p > K$ 일때 클래스간의 공분산을 $\boldsymbol{B}$라고 하고 클래스내의 공분산을 $\boldsymbol{W}$라고 하자. 그러면 다음을 만족하는 $Z_1 = \hat{a}^T X$를 찾을 수 있다.

$$\hat{a} = \arg\max_a \frac{a^T \boldsymbol{B} a}{a^T \boldsymbol{W} a} \quad \text{subject to } a^T \boldsymbol{W} a = 1.$$

Z는 관측변수들의 선형결합으로서 가장 높은 판별력을 가지는 첫번째 판별변수가 된다. 마찬가지로 판별변수 $Z_k, k = 2, \ldots, K$를 순차적으로 찾을 수 있다. 즉, $Z_k = \hat{a}_k^T X$이고

$$\hat{a}_k = \arg\max_a \frac{a^T \boldsymbol{B} a}{a^T \boldsymbol{W} a} \quad \text{subject to } a^T \boldsymbol{W} a = 1 \text{ and } a_k^T a_l = 0, l = 1, \ldots, k-1.$$

결국 K개의 중심점을 선형함수로 분리하는 문제이므로 그 차원이 기껏해야 $K-1$이므로 $K-1$개 이내의 판별변수를 구하여 분류할 수 있게 된다. 따라서 $p > K$인

경우 차원이 큰 모수들을 추정하는 것보다는 이러한 방식으로 적은 수의 판별변수를 구하는 것이 더 효율적이라고 할 수 있다. Fisher의 판별분석에 대한 자세한 사항은 Duda (2001)을 참조하기 바란다.

마지막으로 대표적인 확률추정법인 판별분석과 로지스틱회귀모형의 특징 비교해보자. 첫째, 판별분석은 정규분포를 가정하고 $\mathbb{P}(Y = 1|X = x)$을 추정하여 분류하는 방법으로서 자료의 생성모형(generative model),즉 결합분포에 기반한 방법이다. 이에 비해 로지스틱 회귀모형은 $\mathbb{P}(Y = 1|X = x)$에 대하여 특정 분포를 가정하는 것이 아니라 특정한 연결함수를 이용하는 기술모형(descriptive model) 기반의 방법이다. 즉, (Y, X)의 결합분포의 정의가 없이도 사용이 가능하다. 둘째, 판별분석은 차원축소가 가능하므로 이를 이용한 자료 분석이나 부분공간을 활용한 군집분석(cluster analysis)에 적용될 수 있다. 셋째, 로지스틱 회귀의 경우 분포에 대한 가정을 하지 않기 때문에 적용범위가 더 넓다고 할 수 있다. 또한, 로지스틱회귀모형에 변수선택방법을 적용하면 입력변수의 차원을 적절히 줄일 수 있어서 고차원 자료에서도 큰 무리없이 사용할 수 있다. 이러한 이유로 실제 자료분석에서는 판별분석보다는 로지스틱 회귀모형이 널리 사용되고 있다.

3.5 변수선택

3.5.1 변수선택이 필요한 이유

변수선택은 출력변수(Y)에 대하여 여러 입력변수들(X)이 주어졌을 때 출력변수의 값에 대하여 설명력이 있는 입력변수들을 선택하는 것이다. 변수선택이 필요한 이유는 설명력이 없는 변수들이 모형에 포함되면 입력과 출력변수간의 올바른 관계를 알기가 어렵게 되며 올바른 모형에 비해 예측오차가 증가할 수 있기 때문이다.

훈련자료를 이용하여 모형을 구축할 때, 설명력이 없는 입력변수들이 모형에 추가되어도 일반적으로 훈련자료의 경험위험값은 줄어들게 된다. 따라서 경험위험값만을 이용하여 모형을 구축하면 예측오차(모위험함수 값)가 증가하는 소위

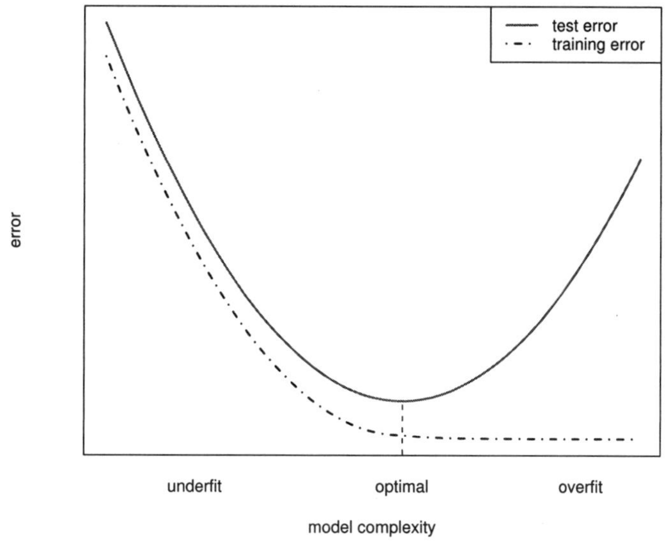

그림 3.1: 훈련오차, 예측오차, 모형의 복잡도의 관계

과대적합(overfitting) 문제가 발생한다. 그러한 이유로 입력변수의 갯수가 작을 때에는 가설검정을 통하여 유의한 변수를 찾아내지만 변수의 갯수가 큰 경우에는 검정 자체가 쉽지 않게 된다. 또한 입력변수들간에 다중공선성이 존재하면 더 복잡한 문제를 야기하게 된다. 따라서 실제로 유의한 입력변수들을 찾기 위해서는 경험위험값이 아닌 별도의 변수선택 기준이 필요하게 된다. 그리고 변수선택을 통해 많은 입력변수들 중에 유의한 변수들을 선택하는 경우 추정된 모형에 대한 해석 및 적용이 쉬운 장점이 있다.

그림 3.1은 일반적인 학습에서 모형의 복잡도(model complexity)에 따른 경험위험함수값(훈련오차, training error)과 모위험함수값(예측오차, test error)을 예시한다. 변수선택 문제는 또한 모형의 복잡도와 관련지어 생각해 볼 수도 있다. 여기서 모형의 복잡도란 모형에서 사용된 변수의 개수로 정의된다. 모형구축시 복잡한 모형을 사용하면 일반적으로 추정량과 모수와의 편의는 줄어들지만 추정량의 분산이 커지는 현상이 나타나며, 반대로 단순한 모형을 사용하면 추정량의

편의는 커지지만 추정량의 분산이 작아지게 된다. 이러한 현상을 편의와 분산의 상충(bias-variance tradeoff)이라고 한다. 지나치게 복잡한 모형을 선택할 경우 훈련자료에서는 경험위험값이 거의 0에 가깝게 되지만 예측오차가 크게 나타난다. 그러므로 적절한 복잡도를 갖는 모형을 선택해야 한다. 이를 위해 모형의 복잡도를 바탕으로 적절한 측도를 이용하여 해석력과 예측력이 높은 모형을 찾아야 한다.

3.5.2 편의와 분산의 상충 예제

$i(=1,\ldots,n)$에 대하여 회귀모형

$$y_i = x_i^T\beta^* + \epsilon_i$$

을 생각해 보기로 한다. 여기서 $x_i = (x_{i1},\ldots,x_{ip})^T \in \mathbb{R}^p$, $\beta^* = (\beta_1^*,\ldots,\beta_p^*)^T \in \mathbb{R}^p$, $\epsilon_i \overset{iid}{\sim} N(0,\sigma^2)$라 하자. β^*에서 처음 $k(1 < k < p)$개의 계수는 0이 아니고 나머지 $p-k$개의 계수는 0값을 갖는다고 가정하자. 즉, p개의 입력변수들중 유의한 변수는 앞의 k개의 입력변수이다. 논의의 편의를 위해 입력변수들이 서로 직교한다고, 즉 설계행렬 $\boldsymbol{X}$에 대하여 $\boldsymbol{X}^T\boldsymbol{X} = \boldsymbol{I}_p$라고, 가정하자.

주어진 $l \le p$개의 입력변수들을 이용하여 추정량 β를 구하고 주어진 $x \in \mathbb{R}^p$에서의 제곱손실함수에 대한 모위험(또는 예측오차) $\mathbb{E}(x_{1:l}^T\hat{\beta}_{1:l} - x_{1:l}^T\beta_{1:l})^2$를 구해보면 표 3.1을 얻게 된다. 여기에서 $v \in \mathbb{R}^k$에 대하여 $v_{a:b} = (v_a,\ldots,v_b)^T$이고 차원이 부족한 경우는 나머지 해당 차원의 회귀계수는 0이라고 이해하기 바란다.

표 3.1: 입력변수의 갯수에 따른 모위험

입력변수의 갯수	모위험
$s < k$	$(1 + x_{1:s}^T x_{1:s})\sigma^2 + (\sum_{i=s+1}^k x_i\beta_i^*)^2$
k	$(1 + x_{1:k}^T x_{1:k})\sigma^2$
$l > k$	$(1 + x_{1:l}^T x_{1:l})\sigma^2$

앞의 l개의 변수를 선택한 경우에는 과대적합, 앞의 s개의 변수를 사용하는

경우 과소적합(underfitting) 문제가 발생한다. 표 3.1 보면 실제 영향을 주는 모든 변수를 사용하지 않는 과소적합의 경우 분산은 최적모형에 비해 $x_{s+1:k}^T x_{s+1:k}\sigma^2$ 만큼 줄어들지만 편의의 제곱은 $(\sum_{i=s+1}^k x_i\beta_i)^2$으로 큰 값을 갖는다. 반면 과대적합하여 지나치게 많은 변수를 사용한 경우 편의항은 없지만 최적모형에 비해 분산이 $x_{k+1:l}^T x_{k+1:l}\ \sigma^2$만큼 증가하게 된다. 결국 모형의 복잡도가 작을수록 분산은 작으나 편의가 크고 모형의 복잡도가 클수록 편의는 없어지나 분산이 커지기 때문에 예측오차를 작게 하기 위해서는 적절한 복잡도를 갖는 모형을 고려해야 한다.

3.5.3 모형의 복잡도와 모형의 선택방법

이제 모형의 복잡도에 기반하여 모형을 선택하는 방법에 대하여 알아보자. 선형회귀모형과 로지스틱 회귀모형에서 모형의 복잡도는 일반적으로 사용된 입력변수들의 차원, 또는 추정된 회귀계수의 수로 정의된다. 모형을 선택하기 위해서는 (1) 후보 모형군을 생성해야 하며, (2) 후보 모형군 중 최적의 모형선택을 위한 방법이 필요하게 된다.

후보모형을 생성하기 위해서는 먼저 서로 다른 여러 모형들의 집합을 만든다. 예를 들면 p개의 변수가 주어졌을 때 $p+1$개의 모형집합 $M_0, \ldots, M_p$를 만든다. 이때 M_0는 절편만 이용한 모형을 나타내고, M_k는 절편과 k개의 변수를 사용한 모형들로 이루어진 집합이다. 각각의 모형집합은 어떤 변수를 사용했는가에 따라 여러 모형들이 존재한다. 예를 들어 모형집합 M_2의 경우 $\binom{p}{2} = \frac{p(p+1)}{2}$개의 모형들이 존재하게 되며 전체 모형의 갯수는 $\sum_{k=0}^p \binom{p}{k} = 2^p$이다. 앞으로 모형집합 M_k에 속하는 모형들을 $M_k(i), i = 1, \cdots, \binom{p}{k}$로 표기하도록 하자. 모형집합들 각각에 대해서 적절한 기준에 따라 최적의 모형을 선택하게 되며, 이들 모형이 후보모형군이 된다. 그리고, 이 후보모형군들 중에서 최적의 모형을 선택하는데, 이때 사용되는 방법으로는 벌점함수법, 확인자료(validation data)를 이용하는 방법, 교차확인법(cross validation) 등의 방법이 있다.

복잡도가 다른 여러 개의 후보모형군에서 최적 모형을 선택하기 위해서는 적절한 방법이 필요하다. $Ind(M)$은 주어진 모형 M이 사용한 변수들의 첨자들의 집합을 나타낸다고 하자. 다음은 흔히 사용되는 최적모형 선택 알고리즘들이다.

전모형탐색법(all possible search)

모든 모형집합 $M_0, \ldots, M_p$에 대해서 적절한 점수(score)를 매겨 최적의 모형을 선택하는 방법이다. 이때 점수가 작은 모형이 더 높은 예측력을 가진다고 하자. 그러면 모형집합 M_k에 속하는 모형들의 점수를 $Sc(M_k(i))$라고 할 때, 전모형탐색법은 다음과 같이 모형 $M_{k^*}(i^*)$를 선택한다:

$$(k^*, i^*) = \arg\ \min_{k,i} Sc(M_k(i)).$$

이 방법은 모든 모형에 대한 점수를 알 수 있다는 장점이 있으나, 전체 모형을 탐색해야 하므로 많은 시간이 걸리는 단점이 있다. $p = 30$만 되어도 상당한 시간이 소요되며 기껏해야 $p \leq 100$인 경우에 적용할 수 있는데, 보통은 p가 30-40개 정도인 경우에 적용된다.

전진선택법(forward selection)

전진선택법은 전모형탐색법의 계산상의 문제를 해결하기 위하여 개발되었으며, 다음과 같이 최적모형을 찾는다.

1. $\mathcal{I}_0 = \{0\}$로 초기화한다.

2. $l = 1, \ldots, p$에 대하여 다음을 실행한다.

   (a) $\mathcal{I}_{l-1} = Ind(M_{l-1}(k))$일때 모형집합 M_l에서 다음 모형을 선택한다.

   $$M_l(i^*), i^* = \arg\ \min_{i:\mathcal{I} \subset Ind(M_l(i))} Sc(M_l(i)).$$

   (b) $\mathcal{I}_l = \mathcal{I}_{l-1} \cup \{i^*\}$

3. M_k^*를 $\mathcal{I}_k$에 있는 변수만을 사용한 모형으로 정의하고, $M_k^*, k = 0, \ldots, p$중 $Sc(M_k^*)$를 최소로 하는 모형을 최적모형으로 선택한다.

전진선택법은 그 방법이 이해하기 쉽고 변수의 갯수가 많은 경우에도 사용할 수 있다는 장점이 있어서 많이 사용된다. 그러나 최적의 모형을 선택하지 못할 수도 있으며 변수값의 작은 변동에도 그 결과가 크게 달라지는 등 안정성이 부족하다.

후진소거법(backward elimination)

1. $\mathcal{I}_p = \{0, 1, \cdots, p\}$로 초기화한다.

2. $l = p, \ldots, 1$에 대하여 다음을 실행한다.

   (a) $\mathcal{I}_l = Ind(M_l(k))$일 때 모형집합 M_l에서 다음과 같이 모형을 선택한다.

   $$M_{l-1}(i^*), i^* = \arg \min_{i:Ind(M_{l-1}(i)) \subset Ind(M_l(k))} Sc(M_{l-1}(i)).$$

   (b) $\mathcal{I}_{l-1} = \mathcal{I}_l - \{i^*\}$

3. M_k^*를 $\mathcal{I}_k$에 있는 변수만을 사용한 모형으로 정의하고, $M_k^*, k = 0, \ldots, p$중 $Sc(M_k^*)$를 최소로 하는 모형을 최적모형으로 선택한다.

후진소거법은 가장 큰 모형에서 출발하므로 전체 변수들의 정보를 이용한다는 장점이 있으나, 변수의 갯수가 많은 경우 사용하기 어려운 단점이 있다. 또한 최적모형을 선택하지 못하거나 변동이 큰 문제는 전진선택법과 상황이 크게 다르지 않다.

한편 전진 선택법과 후진 소거법을 결합하여 전진선택을 한번 하고 나서 후진소거법을 적용하는 단계적선택법(stepwise selection)이 있으나 입력변수의 개수가 많아지면 계산량이 많아져서 실제 자료 분석에서는 널리 사용되지 않는다.

3.5.4 최적의 모형선택기준

앞절의 최적 모형선택을 위한 알고리즘을 적용하기 위해서 후보모형군 M_k^*에 대한 선택기준(또는 점수)이 필요하다. 먼저 전통적으로 사용되어온 선택기준으로는 다음과 같은 것들이 있다.

- 1/수정결정계수(adjusted R^2)

  결정계수 R^2는 입력변수가 많아질수록 항상 증가하므로 변수선택기준으로 사용하기에는 적합하지 않다. 그러나 수정결정계수는

$$R^2_{adj} = 1 - \frac{n-1}{n-k-1}(1-R^2)$$

  로 정의되며 입력변수의 갯수 k가 커지면 $1-R^2$는 줄지만 $\frac{n-1}{n-k-1}$가 증가하여 그 값이 k에 따라 항상 증가하지는 않는다. 따라서 1/수정결정계수(adjusted R^2)값이 최소인 모형을 선택할 수 있다.

- Mallow의 C_p

$$C_p = SSE/\hat{\sigma}^2 + 2(k+1) - n.$$

  변수의 갯수가 증가하면 오차제곱합은 감소하지만 $2(k+1)-n$이 증가하므로 C_p는 처음에는 감소하다 모형이 복잡해지면 다시 증가하게 된다. 그 값이 최소가 되는 모형을 선택할 수 있다.

벌점화된 선택기준

모형의 복잡도에 벌점을 주는 방법으로서 AIC(Akaike information criterion)와 BIC(Bayesian information criterion)가 대표적이다. 모형 M_k^*의 AIC와 BIC는 다음과 같이 정의할 수 있다.

$$\begin{aligned} \text{AIC} &= -2\sum_{i=1}^{n} l(y_i, x_i^T\hat{\beta})/n + 2k/n, \\ \text{BIC} &= -2\sum_{i=1}^{n} l(y_i, x_i^T\hat{\beta})/n + k\log(n)/n. \end{aligned}$$

여기서 $\sum_{i=1}^{n} l(y_i, x_i^T\beta)$는 로그 우도함수, $\hat{\beta}$는 모형 M_k^*하에서 β 에 대한 최대우도추정량, k는 추정된 모수들의 갯수를 나타낸다. 예를 들면, 절편이 포함된 선형회귀모형에서 추정된 모수의 개수는 사용된 변수의 개수에 1을 더한 것이 된다. 모든 후보 모형들에 대해 AIC 또는 BIC를 계산하고 그 중 최소가 되는 모형을 선택한다.

자료의 갯수가 늘어날 때 참인 모형이 주어진 모형선택 기준의 최소값을 갖게 되는 성질을 모형선택의 일치성(consistency in selection)이라고 한다. 이론적으로 AIC에 대해서는 일치성이 성립하지 않지만 BIC는 주요 분포에서 이러한 성질이 성립한다. 일반적으로 BIC는 AIC 에 비해 더 단순한 모형을 선택하게 되는 경향이 있으나 예측오차는 좋지 않다. 그밖의 벌점화된 선택기준으로는 RIC(Risk Inflation Criterion), CIC(Covariance Inflation Criterion), DIC(Deviation Information Criterion)등이 있다. 벌점화된 선택기준을 이용한 모형선택에 대한 자세한 내용은 Claeskens와 Hjort (2008)을 참고하기 바란다.

검증오차법

검증오차(validation error)법은 각 모형들의 예측력을 이용하여 점수를 산정하는 방법이다. 모형 M_k^*의 점수를 검증오차법으로 구하는 경우를 생각해보자. 먼저 주어진 자료를 훈련자료 $\mathcal{L} = \{(x_i, y_i)\}_{i=1}^l$와 검증자료 $\mathcal{V} = \{(x_i, y_i)\}_{i=1}^m$로 나눈다. 여기서 $n = l + m$이다. 훈련자료 $\mathcal{L}$에서 모형 M_k^*의 변수들을 사용하여 예측모형 $\hat{f}(\cdot)^{\mathcal{L}}$을 만든다. 다음으로 검증자료 $\mathcal{V}$를 이용해 검증오차

$$\sum_{i=1}^{m} L(\hat{f}(x_i)^{\mathcal{L}}, y_i)/m$$

를 구한다. 이 값은 대수의 법칙에 의해 예측오차(모위험함수값, 기대손실)로 수렴한다. 이런 방법으로 모든 모형들에 대해 검증오차를 계산하고 그 중 최소가 되는 모형을 선택한다. 검증오차법은 주어진 데이터의 갯수가 충분히 많은 경우에 사용하는 방법으로서 예측력에 초점을 맞춘 방법이라고 할 수 있다.

교차확인법

교차확인법은 검증오차법을 일반화한 것이다. 주어진 자료 $\{y_i, x_i\}_{i=1}^n$를 이용하여 모형 M_k^*의 점수를 교차확인법에 의해 구하는 경우를 생각해보자. 먼저 자료를 서로 배반(disjoint)이 되도록 무작위로 K개의 묶음(fold)들 $\mathcal{L}_1, \cdots, \mathcal{L}_K$로 분할한다. 여기서 $\mathcal{L}_k$들의 크기를 최대한 비슷하게 맞춘다. 그리고, $k(= 1, \ldots, K)$

에 대하여 $\cup_{l \neq k} \mathcal{L}_l$을 이용하여 $\hat{f}_k(x)$를 구하고 $\mathcal{L}_k$를 검증자료로 사용하여 검증오차를 구한다. 이렇게 구한 K개의 검증오차의 산술평균을 K-묶음 교차확인오차(k-fold cross validation) 라고 부른다. 이렇게 각각의 모형들에 대한 교차확인오차를 계산하고 그 값이 최소가 되는 모형을 선택한다. 또한 교차확인오차의 분산을 고려하여 최소값을 가지는 모형 근방(흔히 표준편차의 범위내에서)에서 가장 단순한 모형을 찾는 방법도 있다. 이러한 방법을 1-표준편차 규칙(1-standard deviation rule)이라고 한다.

예를 들어 100개의 자료를 임의로 20개씩 5개로 나누어 교차확인오차를 구할 때 묶음별로 0.10, 0.20, 0.15, 0.15, 0.15의 검증오차를 얻었다고 하자. 그러면 이들의 평균은 0.15, 분산은 0.0017이 된다. 묶음의 갯수를 크게 하면 대응되는 기대값에 대한 편의는 줄어들지만 분산이 커진다. 반대로 묶음의 갯수가 작아지면 편의는 커지지만 분산이 작아진다. 따라서 적절한 묶음의 갯수를 정해야 하는데, 일반적으로 5개 또는 10개의 묶음을 사용한다.

극단적으로 묶음의 갯수가 주어진 자료수 n과 일치하는 경우에는 각 $i(= 1, \ldots, n)$에 대하여 i번째 자료를 제외한 나머지로 예측모형을 만들고 i번째 자료로는 검증오차를 구하게 된다. 이러한 방법을 하나 남겨놓기(leave-one-out)라고 한다. 자료의 갯수가 많은 경우에는 계산량이 매우 많을 수 있다. 하지만, 특별한 경우에는 전체 자료를 이용한 모형을 통해 계산이 가능하며, 이 경우에는 n번 모형을 적합할 필요가 없이 단 한번만 적합하게 되는 것이다. 선형회귀모형의 경우 최소제곱추정량 $\hat{\beta} = \boldsymbol{X}(\boldsymbol{X}^T\boldsymbol{X})^{-1}\boldsymbol{X}^T Y$에 대하여 하나 남겨놓기의 교차확인오차는

$$\frac{1}{n}\sum_{i=1}^{n}\left(\frac{y_i - x_i^T\hat{\beta}}{1 - S_{ii}}\right)^2$$

로 계산됨이 알려져 있다. 여기서 $S_{ii} = \left(\boldsymbol{X}(\boldsymbol{X}^T\boldsymbol{X})^{-1}\boldsymbol{X}^T\right)_{ii}$이다. 또한 일반화교차확인법(generalized cross validation)은 교차확인오차에 대한 근사값을 제공하며 회귀분석의 경우

$$\frac{1}{n}\sum_{i=1}^{n}\left(\frac{y_i - x_i^T\hat{\beta}}{1 - \sum_{i=1}^{n} S_{ii}/n}\right)^2$$

를 사용한다. 교차확인에 관한 자세한 내용은 Hastie 외 (2009)를 참조바란다.

3.5.5 벌점화 방법과 변수선택*

과대추정으로 생기는 문제를 해결하는 방법으로 변수선택방법 이외에 벌점화 방법이 있다. 벌점화 기법의 기본적인 아이디어는 다음과 같이 분산과 편의의 관계로부터 설명된다. θ에 대한 추정치 $\tilde{\theta}$의 평균제곱오차(mean squared error, MSE)는

$$MSE(\tilde{\theta}) = \mathbb{E}(\tilde{\theta} - \theta)^2 = Var(\tilde{\theta}) + [\mathbb{E}(\tilde{\theta}) - \theta]^2$$

로 주어진다. 즉, 평균제곱오차는 추정치의 분산과 편의의 제곱의 합으로 이루어진다. 가우스 마코프 정리(Gauss Markov Theorem)에 의하면 선형회귀문제에서 최소제곱 추정치는 선형 불편(unbiased) 추정치 중에서 분산이 최소이다. 불편성에서 벗어나서 생각해 보면 편의가 있지만 분산은 작아서 전체 평균제곱오차 측면에서 최소제곱 추정치보다 좋은 추정치가 존재할 수 있다. 이 아이디어에 기반한 것이 소위 축소추정(shrinkage estimation)이다. 여기서 소개할 능형회귀 (ridge regression) 및 LASSO(Least Absolute Shrinkage and Selection Operator) 회귀는 최소제곱 추정에 대한 축소 추정법으로 간주될 수 있다. 벌점화 기법과 축소추정법에 대한 보다 광범위한 논의는 12장을 참고바란다.

능형회귀

능형회귀 추정치는 제약조건(constraint) $\sum_{j=1}^{p} \beta_j^2 \leq t^2$하에서

$$\hat{\beta}^{\text{ridge}} = \arg\min_{\beta} \sum_{i=1}^{n} \left(y_i - \beta_0 - \sum_{j=1}^{p} x_{ij}\beta_j \right)^2$$

로 주어지며 라그랑즈 승수법(Lagrange multiplier)에 의하면

$$\hat{\beta}^{\text{ridge}} = \arg\min_{\beta} \left\{ \sum_{i=1}^{n} \left(y_i - \beta_0 - \sum_{j=1}^{p} x_{ij}\beta_j \right)^2 + \lambda \sum_{j=1}^{p} \beta_j^2 \right\}$$

과 동치가 되는 λ가 존재한다. 여기서 $t \geq 0$이고 $\lambda \geq 0$이다. $t = 0$이면 모형은 상수항만을 포함하고 반대로 $t = \infty$이면 최소제곱법과 동일하다. 이 때 조율모수 t 또는 λ 의 선택을 위하여는 교차확인법이 흔히 사용된다.

본래 능형회귀는 $p > n$일때 최소제곱 추정치를 계산하기 위해 고안되었다. x_{ij}를 $x_{ij} - \bar{x}_j$로 그리고 y_i를 $y_i - \bar{y}_i$로 대체하면 상수항이 없는 회귀모형을 고려할 수 있다. $\boldsymbol{X}$를 $n \times p$ 행렬이라 하면 통상적인 최소제곱 추정치는 $\hat{\beta}^{LS} = (\boldsymbol{X}^T\boldsymbol{X})^{-1}\boldsymbol{X}^T y$ 로 주어지나 $p > n$인 경우에는 $(\boldsymbol{X}^T\boldsymbol{X})^{-1}$가 존재하지 않는다. 따라서 정규방정식

$$(\boldsymbol{X}^T\boldsymbol{X})\hat{\beta} = \boldsymbol{X}^T y$$

의 해는 유일하지 않다. 능형회귀 추정치는 위의 정규방정식에서 역행렬이 존재하도록 다음과 같이 $\boldsymbol{X}^T\boldsymbol{X}$에 대각행렬 $\lambda\boldsymbol{I}$를 더한 것이다.

$$\hat{\beta}^{ridge} = (\boldsymbol{X}^T\boldsymbol{X} + \lambda\boldsymbol{I})^{-1}\boldsymbol{X}^T y. \tag{3.6}$$

입력변수들이 서로 직교하는 경우(즉, $\boldsymbol{X}^T\boldsymbol{X} = \boldsymbol{I}$)에는

$$\hat{\beta}^{ridge} = \hat{\beta}^{LS}/(1+\lambda)$$

이다. $\lambda \geq 0$이므로 능형회귀 추정치 $\hat{\beta}^{ridge}$는 최소제곱 추정치 $\hat{\beta}^{LS}$의 축소된 추정치로 볼 수 있다. 이 추정치는 편의는 있지만 분산을 줄이면서 전반적인 예측오차를 줄인다.

LASSO 회귀

능형회귀는 축소 추정치를 주지만 변수선택은 하지 않는다. 따라서 고차원 자료의 경우 최종 모형에 대한 해석이 그리 용이하지 않다. Tibshirani (1996)가 제안한 LASSO 회귀는 축소와 변수선택을 통해 예측력을 향상시키는 동시에 최종 모형에 대한 해석을 용이하게 하는 방법이다. LASSO 추정치는 제약조건 $\sum_{j=1}^{p} |\beta_j| \leq t$하에서

$$\hat{\beta}^{\text{lasso}} = \arg\min_{\beta} \sum_{i=1}^{n} \left(y_i - \beta_0 - \sum_{j=1}^{p} x_{ij}\beta_j \right)^2$$

이며 능형회귀와 마찬가지로 라그랑즈 승수법에 의하면

$$\hat{\beta}^{\text{lasso}} = \arg\min_{\beta} \left\{ \sum_{i=1}^{n} \left(y_i - \beta_0 - \sum_{j=1}^{p} x_{ij}\beta_j \right)^2 + \lambda \sum_{j=1}^{p} |\beta_j| \right\}$$

와 동치가 되는 λ가 존재한다.

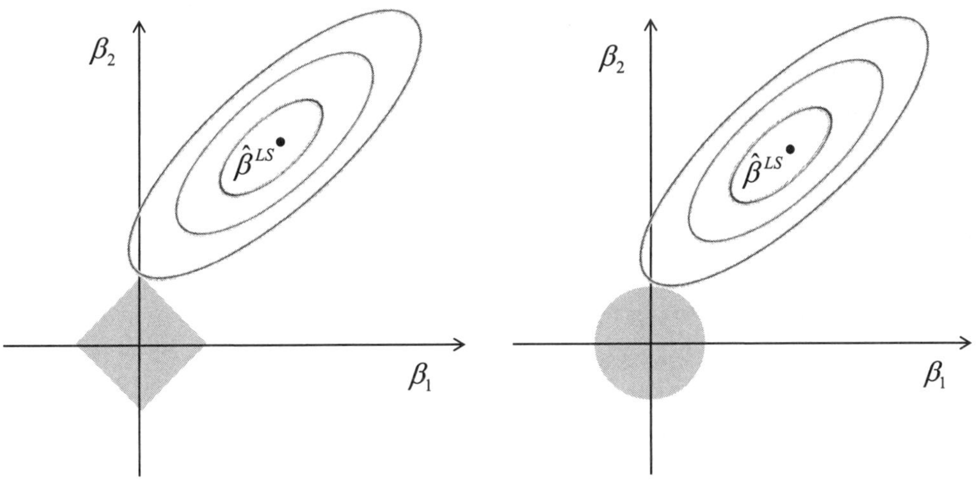

그림 3.2: 능형회귀와 LASSO 회귀의 비교

능형회귀와의 차이는 벌점이 l_2-노음(norm) $\sum_{j=1}^{p} \beta_j^2$에서 l_1-노음인 $\sum_{j=1}^{p} |\beta_j|$로 바뀌었다는 점이다. 그림 3.2는 변수가 2개인 경우에 대하여 이 둘의 차이를 그림으로 보여준다. 최소제곱추정치 $\hat{\beta}^{LS}$를 중심으로 그려진 타원들은 오차제곱합의 등고선들을 나타낸다. 안이 채워진 부분은 제약조건 $|\beta_1| + |\beta_2| \le t$와 $\beta_1^2 + \beta_2^2 \le t^2$을 만족시키는 계수값의 영역을 나타낸다. 각 계수 추정치는 등고선과 제약조건 영역이 만나는 점으로 주어지게 된다. 능형회귀의 경우 제약조건 영역이 원이므로 추정값이 모서리에 닿을 확률이 0이다. 이에 비해 LASSO는 영역이 정사각형이므로 상대적으로 추정값이 모서리에 닿아 계수값이 0이 될 가능성이 많다. LASSO는 설명력이 없는 입력변수들의 계수를 0으로 추정함으로써 자동적인 변수선택이 이루어진다. 또한 최적 부분집합 선택법은 특정 입력변수를 선택하거나 배제하는 불연속적인 변수선택법인 반면, LASSO는 축소를 통해

연속적으로 변수를 선택한다는 장점을 가진다.

최근 연구결과에 의하면 LASSO 추정은 변수선택 관점에서 일치성(model selection consistency)이 성립하지 않을 수 있다는 것이 밝혀졌다(Zou, 2006). 즉, LASSO에 의해 선택된 모형이 올바른 모형이 아닐 수 있다는 것이다. 이에 비해 Fan과 Li (2001)가 제안한 SCAD (smoothly clipped absolute deviation) 또는 Zou (2006)의 adaptive LASSO는 적절한 조건하에서 변수선택 관점에서 일치성을 가진다. 그러나 LASSO는 대체로 고차원인 유한표본 자료에서의 예측력이 다른 방법에 비해 좋기 때문에 여전히 많이 사용된다.

3.6 R 예제

3.6.1 선형회귀의 변수선택

이 절에서는 Hastie 외 (2009)의 전립선암 자료를 분석한다. 전립선암 자료는 8개의 입력변수와 1개의 출력변수로 구성되어 있다. 입력변수들로 `lcavol`은 종양부피의 로그, `lweight`는 전립선 무게의 로그, `age`는 환자의 연령, `lbph`는 양성 전립선 증식량의 로그, `svi`는 암이 정낭을 침범할 확률, `lcp`는 capsular penetration의 로그값, `gleason`은 Gleason 점수, `pgg45`는 Gleason 점수가 4 또는 5인 비율을 나타낸다. 출력변수는 전립선 수치의 로그인 `lpsa`이다. 입력변수가 출력변수에 미치는 영향을 선형회귀모형으로 분석하였다. 최적의 모형선택방법으로 AIC, BIC를 이용한 후진소거법을 사용하여 자료를 분석하였으며, 이를 위한 R 코드는 다음과 같다. 전립선암 자료는 R의 `ElemStatLearn` 패키지에 `prostate`라는 이름으로 저장되어 있다. 이 자료의 마지막 열에 있는 변수는 학습자료인지 예측자료인지를 나타내는 변수로 이번 분석에서는 사용하지 않는다.

```
> library(ElemStatLearn)
> Data = prostate
> data.use = Data[,-ncol(Data)]
> ### Linear regression - Backward selection using AIC & BIC
> lm.full = lm(lpsa~., data=data.use)
```

```
> backward.aic = step(lm.full, lpsa~1, direction="backward")
Start:  AIC=-60.78
lpsa ~ lcavol + lweight + age + lbph + svi + lcp + gleason +
    pgg45

          Df Sum of Sq    RSS     AIC
- gleason  1    0.0491 43.108 -62.668
- pgg45    1    0.5102 43.569 -61.636
- lcp      1    0.6814 43.740 -61.256
<none>                 43.058 -60.779
- lbph     1    1.3646 44.423 -59.753
- age      1    1.7981 44.857 -58.810
- lweight  1    4.6907 47.749 -52.749
- svi      1    4.8803 47.939 -52.364
- lcavol   1   20.1994 63.258 -25.467

Step:  AIC=-62.67
lpsa ~ lcavol + lweight + age + lbph + svi + lcp + pgg45

          Df Sum of Sq    RSS     AIC
- lcp      1    0.6684 43.776 -63.176
<none>                 43.108 -62.668
- pgg45    1    1.1987 44.306 -62.008
- lbph     1    1.3844 44.492 -61.602
- age      1    1.7579 44.865 -60.791
- lweight  1    4.6429 47.751 -54.746
- svi      1    4.8333 47.941 -54.360
- lcavol   1   21.3191 64.427 -25.691

Step:  AIC=-63.18
lpsa ~ lcavol + lweight + age + lbph + svi + pgg45

          Df Sum of Sq    RSS     AIC
```

```
- pgg45     1    0.6607 44.437 -63.723
<none>                  43.776 -63.176
- lbph      1    1.3329 45.109 -62.266
- age       1    1.4878 45.264 -61.934
- svi       1    4.1766 47.953 -56.336
- lweight   1    4.6553 48.431 -55.373
- lcavol    1   22.7555 66.531 -24.572

Step:  AIC=-63.72
lpsa ~ lcavol + lweight + age + lbph + svi

          Df Sum of Sq    RSS     AIC
<none>                 44.437 -63.723
- age      1    1.1588 45.595 -63.226
- lbph     1    1.5087 45.945 -62.484
- lweight  1    4.3140 48.751 -56.735
- svi      1    5.8509 50.288 -53.724
- lcavol   1   25.9427 70.379 -21.119
```

R 패키지에 있는 step 이라는 함수를 사용하여 후진소거법과 AIC를 이용한 변수선택을 한다. 함수 step에 대한 설명은 표 3.2에 있다. step 함수는 후진소거법에서 어떤 변수가 모형에서 제거되었는지를 단계별로 출력해준다.

다음의 R코드는 후진소거법에서 BIC를 이용한 변수선택을 한다.

```
> backward.bic = step(lm.full, lpsa~1, direction="backward",
+ k=log(nrow(data.use)))
Start:  AIC=-37.61
lpsa ~ lcavol + lweight + age + lbph + svi + lcp + gleason +
    pgg45

          Df Sum of Sq    RSS     AIC
- gleason  1    0.0491 43.108 -42.071
- pgg45    1    0.5102 43.569 -41.039
```

표 3.2: 함수 step에 대한 설명

함수명	옵션	함수설명
step	direction	변수선택 방법들중 forward(전진선택법), backward(후진소거법), step(단계적선택법)을 설정
	scope	변수선택 과정에서 설정할 수 있는 가장 큰 모형 혹은 가장 작은 모형을 설정. scope가 없을 경우 전진선택법에서는 현재 선택한 모형을 가장 큰 모형으로, 후진소거법에서는 상수항만 있는 모형을 가장 작은 모형으로 설정함. scope 옵션에는 fomula 형태의 R 객체가 포함되어야 함
	k	모형선택 기준에서 AIC, BIC, Mallow's C_p와 같은 옵션을 사용. k=2이면 AIC, k=log(자료의수)이면 BIC를 이용하여 모형을 선택

```
- lcp       1     0.6814 43.740 -40.658
- lbph      1     1.3646 44.423 -39.155
- age       1     1.7981 44.857 -38.213
<none>                   43.058 -37.606
- lweight   1     4.6907 47.749 -32.151
- svi       1     4.8803 47.939 -31.767
- lcavol    1    20.1994 63.258  -4.869

Step:  AIC=-42.07
lpsa ~ lcavol + lweight + age + lbph + svi + lcp + pgg45

          Df Sum of Sq    RSS     AIC
- lcp      1    0.6684 43.776 -45.153
- pgg45    1    1.1987 44.306 -43.985
- lbph     1    1.3844 44.492 -43.579
- age      1    1.7579 44.865 -42.768
<none>                 43.108 -42.071
- lweight  1    4.6429 47.751 -36.723
- svi      1    4.8333 47.941 -36.337
- lcavol   1   21.3191 64.427  -7.668
```

```
Step:  AIC=-45.15
lpsa ~ lcavol + lweight + age + lbph + svi + pgg45

          Df Sum of Sq    RSS     AIC
- pgg45    1    0.6607 44.437 -48.274
- lbph     1    1.3329 45.109 -46.818
- age      1    1.4878 45.264 -46.486
<none>                 43.776 -45.153
- svi      1    4.1766 47.953 -40.888
- lweight  1    4.6553 48.431 -39.924
- lcavol   1   22.7555 66.531  -9.124

Step:  AIC=-48.27
lpsa ~ lcavol + lweight + age + lbph + svi

          Df Sum of Sq    RSS     AIC
- age      1    1.1588 45.595 -50.352
- lbph     1    1.5087 45.945 -49.610
<none>                 44.437 -48.274
- lweight  1    4.3140 48.751 -43.862
- svi      1    5.8509 50.288 -40.851
- lcavol   1   25.9427 70.379  -8.245

Step:  AIC=-50.35
lpsa ~ lcavol + lweight + lbph + svi

          Df Sum of Sq    RSS     AIC
- lbph     1    0.9730 46.568 -52.879
<none>                 45.595 -50.352
- lweight  1    3.6907 49.286 -47.377
- svi      1    5.7027 51.298 -43.496
- lcavol   1   24.9384 70.534 -12.607
```

```
Step:  AIC=-52.88
lpsa ~ lcavol + lweight + svi

          Df Sum of Sq    RSS     AIC
<none>                 46.568 -52.879
- svi      1    5.1737 51.742 -47.234
- lweight  1    7.1089 53.677 -43.673
- lcavol   1   24.7058 71.274 -16.169
```

step 함수에서 찾은 최종모형에 대한 자세한 내용은 다음과 같이 summary 함수를 통해서 볼 수 있다.

```
> summary(backward.aic)

Call:
lm(formula = lpsa ~ lcavol + lweight + age + lbph + svi, data = data.use)

Residuals:
     Min       1Q   Median       3Q      Max
-1.86717 -0.37725  0.01257  0.40252  1.44544

Coefficients:
            Estimate Std. Error t value Pr(>|t|)
(Intercept)  0.49473    0.87652   0.564  0.57385
lcavol       0.54400    0.07463   7.289 1.11e-10 ***
lweight      0.58821    0.19790   2.972  0.00378 **
age         -0.01644    0.01068  -1.540  0.12692
lbph         0.10122    0.05759   1.758  0.08215 .
svi          0.71490    0.20653   3.461  0.00082 ***
---
Signif. codes:  0 '***' 0.001 '**' 0.01 '*' 0.05 '.' 0.1 ' ' 1

Residual standard error: 0.6988 on 91 degrees of freedom
```

```
Multiple R-squared: 0.6526,     Adjusted R-squared: 0.6335
F-statistic: 34.19 on 5 and 91 DF,  p-value: < 2.2e-16

> summary(backward.bic)

Call:
lm(formula = lpsa ~ lcavol + lweight + svi, data = data.use)

Residuals:
     Min       1Q   Median       3Q      Max
-1.77745 -0.45004 -0.00254  0.44305  1.57574

Coefficients:
            Estimate Std. Error t value Pr(>|t|)
(Intercept) -0.77716    0.62300  -1.247 0.215367
lcavol       0.52585    0.07486   7.024 3.49e-10 ***
lweight      0.66177    0.17564   3.768 0.000289 ***
svi          0.66567    0.20709   3.214 0.001798 **
---
Signif. codes:  0 '***' 0.001 '**' 0.01 '*' 0.05 '.' 0.1 ' ' 1

Residual standard error: 0.7076 on 93 degrees of freedom
Multiple R-squared: 0.6359,     Adjusted R-squared: 0.6242
F-statistic: 54.15 on 3 and 93 DF,  p-value: < 2.2e-16
```

AIC와 BIC로 찾은 모형을 비교해 보면, BIC로 찾은 모형이 AIC로 찾은 모형에 비하여 변수를 적게 사용한다는 것을 알 수 있다. 이는 일반적으로 성립하는데, 그 이유는 BIC가 변수의 수에 대하여 가중치를 높게 주기 때문이다(즉, 변수당 가중치가 BIC는 $\log n$인 반면 AIC는 2이다).

3.6.2 로지스틱회귀의 변수선택

이 절에서는 기계학습의 벤치마크 자료의 하나인 Sonar 자료에 대하여 분석한다. 이 자료는 본래 Gorman과 Sejnowski 이 신경망을 이용하여 수중 음파 신호의 분류에 대한 연구에 사용되었다. 총 208개의 자료로 구성되어 있으며 입력변수는 0과 1사이의 값을 갖는 60개의 변수들로 구성되었고 출력변수는 물체가 암석이면 R의 값을 갖고 철광석이면 M의 값을 갖는 범주형 변수이다. 이 Sonar자료를 모형선택의 기준으로는 AIC와 BIC, 모형선택방법으로는 전진선택법과 5-묶음 교차확인법을 이용하여 로지스틱회귀모형을 적합시켰다.

다음의 R코드는 자료를 불러온다. 자료의 61번째 열이 출력변수로 'R'과 'M'의 값을 가지는데, 이 값을 0과 1로 바꾸어 준다.

```
> ### Logistic regression
> library(MASS)
> library(mlbench)
> data(Sonar)
> y.tmp = rep(1,nrow(Sonar))
> y.tmp[which(Sonar[,61]=="R")] = 0
> Sonar[,61] = y.tmp
```

그림 3.3은 60개의 입력변수들에 대한 상관행렬을 출력변수의 클래스인 금속과 암석으로 구분하여 시각화한다. 색이 밝을수록 높은 상관관계를 나타낸다. 이 그림을 통하여 두개의 클래스간에 입력변수들 사이의 상관관계가 다르다는 것을 알 수 있다.

```
> ### Plot the correlation matrix
> layout(matrix(c(1,2),1,2))
> image(t(cor(Sonar[which(Sonar[,61]==0),-61])),main="Rock",cex.main=4)
> image(t(cor(Sonar[which(Sonar[,61]==1),-61])),main="Metal",cex.main=4)
> layout(1)
```

다음의 R코드는 전진선택법과 AIC 또는 BIC를 이용하여 모형을 선택한다.

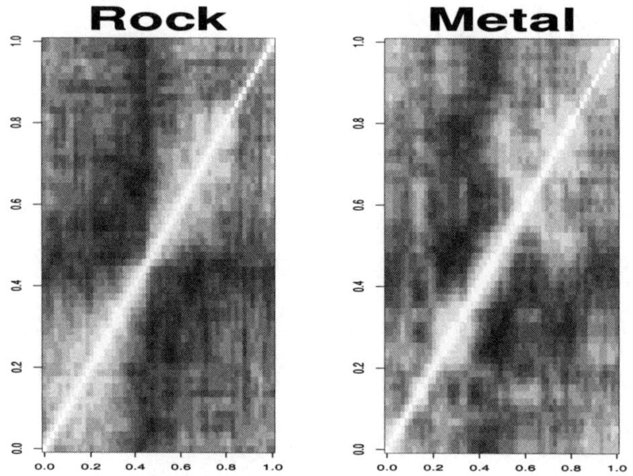

그림 3.3: Sonar 자료의 금속과 암석 신호의 상관행렬

여기서 as.formula는 모든 입력변수의 이름을 glm함수에 써 넣어야 하는 번거러움을 피할 수 있는 함수로써 안에 자세한 설명은 표 3.3에 나와있다. 앞절의 선형회귀모형과 마찬가지로 BIC가 적은 수의 변수를 사용한 모형을 최적모형으로 제공한다.

```
> glm.const = glm(Class~1, data=Sonar,family=binomial)
> fmla = as.formula(paste("Class"," ~ ",paste(colnames(Sonar)[-ncol(Sonar)],
+ collapse="+")))
> forward.aic = step(glm.const, fmla, direction="forward")
> forward.bic = step(glm.const, fmla, direction="forward", k=log(nrow(Sonar)))
> summary(forward.aic)

Call:
glm(formula = Class ~ V11 + V47 + V36 + V45 + V4 + V15 + V21 +
    V51 + V8 + V49 + V50 + V1 + V3 + V52 + V54 + V23 + V29 +
    V31 + V12 + V30 + V32 + V53 + V7 + V16 + V9 + V26 + V37 +
    V34 + V35 + V38 + V6 + V40 + V59 + V19 + V56, family = binomial,
    data = Sonar)
```

```
Deviance Residuals:
     Min        1Q    Median        3Q       Max
-1.84396  -0.02546   0.00000   0.02066   2.87944


Coefficients:
            Estimate Std. Error z value Pr(>|z|)
(Intercept)  -18.301      6.755  -2.709 0.006739 **
V11           -2.153      9.678  -0.222 0.823926
V47           29.234     14.697   1.989 0.046687 *
V36          -19.518     10.433  -1.871 0.061371 .
V45           19.450      8.288   2.347 0.018931 *
V4            28.292     14.848   1.905 0.056719 .
V15           12.549      8.760   1.433 0.151989
V21            3.502      3.680   0.952 0.341321
V51          201.297     88.769   2.268 0.023350 *
V8           -15.887     11.295  -1.407 0.159552
V49          194.056     56.475   3.436 0.000590 ***
V50         -457.951    137.282  -3.336 0.000850 ***
V1           127.995     45.281   2.827 0.004703 **
V3          -121.510     35.801  -3.394 0.000689 ***
V52           40.725     79.040   0.515 0.606383
V54          171.969     92.888   1.851 0.064118 .
V23           10.744      3.654   2.940 0.003277 **
V29          -10.212      5.087  -2.007 0.044699 *
V31          -62.804     18.339  -3.425 0.000616 ***
V12           36.569     11.508   3.178 0.001484 **
V30           43.502     13.129   3.313 0.000922 ***
V32           36.779     11.799   3.117 0.001826 **
V53          377.507    137.174   2.752 0.005923 **
V7           -62.837     22.847  -2.750 0.005952 **
V16          -31.120     11.608  -2.681 0.007343 **
V9            19.860      9.912   2.004 0.045106 *
V26           -2.147      3.090  -0.695 0.487182
```

```
V37          -16.351      9.843  -1.661 0.096693 .
V34          -18.296      6.871  -2.663 0.007748 **
V35           21.022      9.067   2.319 0.020422 *
V38           12.619      6.422   1.965 0.049415 *
V6            42.811     18.987   2.255 0.024147 *
V40           -8.911      4.511  -1.975 0.048222 *
V59          215.369    100.683   2.139 0.032429 *
V19            6.930      4.529   1.530 0.125935
V56         -191.678    130.045  -1.474 0.140501
---
Signif. codes:  0 '***' 0.001 '**' 0.01 '*' 0.05 '.' 0.1 ' ' 1

(Dispersion parameter for binomial family taken to be 1)

    Null deviance: 287.406  on 207  degrees of freedom
Residual deviance:  62.929  on 172  degrees of freedom
AIC: 134.93

Number of Fisher Scoring iterations: 10

> summary(forward.bic)

Call:
glm(formula = Class ~ V11 + V47 + V36 + V45 + V4 + V15 + V21,
    family = binomial, data = Sonar)

Deviance Residuals:
    Min       1Q   Median       3Q      Max
-3.3316  -0.5384   0.0846   0.7062   2.0038

Coefficients:
            Estimate Std. Error z value Pr(>|z|)
(Intercept)  -3.3217     0.8784  -3.781 0.000156 ***
```

```
V11            8.8854     2.1378    4.156 3.23e-05 ***
V47            5.0253     3.4142    1.472 0.141049
V36           -4.3420     0.9840   -4.413 1.02e-05 ***
V45            7.1113     2.3889    2.977 0.002913 **
V4            16.1973     6.1552    2.631 0.008501 **
V15           -4.0588     1.2284   -3.304 0.000953 ***
V21            2.7290     0.9076    3.007 0.002641 **
---
Signif. codes:  0 ‘***’ 0.001 ‘**’ 0.01 ‘*’ 0.05 ‘.’ 0.1 ‘ ’ 1

(Dispersion parameter for binomial family taken to be 1)

    Null deviance: 287.41  on 207  degrees of freedom
Residual deviance: 171.81  on 200  degrees of freedom
AIC: 187.81

Number of Fisher Scoring iterations: 6
```

표 3.3: 함수 paste, as.formula에 관한 설명

함수명	옵션	함수설명
paste	collapse	paste 함수는 여러 문자열을 하나로 연결시켜줌. collapse 옵션의 경우 각각의 문자 사이에 collapse에 해당되는 숫자, 문자 등을 추가시킴
as.formula		주어진 문자열을 R에서 사용할 수 있는 formula로 변환

다음의 R코드는 전진선택법과 5-묶음 교차확인으로 최적의 모형을 선택한다. lars 패키지에는 교차확인을 위하여 자료를 자동적으로 나누는 함수 cv.folds가 있다. cv.log는 주어진 출력변수행렬 xx와 출력변수 yy에 대해서 K-묶음 교차확인오차를 구하는 함수이다.

```
> library(lars)
> cv.log = function(yy, xx, K=5)
```

```
+ {
+     cverr = rep(0,K)
+     folder = cv.folds(length(yy),K)
+     for(k in 1:K)
+     {
+         xx = as.matrix(xx)
+         gg = glm(yy[-folder[[k]]]~xx[-folder[[k]],],family=binomial)
+         pyy = cbind(1,xx[folder[[k]],])%*%gg$coef
+         pyy = exp(pyy)/(1+exp(pyy))
+         po = which(pyy>=0.5);pyy[po]=1;pyy[-po]=0
+         cverr[k] = sum(abs(pyy-yy[folder[[k]]]))/length(yy[folder[[k]]])
+     }
+     return(cverr)
+ }
>
> select.var = c();full.var = colnames(Sonar)[-ncol(Sonar)]
> cv.err = 1
> for(i in 1:60)
+ {
+     cv.err.tmp = c()
+     for(j in 1:length(full.var))
+         cv.err.tmp[j] = mean(cv.log(Sonar[,61],
+                             Sonar[,c(select.var,full.var[j])]), K=10)
+     select.var[i] = full.var[which.min(cv.err.tmp)]
+     full.var = full.var[-which.min(cv.err.tmp)]
+     print(select.var);print(min(cv.err.tmp))
+     if(cv.err<=min(cv.err.tmp))
+         break
+     cv.err = min(cv.err.tmp)
+ }
[1] "V11"
[1] 0.2547038
[1] "V11" "V47"
```

```
[1] 0.2349593
[1] "V11" "V47" "V53"
[1] 0.2205575
[1] "V11" "V47" "V53" "V3"
[1] 0.2110337
[1] "V11" "V47" "V53" "V3"  "V5"
[1] 0.2111498
```

분석 결과 모형선택기준에 따라 최적모형이 달라진다는 것을 알 수 있었다. AIC의 경우 BIC에 비해 지나치게 많은 변수를 선택하고 있어 과적합된 양상을 보여주고 있다. 전체적으로 BIC에 의해 선택된 변수 V11, V47, V36, V45, V4, V15, V21는 AIC에 의해서도 선택되었으며, 추가적으로 여러 변수가 선택되었다. 이는 입력변수들의 상관계수가 높기 때문에 나타나는 현상일 것으로 생각된다. 또한 5-묶음 교차확인법에서는 총 4개의 변수 V11, V47, V53, V3를 선택하였음을 알 수 있다.

3.6.3 능형회귀와 LASSO회귀

본 절에서는 전립선암자료에서 전모형탐색법으로 최적의 변수를 선택한 결과와 능형회귀, LASSO회귀의 결과를 비교한다.

다음의 R코드는 전모형탐색법으로 모형을 구축하고, 모든 가능한 모형에 대한 잔차제곱합을 구해서 그림 3.4와 같이 시각화한다. 각 모형 크기에 대하여 최소인 오차제곱합은 선으로 연결되어 있다.

```
> ## Prostate cancer data
> library(ElemStatLearn)
> data(prostate)
> train = subset(prostate, train==TRUE)[,1:9]
> test  = subset(prostate, train==FALSE)[,1:9]
>
> # linear regression with best subset selection
> library(leaps)
```

```
> prostate.leaps = regsubsets(lpsa ~ ., data=train, nbest = 70,
+ method = "exhaustive", really.big=TRUE)
> prostate.leaps.sum = summary(prostate.leaps)
> prostate.models = prostate.leaps.sum$which
> prostate.models.size = as.numeric(attr(prostate.models,
+ "dimnames")[[1]])
> prostate.models.rss = prostate.leaps.sum$rss
> prostate.models.best.rss = tapply(prostate.models.rss,
+ prostate.models.size, min)
> prostate.models.best.rss
       1        2        3        4        5        6        7        8
44.52858 37.09185 34.90775 32.81499 32.06945 30.53978 29.43730 29.42638
>
> prostate.dummy = lm(lpsa ~ 1, data=train)
> prostate.models.best.rss = c(sum(resid(prostate.dummy)^2),
+ prostate.models.best.rss)
>
> plot(0:8, prostate.models.best.rss, ylim=c(0, 100), type="b",
+ xlab="subset size", ylab="Residual Sum Square", col="red2")
> points(prostate.models.size, prostate.models.rss, pch=17,
+ col="brown", cex=0.7)
```

다음의 R코드는 다양한 조율모수값에서 능형회귀와 LASSO회귀의 추정량을 구한 후, 이를 그림 3.5의 (a)와 (b)와 같이 그린다. 능형회귀에서 x축은 모형의 자유도이며, 이는 $\boldsymbol{X}^T\boldsymbol{X}+\lambda\boldsymbol{I}$의 대각원소들의 합으로 정의된다. LASSO에서 x축은 표준화된 벌점모수로 능형회귀에서 교차확인법에 의한 최적 자유도는 대략 5로 모든 변수의 값이 0이 아니다. 반면에 LASSO의 경우 표준화된 벌점모수 $s = t/\sum_{j=1}^{p}|\hat{\beta}_j^{LS}|$에 대한 교차확인오차의 최적값은 대략 0.3이며, 이 최적 s값에 대하여 얻어진 `gleason`, `age`, `lcp`의 추정값은 0이다. 즉, LASSO의 경우 `lcavol`, `svi`, `lweight`, `pgg45`, `lbph`만을 설명력 있는 변수로 선택하였다.

```
> # Ridge regression
```

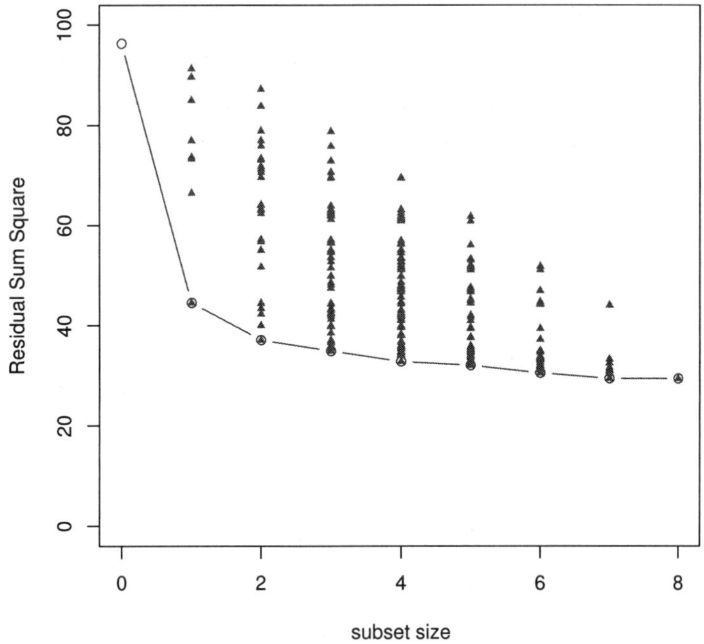

그림 3.4: 전립선암 예제에 대한 모든 가능한 회귀의 결과

```
> par(mfrow=c(1, 2))
> library(mda)
> prostate.ridge.list = lapply(list(lambda=seq(0,8,by=0.4)),
+ function(lambda) gen.ridge(train[,1:8], y=train[,9,drop=FALSE],
+ lambda=lambda))
> prostate.ridge = simple.ridge(train[,1:8], train[,9], df=1:8)
>
> matplot(prostate.ridge$df, t(prostate.ridge$beta), type="b", col="blue",
+ pch=17, ylab="coefficients")

> # Lasso
> library(lasso2)
> prostate.lasso = l1ce(lpsa ~ ., data=train, trace=TRUE, sweep.out=~1,
```

```
+ bound=seq(0,1,by=0.1))
> prostate.lasso.coef = sapply(prostate.lasso, function(x) x$coef)
>       colnames(prostate.lasso.coef) = seq(0,1,by=0.1)
> matplot(seq(0,1,by=0.1), t(prostate.lasso.coef[-1,]), type="b",
+              xlab="shrinkage factor", ylab="coefficients",
+              xlim=c(0, 1.2), col="blue", pch=17)
```

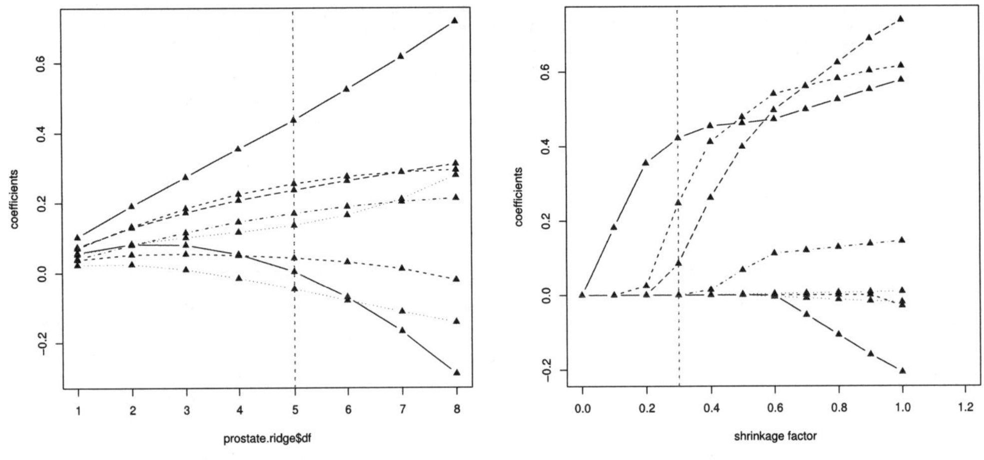

(a) 능형회귀 (b) lasso

그림 3.5: 전립선암 예제에 대한 능형 및 LASSO 회귀계수의 프로파일

LASSO 추정법을 구현한 R 패키지에는 lasso2 패키지의 l1ce외에도 lars 라는 패키지가 있다. lars 패키지는 Efron 외 (2004)가 제안한 LARS(least angle regression)라는 LASSO를 일반화시킨 알고리즘을 구현한 것이다. lars의 디폴트는 LASSO 추정법이다. lars를 이용하여 교차확인 (cv.lasso)을 통하여 구한 결과 최적 s값은 0.5252525이고 시험자료에 대한 최종모형의 MSE는 0.4953998 이다. 여러 가지 추정법들에 대한 보다 정확한 비교를 위해서는, 반복적으로 랜덤하게 자료를 훈련과 시험자료로 분할하고, 훈련자료를 이용하여 모형을 적합하고, 시험자료에 대하여 MSE를 구할 수 있다. 이렇게 구한 MSE의 평균값과 표준오차(standard error)값을 비교함으로써 여러 추정법들의 예측력을 비교할

수 있다. 이 예제에서는 루프와 자료 분할 코드를 적절히 삽입하여 구현할 수 있다. 관심있는 독자는 분할수를 100으로 하고 최소제곱법, 능형회귀, LASSO 등의 예측력을 비교 해보기 바란다.

```
> # Alternatively, we may apply LARS for lasso fitting
> library(lars)
> x = as.matrix(train[,-9])
> y = as.numeric(train[,9])
> obj.lasso = lars(x, y) # default: lasso
>
> cv = cv.lars(x, y, K=5, plot = FALSE)   # cv
> opt.lasso = cv$index[which.min(cv$cv)[1]]
> opt.lasso
[1] 0.5252525
>
> newx = as.matrix(test[,-9])
> newy = as.numeric(test[,9])
> pred.lasso = predict.lars(obj.lasso, newx, s = opt.lasso, type="fit",
+ mode = "fraction")
> mean((pred.lasso$fit - newy)^2)
[1] 0.4953998
```

연습문제

1. 회귀분석에서 임의의 함수 f에 대하여 모위험함수 $R(f) = \mathbb{E}_{X,Y}|Y - f(X)|$를 최소로 하는 추정량은 median$(Y|X)$임을 보여라.

2. 식 (3.1)을 증명하라.

3. 식 (3.3)이 성립함을 보여라.

4. 분류에 대한 의사결정에서 로지스틱, 지수, 제곱, 경첩, ψ손실함수의 Fisher 일치성을 체크하라.

5. 능형회귀와 LASSO회귀에서 최적의 조율모수를 교차확인으로 구하는 R 코드를 작성하라.

6. `rnorm` 함수로 서로 독립인 표준정규분포를 따르는 90개의 변수의 값을 100개씩 생성하여 100×90 행렬로 만들고 이 행렬을 X란 `data.frame`으로 저장하라. `attach`함수로 저장된 데이터 프레임을 붙이고 `fit.lm = lm(V1 ~ ., X)`으로 첫번째 변수인 X_1을 출력변수로 갖는 회귀분석 결과를 저장한다. `MASS` 패키지를 로드한 후 `fit.step = stepAIC(fit.lm, trace = FALSE)`를 실행하라.

   (a) `summary(fit.lm)`으로 변수선택 이전의 회귀분석 결과(계수, t-검정, R^2, 수정된 R^2, F-검정)를 살펴보고 자료의 생성 모형과 비교해 보아라.

   (b) `summary(fit.step)`으로 변수선택 이후의 회귀분석 결과를 살펴보고 변수선택 이전의 결과와 비교하라.

   (c) 생성된 100×90 행렬에서 앞의 50개와 10개의 열을 각각 선택한 후 (a)와 (b)를 실시하라.

   (d) 위의 비교로부터 변수선택과 모형의 복잡도 그리고 과대적합과의 관계에 대하여 설명하라.

7. `mlbench` 패키지의 Vehicle, Ionosphere, BreastCancer 자료에 대하여 다음의 분석을 실시하라.

   (a) 클래스별로 다른 색 또는 기호를 이용하여 입력변수들간의 산점도 행렬을 그려라. 자료에 주목할 만한 어떤 특성(예를 들면 정규성이나 공분산행렬의 동일성 등)이 있는가?

   (b) 자료를 랜덤하게 7:3으로 훈련 및 시험자료로 나눈 후 시험자료에 대하여 선형판별분석, 이차판별분석, 로지스틱 회귀의 예측력을 비교한다. 객관적인 비교를 위해 랜덤 분할을 50회 실시하여 오분류율의 평균 및 표준오차값을 비교하라.

   (c) 각 랜덤 분할에서 훈련자료에 대하여 10-묶음 교차확인오차에 의해 오분류율값을 계산하고 평균과 표준오차를 구하라. 이 값들을 (b)에서 구한 시험오차의 평균과 표준오차와 비교하라.

4 모형 평가

본 장에서는 구축된 모형의 성능을 평가하는 여러 가지 방법에 대해서 설명한다. 일반적으로 하나의 자료를 분석할 때, 여러 가지 통계모형을 이용하여 분석을 하는 것이 바람직하다. 그리고, 여러 가지 모형 중 최적인 모형을 선택하는데, 이를 위해서는 여러 모형을 비교하고 평가해야 한다. 특히, 특정한 모형이 다른 모형에 비하여 우수하다는 사실을 입증해야 한다. 모형을 평가하는 방법으로는 다음의 4가지 요소를 고려할 수 있다:

- 예측력: 주어진 입력변수값에 대하여 출력변수의 값을 얼마나 잘 예측하는가?
- 해석력: 입력변수와 출력변수와의 관계를 얼마나 잘 설명하는가?
- 효율성: 얼마나 적은 수의 입력변수로 모형을 구축했는가?
- 안정성: 모집단 내의 다른 자료에 적용하는 경우 같은 결과를 주는가?

이중, 가장 중요한 고려 사항은 예측력이다. 아무리 안정적이고 효율적이며 해석이 쉬워도, 실제 문제에 적용 했을 경우 빗나간 결과만 양산하는 경우, 아무 의미가 없기 때문이다. 따라서, 모형 평가는 예측을 위해 만든 모형이 임의예측

(random guessing)보다 예측력이 얼마나 우수한지, 그리고 고려된 모형들 중 어느 모형이 가장 예측력이 우수한지를 비교하고 분석하는 일련의 과정이다.

회귀분석에서 최적의 모형이란 여러 모형 중 모위험함수를 최소로 하는 모형으로 정의된다. 그런데 모위험함수는 계산이 불가능하기 때문에(모집단을 전부 알지 못하기 때문에) 모위험함수에 대한 대안을 고려한다. 모위험함수에 대한 대안의 예로는 3장에서 설명한, Mallow's Cp, AIC, BIC, 교차확인법 등이 있다.

분류에서도 회귀분석과 마찬가지로 최적모형은 모위험함수를 최소로 하는 모형으로 정의된다. 하지만, 회귀분석의 경우와는 구별되는 중요한 문제 중 하나는, 자료가 모집단으로부터 추출한 임의표본이 아닌 경우가 자주 있다는 것이다. 특히, 2장에서 설명한 불균형 자료의 경우(즉 특정한 클래스의 자료의 수가 상대적으로 매우 작은 경우)에, 모집단으로부터 임의로 표본을 추출하면 추출된 표본에 부도가 난 회사가 포함될 가능성이 매우 작게 되고 따라서 성능이 떨어질 위험이 있다. 예를 들면, 회사들의 부도확률을 추정하는 문제에서, 모집단에서는 주어진 회사가 부도가 날 확률이 1% 미만으로 매우 작다. 이러한 경우, 임의표본을 추출하면 표본에 부도가 난 회사가 포함될 확률이 매우 작게되고, 따라서 이러한 자료로 구축된 예측모형의 성능은 매우 떨어질 수 있다.

불균형 자료에서 예측모형을 만드는 일반적인 방법은 표본을 클래스에 따라서 임의추출을 하는 것이다. 예를 들면, 부도확률 추정예제에서, 부도가 난 회사들 중 100개를 임의로 추출하고, 부도가 나지 않은 회사들 중 100개를 임의로 추출하여 훈련자료를 만들고 이를 이용하여 예측모형을 구축한다. 이 때 추출된 표본의 분포가 모집단의 분포와 매우 다르므로 모형의 평가에 주의를 기울어야 한다. 본 장에서는 이러한 경우에 모형을 평가하는 방법에 대해서 설명하고자 한다.

4.1 사후확률과 절단값

y는 자료가 속하는 클래스를 나타내는 변수로 0 또는 1의 값을 갖는 이진분류를 고려하자. y의 **사전확률**(prior probability)이란 입력변수값 x를 관측하기 전에

자료가 각 클래스에 속할 확률로 $\mathbb{P}(y = 0)$ 과 $\mathbb{P}(y = 1)$이다. 여기서, $\mathbb{P}(y = 0) = 1 - \mathbb{P}(y = 1)$을 만족한다. 입력값 x가 주어졌을 때 y의 **사후확률**(posterior probability)은 입력변수를 관측한 후에 각 클래스에 속할 확률로 $\mathbb{P}(y = 0|x)$와 $\mathbb{P}(y = 1|x)$이다. 여기서, $\mathbb{P}(y = 0|x) = 1 - \mathbb{P}(y = 1|x)$이므로, 앞으로 $\mathbb{P}(y = 1|x)$에 대해서만 설명을 하기로 한다.

3장에서 설명한 바와 같이, 베이즈 분류기는

$$C^*(x) = I(\mathbb{P}(y = 1|x) > 0.5)$$

가 된다. 그리고, 표본이 모집단으로 부터 임의로 추출된 경우에, 표본으로부터 구한 사후확률 $\hat{\mathbb{P}}(y = 1|x)$를 이용하여 베이즈 분류기를

$$\hat{C}(x) = I(\hat{\mathbb{P}}(y = 1|x) > 0.5)$$

로 추정할 수 있다.

하지만, 표본이 임의로 추출되지 않고, 각 클래스별로 따로 추출된 경우에는 $\hat{C}(x)$는 베이즈 분류기의 추정량으로서 좋지 않은 결과를 제공한다. 표본이 클래스별로 추출된 경우에는, 주어진 양수 c에 대해서

$$\hat{C}_c(x) = I(\hat{\mathbb{P}}(y = 1|x) > c)$$

로 분류기를 추정하고, 상수 c를 적절히 정하면 베이즈 분류기에 대한 좋은 추정량을 얻을 수 있다. 이때, 사용되는 상수 c를 절단값이라고 부른다. 모집단에서의 두 클래스의 사전분포 $\mathbb{P}(y = 0)$ 과 $\mathbb{P}(y = 1)$이 알려진 경우에는 다음의 정리를 이용하여 최적의 c를 구할 수 있다.

정리 4.1. *$y = 0$인 클래스에서 n_0개의 자료를, $y = 1$인 클래스에서 n_1개의 자료를 각각 임의로 추출하여 얻은 표본으로부터 구한 사후확률을 $\mathbb{P}^o(y = 1|x)$라 하자. 그러면, 모집단에서의 베이즈 분류기 C^*는 다음과 같이 주어진다:*

$$C^* = I\left(\mathbb{P}^o(y = 1|x) > \frac{n_1\mathbb{P}(y = 0)}{n_0\mathbb{P}(y = 1) + n_1\mathbb{P}(y = 0)}\right).$$

Proof. $\mathbb{P}(x,y)$를 모집단에서의 자료의 분포, $\mathbb{P}^o(x,y)$를 표본에서의 자료의 분포라 하자. 각각의 클래스에서는 임의 추출을 하였기 때문에 $\mathbb{P}^o(x|y=l)=\mathbb{P}(x|y=l), l=0,1$이 된다. 그리고, $\mathbb{P}^o(y=0)=n_0/(n_0+n_1)$이고 $\mathbb{P}^o(y=0)=n_1/(n_0+n_1)$이다. 이제, 베이즈 정리를 이용하면

$$\mathbb{P}^o(y=1|x)=\frac{\mathbb{P}(x|y=1)\mathbb{P}^o(y=1)}{\sum_{l=0}^{1}\mathbb{P}(x|y=l)\mathbb{P}^o(y=l)}$$

이 된다. 여기서,

$$\phi^o(x)=\frac{\mathbb{P}(x|y=1)\mathbb{P}^o(y=1)}{\mathbb{P}(x|y=0)\mathbb{P}^o(y=0)}$$

라 놓으면, $\mathbb{P}^o(y=1|x)=\phi^o(x)/(1+\phi^o(x))$이다. 따라서,

$$I(\mathbb{P}^o(y=1|x)>c)=I(\phi^o(x)>c/(1-c))$$

가 된다. $\phi(x)$를 다음과 같이 놓으면

$$\phi(x)=\frac{\mathbb{P}(x|y=1)\mathbb{P}(y=1)}{\mathbb{P}(x|y=0)\mathbb{P}(y=0)},$$

$$\phi^o(x)=\phi(x)\frac{\mathbb{P}(y=0)\mathbb{P}^o(y=1)}{\mathbb{P}(y=1)\mathbb{P}^o(y=0)}$$

이 된다. 그러므로,

$$I(\mathbb{P}^o(y=1|x)>c)=I\left(\phi>\frac{c}{1-c}\frac{\mathbb{P}(y=1)\mathbb{P}^o(y=0)}{\mathbb{P}(y=0)\mathbb{P}^o(y=1)}\right)$$

이 되며 모집단에서의 베이즈 분류기는 $I(\phi(x)>1)$이다. □

그러나, 위의 정리에서 제공하는 최적의 절단값은 실제 문제에서는 잘 사용되지 않는데, 주로 다음의 두 가지 이유 때문이다. 첫번째는, 모집단에서의 두 클래스의 사전분포 $\mathbb{P}(y=0)$와 $\mathbb{P}(y=1)$를 알기가 쉽지 않다. 두번째 이유는 실제 문제에서는 0-1손실함수 이외의 다른 손실함수가 흔히 고려된다는 것이다. 위의 정리에서 구한 최적의 절단값을 이용하면 0-1손실함수에서 모위험함수를 최소로 하는 베이즈 분류기를 추정하게 된다. 하지만, 많은 경우에 각 클래스에 대한 오분류의 손실은 다르다. 예를 들면, 부도가 날 회사를 정상으로 오분류한

경우의 손실은 정상인 회사를 부도가 날 것이라고 예측한 오분류보다 손실이 훨씬 클 것이다. 이러한 손실함수의 비대칭성을 실제 문제에서는 고려해야 한다. 다음의 정리는 손실함수가 비대칭인 경우에 최적의 절단값을 구하는 방법을 제공한다.

정리 4.2. *$L_l, l = 0, 1$을 $y = l$에 속한 자료를 오분류했을 때의 손실이다. 주어진 분류기 C의 기대손실 $R(C)$는 다음과 같이 정의된다:*

$$R(C) = \mathbb{E}_x \left[L_0 I(C(x) = 1)\mathbb{P}(y = 0|x) + L_1 I(C(x) = 0)\mathbb{P}(y = 1|x)\right].$$

기대손실 $R(C)$를 최소로하는 최적분류기를 $\tilde{C}$라 하면

$$\tilde{C}(x) = I\left(\mathbb{P}(y = 1|x) > L_0/(L_0 + L_1)\right)$$

으로 주어진다.

Proof. 주어진 x에 대하여

$$\tilde{C}(x) = I(\mathbb{P}(y = 1|x)L_1 > \mathbb{P}(y = 0|x)L_0)$$

가 되고, $\mathbb{P}(y = 0|x) = 1 - \mathbb{P}(y = 1|x)$이므로, 식을 정리하면 결과를 얻을 수 있다. □

이와 같이 최적의 절단값을 구하기 위해서는 모집단의 사전확률과 비대칭 손실함수 등 알아야 할 것들이 매우 많다. 그러나 실제 자료분석에서 이러한 값들을 모두 아는 경우는 거의 없기 때문에, 다음 절에서 설명하는 것처럼 여러 절단값에서 모형을 평가하고 그 결과를 종합하여 최종적인 평가를 하는 것이 일반적이다.

4.2 오분류에 대한 다양한 추정치

주어진 학습자료 $(x_1, y_1), \ldots, (x_n, y_n)$에 대해서 추정된 사후확률 $\hat{\mathbb{P}}(y = 1|x)$와 절단값 c를 이용하여 구축된 분류기 $\hat{C}_c(x)$에 대해서 오분류표는 표 4.1의 2×2

표 4.1: 오분류표

실제 \ 예측	0	1
0	N_{00}	N_{01}
1	N_{10}	N_{11}

표가 된다. 여기서 $N_{kl} = \sum_{i:y_i=k} I(\hat{C}_c(x_i) = l)$이다. 오분류율은 $(N_{01} + N_{10})/N$이 되고 정분류율은 $(N_{00} + N_{11})/N$이 된다. 또한, **민감도** (sensitivity)와 **특이도** (specificity)는 다음과 같이 정의된다.

$$\text{민감도} = \frac{N_{11}}{N_{10} + N_{11}}$$

$$\text{특이도} = \frac{N_{00}}{N_{00} + N_{01}}.$$

즉, 민감도는 $y = 1$인 클래스에 속한 자료 중 정분류된 자료의 비율이며, 특이도는 $y = 0$인 클래스에 속한 자료 중 정분류된 자료이다. 분류모형의 평가에서는 민감도와 특이도가 매우 중요하다. 그 이유는 불균형 자료에서 클래스별로 표본이 추출된 경우에도 자료로부터 구한 민감도와 특이도는 모집단의 민감도와 특이도의 불편추정량이 된다는 것이다. 여기서 주어진 분류기 C의 모집단에서의 민감도와 특이도는 다음과 같이 정의된다:

$$\text{모집단 민감도} = \mathbb{P}(C(x) = 1 | y = 1),$$

$$\text{모집단 특이도} = \mathbb{P}(C(x) = 0 | y = 0).$$

예를 들어 회사의 부도여부를 분류하는 문제를 생각해보자. 주어진 절단값에 대해서 민감도가 0.9이고 특이도가 0.95라는 의미는, 부도가 날 회사 중 90%를 부도가 난다고 예측할 것이며, 정상인 회사 중 5%를 부도가 난다고 예측한다는 것이다. 모집단에서 실제 부도가 날 회사의 수가 N_1, 부도가 나지 않을 회사의 수가 N_0이면, 전체 오분류되는 회사의 수는 $N_0 \times 0.05 + N_1 \times 0.1$가 된다. 그리고, 부도가 날 회사를 정상이라고 분류하였을 때의 손실을 L_1, 정상인 회사를 부도가 날 것이라고 분류하였을 때의 손실을 L_0라 하면, 기대손실은 $L_0 \times N_0 \times 0.05 + L_1 \times N_1 \times 0.1$이 된다.

민감도와 특이도는 동시에 크게 할 수 없다. 절단값을 변경하여 민감도가 커지면 특이도는 작아진다. 반대로 절단값을 변경하여 민감도가 작아지면 특이도는 증가하게 된다. 극단적으로 절단값을 0으로 놓으면 모든 자료를 $y = 1$인 클래스에 할당하므로 민감도는 1이고 특이도는 0이 된다. 반대로 절단값을 1로 놓으면 민감도는 0, 특이도는 1이 된다. 실제 문제에서는 적절한 민감도와 특이도를 갖는 절단값을 사용한다.

4.3 ROC 곡선

ROC(Receiver Operating Characteristic) 곡선은 여러 절단값에서의 민감도와 특이도의 관계를 보여준다. 이 곡선을 통하여 절단값이 변하면서 분류기의 성능이 어떻게 변해가는지를 눈으로 확인할 수 있다.

주어진 절단값 c에 대하여 구한 민감도와 특이도를 (sen_c, spe_c)라 하자. ROC 곡선은 x축에는 $1 - spe_c$를 y축에는 sen_c에 점을 표시하고 이 점들을 모든 가능한 절단값 c에 대해서 연결해서 만든 곡선이다. 그림 4.1 은 절단값 0.25와 0.5에서의 점들을 보여준다. 이와 같이 절단값을 변화시키며 구한 점들을 연결하면 ROC 곡선이 된다.

ROC 곡선은 x축의 값이 0일 때 y축의 값은 0이 되며, x축이 증가할수록 y축이 증가한다. 또한, 완전 랜덤하게 자료를 분류한 경우의 ROC 곡선은 원점을 통과하는 기울기 1인 직선이 된다. 따라서, 분류기의 성능이 랜덤한 예측보다 좋은 경우 그 분류기의 ROC 곡선은 원점을 통과하는 기울기 1인 직선보다 위에 위치한다. 또한, x축상의 값이 고정된 경우에는 y축상의 값이 큰 분류기가 성능이 더 좋다고 할 수 있다. 그림 4.2는 세 가지 형태의 ROC 곡선을 보여준다. 그림 4.2 (a)의 ROC 곡선이 가장 예측력이 좋고 (c)의 ROC곡선은 랜덤한 예측을

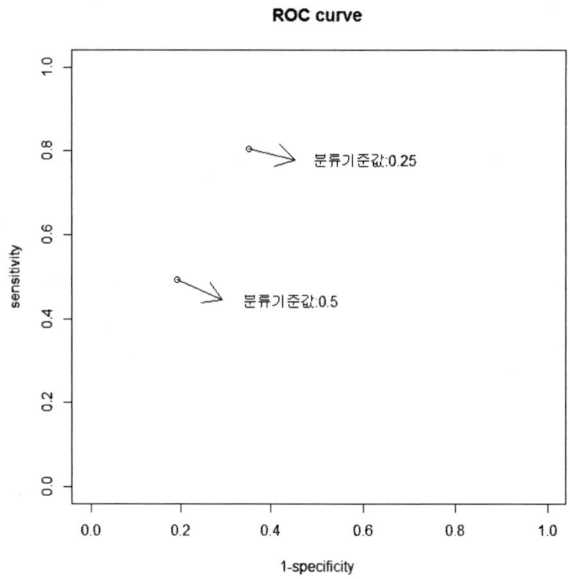

그림 4.1: 절단값에 따른 ROC 곡선

나타낸다.

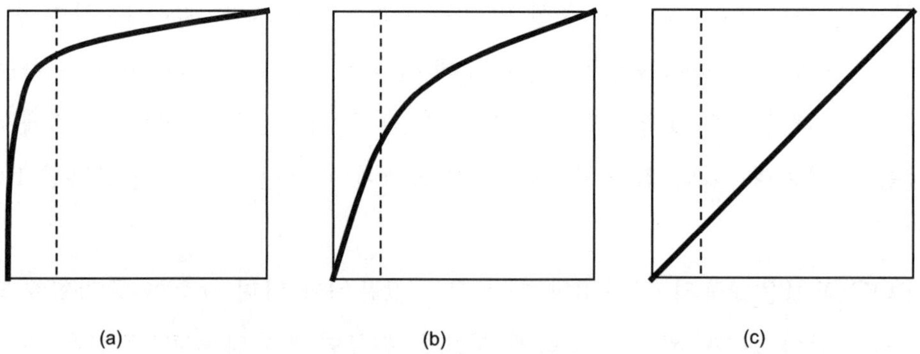

그림 4.2: ROC 곡선의 예측력 비교

그림 4.3의 (a)와 같이 두 분류기에 대응되는 ROC곡선들 중 한 곡선이 다른 곡선에 비하여 y축 값이 항상 큰 경우에는 대응되는 분류기가 다른 분류기에 비

하여 예측력이 더 우수하다고 할 수 있다. 하지만, 두 개의 ROC 곡선이 이러한 관계를 갖는 경우는 실제 문제에서는 거의 찾아볼 수 없으며, 대부분의 경우에는 그림 4.3의 (b)와 같이 두 개의 곡선이 교차하게 된다. 이 경우에 ROC 곡선은 두 개의 분류기의 예측력을 비교하기에 부적절하게 되며, 예측력의 비교를 위해 AUC(Area Under the Curve)를 사용한다. AUC는 ROC 곡선아래의 면적으로 정의되는 통계량으로 그 값이 클 수록 예측력이 우수한 분류기라고 평가할 수 있다. AUC에 대한 자세한 내용은 Krzanowski와 Hand (2009)를 참조바란다.

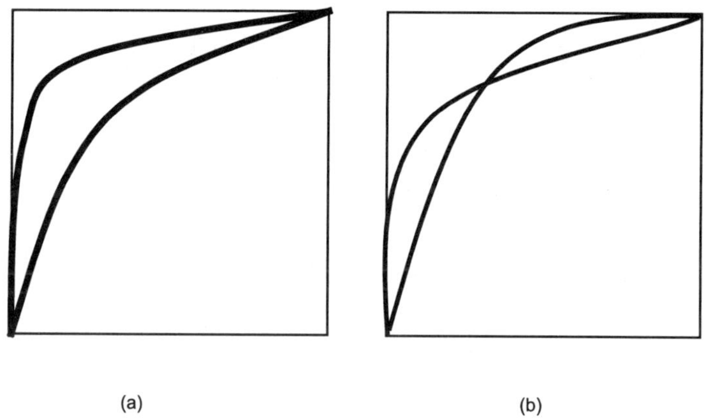

그림 4.3: ROC 곡선의 예측력 비교

4.4 이익도표

이익도표(lift chart)는 주어진 분류기의 예측능력을 표 및 그림으로 나타내는 방법이다. 이익도표를 그리는 절차는 다음과 같다.

1. 모형적합을 통하여 사후확률을 계산한다.

2. 사후확률이 큰 순서에 따라 자료를 정렬시킨다.

3. 정렬된 자료를 균일하게 K개의 등급으로 나눈다.

4. 각 등급에서 출력변수의 $y = 1$의 클래스에 대한 빈도를 구한다.

5. 각 등급에서 %Captured Response, %Response 및 Lift 통계량을 구한다.

6. 수평축에는 K개의 등급을, 수직축에는 위의 3개의 통계량 중 하나를 이용해 그래프를 그린다.

이익도표에 사용되는 통계량들은 다음과 같이 정의된다.

- %Captured Response $= \dfrac{\text{해당 등급에서 출력변수가 } y=1\text{인 빈도}}{\text{전체 자료에서 } y=1\text{의 빈도}} \times 100\%$

- %Response$= \dfrac{\text{해당 등급에서 출력변수가 } y=1\text{인 빈도}}{\text{해당 등급의 자료의 수}} \times 100\%$

- Basline Lift = 전체 자료에서 $y = 1$ 클래스의 자료수/ 전체 자료수 $\times$ 100%

- Lift$= \dfrac{\text{해당 등급의 \%Response}}{\text{Baseline Lift}}$.

%Captured response는 해당 등급에서의 민감도, %Response는 해당 등급에서의 정분류율이며, Lift는 모형을 사용하지 않고 사전확률로만 분류할 때에 비하여 모형을 사용하였을 때의 정분류율의 증가비를 나타낸다. 표 4.2는 이익도표의 예제이다. 전체 자료수는 2000개이고 이 중 $y = 1$인 클래스의 자료수는 381개이다. 전체자료를 사후확률을 기준으로 10개의 등급을 만들고 각 등급에서 관련 통계량을 계산하였다. 첫번째 등급의 Lift는 4.57로 첫번째 등급에 속하는 자료는 모형을 사용하지 않았을 때에 비하여 모형을 사용하였을 때 4.57배의 정분류율의 증가가 있었다는 것을 알 수 있다. 실제 자료분석에서는 Lift가 가장 많이 쓰이는 통계량이며 $\mathbb{P}(y = 1|x)$가 상대적으로 높은 등급을 선택할 때 Lift값을 기준으로 나눈다. 예를 들면 Lift가 2이상이면 $\mathbb{P}(y = 1|x)$가 상대적으로 높은 등급이라고 한다면 2등급까지의 자료가 대상이 된다. 목표마케팅에서는 이러한 그룹만을 대상으로 마케팅 작업을 수행한다. 그림 4.4는 표 4.2에 있는 Lift값을 도표로 그린 것이다.

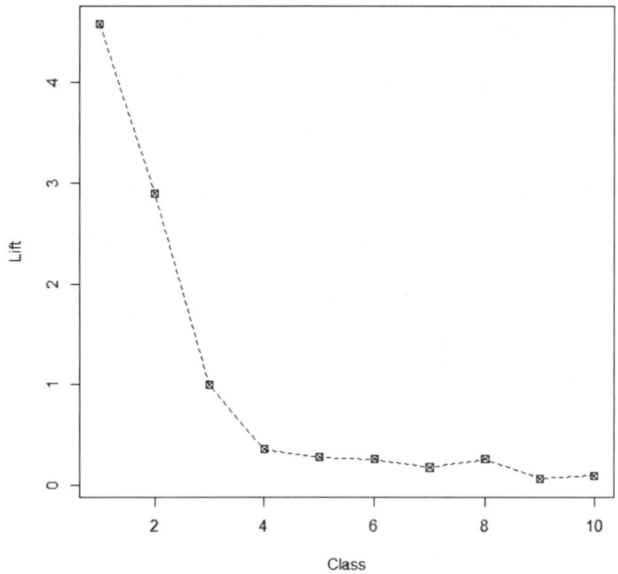

그림 4.4: 이익도표

표 4.2: 이익도 테이블

등급	범주1의 빈도	%Captured Response	%Response	Lift
1	174	174/381=45.6	174/200-87.0	87.0/19=4.57
2	110	110/381=28.8	110/200=55.0	55.0/19=2.89
3	38	38/381=9.9	38/200=19.0	19.0/19=1.00
4	14	14/381=3.6	14/200=7.0	7.0/19=0.36
5	11	11/381=2.8	11/200=5.5	5.5/19=0.28
6	10	10/381=2.6	10/200=5.0	5.0/19=0.26
7	7	7/381=1.8	7/200=3.5	3.5/19=0.18
8	10	10/381=2.6	10/200=5.0	5.0/19=0.26
9	3	3/381=0.7	3/200=1.5	1.5/19=0.07
10	4	4/381=1.0	4/200=2.0	2.0/19=0.10
Base Line Lift=381/2000=19.05				

4.5 R 예제

이 절에서는 `German Credit` 자료에 대하여 회귀모형과 로지스틱 모형을 적합하고, 각 모형에 대응되는 오분류표, ROC 곡선, 이익도표를 작성해 본다. `German Credit` 자료의 크기는 1000으로 20개의 입력변수와 1개의 출력변수로 구성되어 있다. 여기서 `V1`부터 `V20`는 각각 연속형 혹은 범주형 입력변수이며 `V21`는 출력변수이다. 모형의 평가를 위하여 전체 자료를 7:3의 비율로 훈련자료와 시험자료로 랜덤하게 나누었다. 아래의 R 코드에서는 AIC를 이용하여 전진선택법으로 선형회귀 및 로지스틱 회귀모형을 선택한 것으로 3장 R 예제에서 설명한 것과 동일하므로 자세한 설명 및 결과해석은 생략한다.

```
> ## German Credit
> library(caret)
> data(GermanCredit)
> german = GermanCredit
> german$Class = ifelse(GermanCredit$Class=="Bad",0,1)

> tr.ind = sample(1000, 700)
> tr.german = german[tr.ind,]
> ts.german = german[-tr.ind,]

> ## Forward selection by AIC
> lm.const = lm(Class~1, data=tr.german)
> glm.const = glm(Class~1, data=tr.german,family=binomial)
> fmla = as.formula(paste("Class"," ~ ",paste(colnames(tr.german)
+ [-ncol(tr.german)],collapse="+")))
> lm.aic = step(lm.const, fmla, direction="forward")
> glm.aic = step(glm.const, fmla, direction="forward")
```

```
> summary(lm.aic)
> summary(glm.aic)
```

오분류율표를 작성하는 코드는 아래와 같다. 이 코드에서는 절단값으로 0.5를 사용하였는데, 절단값을 조절하여 여러 절단값에서 오분류표와 ROC 곡선을 도출할 수 있다. 이 코드에 사용된 함수는 표 4.3에 설명하였다.

표 4.3: predict와 performance 함수

함수명	옵션	함수설명
predict	newdata	predict 함수는 model object를 입력값으로 받아 모형의 예측값을 제공. newdata에 새로운 자료를 입력할 경우 모형의 적합결과에 따른 계수를 이용하여 newdata의 추정치를 제공
performance		예측자료와 실제 관측자료를 이용하여 ROC 곡선, 이익도표, Precision/recall 그래프 등을 제공

```
> ## confusion matrix
> pred.lm = predict(lm.aic)
> pred = rep(0,length(pred.lm))
> pred[pred.lm>=0.5] = 1
> table(true=tr.german$Class, pred)
    pred
true   0   1
   0 103 110
   1  40 447
>
> pred.glm = predict(glm.aic,type="response")
> pred = rep(0, length(pred.glm))
> pred[pred.glm>=0.5] = 1
> table(true=tr.german$Class, pred)
```

```
    pred
true   0   1
   0 106 107
   1  53 434
```

ROC 곡선을 그리는 코드는 다음과 같다. 이를 이용하여 구한 ROC 곡선은 그림 4.5에서 확인할 수 있으며 ROC 곡선을 기준으로 볼 때 두 모형간의 성능은 큰 차이를 보이지 않는다.

```
> ## ROC curve
> library(ROCR)
> ROC.lm = performance(prediction(pred.lm,tr.german$Class),
+  "tpr","fpr")
> ROC.glm = performance(prediction(pred.glm, tr.german$Class),
+  "tpr","fpr")
> plot(ROC.lm,main="ROC curve for linear regression")
> x = unlist(attr(ROC.glm, "x.values"))
> y = unlist(attr(ROC.glm, "y.values"))
> lines(x, y, lty=2, col=2)
> legend('bottomright', legend=c("linear","logistic"),
+  lty=1:2, col=1:2)
```

또한 Lift를 구하는 코드는 아래와 같으며, `fun.lift`는 모형적합 후 사후확률이 큰 순서로 정렬된 자료(xx)와 등급의 수(K)를 입력하였을 때 이에 해당하는 Lift를 제공하는 함수이다. 그림 4.6은 Lift를 도표로 나타낸 것이다.

```
> # function
> fun.lift = function(xx, K)
+ {
+     num.class = round(nrow(xx)/K)
```

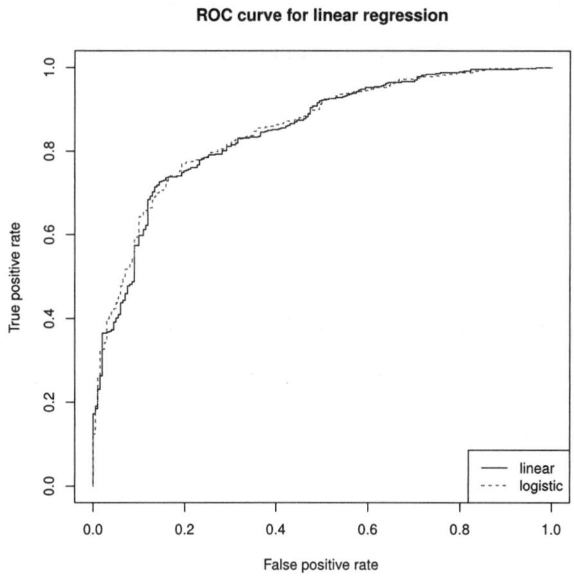

그림 4.5: 선형회귀모형과 로지스틱모형에서의 ROC 곡선

```
+     base.lift = sum(xx[,1])/nrow(xx)
+     class.lift = list();output = c()
+     for(i in 1:K)
+     {
+         if(i!=K) {
+             class.lift[[i]] = seq((1+num.class*(i-1)), num.class*i)
+         } else
+             class.lift[[i]] = seq((1+num.class*(i-1)),nrow(xx))
+         CR = 100*sum(xx[class.lift[[i]],1])/sum(xx[,1])
+         resp = sum(xx[class.lift[[i]],1])/length(class.lift[[i]])
+         lift = resp/base.lift
+         output = rbind(output, c(CR, resp, lift))
+     }
```

```
+     colnames(output) = c("%Captured response","%Response","Lift")
+     return(list(base.lift=base.lift,num.class=K,lift.chart=output))
+ }

> # lift table
> sort.pred.lm = sort(pred.lm,decreasing=T)
> sort.tr.german = tr.german$Class[order(pred.lm,decreasing=T)]
> lm.lift.data = cbind(sort.tr.german, sort.pred.lm)
> lm.lift = fun.lift(lm.lift.data,10)
> lm.lift
$base.lift
[1] 0.6957143

$num.class
[1] 10

$lift.chart
      %Captured response %Response      Lift
 [1,]          14.168378 0.9857143 1.4168378
 [2,]          13.757700 0.9571429 1.3757700
 [3,]          12.731006 0.8857143 1.2731006
 [4,]          12.525667 0.8714286 1.2525667
 [5,]          12.320329 0.8571429 1.2320329
 [6,]           9.445585 0.6571429 0.9445585
 [7,]           9.445585 0.6571429 0.9445585
 [8,]           7.597536 0.5285714 0.7597536
 [9,]           5.544148 0.3857143 0.5544148
```

```
[10,]            2.464066 0.1714286 0.2464066

>
> sort.pred.glm = sort(pred.glm, decreasing=T)
> sort.tr.german = tr.german$Class[order(pred.glm, decreasing=T)]
> glm.lift.data = cbind(sort.tr.german, sort.pred.glm)
> glm.lift = fun.lift(glm.lift.data,10)
> glm.lift
$base.lift
[1] 0.6957143

$num.class
[1] 10

$lift.chart
      %Captured response %Response      Lift
 [1,]         14.373717 1.0000000 1.4373717
 [2,]         13.347023 0.9285714 1.3347023
 [3,]         13.141684 0.9142857 1.3141684
 [4,]         12.525667 0.8714286 1.2525667
 [5,]         12.114990 0.8428571 1.2114990
 [6,]          8.829569 0.6142857 0.8829569
 [7,]          9.034908 0.6285714 0.9034908
 [8,]          7.802875 0.5428571 0.7802875
 [9,]          6.776181 0.4714286 0.6776181
[10,]          2.053388 0.1428571 0.2053388
```

```
> # lift chart
> plot(lm.lift$lift.chart[,3], type="o",ylab="Lift",
+ xlab="Class",pch=7,lty=2,col="red")
> lines(glm.lift$lift.char[,3], type="o",pch=7,lty=2,
+ col="blue")
> legend('topright', legend=c("linear","logistic"),lty=2,
+ col=c(2,4), pch=7 )
```

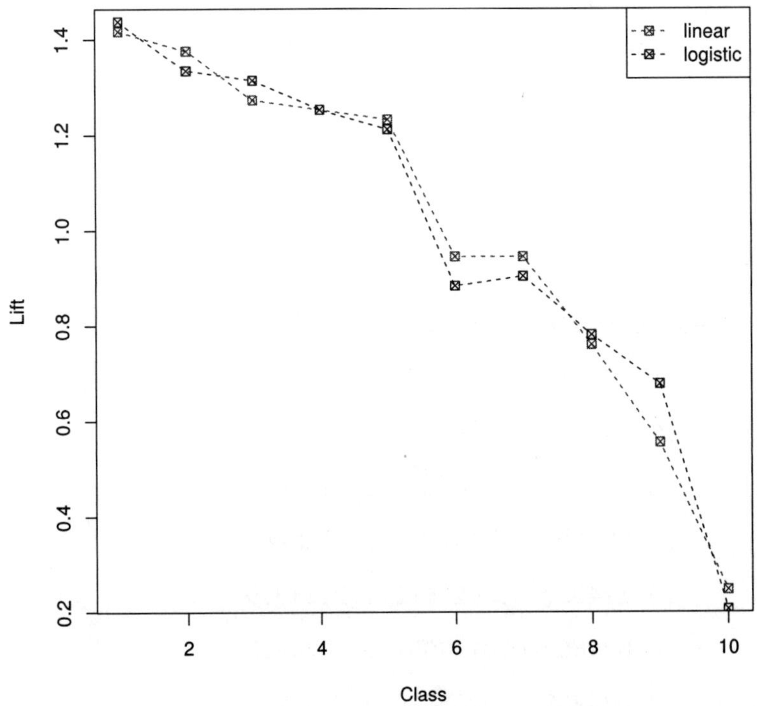

그림 4.6: 선형회귀모형과 로지스틱모형에서의 이익도표

연습문제

1. $y = 0$인 클래스에서 n_0개의 자료를, $y = 1$인 클래스에서 n_1개의 자료를 각각 임의로 추출하여 얻은 표본으로부터 구한 사후확률을 $\mathbb{P}^o(y = 1|x)$라 하자. $L_l, l = 0, 1$을 $y = l$에 속한 자료를 오분류하였을 때의 손실이다. 기대손실을 최소로 하는 분류기를 $\tilde{C}$라 할 때, $\tilde{C} = I(\mathbb{P}^o(y = 1|x) > c)$로 주어진다. 이때, c를 구하라.

2. $y = 0$인 클래스에서 n_0개의 자료를, $y = 1$인 클래스에서 n_1개의 자료를 각각 임의로 추출하여 얻은 표본으로부터 구한 사후확률을 $\mathbb{P}^o(y = 1|x)$라 하자. $x \in \{0, 1\}$일 때,

$$\frac{\mathbb{P}(y = 1|x = 1)\mathbb{P}(y = 0|x = 0)}{\mathbb{P}(y = 1|x = 0)\mathbb{P}(y = 1|x = 1)} = \frac{\mathbb{P}^o(y = 1|x = 1)\mathbb{P}^o(y = 0|x = 0)}{\mathbb{P}^o(y = 1|x = 0)\mathbb{P}^o(y = 1|x = 1)}$$

   임을 보여라.

3. 3장의 R 예제에서는 `Sonar` 자료에 대하여 AIC와 BIC를 이용하여 전진선택법으로 변수를 선택하였다. 두 모형에 대하여 ROC 곡선과 이익도표 $(K = 10)$를 그려보고 비교하라.

5 의사결정나무

의사결정나무(decision trees)는 주어진 입력값에 대하여 출력값을 예측하는 모형으로서 분류나무(classification trees)와 회귀나무(regression trees) 모형이 있다. 의사결정나무라는 이름은 그 결과를 나무형태의 그래프로 표현할 수 있다는 사실에 기인한다. 이 장에서는 분류 및 회귀 의사결정나무의 형성과정, 분리기준으로 사용되는 여러 가지 불순도의 측도, 여러 가지 알고리즘을 소개한다.

5.1 개요

지도학습 문제에서는 최종모형의 예측력과 해석력이 중요하며, 상황에 따라 예측력 또는 해석력을 보다 더 중시하는 경우가 있다. 예를 들어 기대집단의 사람들이 가장 많은 반응을 보일 고객 유치방안을 예측하고자 하는 경우에는 예측력에 치중할 것이며, 신용평가에서는 심사 결과 부적격 판정이 나온 경우 고객에게 부적격 이유를 설명해야 하므로 해석력이 더 중시된다.

의사결정나무는 지도학습 기법으로 각 변수의 영역을 반복적으로 분할함으로써 전체 영역에서의 규칙을 생성한다. 의사결정나무의 예측력은 다른 지도학습 기법들에 비해 대체로 떨어지나 해석력이 좋다. 즉, 의사결정나무에 의하여 생성된 규칙은 if-then 형식으로 표현되어 이해가 쉽고 SQL(Structured Query Language)과 같은 데이터베이스 언어로 쉽게 구현되는 장점이 있다.

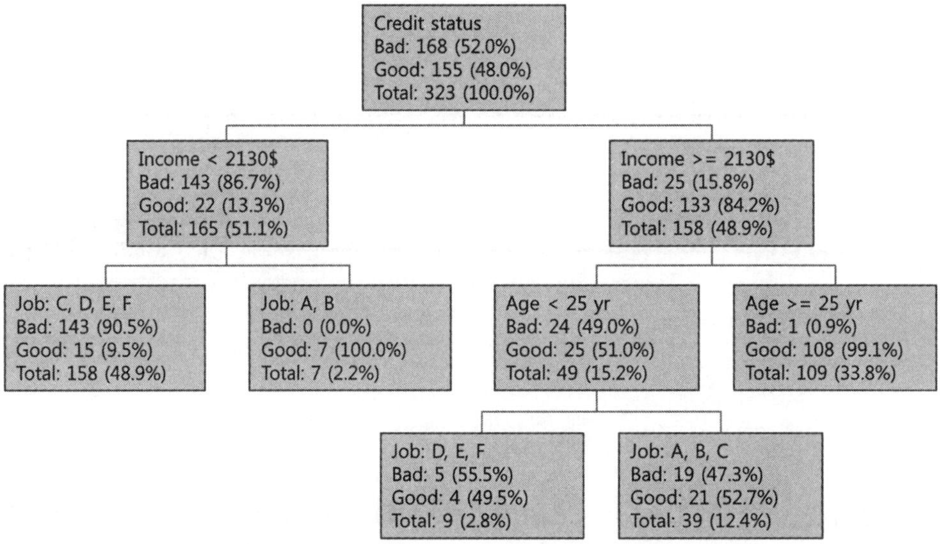

그림 5.1: 신용자료에 대한 의사결정나무

그림 5.1은 신용자료에 대하여 의사결정나무를 적합한 결과를 보여준다. 그림 5.1에서와 같이 의사결정나무는 기본적으로 다음과 같은 구성요소로 이루어진다.

- 뿌리마디(root node): 시작되는 마디로 전체 자료를 포함
- 자식마디(child node): 하나의 마디로부터 분리되어 나간 2개 이상의 마디들
- 부모마디(parent node): 주어진 마디의 상위마디
- 끝마디(terminal node): 자식마디가 없는 마디
- 중간마디(internal node): 부모마디와 자식마디가 모두 있는 마디
- 가지(branch): 뿌리마디로부터 끝마디까지 연결된 마디들
- 깊이(depth): 뿌리마디부터 끝마디까지의 중간마디들의 수

그림 5.1의 의사결정나무에 대하여 다음과 같은 질문을 던질 수 있다. 첫째, "뿌리마디의 질문이 왜 소득(income)인가"라는 질문은 분할기준(splitting rule)의 선택과 관련된다. 둘째, "4번, 5번, 7번 마디들은 끝마디인 반면 6번 마디는 왜 중간마디인가"라는 질문은 분할에 대한 정지규칙(stopping rule)과 관련된다. 셋째, "7번 마디에 속하는 자료는 신용상태를 어떻게 결정하여야 하는가"라는 질문은 각 끝마디에서의 예측값 할당법과 관련된다. 주어진 자료에 대하여 의사결정나무를 구성하기 위한 위의 세가지 질문에 대한 통계적인 방법론은 다음 절에서 설명한다.

5.2 의사결정나무의 형성

의사결정나무의 형성과정은 크게 성장(growing), 가지치기(pruning), 타당성 평가, 해석 및 예측으로 이루어진다. 성장 단계는 각 마디에서 적절한 최적의 분리규칙을 찾아서 나무를 성장시키는 과정으로서 적절한 정지규칙을 만족하면 중단한다. 가지치기 단계는 오차를 크게 할 위험이 높거나 부적절한 추론규칙을 가지고 있는 가지 또는 불필요한 가지를 제거한다. 타당성 평가 단계에서는 이익도표 혹은 시험자료를 이용하여 의사결정나무를 평가하게 된다. 해석 및 예측 단계에서는 구축된 나무모형을 해석하고 예측모형을 설정한 후 예측에 적용한다.

의사결정나무는 출력변수가 연속형인 회귀나무(regression tree)와 범주형인 분류나무(classification tree)로 나눌 수 있다. 이제 회귀나무와 분류나무의 형성과정에 대하여 구체적으로 살펴보자.

5.2.1 회귀나무

훈련자료를 (x_i, y_i), $i = 1, \ldots, n$로 나타내자. 여기서 $x_i = (x_{i1}, \ldots, x_{ip})^T$이다. 전체 영역을 M개의 영역 $R_1, \ldots, R_M$으로 나누고 각 영역에서 상수값 c_m으로 예측하는 다음과 같은 나무모형을 생각해보자.

$$f(x) = \sum_{m=1}^{M} c_m I(x \in R_m).$$

여기서 c_m과 R_m은 불순도(impurity)의 측도를 이용하여 값을 정하게 되며, 회귀나무에서는 흔히 오차제곱합 $Q_m(T) = \sum_{i=1}^{n}(y_i - f(x_i))^2$를 그 측도로서 사용한다. 주어진 분리변수(split variable) x_j가 연속형인 경우 분리점을 s라 하면 두 영역 $R_1(j,s) = \{x : x_j \le s\}$와 $R_2(j,s) = \{x : x_j > s\}$를 정의할 수 있다. 분리변수가 범주형인 경우에는 전체 범주를 두 개의 부분집합으로 나눈다. 예를 들면 전체 범주가 $\{1,2,3,4\}$일 때 $R_1(j) = \{1,2,4\}$와 $R_2(j) = \{3\}$로 나눌 수 있다. 그러면 분리기준을 정하기 위하여 다음의 최적화 문제를 푼다:

$$\min_{j,s}\left(\min_{c_1}\sum_{x_i\in R_1(j,s)}(y_i - c_1)^2 + \min_{c_2}\sum_{x_i\in R_2(j,s)}(y_i - c_2)^2\right).$$

주어진 j와 s에 대하여 최소값을 갖는 해는 $\hat{c}_1$과 $\hat{c}_2$로서 각각 $R_1(j,s)$와 $R_2(j,s)$에 속하는 자료의 y값들의 평균으로 주어진다. 또한 분리변수가 주어지면 분리점 s는 어렵지 않게 찾을 수 있으므로 적절한 최적화를 통하여 최적 분리기준 (j,s)를 찾을 수 있다. 일단 최적 분리를 찾은 후에는 두 영역에 대하여 동일한 과정을 반복하게 된다.

그러면 언제까지 나무모형을 성장시킬 것인가? 너무 큰 나무모형은 자료를 과대적합하고 반대로 너무 작은 나무모형은 자료를 과소적합할 위험이 있다. 즉, 의사결정나무에서는 나무의 크기를 모형의 복잡도로 볼 수 있으며 최적의 나무 크기는 자료로부터 추정하게 된다. 일반적으로 사용되는 방법은 마디에 속하는 자료가 일정 수(가령 5) 이하일 때 분할을 정지하고 비용-복잡도 가지치기(cost-complexity pruning)를 이용하여 성장시킨 나무를 가지치기하게 된다.

성장시킨 나무모형 T_0를 가지치기하여 얻을 수 있는 나무모형을 $T \subset T_0$로 나타내자. $|T|$는 T에서의 끝마디 개수, N_m은 T의 영역 R_m에 속하는 자료수, $\hat{c}_m$은 영역 R_m에 속하는 자료에 대한 y값들의 평균, 그리고 불순도는 $Q_m(T) = \frac{1}{N_m}\sum_{x_i\in R_m}(y_i - \hat{c}_m)^2$로 나타낸다. 이 때 최적화할 비용함수는

$$C_\alpha(T) = \sum_{m=1}^{|T|} N_m Q_m(T) + \alpha|T|$$

로 정의되며 가지치기는 α에 대하여 $C_\alpha(T)$를 최소화하는 $T_\alpha \subset T_0$를 찾는 문제가

된다. 여기서 $\alpha \geq 0$는 나무모형의 크기와 자료에 대한 적합도를 조절하는 조율모수로 α값이 크면(작으면) T_α의 크기는 작아(커)진다. $\alpha = 0$이면 가지치기는 일어나지 않고 T_0를 최종모형으로 준다.

추정값 $\hat{\alpha}$은 자료로부터 흔히 5 또는 10-묶음 교차확인오차로 얻을 수 있다. 가지치기된 최종 모형은 $T_{\hat{\alpha}}$으로 나타낼 수 있고 시험자료가 $x \in R_m$이면 $\hat{y} = \hat{c}_m$으로 예측한다.

5.2.2 분류나무

출력변수가 범주형인 분류나무는 다음절에서 소개될 카이제곱 통계량, 지니지수(Gini index), 엔트로피지수(entropy index) 등을 불순도의 측도로 사용하여 회귀나무와 동일한 방식으로 성장시키게 된다. 분류나무의 가지치기는 흔히 오분류율을 불순도의 측도로 사용하여 회귀나무와 동일한 방식으로 실시하여 최종 분류나무모형 $T_{\hat{\alpha}}$을 얻게 된다. $\hat{p}_{mk}$를 최종 모형의 영역 R_m에 속하는 자료중 출력변수의 범주가 k인 자료의 비율이라 하자. $x \in R_m$이면 그 예측값은 $\hat{y} = \arg\max_k \hat{p}_{mk}$로 주어진다. 즉, 분류나무는 예측값을 각 마디에서 다수결(majority vote) 원칙으로 정하는 것이다.

5.3 불순도의 여러 가지 측도

이 절에서는 의사결정나무의 성장 단계에서 최적 분리기준을 정하는데 사용되는 불순도의 측도에 대하여 알아 보자. 특히 분류나무에서 사용되는 카이제곱(χ^2) 통계량, 지니지수, 엔트로피지수 등에 대하여 살펴보기로 한다.

자료가 아래의 표와 같이 분리된다고 하자.

	Good	Bad	Total
Left	32 (56)	48 (24)	80
Right	178 (154)	42 (66)	220
Total	210	90	300

표의 값은 실제도수(O)와 괄호안의 값인 기대도수(E)를 보여준다. 예를 들어 Left의 Good 셀의 기대도수는 $80 \times 210/300 = 56$으로 구하며 다른 셀들에서도 마찬가지 방법으로 기대도수를 구할 수 있다.

카이제곱 통계량은

각 셀에 대한 ((기대도수−실제도수)의 제곱/기대도수)의 합

으로 정의되며, 카이제곱통계량이 최대가 되는 분리를 사용한다. 이 표에서 카이제곱통계량은

$$\frac{(56-32)^2}{56} + \frac{(24-48)^2}{24} + \frac{(154-178)^2}{154} + \frac{(66-42)^2}{66} = 46.75$$

으로 계산된다.

지니지수는

$$\begin{aligned} &2\,(\mathbb{P}(\text{Left에서 Good})\mathbb{P}(\text{Left에서 Bad})\mathbb{P}(\text{Left}) \\ &+\mathbb{P}(\text{Right에서 Good})\mathbb{P}(\text{Right에서 Bad})\mathbb{P}(\text{Right})) \end{aligned}$$

로 정의되며, 지니지수가 최소가 되는 분리를 선택한다. 앞의 표에 대하여 지니지수를 구하면

$$2\left(\frac{32}{80} \times \frac{48}{80} \times \frac{80}{300} + \frac{178}{220} \times \frac{42}{220} \times \frac{220}{300}\right) = 0.355$$

으로 주어진다.

엔트로피지수는

$$\text{엔트로피지수} = \text{엔트로피(Left)}\mathbb{P}(\text{Left}) + \text{엔트로피(Right)}\mathbb{P}(\text{Right})$$

로 정의된다. 여기서

$$\begin{aligned} \text{엔트로피(Left)} &= -\mathbb{P}(\text{Left에서 Good}) \log_2 \mathbb{P}(\text{Left에서 Good}) \\ &\quad -\mathbb{P}(\text{Left에서 Bad}) \log_2 \mathbb{P}(\text{Left에서 Bad}) \end{aligned}$$

로 정의되며, 오른쪽 마디에 대한 엔트로피도 이와 유사하게 정의될 수 있다. 앞의 표에서 엔트로피지수를 구하면

$$-\left(\frac{32}{80}\log_2\left(\frac{32}{80}\right)+\frac{48}{80}\log_2\left(\frac{48}{80}\right)\right)\frac{80}{300}$$
$$-\left(\frac{178}{220}\log_2\left(\frac{178}{220}\right)+\frac{42}{220}\log_2\left(\frac{42}{220}\right)\right)\frac{220}{300}=.7747$$

를 얻을 수 있다.

예제

다음의 자료에 대하여 지니지수를 이용하여 최적의 분리를 찾아보기로 하자.

Temperature	Humidity	Windy	Class
Hot	High	False	N
Hot	High	True	N
Hot	High	False	P
Mild	High	False	P
Cold	Normal	False	P
Cold	Normal	True	N
Cold	Normal	True	P
Mild	High	False	N
Cold	Normal	False	N
Mild	Normal	False	P
Mild	Normal	True	P
Mild	High	True	P
Hot	Normal	False	N
Mild	High	True	P

1. Temperature를 기준으로 분리하는 경우

   - Left={Hot}, Right = {Mild, Cold}일 때

	N	P	계
Left	3	1	4
Right	3	7	10
계	6	8	14

$$\text{지니지수} = 2\left(\frac{1}{4}\times\frac{3}{4}\times\frac{4}{14}+\frac{3}{10}\times\frac{7}{10}\times\frac{10}{14}\right)=0.4071.$$

- Left={Mild}, Right = {Hot, Cold}일 때

	N	P	계
Left	1	5	6
Right	5	3	8
계	6	8	14

$$\text{지니지수} = 2\left(\frac{1}{6}\times\frac{5}{6}\times\frac{6}{14}+\frac{5}{8}\times\frac{3}{8}\times\frac{8}{14}\right)=0.3869.$$

- Left={Cold}, Right = {Hot,Mild}일 때

	N	P	계
Left	2	2	4
Right	4	6	10
계	6	8	14

$$\text{지니지수} = 2\left(\frac{2}{4}\times\frac{2}{4}\times\frac{4}{14}+\frac{5}{10}\times\frac{6}{10}\times\frac{10}{14}\right)=0.4860.$$

2. Humidity를 기준으로 분리하는 경우

   Humidity는 High와 Normal의 두 가지 값만 가지므로 Left를 둘중 어느 한 범주로 잡아도 동일한 결과를 준다. 따라서 편의상 Left={High}, Right = {Normal}라 하자.

	N	P	계
Left	3	4	7
Right	3	4	7
계	6	8	14

$$\text{지니지수} = 2\left(\frac{3}{7}\times\frac{4}{7}\times\frac{7}{14}+\frac{3}{7}\times\frac{4}{7}\times\frac{7}{14}\right) = 0.4897.$$

3. Windy를 기준으로 분리하는 경우
   Humidity와 마찬가지로 범주가 둘이므로 Left={False}, Right = {True}라 하자.

	N	P	계
left	4	4	8
right	2	4	6
계	6	8	14

$$\text{지니지수} = 2\left(\frac{4}{6}\times\frac{2}{6}\times\frac{6}{14}+\frac{4}{8}\times\frac{4}{8}\times\frac{8}{14}\right) = 0.4762.$$

모든 가능한 분리에 대하여 결과를 종합해보면 Temperature에 대하여 Left = {Mild}, Right = {Hot, Cold}로 분리하는 것이 지니지수 측면에서 가장 좋다. 각자 연습삼아 카이제곱 통계량이나 엔트로피지수에 대하여 최적 분리를 찾아보고 지니지수와 동일한 분리를 주는지 확인해 보기 바란다.

5.4 여러 가지 의사결정나무 알고리즘

다음은 흔히 사용되는 의사결정나무 알고리즘이다.

- CART(Classification And Regression Trees)
  이 장에서 소개된 방법으로 Breiman 외 (1984)이 개발하였고 가장 널리 사용되는 의사결정나무 알고리즘이다. 불순도의 측도로서 출력변수가 범주형인 경우 지니지수를 이용하고 출력변수가 연속형인 경우에는 분산을 이용하여 이진분리(binary split)를 한다. 개별 입력변수뿐만 아니라 입력변수들의 선형결합들중에서 최적의 분리를 찾을 수도 있다.

- C4.5와 C5.0
  호주의 연구원 Quinlan (1993)에 의하여 개발되었고 초기버전은 ID 3 (Iterative Dichotomizer 3)이다. CART와는 다르게 각 마디에서 다지분리(multiple split)가 가능하며 범주형 입력변수에 대해서는 범주의 수만큼 분리가 일어난다. 불순도의 측도로는 엔트로피지수를 사용한다.

- CHAID(CHi-squared Automatic Interaction Detection)
  Hartigan (1975)이 제안한 방법으로 Morgan과 Sonquist (1963)의 AID의 후신으로 볼 수 있다. 가지치기를 하지 않고 적당한 크기에서 나무모형의 성장을 중지하며 입력변수가 반드시 범주형 변수이어야 한다. 불순도의 측도로는 카이제곱 통계량을 사용한다.

5.5 의사결정나무의 특징

의사결정나무(특히 CART)는 if-then 형식의 이해하기 쉬운 규칙을 생성하며, 분류작업이 용이하고, 연속형 변수와 범주형 변수를 모두 취급할 수 있으며, 모형에 대한 가정(예: 선형회귀의 선형성, 등분산성 등)이 필요 없는 비모수적 방법이라는 장점이 있다. 또한 가장 설명력이 있는 변수에 대하여 최초로 분리가 일어나는 특징을 가진다.

의사결정나무의 단점은 다음과 같다. 출력변수가 연속형인 회귀모형에서는 그 예측력이 떨어진다. 일반적으로 복잡한 나무모형은 예측력이 저하되고 해석 또한 어려우며, 상황에 따라 계산량이 많을 수도 있으며, 베이즈 분류경계가 사각형(rectangle)이 아닌 경우에는 좋지 않은 결과를 줄 수 있다는 것이다. 특히 자료에 약간의 변화가 있는 경우에 전혀 다른 결과를 줄 수도 있는 (즉, 분산이 매우 큰) 불안정한 방법이다. 참고로 13장에서 소개하는 배깅(bagging)과 같은 앙상블(ensemble) 알고리즘을 적용하여 의사결정나무의 분산을 줄일 수도 있다.

5.6 R 예제

이 절에서는 R. A. Fisher의 붓꽃(iris)자료에 대하여 의사결정나무 모형을 적합한다. 붓꽃 자료는 꽃받침의 길이(`sepal length`), 꽃받침의 폭(`sepal width`), 꽃잎의 길이(`petal length`), 꽃잎의 폭(`petal width`), 붓꽃의 품종(`setosa`, `versicolor`, `virginica`)으로 이루어져 있다.

그림 5.2는 입력변수들에 대한 산점도 행렬로서 각 품종을 표시한 것이다.

```
> library(MASS)
> library(tree)
> data(iris)
> plot(iris[,1:4], col=as.integer(iris$Species),
+    pch=substring((iris$Species),1,1))
```

아래의 R코드는 붓꽃자료에 대하여 붓꽃의 품종을 출력변수로 하고 나머지는 입력변수로 하는 다음과 같이 의사결정나무를 적합하였다. 여기서 `yprob`은 마디내의 클래스별 분포를 나타내며 그림 5.3은 가지치기 이전의 나무모형을 보여준다.

```
> ir.tr = tree(Species ~., iris)
> summary(ir.tr)

Classification tree:
tree(formula = Species ~ ., data = iris)
Variables actually used in tree construction:
[1] "Petal.Length" "Petal.Width"  "Sepal.Length"
Number of terminal nodes:  6
Residual mean deviance:  0.1253 = 18.05 / 144
Misclassification error rate: 0.02667 = 4 / 150
```

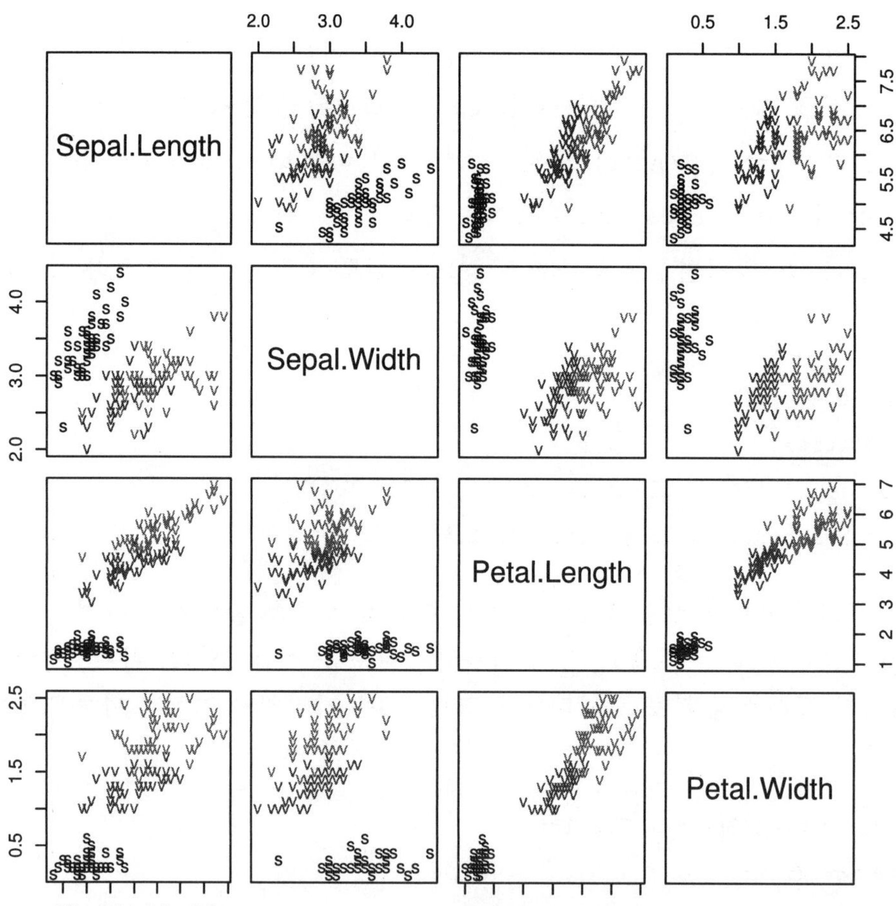

그림 5.2: 붓꽃 자료에 대한 산점도 행렬

```
> ir.tr
node), split, n, deviance, yval, (yprob)
      * denotes terminal node

1) root 150 329.600 setosa ( 0.3333 0.3333 0.3333 )
 2) Petal.Length<2.45 50   0.000 setosa (1.0000 0.0000 0.0000) *
 3) Petal.Length>2.45 100 138.600 versicolor (0.0000 0.5000 0.5000)
   6) Petal.Width<1.75 54  33.320 versicolor (0.0000 0.9074 0.0925)
     12) Petal.Length<4.95 48   9.721 versicolor (0.0000 0.9791 0.0208)
       24) Sepal.Length<5.15 5   5.004 versicolor (0.0000 0.8000 0.2000) *
       25) Sepal.Length>5.15 43   0.000 versicolor (0.0000 1.0000 0.0000) *
     13) Petal.Length>4.95 6   7.638 virginica (0.0000 0.3333 0.6666) *
   7) Petal.Width>1.75 46   9.635 virginica (0.0000 0.0217 0.9782)
     14) Petal.Length<4.95 6   5.407 virginica (0.0000 0.1666 0.8333) *
     15) Petal.Length>4.95 40   0.000 virginica (0.0000 0.0000 1.0000) *
>
> plot(ir.tr)
> text(ir.tr, all = T)
```

다음과 같이 snip.tree 함수로 마디 7과 12를 제거한 후 그 결과를 ir.tr1로 저장하였다.

```
> ir.tr1 = snip.tree(ir.tr, nodes = c(12, 7))
> plot(ir.tr1)
> text(ir.tr1, all = T)
>
> par(pty = "s")
> plot(iris[, 3],iris[, 4], type="n",
+ xlab="petal length", ylab="petal width")
> text(iris[, 3], iris[, 4], c("s", "c", "v")[iris[, 5]])
> partition.tree(ir.tr1, add = TRUE, cex = 1.5)
```

그림 5.4는 가지치기 이후의 나무모형과 꽃잎 길이와 폭을 축으로 나무모형에

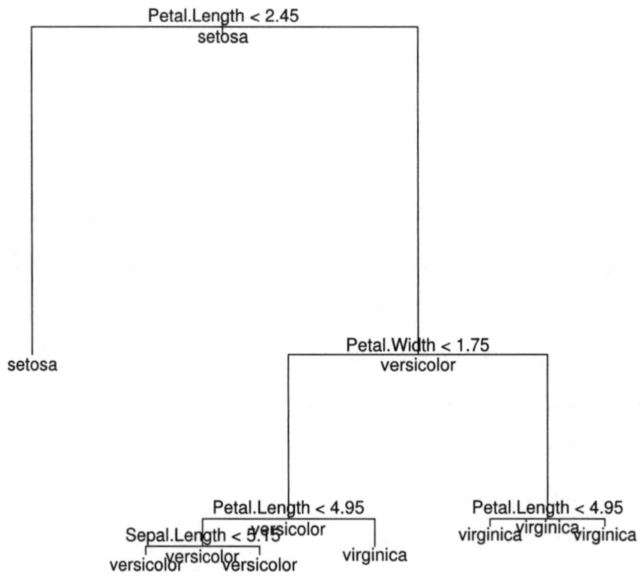

그림 5.3: 붓꽃 자료에 대한 가지치기 이전의 나무모형

의한 영역 분할을 보여준다.

다음은 오분류율을 이용한 가지치기를 보여준다. 그림 5.5는 `prune.misclass` 함수에서 제공하는 교차확인 오분류율을 나무의 크기에 따라서 그린 것이다. 이 경우 k가 최소가 되는 끝마디를 선택할 수 있다. 그림 5.5 (b)는 그림 5.3에서 끝마디의 수를 4로 하여 가지치기한 결과의 나무모형이다. 이 나무모형은 앞에서 수동으로 마디 7과 12를 가지치기한 그림 5.4 (a)와 동일하다. `prune.misclass` 함수에서 best의 값을 지정하지 않는 경우 끝마디의 수(size), deviance, k(cost-complexity measure)를 출력한다.

```
> ir.tr2 = prune.misclass(ir.tr)
> ir.tr2
$size
```

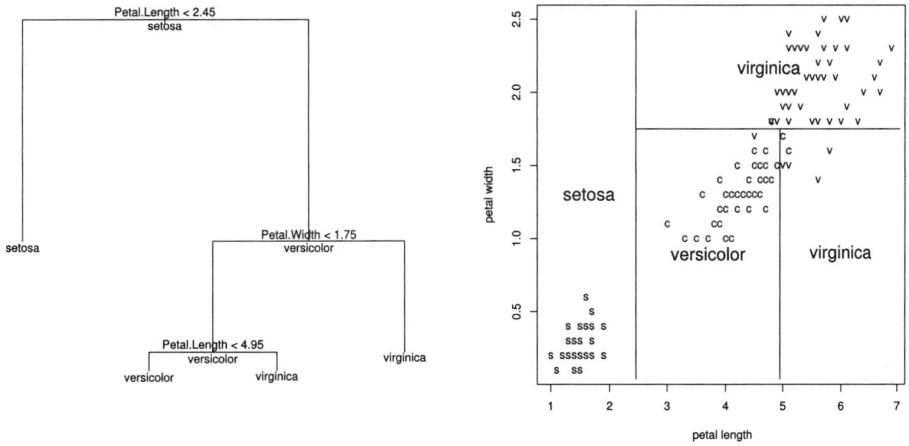

(a) 나무모형 (b) 분할영역

그림 5.4: 붓꽃 자료에 대하여 가지치기를 적용한 나무모형과 분할영역

```
[1] 6 4 3 2 1
$dev
[1]   4   4   6  50 100
$k
[1] -Inf    0    2   44   50
$method
[1] "misclass"
attr(,"class")
[1] "prune"         "tree.sequence"
```

```
> plot(ir.tr2)
> fin.tr = prune.misclass(ir.tr, best=4)
> plot(fin.tr)
> text(fin.tr, all = T)
```

마지막으로 소개하는 party 패키지는 기존의 기존의 다른 의사결정나무 패키지에 비해 결과의 해석이 더 편리하다는 장점이 있다. 특히 그림 5.6와 같이

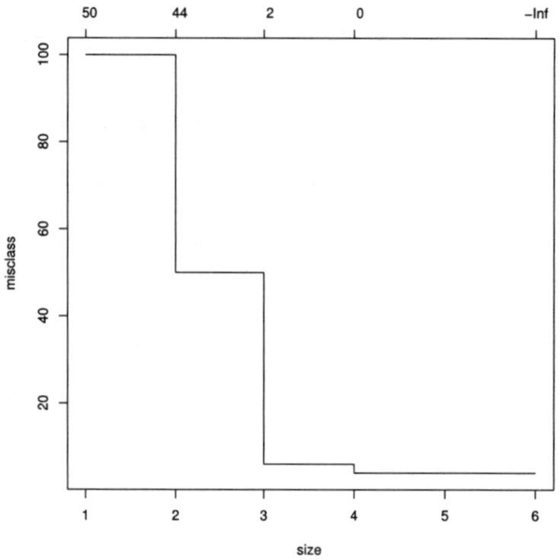

(a) CV

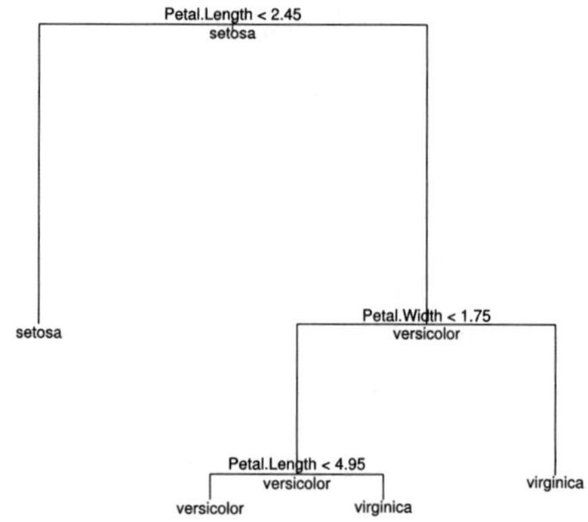

(b) 가지치기 이후

그림 5.5: 붓꽃 자료에 대하여 오분류율을 이용한 나무모형의 가지치기

적합된 나무모형에 노드번호를 보여주며 끝마디는 뿌리나 중간마디와 구별되도록 다른 모양으로 표현함으로써 적합된 나무모형의 특성을 파악하기에 용이하다. 본 R 예제에서 사용된 함수는 표 5.1에 설명하였다.

표 5.1: 함수 tree, snip.tree에 대한 설명

함수명	옵션	함수설명
tree	split	의사결정나무의 성장과정에서 분리기준(deviance, gini)을 설정
snip.tree	nodes	snip.tree는 성장된 나무를 수정할 때 사용하며 nodes 옵션은 nodes 값에 해당되는 마디와 그 마디로부터 생성된 자식마디를 모두 삭제함

```
> # polished tree diagram
> library("party")
> iris_ctree = ctree(Species~., data=iris)
> print(iris_ctree)
```

```
 Conditional inference tree with 4 terminal nodes

Response:  Species
Inputs:  Sepal.Length, Sepal.Width, Petal.Length, Petal.Width
Number of observations:  150

1) Petal.Length <= 1.9; criterion = 1, statistic = 140.264
  2)*  weights = 50
1) Petal.Length > 1.9
  3) Petal.Width <= 1.7; criterion = 1, statistic = 67.894
    4) Petal.Length <= 4.8; criterion = 0.999, statistic = 13.865
      5)*  weights = 46
    4) Petal.Length > 4.8
      6)*  weights = 8
  3) Petal.Width > 1.7
    7)*  weights = 46
> plot(iris_ctree, type="simple")
```

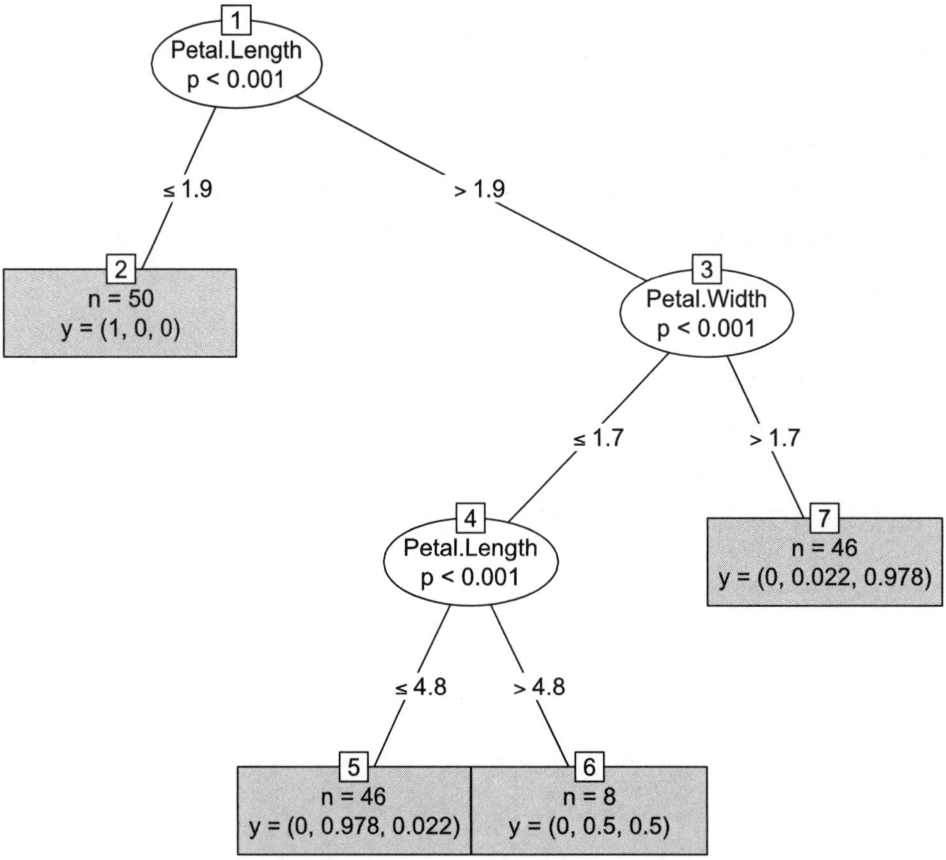

그림 5.6: 붓꽃 자료에 대하여 party 패키지를 이용한 나무모형

연습문제

1. `mlbench` 패키지의 Vehicle, Glass, BreastCancer 자료에 대하여 적절한 크기의 나무모형을 적합하라.

2. 다음의 코드를 이용하여 자료를 생성하라.

```
x1 = rnorm(300)
x2 = rnorm(300)
error = 0.1 * rnorm(300)
y1 = 1 + (2 * x1) + (3 * x2) + error
```

   (a) `lm` 함수로 선형회귀모형을 적합하라. 또한 `rpart` 함수로 나무모형을 적합하고 `text` 함수로 나무모형의 결과를 출력하라. 회귀모형과 나무모형의 결과를 실제 자료가 생성된 모형과 비교하라. 적합된 모형이 자료를 잘 적합하는지 살펴보기 위해 `predict` 함수로 적합된 값과 실제값을 비교해 보아라.

   (b) 다음과 같이 이항 인자(factor) 변수를 입력으로 하는 반응변수 y를 생성한다.

```
x11 = (x1 > 0)
x22 = (x2 > 0)
y = 1 + (2 * x11) + (3 * x22) + error
```

   (a)와 동일한 방식으로 선형회귀와 나무모형을 적합하고 그 결과를 비교하라.

   (c) (a)와 (b)는 각각 자료가 선형 가법 모형과 가법 계단함수(step function) 모형에서 생성되는 경우에 해당된다. 모형의 적합도와 해석력을 기준으로 했을 때 어떤 경우에 나무모형이 선형회귀보다 더 좋은가?

3. `mlbench` 패키지의 `HouseVotes84` 자료에 대하여 `party` 패키지의 함수로 나무모형을 적합하고 그 결과를 해석하라.

6 신경망

신경망(neural networks)은 생물학적 신경망의 구조로부터 착안된 학습 알고리즘이다. 특히 입력값과 출력값간의 매우 복잡한 형태의 비선형 모형화 방법이다. 이 장에서는 다층신경망(multi-layer perceptron)을 소개하며, 실제 문제에서 신경망을 적용할 때 흔히 발생하는 여러 가지 문제에 대한 고려사항들을 논의한다.

6.1 개요

먼저 신경망에 대한 역사적 배경에 대하여 알아보자. McCulloch과 Pitts (1943)는 인간의 뇌 신경노드의 작동 모형을 구축하였고, Rosenblatt (1958)은 지도학습문제에 적용할 수 있는 단층신경망(single layer perceptron) 알고리즘을 개발하였다. 1980년대 이전에는 컴퓨터 성능이 낮아서 그리 널리 사용되지 않다가 1980년대에 이르러 다시 각광을 받기 시작하였고, 다층신경망과 역전파(back propagation) 알고리즘의 결합으로 신경망 모형의 응용분야가 크게 확장되었다.

신경망은 한마디로 인간의 두뇌구조를 모방한 지도학습법이다. 신경망의 기본적인 작동원리는 여러개의 뉴런들을 상호 연결하여 입력값에 대한 최적의 출력값을 예측하는 것이다. 통계적인 관점에서 보면 신경망은 Friedman과 Stuetzle

(1981)이 제안한 입력변수의 선형결합에 비선형 함수를 취하는 사영추적회귀 (projection pursuit regression, 7.2절 참조)로 볼 수 있다. 신경망은 예측력이 매우 좋은데 비해 그 해석이 어렵기 때문에 신용평가나 생물정보학과 같이 해석이 중요한 분야에서는 잘 사용되지 않는다.

그림 6.1은 다층신경망의 구조를 보여준다. 다층신경망은 입력층(input layer), 은닉층(hidden layer), 출력층(output layer)으로 구성된다. 단층신경망은 은닉층이 없이 입력층과 출력층만으로 구성된다. 입력층은 각 입력변수에 대응되는 노드로 구성되며 노드의 수는 입력변수의 개수와 같다. 은닉층은 입력층으로부터 전달되는 변수값들의 선형결합을 비선형함수로 처리하여 출력층 또는 다른 은닉층에 전달하는 역할을 하며, 출력층은 출력변수에 대응되는 노드로서 분류모형에서는 클래스의 수 만큼의 출력노드가 생성된다.

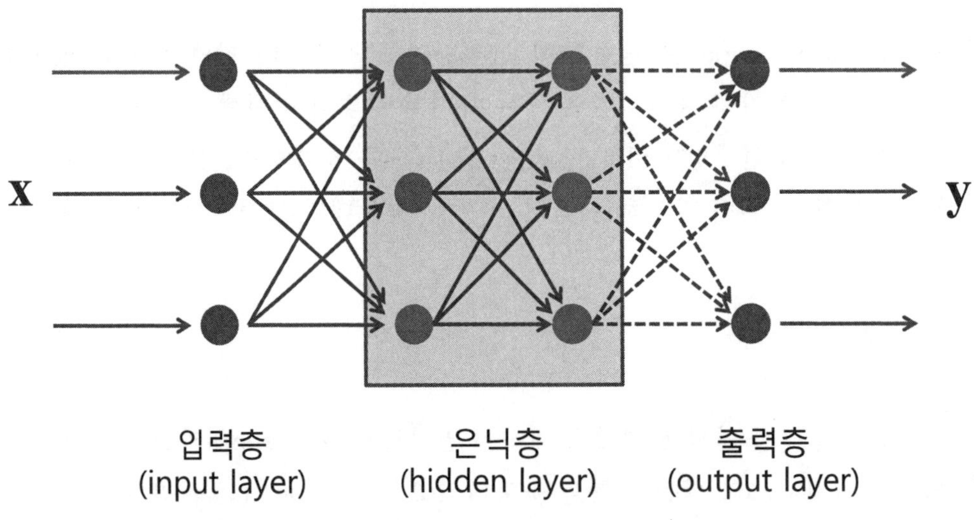

그림 6.1: 다층신경망 모형의 구조

6.2 다층신경망

이 절에서는 다층신경망의 구조, 적합, 모형 선택에 대하여 살펴보기로 한다. 보다 자세한 설명은 Hastie 외 (2009)와 Izenman (2008)을 참고하기 바란다.

6.2.1 다층신경망의 구조

신경망은 의사결정나무처럼 회귀와 분류문제를 모두 다룰 수 있는데, 우선 클래스의 수가 K인 분류 문제를 생각해 보자. 출력노드 $k(=1,\dots,K)$는 클래스 k에 속할 확률을 모형화하며 출력변수는 자료가 k번째 클래스에 속하는 경우 k번째 좌표는 1이고 나머지 좌표는 0으로 코딩된다. 참고로, 회귀문제는 $K=1$인 경우에 해당된다.

은닉노드값 z_m은 입력노드 값들의 선형결합을 활성함수 $\sigma(\cdot)$을 이용하여 비선형변환을 한 값이고, 출력값은 z_m들의 선형결합 t_k들의 함수로 다음과 같이 모형화한다.

$$
\begin{aligned}
z_m &= \sigma(\alpha_{0m}+\alpha_m^T x), m=1,\dots,M,\\
t_k &= \beta_{0k}+\beta_k^T z, k=1,\dots,K,\\
f_k(x) &= g_k(t), k=1,\dots,K.
\end{aligned}
$$

여기서 $z=(z_1,\dots,z_M)^T$이고 $t=(t_1,\dots,t_K)^T$이다.

여기서 $\sigma(\cdot)$는 활성함수(activation function)라 부르며 흔히 시그모이드 (sigmoid) 함수를 사용한다. 시그모이드 함수는 단극성과 양극성의 두 종류가 있다. 단극성 시그모이드 함수는 $\sigma(v)=\frac{1}{1+e^{-v}}$로 정의되며 증가함수로서 그 출력값이 0과 1사이의 값을 갖는다. 양극성 시그모이드 함수는 $\sigma(v)=\frac{1-e^{-v}}{1+e^{-v}}$로 정의되며 증가함수로 그 출력값이 -1과 1사이의 값을 갖으며 $\sigma(0)=0$이다. 그림 6.2는 단극성과 양극성 시그모이드 함수를 보여준다. 활성함수로서 RBF(radial basis function) $\sigma(v)=\exp(-v^2/2)$를 사용하는 경우 RBF 신경망이라고 부른다.

$g_k(t)$는 출력함수(output function)라 부르고 출력값 t에 대하여 최종적인 비선형 변환을 해주는 역할을 한다. 회귀에서는 $g_k(t)=t_k$인 항등함수(identity function)가 사용되고 K-클래스 분류에서는 softmax 함수 $g_k(t)=e^{t_k}/\sum_{l=1}^K e^{t_l}$가 사용된다. Softmax 함수는 양수값을 가지며 합이 1이 된다는 특징이 있고 다범주 로지스틱회귀에서도 사용된다.

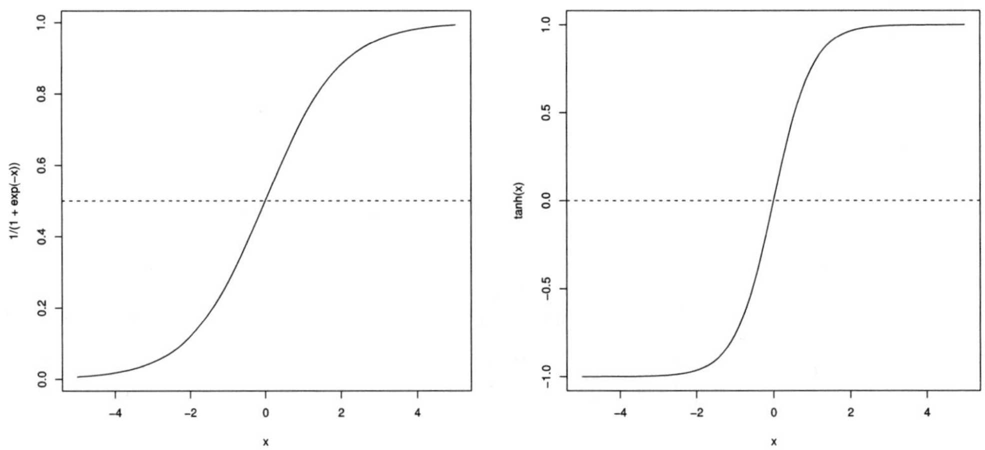

(a) 단극성 (b) 양극성

그림 6.2: 시그모이드 함수

6.2.2 다층신경망의 적합

미지의 모수 $\alpha_{0m}, \alpha_m, m = 1, \ldots, M$과 $\beta_{0k}, \beta_k, k = 1, \ldots, K$의 벡터를 θ로 나타내자. 회귀문제에서는 오차제곱합

$$R(\theta) = \sum_{k=1}^{K} \sum_{i=1}^{n} (y_{ik} - f_k(x_i))^2$$

을 비용함수로서 사용하며, 분류문제에서는 오차제곱합 또는 deviance

$$R(\theta) = -\sum_{k=1}^{K} \sum_{i=1}^{n} y_{ik} \log f_k(x_i)$$

를 비용함수로 사용하며 $G(x) = \arg\max_k f_k(x)$를 이용하여 분류한다. 예를 들어 활성함수로서 시그모이드함수를 사용하고 비용함수로는 deviance를 사용하는 신경망모형은 은닉노드에 대한 선형 로지스틱회귀로 볼 수 있으며 모수들은 최대우도법으로 추정할 수 있다.

$R(\theta)$의 비선형성으로 인하여 전역 최소값(global minimizer)을 찾는 것은 거의 불가능하다. 그 대신 기울기 강하(gradient descent) 알고리즘과 알고리즘의

조기 종료(early stopping)등의 간접적인 벌점화를 결합하여 좋은 국소 최소값를 구하게 된다.

신경망에서는 $R(\theta)$를 최소화하기 위하여 역전파라 불리는 기울기 강하 알고리즘을 적용한다. 다음은 오차제곱합을 비용함수로 사용하는 경우에 대한 역전파 알고리즘이다. $z_{mi} = \sigma(\alpha_{0m} + \alpha_m^T x_i)$와 $z_i = (z_{1i}, \ldots, z_{Mi})^T$라 하자. 그러면 $R(\theta) = \sum_{i=1}^n R_i = \sum_{i=1}^n \sum_{k=1}^K (y_{ik} - f_k(x_i))^2$이고 편도함수는

$$\begin{aligned} \frac{\partial R_i}{\partial \beta_{km}} &= -2(y_{ik} - f_k(x_i)) g_k'(\beta_k^T z_i) z_{mi}, \\ \frac{\partial R_i}{\partial \alpha_{ml}} &= -2 \sum_{k=1}^K (y_{ik} - f_k(x_i)) g_k'(\beta_k^T z_i) \beta_{km} \sigma'(\alpha_m^T x_i) x_{il} \end{aligned} \tag{6.1}$$

로 주어진다.

r번째 반복의 값이 주어지면 다음과 같이 $(r+1)$번째 업데이트 값을 조정한다.

$$\begin{aligned} \beta_{km}^{(r+1)} &= \beta_{km}^{(r)} - \gamma_r \sum_{i=1}^n \frac{\partial R_i}{\partial \beta_{km}^{(r)}}, \\ \alpha_{ml}^{(r+1)} &= \alpha_{km}^{(r)} - \gamma_r \sum_{i=1}^n \frac{\partial R_i}{\partial \alpha_{ml}^{(r)}}. \end{aligned} \tag{6.2}$$

여기서 γ_r은 학습률이라 부른다.

식 (6.1)에서 $\frac{\partial R_i}{\partial \beta_{km}} = \delta_{ki} z_{mi}$와 $\frac{\partial R_i}{\partial \alpha_{km}} = s_{mi} x_{il}$라 하면, δ_{ki}와 s_{mi}는 각각 출력층과 은닉층에서의 현재 모형의 오차로 볼 수 있다. 이러한 오차들은 역전파 등식

$$s_{mi} = \sigma'(\alpha_m^T x_i) \sum_{k=1}^K \beta_{km} \delta_{ki} \tag{6.3}$$

을 만족시킨다.

식 (6.3)을 이용하면 (6.2)의 업데이트를 다음과 같이 구현할 수 있다.

1. 전방 패스(forward pass): 주어진 가중값에 대하여 모형으로부터 예측값 $\hat{f}_k(x_i)$를 계산한다.

2. 후방 패스(backward pass): 오차 δ_{ki}를 계산하고 식 (6.3)을 이용하여 역전파시켜서 오차 s_{mi}를 계산한다.

이러한 알고리즘을 역전파 알고리즘 또는 델타 규칙(delta rule)이라 부른다. deviance를 목적함수로 사용하는 경우의 역전파 알고리즘도 동일한 방법으로 유도할 수 있다.

6.3 신경망 모형 구축시 고려사항

6.3.1 입력변수

첫째, 입력자료를 선택하는 문제이다. 신경망 모형은 그 복잡성으로 인하여 입력자료의 선택에 매우 민감하다. 신경망 모형에 적합한 자료는 범주형 입력변수가 모든 범주에서 일정 빈도 이상의 값을 갖고, 연속형 입력변수값들의 범위가 변수간에 큰 차이가 없으며, 입력변수의 수가 너무 적거나 많지 않고, 범주형 출력값의 각 범주의 빈도가 비슷한 자료이다.

둘째, 연속형 입력변수의 변환 또는 범주화이다. 연속형 변수의 경우 그 분포가 평균을 중심으로 대칭이 아닌 경우에는 좋지 않은 결과를 준다. 예를 들어 고객의 소득분포는 일반적으로 대부분의 고객의 소득은 평균 미만이고 특정한 고객의 소득이 매우 큰 패턴을 보인다. 이러한 경우에는 분포가 대략 대칭이 되도록 로그 변환 등을 고려할 수 있다. 또 다른 방법으로는 연속형 변수를 범주화하는 것이다. 소득의 경우 매우 낮음, 낮음, 중간, 높음, 대단히 높음 등으로 범주화할 수 있다. 이때 각 범주의 빈도가 비슷하게 되도록 설정하는 것이 바람직하다.

셋째, 새로운 변수의 생성이다. 때로는 원 입력변수들을 조합하여 새로운 변수를 만든 후 생성된 변수를 입력변수로 사용하면 아주 좋은 결과를 얻을 수 있다. 예를 들면 고객의 수입, 학력 등 여러 가지 사항을 고려하여 구매지수를 만든 후에 이 지수를 입력변수로 사용하여 특정한 상품의 구매여부를 예측하는 것이다.

마지막으로 범주형 입력변수의 가변수화이다. 회귀분석과 마찬가지로 신경망에서도 범주형 변수는 가변수화 한다. 회귀분석과 다른점은 신경망 모형에서는 가변수 설정방법에 따라 그 결과가 민감하게 반응한다는 것이다. 예를 들어 남자와 여자를 0과 1로 가변수화 하는 것과 −1과 1로 가변수화 하는 것은 그 결과가 틀려질 수 있다는 것이다. 일반적으로 모든 범주형 변수는 같은 범위를 갖도록 가변수화 하는 것이 바람직하다.

6.3.2 초기치와 다중 최소값 문제

역전파 알고리즘은 초기값에 따라 그 결과가 많이 달라지므로 초기치의 선택은 현실적으로 매우 중요한 문제이다. 만약 가중치가 0이면 시그모이드 함수는 대략 선형이 되고 따라서 신경망 모형은 근사적으로 선형모형이 된다. 보통 초기치는 0근처에서 랜덤하게 선택되므로 초기의 모형은 선형모형에 가깝고 가중치 값이 증가할수록 비선형모형이 된다. 초기치가 정확히 0이면 반복에 따라 값이 전혀 변하지 않고 너무 큰 값에서 출발하면 좋지 않은 해를 주는 문제점이 있으므로 주의해야 한다.

신경망에서는 일반적으로 비용함수 $R(\theta)$는 비볼록함수이고 여러개의 국소 최소값들(local minima)을 가진다. 따라서 랜덤하게 선택된 여러개의 초기치에 대하여 신경망을 적합한 후 얻은 해들을 비교하여 가장 오차가 작은 것을 선택하여 최종예측치를 얻거나 예측값의 평균(또는 최빈값)을 구하여 최종예측치로 주는 방법을 고려해 볼 수 있다. 또 다른 방법으로는 훈련자료에 대하여 신경망을 기저 학습법으로 사용하는 배깅(bagging)을 적용하는 것이다. 배깅방법에 대한 자세한 내용은 13장을 참조하기 바란다.

6.3.3 학습모드와 학습률

역전파 알고리즘의 실행시 많이 사용되는 방법으로 온라인 학습모드(online learning mode), 확률적 학습모드(probabilistic learning mode), 그리고 배치 학습모드(batch learning mode)가 있다. 온라인 학습모드에서는 각 관측값을 순차적으로 하나씩 신경망에 투입하여 가중치 추정값을 매번 조정한다. 확률적 학습모드는 온라인 학습모드의 변형으로 신경망에 투입되는 관측값의 순서가 랜덤하다는 것이 다른점이다. 배치 학습모드에서는 전체 훈련자료 전체를 동시에 신경망에 투입하여 역전파 알고리즘으로 값을 구한다는 것이다.

온라인 학습모드는 배치 학습모드에 대하여 다음과 같은 장점이 있다. 첫째 일반적으로 속도가 더 빠르며 특히 훈련자료에 비슷한 값이 많은 경우에는 그 차이가 더 두드러진다. 둘째 훈련자료가 비정상성(nonstationarity)과 같은 특이한 성질을 가진 경우에 더 좋다. 셋째 국소 최소값에서 벗어나기가 더 쉽다. 또한 고차원 자료에 대하여 배치 학습모드로 학습하려면 큰 행렬에 대한 연산이 필요하므로 온라인 학습모드가 일반적으로 더 많이 사용된다.

보통 학습률은 상수값을 사용하는데 알고리즘의 반복마다 다른 값을 갖도록 할 수도 있다. 온라인 학습모드에서는 학습률 값을 처음에는 적당히 큰 값으로 정하고 반복이 진행되어 해에 가까울수록 학습률이 0으로 수렴하도록 줄이는 방식을 취한다. 학습률이 예를 들어 $\gamma_r = 1/r$처럼 $\gamma \to 0, \sum_r \gamma_r = \infty, \sum_r \gamma_r^2 < \infty$를 만족하면 적절한 조건하에서 해로 수렴하는 것으로 알려져 있다.

6.3.4 은닉층과 은닉노드의 수

신경망을 적용할 때 부딛히는 주요한 문제중 하나가 모형 선택, 즉, 은닉층의 수와 은닉노드의 수를 결정하는 것이다. 너무 많으면 추정할 모수인 가중치들이 너무 많아져서 과대적합 문제가 발생할 수 있고 너무 적으면 반대로 과소적합될 수 있다. 첫째, 은닉층의 수는 기본적으로 자료의 성격이나 상황에 따라 결정해야 한다. 은닉층이 하나인 신경망은 범용 근사자(universal approximator)임이 알려져 있다. 즉, 모든 매끄러운(smooth) 함수를 근사적으로 표현할 수 있다는 것이다. 그러므로 많은 경우 신경망 모형을 적용할 때 은닉층은 하나로 하고 은닉노드수를 적절히 선택하면 큰 무리가 없을 것이다. 둘째, 은닉노드의 수는 교차확인오차를 사용하여 결정하는 것보다는 적절히 큰 값으로 놓고 가중치 감소(weight decay)라는 모수에 대한 벌점화를 적용하는 것이 좋다.

6.3.5 과대적합 문제

신경망에서는 많은 가중치를 추정해야 하므로 과대적합 문제가 빈번히 발생한다. 과대적합을 피하기 위한 방법으로는 알고리즘의 조기종료와 가중치 감소 기법이 있다.

첫째 조기종료는 모형을 적합하는 과정에서 검증오차가 증가하기 시작하면 반복을 중지하는 방법으로 초기치는 선형모형에 가깝기 때문에 최종모형을 선형모형으로 축소시키는 효과가 있다.

두번째 방법은 선형모형의 능형회귀와 유사한 가중치 감소라는 벌점화 기법이다. 이 기법은 벌점화된 목적함수

$$R(\theta) + \lambda J(\theta)$$

를 최소화한다. 여기서

$$J(\theta) = \sum_{k,m} \beta_{km}^2 + \sum_{m,l} \alpha_{m,l}^2$$

이고 $\lambda \geq 0$는 조율 모수로 흔히 교차확인법으로 추정한다. $\lambda \to \infty$이면 계수값들은 0으로 수렴한다. 또한 가중치 제거(weight elimination) 벌점항

$$J(\theta) = \sum_{k,m} \frac{1 + \beta_{km}^2}{\beta_{km}^2} + \sum_{m,l} \frac{1 + \alpha_{m,l}^2}{\alpha_{m,l}^2}$$

을 사용하기도 한다. 가중치 제거는 가중치 감소에 비하여 작은 계수값들을 더욱 줄여주는 효과가 있다.

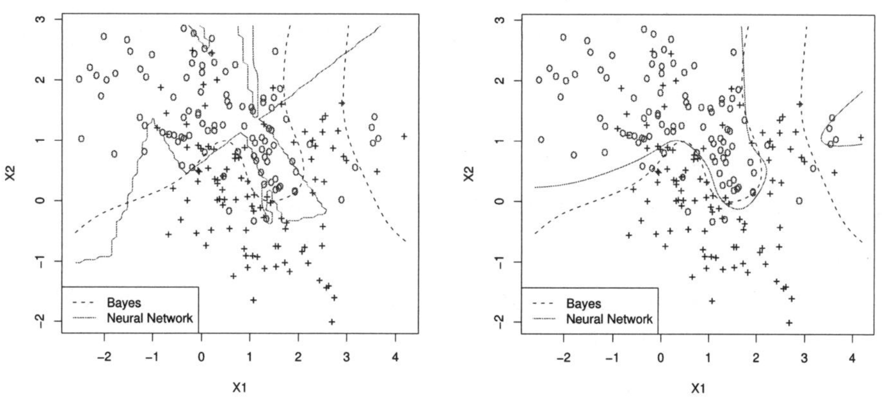

(a) 가중치 감소 없음($\lambda = 0$) (b) 가중치 감소($\lambda = 0.02$)

그림 6.3: 혼합 자료에 대한 가중치 감소의 효과

R에서는 nnet 함수의 옵션중에 decay를 이용하여 가중치 감소를 적용할 수 있다. 그림 6.3은 혼합 자료에 대하여 은닉층이 하나이고 은닉 노드의 수가 10개인 신경망 모형에 대한 적합 결과를 보여준다. (a)는 decay=0으로 분류경계가 매우 불규칙적이다. 반면 (b)는 decay=0.02로 그 분류경계가 매우 부드러우며 거의 베이즈 분류경계와 일치한다. 따라서 decay 옵션을 적절히 사용하면 계수에 대한 축소를 통해 과대적합을 어느 정도 방지할 수 있다.

6.4 R 예제

5장에서 분석한 붓꽃 자료에 대하여 다음과 같이 전체 자료를 5:5로 훈련 및 시험 자료로 나누고 훈련자료에 대하여 은닉층 수가 1이고 은닉노드가 2개인 신경망 모형을 적합하고 계수 추정값과 시험자료에 대한 오분류표를 구하였다. 아래는 붓꽃 자료에 대하여 신경망 모형을 적합 시키는 R 코드이다. 신경망 모형을 적합 시키기 위해서는 nnet 패키지에 포함된 nnet 함수를 이용하면 된다. nnet 함수에 대한 자세한 사항은 표 6.1에 포함되어 있다.

표 6.1: 함수 nnet에 대한 설명

함수명	옵션	함수설명
nnet	size	은닉노드의 갯수를 설정
	maxit	역전파 알고리즘의 반복 횟수를 지정하며 기본값은 100임

```
> # Iris data example
> # partition the data into training data and test data
> data(iris)
> samp = c(sample(1:50,25), sample(51:100,25), sample(101:150,25))
> iris.tr = iris[samp,]
> iris.te = iris[-samp,]
> # fit a neural network
> library(nnet)
> ir1 = nnet(Species~., data=iris.tr, size = 2, decay = 5e-4)
```

```
> # show the weights of the fitted model
> names(ir1)
 [1] "n"             "nunits"        "nconn"         "conn"
 [5] "nsunits"       "decay"         "entropy"       "softmax"
 [9] "censored"      "value"         "wts"           "fitted.values"
[13] "residuals"     "lev"           "call"          "terms"
[17] "coefnames"     "xlevels"

> summary(ir1)
a 4-2-3 network with 19 weights
options were - softmax modelling  decay=5e-04
 b->h1 i1->h1 i2->h1 i3->h1 i4->h1   # hidden node 1
 -6.22   0.26  -2.39   1.09   4.08
 b->h2 i1->h2 i2->h2 i3->h2 i4->h2   # hidden node 2
 -0.42  -0.57  -1.72   2.87   1.35
 b->o1 h1->o1 h2->o1    # output node 1
  5.97  -3.68  -8.33
 b->o2 h1->o2 h2->o2    # hidden node 2
 -1.94  -7.15   8.76
 b->o3 h1->o3 h2->o3    # hidden node 3
 -4.04  10.85  -0.39
> # show confusion matrix on test data

> y = iris.te$Species
> p = predict(ir1, iris.te, type = "class")
> table(y, p)
            p
y             setosa versicolor virginica
  setosa          25          0         0
  versicolor       0         23         2
```

```
  virginica        0          0        25
```

또한 은닉노드의 수가 2-10인 경우에 대하여 오분류율을 비교하였다. 그림 6.4로부터 은닉노드의 수가 5개인 경우 오분류율이 최소임을 알 수 있다. 이 예제에서는 자료를 한번만 분할하여 비교하였는데 분할에 따라 결과가 달라질 수 있다. 보다 객관적인 비교를 위해서는 여러번 반복 분할한 후 얻은 오분류율의 평균값을 비교할 수 있다.

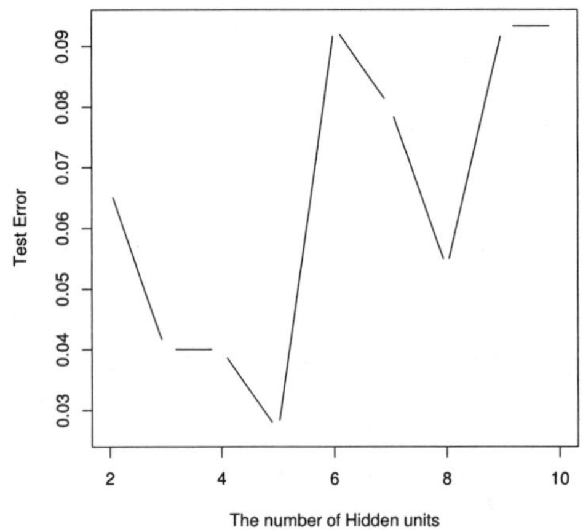

그림 6.4: 붓꽃 자료에서 은닉 노드수와 시험자료 오분류율 비교

```
> # function evaluating test error rates for different # of hidden units
> test.err = function(h.size)
+ {
+     ir = nnet(Species~., data=iris.tr, size = h.size,
+         decay = 5e-4, trace=F)
+     y = iris.te$Species
+     p = predict(ir, iris.te, type = "class")
+     err = mean(y != p)
+     c(h.size, err)
+ }
```

```
> # compare test error rates for neural networks with 2-10 hidden units
> out = t(sapply(2:10, FUN = test.err))
> pdf("ch5-4.pdf")
> plot(out, type="b", xlab="The number of Hidden units",
+ ylab="Test Error")
> dev.off()
null device
          1
```

연습문제

1. 다음의 시그모이드 함수를 생각해보자.

$$\sigma(v) = a\tanh(bv) = a\left(\frac{1-e^{-bv}}{1+e^{-bv}}\right).$$

여기서 $a, b \geq 0$이다.

(a) $\sigma'(v)$를 $\sigma(v)$로 표현하라.

(b) $v \to -\infty, 0, \infty$일때 $\sigma(v), \sigma'(v), \sigma''(v)$의 값을 구하라.

(c) $\sigma''(v)$의 극값은 무엇인가?

2. `mlbench` 패키지의 `mlbench.xor(100, d=2)`로 100개의 자료를 생성한 후, 신경망, 의사결정나무, 로지스틱 회귀모형을 적합하라. 또한 각 방법의 분류 경계를 산점도에 나타내고 결과를 비교하라. 참고로 분류문제에서 `nnet` 함수로 신경망을 적합시킬 때, 출력변수가 다범주인 경우에는 `factor` 변수로 지정해도 분류모형을 적합하지만, 출력변수가 이범주인 경우에는 반드시 `class.ind` 함수를 이용하여 코딩해야 분류모형을 적합한다.

3. 다음의 모의실험을 실시하라.

$$Y = \sigma(a_1^T X) + \sigma(a_2^T X) + \varepsilon$$

σ는 단극성 시그모이드 함수, ε은 $N(0, 0.08)$을 따르고, $X = (X_1, X_2)$이고 각 X_j는 독립적으로 표준정규분포를 따른다. $a_1 = (1,3)^T$, $a_2 = (2,-3)^T$이다. 이 모형에서 100개의 훈련자료와 1000개의 시험자료를 생성하라.

(a) 은닉노드의 수를 1부터 10까지 변화시키며 훈련자료에 대하여 10–묶음 교차확인오차로 오차제곱합을 구하라.

(b) 은닉노드수를 1부터 10으로 변화시켜며 훈련자료를 이용하여 신경망을 적합하고 적합된 신경망 모형에 의한 시험자료에 대한 예측오차제곱합을 구하라.

(c) (a)와 (b)에서 얻은 값을 적절히 스케일을 조절하여 그림으로 나타내고 10−묶음 교차확인오차와 시험오차의 패턴을 비교하라. 참고로 자료가 생성된 모형의 은닉노드수의 참값은 2이다.

회귀분석이므로 훈련시 `nnet`함수에서 `linout = TRUE`로 설정한다.

7 기타 지도학습기법

이 장에서는 앞에서 다루지 않은 주요 지도학습 기법들을 소개한다. 이러한 기법들은 주로 고차원 자료에 대한 비선형 모형을 다루기 위한 것으로서 비모수적 기법들이다. 일반화 가법모형(generalized additive model)은 함수의 ANOVA (ANalysis Of VAriance) 분해에서 주효과만으로 이루어진 모형이며, 사영추적회귀는 신경망을 포괄하는 모형으로서 자료를 선형공간으로 사영한 후에 비선형 함수로 모형화하며, MARS(Multivariate Adaptive Regression Splines)는 선형회귀 또는 의사결정나무를 조각별로 선형(piecewise linear)인 스플라인을 이용하여 비선형 회귀로 확장한 것이다. 그 밖에 텍스트마이닝에서 많이 사용되는 단순 베이즈 분류기(naive Bayes classifier), 모형 기반이 아닌 메모리 기반의 k-근방 분류기(k-nearest neighbor classifier)를 소개한다.

이 장에서 사용될 몇 가지 기호를 정의하면 다음과 같다. 훈련자료는 $\{(x_i, y_i)\}_{i=1}^n$이고 $x_i \in \mathbb{R}^p, y_i \in \mathcal{K}$이다. 회귀의 경우 $\mathcal{K} = \mathbb{R}$이며, 분류의 경우에는 $\mathcal{K} = \{-1, +1\}$인 이진 분류만을 고려하기로 한다.

7.1 일반화 가법모형*

다변량 회귀모형 $Y = f(X_1, \ldots, X_p) + \varepsilon$에 대하여 생각해보자. 여기서 ε은 X와 독립인 오차항을 나타낸다. $\mathbb{R}^p$상의 회귀함수 f가 매끄러운 함수라고 가정하면 다음과 같은 함수 ANOVA 분해(functional ANOVA decomposition)를 얻는다.

$$f(X_1, \ldots, X_p) = \alpha + \sum_j f_j(X_j) + \sum_{j<k} f_{jk}(X_j, X_k) + \cdots \tag{7.1}$$

여기서 α는 상수, f_j는 주효과(main effect), f_{jk}는 2인자 교호작용(two-way interaction) 등을 나타낸다. 모형의 해석을 위해 흔히 특정한 고차의 교호작용을 제거하고 남는 항들만으로 모형을 세우게 된다. Hastie와 Tibshirani (1990)가 제안한 모형

$$f(X_1, \ldots, X_p) = \alpha + \sum_j f_j(X_j) \tag{7.2}$$

은 (7.1)의 특별한 경우로서 주효과만을 모형화하며 일반화 가법모형이라 부른다.

일반화 가법모형에서 주효과 함수 f_j는 입력변수 X_j에 대하여 로그나 멱변환(power transform) 등의 적절한 비선형변환으로 생각할 수 있다. 일반적으로 f_j는 매끄러운 미지의 함수로서 $\mathbb{E}(f_j(X_j)) = 0$라고 가정한다. 회귀함수의 추정은 backfitting이라는 방법을 이용하며 그 아이디어는 등식

$$\mathbb{E}\left(Y - \alpha - \sum_{k \neq j} f_k(X_k) | X_j\right) = f_j(X_j)$$

에 기반한다. backfitting 알고리즘은 우선 $\hat{\alpha} = \bar{y}$와 모든 j에 대하여 $f_j = 0$로 초기화한다. $j(= 1, \ldots, p)$에 대하여 전 단계의 추정값 $\hat{f}_k, k \neq j$을 이용하여 부분잔차(partial residual) $y_i - \hat{\alpha} - \sum_{k \neq j} \hat{f}_k(x_{kj})$를 구하고 이를 x_{ji}에 대하여 평활하여 새로운 추정값 $\hat{f}_j$를 얻으며, 이 과정을 추정값이 수렴할 때까지 반복한다. 평활에는 흔히 3차 회귀 스플라인(cubic regression spline)이나 커널 평활기(kernel smoother) 등의 산점도 평활기(scatterplot smoother)를 사용한다. 그림 7.1은 헬멧 시험에 사용된 오토바이 사고 모의실험에서 머리 가속도(head acceleration)를

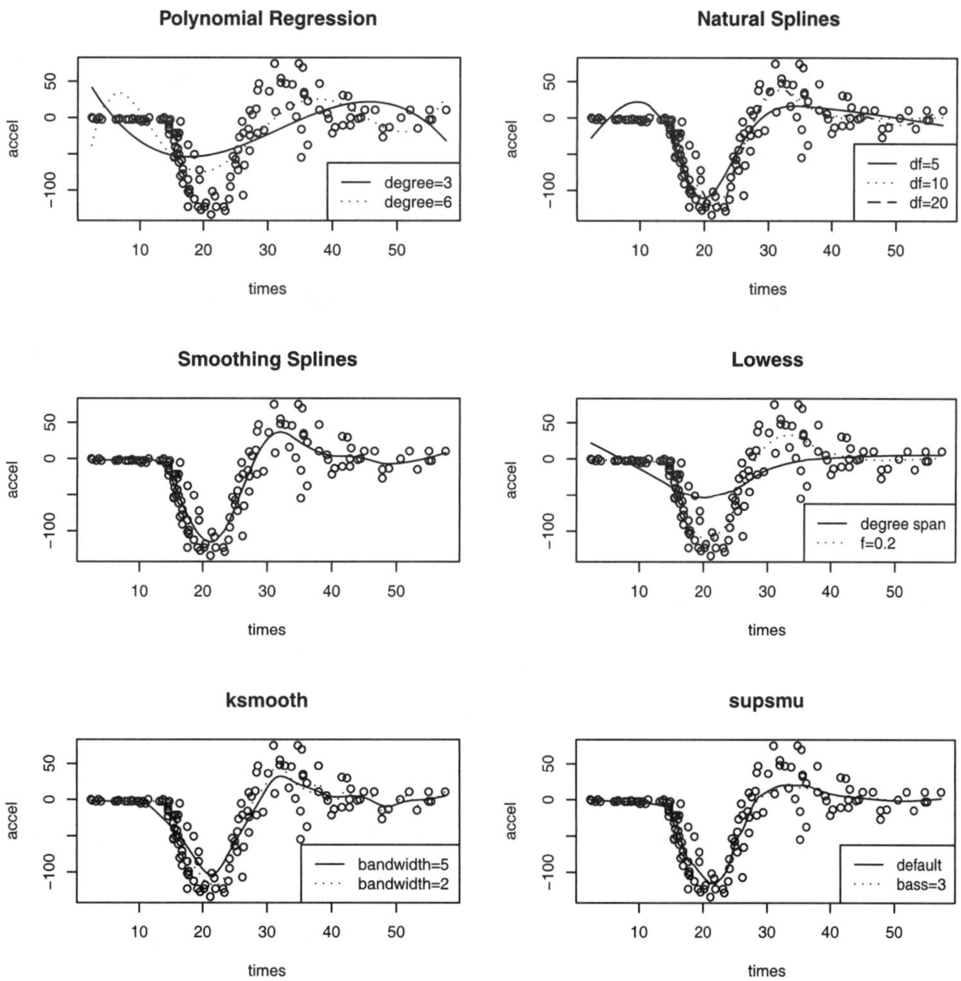

그림 7.1: 오토바이 사고 모의실험 자료에 대한 여러 가지 산점도 평활

충돌후 시간에 대한 여러 가지 산점도 평활법의 결과를 보여준다. 모의실험 방법 및 산점도 평활에 대한 보다 자세한 사항은 Hastie 외 (2009)를 참조할 수 있다.

일반화 가법모형은 가법모형의 비선형모형으로의 확장이며 일반화 선형모형 (generalized linear models)에 대한 확장으로도 볼 수 있다. 예를 들어 이진분류 문제에서 로지스틱 회귀를 생각해보자. 로지스틱 회귀는 선형회귀모형과 로짓 (logit) 연결함수 $g(\mu) = \log\left(\frac{\mu}{1-\mu}\right)$를 통해 입력변수들과 이진 출력변수의 평균

$\mu(X) = \mathbb{P}(Y = 1|X)$를 다음과 같이 모형화한다.

$$g(\mu(X)) = \log\left(\frac{\mu(X)}{1-\mu(X)}\right) = \alpha + \beta_1 X_1 + \cdots + \beta_p X_p.$$

선형항들을 일반적인 비선형 함수로 대치하면

$$g(\mu(X)) = \log\left(\frac{\mu(X)}{1-\mu(X)}\right) = \alpha + f_1(X_1) + \cdots + f_p(X_p)$$

가 되며, 이를 가법 로지스틱 회귀모형이라 한다. 일반화 선형모형처럼 연결함수 g에 따라 프로빗, 포아송 계수자료에 대한 로그 선형모형 등 여러 가지 형태의 자료에 대한 모형들을 포괄하게 된다.

7.2 사영추적회귀*

이변량 회귀모형 $Y = X_1X_2 + \epsilon$을 생각해보자. $\beta_1 = (1,1)^T$, $\beta_2 = (1,-1)^T$, $f_1(z) = f_2(z) = z^2$, $\alpha_1 = \alpha_2 = \frac{1}{4}$라 하자. $X_1X_2 = \frac{1}{4}(X_1+X_2)^2 - \frac{1}{4}(X_1-X_2)^2$이므로

$$Y = \alpha_1 f_1(\beta_1^T X) + \alpha_2 f_2(\beta_2^T X) + \epsilon$$

임을 알 수 있다. 즉, 회귀함수는 X에 의해 생성되는 선형공간으로의 사영 $\beta_j^T X$에 대한 비선형함수 f_j들의 합으로 근사가 가능함을 알 수 있다.

Friedman과 Stuetzle (1981)이 제안한 사영추적회귀는 이러한 아이디어에 기반한 비모수적 회귀기법으로서

$$\mu(X) = \mathbb{E}(Y|X) = \alpha_0 + \sum_{k=1}^{K} \alpha_k f_k(\beta_{0k} + \beta_k^T X) \tag{7.3}$$

를 가정한다. 여기서 $\alpha = (\alpha_0, \alpha_1, \ldots, \alpha_K, \{\beta_{k0}\}, \{\beta_k\}, \{f_k(\cdot)\})$은 미지의 모수들이다. 즉, 모형은 입력변수들에 대한 선형 정사영들에 대하여 K개의 비선형 변환들의 합으로 정의된다. $f_k(x)$가 시그모이드 함수인 경우에는 사영추적회귀 모형은 신경망모형이 된다. 즉, 신경망 모형은 사영추적회귀의 특별한 경우로 볼 수 있다. 일반적으로 사영추적회귀에서 K가 커지면 X의 매끄러운 함수를 잘 근사할 수 있지만 대신 모수들의 추정과 적합된 함수에 대한 해석이 어려워진다.

선형결합 $\beta_{0k}+\beta_k^T X, k=1,\ldots,K$은 입력벡터 X의 K개의 서로 다른 초평면으로의 선형 정사영으로 볼 수 있고 활성함수 f_k는 흔히 평균이 0이고 분산이 1이라 가정한다. $f_k(\beta_{0k}+\beta_k^T X)$를 흔히 p차원의 능형함수(ridge function)라 한다.

훈련자료 $\{(x_i,y_i)\}_{i=1}^n$가 주어지면 (7.3)의 모수 $\theta=(\alpha,\beta_1^T,\ldots,\beta_K^T)^T$는 비선형 활성함수 f_j들에 대하여 오차제곱합

$$\sum_{i=1}^{n}\left(y_i-\alpha-\sum_{k=1}^{K}\alpha_k f_k(\beta_{0k}+\beta_k^T x_i)\right)^2$$

을 최소화함으로써 추정하게 된다. 모수의 추정은 우선 최소제곱법으로 α를 추정하고, 그 다음에는 f_j를 산점도 평활기로 추정하고, 마지막으로 β들을 가우스-뉴턴법 등의 알고리즘을 이용하여 단계적으로 추정하게 되며, 적절한 정지조건을 만족할 때까지 이러한 과정을 반복한다. 신경망과 마찬가지로 과모수화 문제가 발생하기 쉬우며, 너무 일찍 반복을 정지하면 추정치의 편이가 커지고 반대로 너무 오래 반복하게 되면 분산이 증가한다. 보통 오차제곱합이 적절히 작은 값으로 안정화되면 반복을 정지하게 된다.

7.3 MARS*

Friedman (1991)이 제안한 MARS는 단계별 선형회귀 또는 의사결정나무를 비모수 회귀모형으로 확장한 것으로서 고차원 회귀문제에 적합한 방법이다. MARS는 $(x-t)_+$와 $(t-x)_+$ 형태의 매듭점(knot point) t에서의 조각별 선형함수를 기저함수로 사용한다. 여기서 $(x)_+=xI(x>0)$이다. 즉, 기저함수의 클래스는 각 입력변수 X_j에 대하여 관측값 x_{ij}들을 매듭점으로 한 선형 스플라인 (즉, 조각별 선형함수)들로, 즉,

$$\mathcal{B}=\{1,(X_j-t)_+,(t-X_j)_+ : t\in\{x_{1j},\ldots,x_{nj}\}\text{ for } j=1,\ldots,p\}$$

로 정의된다. 여기서 1은 상수항을 나타낸다. MARS 모형은

$$\mu(X)=\beta_0+\sum_{m=1}^{M}\beta_m B_m(X)$$

이며 $B_m(X)$은 $\mathcal{B}$상의 기저함수 혹은 $\mathcal{B}$에 속하는 둘 이상의 기저함수들의 곱이다. 앞에서 소개한 ANOVA 분해 (7.1)과 관련지어 생각해보면 $\mathcal{B}$상의 기저함수만을 사용하는 경우에는 주효과만을 사용하는 가법모형이고, $\mathcal{B}$상의 두 기저함수들의 곱까지 허용하는 경우에는 2인자 교호작용이 있는 모형에 해당된다. MARS 알고리즘의 가장 큰 특징은 기저함수의 둘 이상의 곱까지를 고려하여 고차항의 교호작용을 추정할 수 있다는 것이다.

MARS에서 기저함수는 전진 선택법을 사용하여 선택된다. 우선 β_0에 해당하는 $B_0(X) = 1$을 모형에 투입하고, 각 단계에서 오차제곱합 $\sum_{i=1}^{n}(y_i - \mu(x_i))^2$을 최소화하는 변수와 매듭점을 찾고, 해당 기저함수쌍을 모형에 추가한다. 예를 들어 M개의 기저함수가 선택되었다고 하자. 그러면 이번에는 자료의 과대적합을 막기 위해 후진 소거법으로 설명력이 없는 기저들을 제거한다. 이때 사용되는 기저함수 선택기준은 일반화교차확인(Generalized Cross-Validation) 으로

$$\mathrm{GCV}(m) = \frac{\sum_{i=1}^{n}(y_i - \hat{\mu}_m(x_i))^2}{(1 - C(m)/n)^2}$$

으로 정의되며, $\hat{\mu}_m(x)$는 m개의 항들에 기반한 $\mu(x)$의 적합값이고 $C(m)$은 m개의 항들로 이루어진 모형에서 모수의 개수로 정의되는 복잡도 함수이다. 그러면

$$m^* = \arg\min_m \mathrm{GCV}(m)$$

개의 항을 갖는 모형을 최종모형으로 선택한다.

의사결정나무는 각 영역에서 동일한 상수값으로 예측값을 추정한다. 반면 MARS에서는 선형 스플라인을 사용하므로 조각별로 선형인 연속함수로 추정하게 된다. 따라서 일반적으로 MARS는 의사결정나무에 비해서 예측력이 높다. MARS에서 조각별 선형 기저함수를 사용하는 이유는 비선형적인 모형을 조각별 선형함수로 근사하기 위한 것이다. 자료의 특성에 따라서는 교호작용을 허용할 수도 있는데 보통은 2인자 이상의 고차의 교호작용은 고려하지 않는다.

7.4 단순 베이즈 분류

입력변수의 값이 $x = (x_1, \ldots, x_p)$로 주어졌을 때 $Y = k$일 사후확률은

$$\mathbb{P}(Y = k|X_1 = x_1, \ldots, X_p = x_p) \propto \mathbb{P}(X_1 = x_1, \ldots, X_p = x_p|Y = k)\mathbb{P}(Y = k)$$

로 주어진다. 입력변수의 조건부 분포가 서로 독립이라는 단순 베이즈 가정(naive Bayes assumption)

$$\mathbb{P}(X_1 = x_1, \ldots, X_p = x_p|Y = k) = \prod_{j=1}^{p} \mathbb{P}(X_j = x_j|Y = k)$$

하에서 사후확률은

$$\mathbb{P}(Y = k|X_1 = x_1, \ldots, X_p = x_p) \propto \mathbb{P}(Y = k) \prod_{j=1}^{p} \mathbb{P}(X_j = x_j|Y = k)$$

로 표현할 수 있다. 단순 베이즈 분류는 훈련자료를 이용하여 모든 j와 k에 대하여 추정값 $\hat{\mathbb{P}}(Y = k)$와 $\hat{\mathbb{P}}(X_j = x_j|Y = k)$을 얻은 후 주어진 시험자료 $z = (z_1, \ldots, z_p)$에 대하여 Y를

$$\arg\max_{k \in \mathcal{K}} \left(\hat{\mathbb{P}}(Y = k) \prod_{j=1}^{p} \hat{\mathbb{P}}(X_j = z_j|Y = k) \right)$$

로 예측한다. 이때 입력변수가 연속형인 경우에는 흔히 구간을 나눠서 범주형으로 변환한다.

단순 베이즈 분류에서 단순히 상대도수로 확률을 추정하면 간혹 확률 추정값이 0이 되는 문제가 발생한다. 특정 변수에서의 확률 추정값이 0이면 다른 변수에서의 확률 추정값이 큰 값을 가지더라도 그 곱은 항상 0이 되는 것이다. 만일 훈련자료의 수가 크면 변수의 각 범주에 동일한 작은 값을 더해도 확률 추정값에는 큰 차이가 없게 된다. 이러한 방법을 라플라스 수정(Laplace correction)이라 부른다. 예를 들어 1,000개의 훈련자료가 있고 수입이 하, 중, 상인 자료의 수가 각각 0, 990, 10이라 하자. 라플라스 수정을 하지 않고 확률을 구하면 0, 0.990,

0.010이다. 각 범주의 도수에 1을 더하는 라플라스 수정을 하는 경우 확률 추정값이 각각 $\frac{1}{1003} = 0.001, \frac{991}{1003} = 0.988, \frac{11}{1003} = 0.011$으로 수정을 하지 않았을 때와 큰 차이가 없고 추정값이 정확히 0이 되어 생기는 문제가 발생하지 않게 된다.

많은 경우 단순 베이즈 가정은 현실적으로 타당하다고 보기는 어려울 것이다. 그러나 고차원의 분류 문제를 다루기 위해 단순 베이즈 가정하에 고차원 확률 추정 문제를 반복적인 일차원 확률 추정 문제로 단순화시킬 수 있다. Hand와 Yu (2001)에서 지적하고 있듯이 이러한 비현실적인 가정에도 불구하고 단순 베이즈 분류법은 매우 복잡한 문제에서도 효율적인 경우를 흔히 볼 수 있다. 단순 베이즈 분류가 효율적일 조건에 대한 이론적인 고찰은 Domingos와 Pazzani (1997)를 참고하기 바란다.

단순 베이즈 모형을 일반화 가법모형을 이용하여 설명할 수 있다. 즉,

$$\begin{aligned}
&\log\left(\frac{\mathbb{P}(Y=1|X_1=x_1,\ldots,X_p=x_p)}{\mathbb{P}(Y=0|X_1=x_1,\ldots,X_p=x_p)}\right) \\
=\ &\log\left(\frac{\mathbb{P}(Y=1)}{\mathbb{P}(Y=0)}\right)+\sum_{j=1}^{p}\left(\log\frac{\mathbb{P}(X_j=x_j|Y=1)}{\mathbb{P}(X_j=x_j|Y=0)}\right) \\
=\ &\alpha+\sum_{j=1}^{p} f_j(x_j)
\end{aligned}$$

이다. 여기서 $\alpha = \log\left(\frac{\mathbb{P}(Y=1)}{\mathbb{P}(Y=0)}\right)$이고 $f_j(x_j) = \log\left(\frac{\mathbb{P}(X_j=x_j|Y=1)}{\mathbb{P}(X_j=x_j|Y=0)}\right)$이다.

7.5 k-근방 분류

k-근방 분류기법은 통계적 모형을 적합하지 않는 메모리 기반의 방법으로서, x점이 주어지면 x와 가장 거리가 가까운 k개의 훈련자료점의 y값들을 비교하여 가장 많은 클래스로 그 점에 대한 출력변수값을 예측한다. 즉, $N(x)$를 x와 거리가 가장 가까운 k개의 훈련자료들의 집합인 k-근방(k-nearest neighborhood)이라 하면

$$\hat{y}(x) = \arg\max_{l\in\{-1,+1\}} \sum_{x_j\in N(x)} I(y_j = l)$$

이다. 동점이 발생하면 랜덤하게 출력변수값을 예측할 수 있다. k가 증가하면 편의는 커지고 분산은 감소한다. 또한 점근적으로 1-근방 분류법의 오분류율은 최적 베이즈 오분류율의 2배를 넘지 않는다는 사실이 알려져 있다.

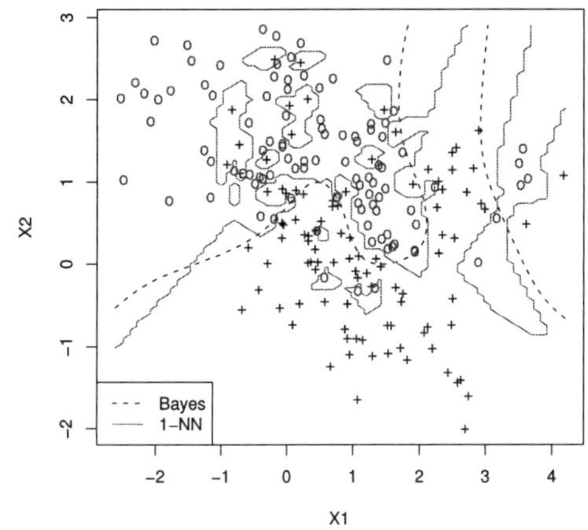

(a) $k = 1$

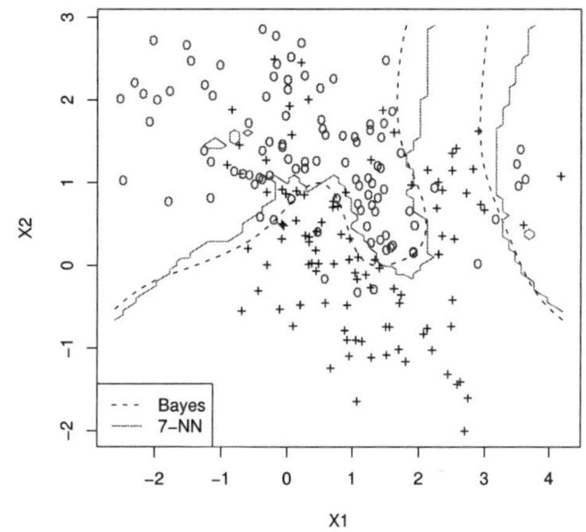

(b) $k = 7$

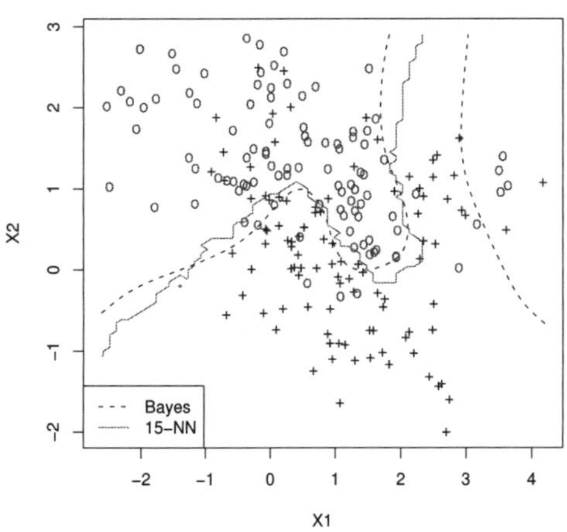

(c) $k = 15$

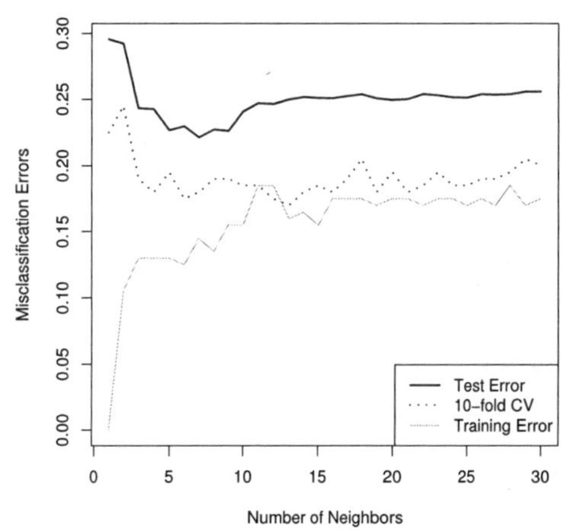

(d) 오분류율

그림 7.2: 혼합 자료에 대한 k-근방 분류

그림 7.2의 (a)-(c)는 혼합 자료에 대한 k-근방 분류의 경계를 베이즈 분류경계와 함께 보여준다. $k = 1$이면 분류경계가 매우 복잡하며 불규칙적이고 $k = 15$이면 분류경계는 부드럽다. $k = 7$인 경우는 $k = 1$과 $k = 15$의 중간으로 볼 수 있다. 주어진 자료에 대하여 k의 값은 교차확인법을 이용하여 추정할 수 있다. (d)는 시험오차, 훈련오차, 10-묶음 교차확인오차를 보여준다. 여기서 시험오차와 훈련오차는 30회 반복 실험하여 구한 오분류율의 평균값이며, 10-묶음 교차확인오차는 훈련자료에서 얻은 값이다. k값이 작으면 (또는 모형이 복잡해지면) 훈련오차는 계속 감소하고 시험오차와 10-묶음 교차확인오차는 감소하다가 어느 시점을 벗어나면 다시 증가하는 패턴을 보인다. k-근방 분류법에서는 k값이 작아질수록 모형의 복잡도가 증가하는 것으로 볼 수 있다.

7.6 R 예제

7.6.1 가법 로지스틱회귀

이 예제는 Hastie 외 (2009)의 남아프리카 심장병자료를 가법 로지스틱 회귀로 분석하였다. Hastie 외 (2009)와는 달리 스플라인 기저를 사용했고 후진소거법에 의해 기저를 선택한 결과 `sbp`대신 `typea`가 선택되었고, `tobacco`, `ldl`, `famhist`, `obesity`, `age`의 5개는 동일하게 선택되었다. 가법 로지스틱회귀모형을 적합하기 위해서는 `ElemStatLearn` 패키지의 `gam` 함수를 사용하면 된다. 또한 전진선택법 혹은 후진소거법으로 모형을 선택하기 위한 함수로 `step.gam`을 사용할 수 있다. 이 두 함수에 대한 자세한 설명은 표 7.1을 참고하기 바란다.

```
> library(ElemStatLearn)
> library(gam)
Loading required package: splines
Loading required package: akima
> data(SAheart)
>
> heart.fit = gam(chd ~ 1 + s(sbp) + s(tobacco) + s(ldl) +
```

표 7.1: 함수 gam, step.gam에 대한 설명

함수명	옵션	함수설명
gam	family	연결함수 혹은 오차항의 분포를 결정. binomial, gaussian, Gamma, poisson 등을 선택할 수 있음
step.gam	scope	변수선택 과정에서 설정할 수 있는 가장 큰 모형 혹은 가장 작은 모형을 설정. scope가 없을 경우 전진선택법에서는 현재 선택한 모형을 가장 큰 모형으로, 후진소거법에서는 상수항만 있는 모형을 가장 작은 모형으로 설정함

```
+ s(adiposity) + famhist + s(typea) +
+ s(obesity) + s(alcohol) + s(age),
+ family = binomial, data=SAheart,trace=TRUE)

> summary(heart.fit)

Call: gam(formula = chd ~ 1 + s(sbp) + s(tobacco) + s(ldl) + s(adiposity) +
    famhist + s(typea) + s(obesity) + s(alcohol) + s(age), family = binomial,
    data = SAheart, trace = F)
Deviance Residuals:
    Min       1Q  Median      3Q     Max
-1.8281 -0.7786 -0.3943  0.8104  2.7631

(Dispersion Parameter for binomial family taken to be 1)

    Null Deviance: 596.1084 on 461 degrees of freedom
Residual Deviance: 433.7614 on 428.0001 degrees of freedom
AIC: 501.7613

Number of Local Scoring Iterations: 8
```

```
DF for Terms and Chi-squares for Nonparametric Effects

             Df Npar Df Npar Chisq  P(Chi)
(Intercept)   1
s(sbp)        1       3     5.0813 0.16595
s(tobacco)    1       3     5.6665 0.12901
s(ldl)        1       3     2.3796 0.49745
s(adiposity)  1       3     4.8309 0.18460
famhist       1
s(typea)      1       3     6.5479 0.08777 .
s(obesity)    1       3     5.4080 0.14425
s(alcohol)    1       3     0.7723 0.85611
s(age)        1       3     6.0887 0.10738
---
Signif. codes:  0 '***' 0.001 '**' 0.01 '*' 0.05 '.' 0.1 ' ' 1
>
> step.fit = step.gam(heart.fit, scope=list("sbp"=~1+s(sbp),
+ "tobacco"=~1+s(tobacco), "ldl" =~1+s(ldl),
+ "adiposity"=~1+s(adiposity), "famhist"=~1+famhist,
+ "typea"=~1+s(typea), "obesity"=~1+s(obesity),
+ "alcohol"=~1+s(alcohol), "age"=~1+s(age)),
+ direction = "backward")
Start:  chd ~ 1 + s(sbp) + s(tobacco) + s(ldl) + s(adiposity) + famhist +
    s(typea) + s(obesity) + s(alcohol) + s(age); AIC= 501.7613
Trial:  chd ~  1 + s(tobacco) + s(ldl) + s(adiposity) + famhist +
    s(typea) + s(obesity) + s(alcohol) + s(age); AIC= 499.229
.
.
.
Trial:  chd ~  1 + s(tobacco) + s(ldl) + 1 + famhist + s(typea) +
    s(obesity) + 1 + 1; AIC= 515.949
```

```
> summary(step.fit)
Call: gam(formula = chd ~ s(tobacco) + s(ldl) + famhist + s(typea) +
    s(obesity) + s(age), family = binomial, data = SAheart, trace = FALSE)
Deviance Residuals:
    Min      1Q  Median      3Q     Max
-1.8213 -0.7988 -0.3965  0.8778  2.7592

(Dispersion Parameter for binomial family taken to be 1)

    Null Deviance: 596.1084 on 461 degrees of freedom
Residual Deviance: 446.216 on 439.9997 degrees of freedom
AIC: 490.2165

Number of Local Scoring Iterations: 8

DF for Terms and Chi-squares for Nonparametric Effects

            Df Npar Df Npar Chisq P(Chi)
(Intercept)  1
s(tobacco)   1       3     6.2811 0.0987 .
s(ldl)       1       3     2.4629 0.4820
famhist      1
s(typea)     1       3     7.9483 0.0471 *
s(obesity)   1       3     6.1175 0.1060
s(age)       1       3     5.8405 0.1196
---
Signif. codes:  0 '***' 0.001 '**' 0.01 '*' 0.05 '.' 0.1 ' ' 1

> plot(step.fit, se=TRUE, ask=TRUE)
Make a plot selection (or 0 to exit):
```

```
 1: plot: s(tobacco)  2: plot: s(ldl)       3: plot: famhist
 4: plot: s(typea)    5: plot: s(obesity)   6: plot: s(age)
 7: plot all terms    8: residuals on       9: rug off
10: se off           11: scale (0)

Selection: 0
Warning message:
In all(nn) : coercing argument of type 'double' to logical
```

그림 7.3은 남아프리카 심장병 자료에 대하여 가법 로지스틱 회귀에서 후진소거법에 의해 선택된 6개의 함수 추정값과 점별 표준오차대를 보여준다. 흡연량이 늘어날수록, LDL (low density lipoprotein cholesterol)이 증가할수록, 가족력이 없는 경우에 비해 있는 경우에, type-A가 증가할수록, 나이가 많을수록 심장병 위험이 증가하는 것을 볼 수 있다. 비만도의 경우에는 위험이 감소하다가 다시 증가하는 형태를 보이는데 Hastie 외 (2009)에서 지적한 것처럼 후향 연구(retrospective study)이기 때문이다. 즉, 이미 심장병이 발병한 환자들에 대한 측정값이므로 식사나 생활습관 개선으로 인해 비만도가 낮은 경우 위험도 값이 큰 것으로 여겨진다.

7.6.2 사영추적회귀

`rock`자료는 저류층(petroleum reservoir)들의 48개의 광물표본에 대한 관측값으로서 `area`, `peri`, `shape`, `perm`등의 변수들로 이루어져 있다. 우선 `area`와 `peri`을 10,000으로 나누어 단위변환을 한 후에 투과성(permeability)의 로그변환을 출력변수로 하고 나머지 세 변수들을 입력변수로 하여 supersmoother를 이용하여 사영추적회귀를 적합하였다. `nterms = 2`와 `max.terms = 5` 옵션으로 적합시 최대 5개의 항을 포함하도록 하였고 최종모형에서는 2개의 항을 포함하도록 하였다. 모형에 대한 요약에서 `Projection direction vectors`는 모형 (7.3)에서

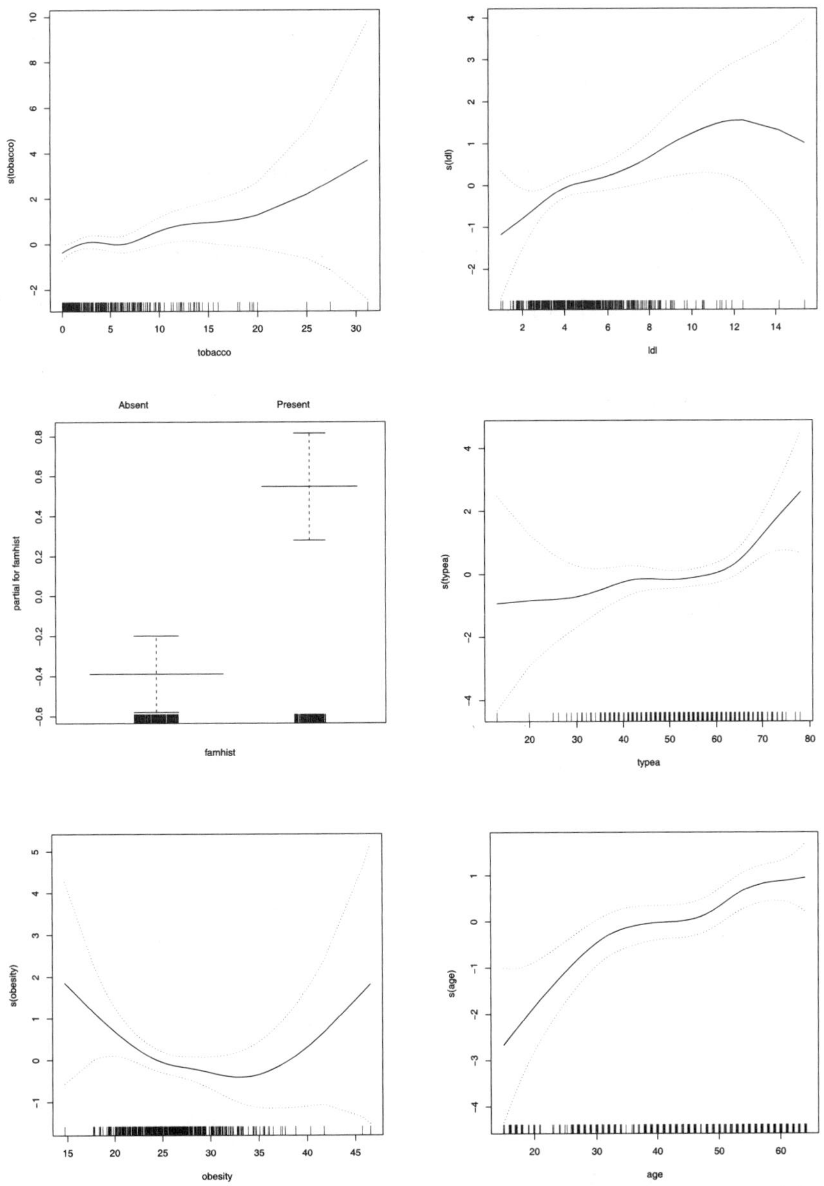

그림 7.3: 남아프리카 심장병 자료에 대하여 가법 로지스틱 회귀에서 후진소거법에 의해 선택된 추정 함수

β들을 나타내며 `Coefficients of ridge terms`는 α값들을 나타낸다. 사영추적 회귀모형을 적합 하기 위해서는 `ppr` 함수를 사용한다. 아래의 코드에 사용된 함수에 대한 설명은 표 7.2와 같다.

표 7.2: 함수 `attach`, `detach`에 대한 설명

함수명	옵션	함수설명
`attach`		data.frame, list, R data file을 R search path에 등록. 여러 형태의 자료의 변수명 혹은 행렬명 등을 직접적으로 변수로 접근 가능하게 함
`detach`		`attach` 함수에 의해 R search path에 등록된 자료를 해제

```
> library(MASS)
> attach(rock)
> area1 = area/10000
> peri1 = peri/10000
>
> rock.ppr = ppr(log(perm) ~ area1 + peri1 + shape,
+                  data = rock, nterms = 2, max.terms = 5)
> summary(rock.ppr)
Call:
ppr(formula = log(perm) ~ area1 + peri1 + shape, data = rock,
    nterms = 2, max.terms = 5)

Goodness of fit:
 2 terms  3 terms  4 terms  5 terms
8.737806 5.289517 4.745799 4.490378

Projection direction vectors:
      term 1      term 2
area1  0.34357179  0.37071027
peri1 -0.93781471 -0.61923542
```

```
shape   0.04961846  0.69218595

Coefficients of ridge terms:
   term 1    term 2
1.6079271 0.5460971
>
> par(mfrow=c(3,2))
> plot(rock.ppr, main="ppr(log(perm)~ ., nterms=2, max.terms=5)")
> plot(update(rock.ppr, bass=5), main = "update(..., bass = 5)")
> plot(update(rock.ppr, sm.method="gcv", gcvpen=2),
+      main = "update(..., sm.method=\"gcv\", gcvpen=2)")
> detach()
```

그림 7.4는 rock자료에 대하여 2개의 항을 갖는 사영추적회귀의 결과를 보여준다. 첫번째 행의 두개의 그림은 평활방법으로 supersmoother 사용하여 2개의 항을 추정한 결과이며, 두번째 행의 두개의 그림은 첫번째 행의 그림과 같은 방법으로 그렸으나 평활의 양을 bass=5옵션으로 늘린 것이고, 따라서 첫번째 행의 적합보다 더 부드러운 추정값을 준다. 세번째 적합에서는 평활의 양을 GCV를 이용하여 선택하였다. 첫번째와 두번째 행의 그림들에 비하여 세번째 행의 두개의 그림이 훨씬 부드러운 것을 볼 수 있다. 이는, 첫번째 행과 두번째 행의 그림에서 사용된 평활의 양이 최적의 평활양에 비해서 작게 선택되어졌기 때문이다.

7.6.3 MARS

다음은 31개의 블랙 체리나무의 둘레(girth), 높이(height), 부피(volume)의 측정값을 MARS로 분석한 예제이다. 그림 7.5는 세 변수들에 대한 산점도를 평활된 추세선과 같이 보여주기 위하여 pairs 함수에서 panel = panel.smooth 옵션을 사용하였다. mars를 이용하여 부피를 둘레와 높이로 모형화한다. 디폴트 옵션을 사용했으므로 교호작용은 포함되지 않고 두 변수 둘레와 높이에 대하여 각각 조각별로 선형인 가법모형을 적합한다. 함수 showcuts는 각 항에서의 매듭점 값을

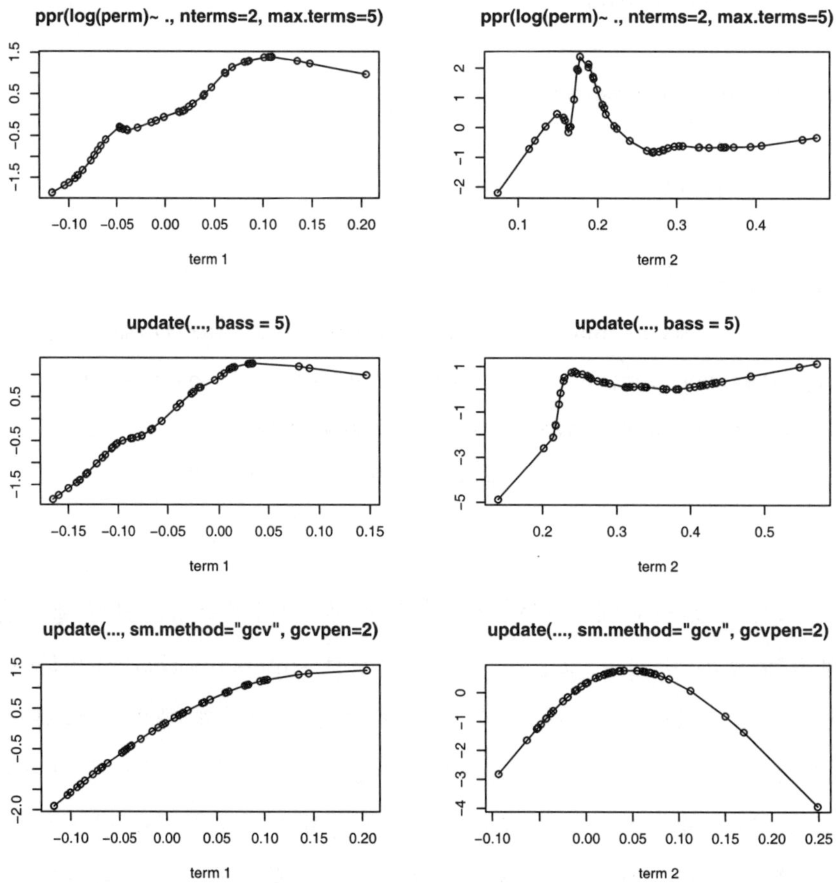

그림 7.4: rock 자료에 대하여 2개의 항을 갖는 사영추적회귀에 의해 추정된 능형함수

구한다. `Girth`변수는 2개의 매듭점을, `Height`변수는 1개의 매듭점을 사용하였다는 것을 알 수 있다. MARS를 적합하기 위해서는 `mda` 패키지의 `mars` 함수를 사용하면 되며 아래의 코드에 사용된 함수에 대한 설명은 표 7.3과 같다.

```
> library(mda)
Loading required package: class
> data(trees)
> pairs(trees, panel = panel.smooth, main = "trees data")
```

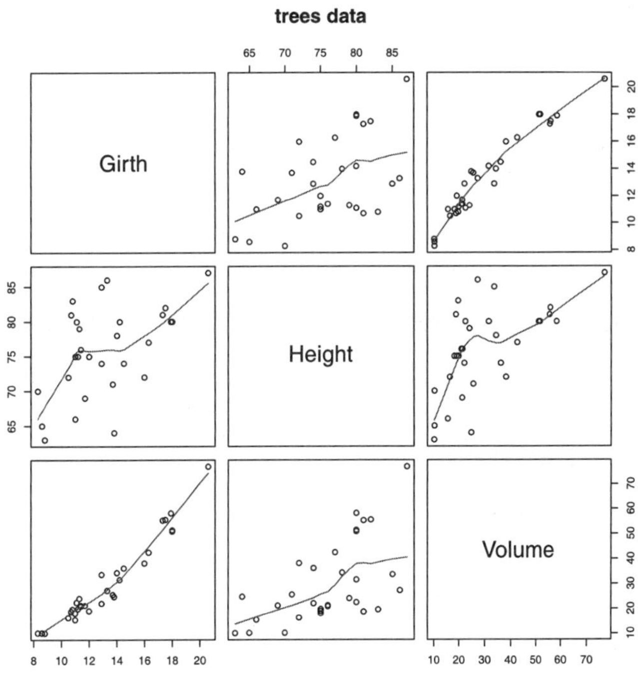

그림 7.5: 블랙 체리 나무 자료에 대한 산점도

표 7.3: 함수 pairs, mars에 대한 설명

함수명	옵션	함수설명
pairs		입력된 자료의 모든 변수간의 산점도를 그림. 자세한 옵션사항은 graphical parameter에 관련된 사항을 참고

```
> fit1 = mars(trees[,-3], trees[3])
> showcuts = function(obj)
+ {
+   tmp = obj$cuts[obj$sel, ]
+   dimnames(tmp) = list(NULL, names(trees)[-3])
+   tmp
+ }
> showcuts(fit1)
```

```
     Girth Height
[1,]     0      0
[2,]    12      0
[3,]    12      0
[4,]     0     76
>
```

그림 7.6은 MARS에 의한 결과를 보여준다. 그림 7.5의 부피에 대한 둘레와 높이의 추세선과 비교해 볼 수 있다.

```
> par(mfrow=c(1,2), pty="s")
> Xp = matrix(sapply(trees[1:2], mean), nrow(trees), 2, byrow=TRUE)
> for(i in 1:2) {
+   xr = sapply(trees, range)
+   Xp1 = Xp; Xp1[,i] = seq(xr[1,i], xr[2,i], len=nrow(trees))
+   Xf = predict(fit1, Xp1)
+   plot(Xp1[ ,i], Xf, xlab=names(trees)[i], ylab="", type="l")
+ }
```

7.6.4 단순 베이즈 분류

이 예제는 mlbench의 HouseVotes84자료에 대하여 단순 베이즈 분류를 적용한 것이다. 이 자료는 민주당 또는 공화당의 값을 갖는 분류 변수와 16개의 범주형 변수로 이루어졌고 자세한 설명은 도움말을 참고하기 바란다. naiveBayes함수에서 laplace옵션은 라플라스 수정에 사용될 값을 지정하는 옵션이다. 라플라스 수정 전과 후를 비교해 보면 훈련자료에 대한 오분류표가 조금 다름을 알 수 있다.

```
> library(e1071)
> data(HouseVotes84, package="mlbench")
> model = naiveBayes(Class ~ ., data = HouseVotes84)
> predict(model, HouseVotes84[1:10,-1])
 [1] republican republican republican democrat   democrat   democrat
```

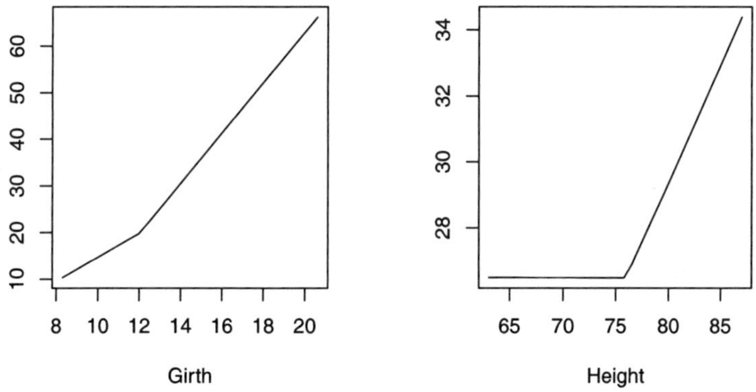

그림 7.6: 블랙 체리 나무 자료에 대한 MARS 추정 결과

```
 [7] republican republican republican democrat
Levels: democrat republican
> predict(model, HouseVotes84[1:10,-1], type = "raw")
         democrat   republican
 [1,] 1.029209e-07 9.999999e-01
 [2,] 5.820415e-08 9.999999e-01
 [3,] 5.684937e-03 9.943151e-01
 [4,] 9.985798e-01 1.420152e-03
 [5,] 9.666720e-01 3.332802e-02
 [6,] 8.121430e-01 1.878570e-01
 [7,] 1.751512e-04 9.998248e-01
 [8,] 8.300100e-06 9.999917e-01
 [9,] 8.277705e-08 9.999999e-01
[10,] 1.000000e+00 5.029425e-11
>
> pred = predict(model, HouseVotes84[,-1])
> table(pred, HouseVotes84$Class)
```

```
pred         democrat republican
  democrat        238         13
  republican       29        155
>
> # using laplace smoothing:
> model = naiveBayes(Class ~ ., data = HouseVotes84, laplace = 3)
> pred = predict(model, HouseVotes84[,-1])
> table(pred, HouseVotes84$Class)

pred         democrat republican
  democrat        237         12
  republican       30        156
```

7.6.5 k-근방 분류

다음 예제는 Fisher의 붓꽃자료를 5:5로 훈련 및 시험자료로 나누고 훈련자료에 3-근방 분류를 적합한 후 시험자료에 대한 오분류율을 구한 결과 0.04임을 보여준다.

```
> library(class)
> data(iris)
> set.seed(1)
> y = iris[,5]
> tr.idx = sample(length(y), 75)
> x.tr = iris[tr.idx,-5]
> x.te = iris[-tr.idx,-5]
> m1 = knn(x.tr, x.te, y[tr.idx], k = 3)
> mean(m1 != y[-tr.idx])
[1] 0.04
```

연습문제

1. 다음의 코드를 실행하여 자료를 생성하라.

```
> set.seed(7)
> n = 100
> x1 = runif(n)
> x2 = rnorm(n)
> eps = rnorm(n)
> y = 1 + 2*x1 - 5*x2 + eps
```

   (a) $\hat{\beta}_1$의 초기치를 적당히 정하고 $y-\hat{\beta}_1 x_1$과 x_2를 각각 출력과 입력변수인 단순선형회귀모형을 적합하고 회귀계수추정치 $\hat{\beta}_2$를 구하라.

   (b) 이번에는 (a)에서 얻은 $\hat{\beta}_2$에 대하여 $y-\hat{\beta}_2 x_2$과 x_1를 각각 출력과 입력변수인 단순선형회귀모형을 적합하고 회귀계수추정치 $\hat{\beta}_1$을 구하라.

   (c) (a)-(b)를 `for` 문을 이용하여 100회 반복한 후 회귀계수 추정값 $\hat{\beta}_0, \hat{\beta}_1, \hat{\beta}_2$을 반복에 대하여 다른 색의 시계열로 그리고 결과를 설명하라.

2. `ElemStatLearn` 패키지의 `spam` 자료에 대하여 로지스틱 회귀와 가법 로지스틱 회귀를 적합하고 그 결과를 비교하라.

3. `ElemStatLearn` 패키지의 `ozone` 자료에 대하여 다음의 분석을 실시하라.

   (a) `pairs`함수에서 `panel = panel.smooth`옵션으로 각 변수들에 대한 산점도를 그려라.

   (b) `ozone`을 나머지 `temperature`, `wind`, `radiation`에 대하여 MARS와 사영추적회귀를 적합하고 그 결과를 (a)와 비교하라.

4. $X_1, \ldots, X_{10}$은 독립적으로 $U(0,1)$을 따르며 Y는 $X_1 > \frac{1}{2}$이면 1, $X_1 \le \frac{1}{2}$이면 0의 값을 갖는다. 이 모형으로부터 100개의 훈련자료와 1000개의 시험자료를 생성한다. $k = 1, 5, 10, \ldots, 50$에 대하여 k-근방 분류를 적합한다.

훈련자료만을 이용하여 구한 5-묶음 교차확인오차에 의한 오분류율 추정값, 훈련자료를 이용하여 적합한 후 시험자료에서 구한 오분류율, AIC 타입의 통계량의 값을 구하라. AIC 타입 통계량은 훈련자료에 대한 오분류율에 $2/k$를 더한 값으로 정의된다. 이 세가지 값을 k에 대하여 그려보고 비교하라.

5. `mlbench` 패키지의 `Servo` 자료에 대하여 단순 베이즈 분류를 적합하라. 단 원자료의 Class 변수는 연속형이므로 12를 기준으로 구간을 나누어 2진 분류문제로 바꾸며 새로운 변수는 R의 `factor`변수로 변환하여 분석하라.

8 차원축소기법

차원축소는 분석대상이 되는 변수의 수를 줄이는 일련의 탐색적 자료분석의 과정을 총칭한다. 차원축소의 방법에는 크게 변수를 직접적으로 변환하는 변수변환(feature transformation)과 변수를 선택하는 변수선택(feature selection)에 기초한 방법으로 구분된다. 변수변환 방법은 원 자료의 변수들을 직교사영변환 등의 기저변환을 이용하여 저차원 공간으로 사영시킴으로써, 변수들의 선형/비선형 결합으로부터 새로운 변수를 생성하는 방법이다. 반면에 변수선택 방법은 출력변수 등의 부가적인 정보를 활용하여 예측에 중요한 역할을 하는 변수만을 가려내는 방법이다. 이 장에서는 변수변환에 기초한 방법인 주성분분석(principal component analysis)을 중심으로 인자분석(factor analysis), 독립성분분석(independent component analysis), 다차원 척도법(multidimensional scaling) 등의 기법들을 소개한다.

8.1 주성분분석

주성분분석은 원래의 변수들에 대한 선형 변환을 통하여 주성분이라 불리는 새로이 생성된 변수들이 서로 직교하도록 하는 다변량 자료분석기법이다. 원 변수의 분산을 바탕으로 한 직교변환을 이용하기 때문에 새로이 생성된 변수들간에는 서로 상관관계가 없도록 하는 기법이다. 원 변수들의 차원을 p라고 할 때, 주성분 분석은 전체 주성분들의 분산의 합이 원 변수들의 분산의 합과 동일하도록 p개의 주성분을 생성하며, 이 때, 각 주성분의 분산의 크기는 제 1주성분에서 제 p주성분까지 순차적으로 감소한다. 차원축소를 위해서는 전체 주성분들의 누적분산에 대한 선택된 주성분들의 누적분산의 비율이 적절히 큰 $q(< p)$개의 주성분들을 선택한다.

8.1.1 주성분분석 모형

p차원 확률벡터 $X = (X_1, X_2, \ldots, X_p)^T$가 평균벡터 $\mu = (\mu_1, \ldots, \mu_p)^T$, 공분산 행렬 $\mathbf{\Sigma} = (\sigma_{ij})_{1\le i,j\le p}, \sigma_{ij} = \mathrm{Cov}(X_i, X_j)$을 가진다고 하자 (논의의 편의상 잠시 $\mu = (0, \ldots, 0)^T$ 라고 놓음). 다음의 식과 같이 p개의 변수 $X_1, \cdots, X_p$들의 선형결합 변수들을 $S_1, \cdots, S_q, q \le p$로 놓자.

$$\begin{aligned}
S_1 &= v_{11}X_1 + \cdots + v_{1p}X_p = v_1^T X \\
S_2 &= v_{21}X_1 + \cdots + v_{2p}X_p = v_2^T X \\
&\vdots \\
S_q &= v_{q1}X_1 + \cdots + v_{qp}X_p = v_q^T X.
\end{aligned} \tag{8.1}$$

여기서 $\mathrm{Var}(S_k) = v_k^T \mathbf{\Sigma} v_k$이고 $\mathrm{Cov}(S_k, S_l) = v_k^T \mathbf{\Sigma} v_l$이다. 단, $v_k = (v_{k1}, v_{k2}, \cdots, v_{kp})^T$는 $v_k^T v_k = \sum_{j=1}^p v_{kj}^2 = 1$인 단위벡터로 적재계수(loading coefficient)를 나타낸다.

간단한 예를 통해 주성분분석을 살펴보기로 하자. 그림 8.1은 두 변수 X_1과 X_2에 대한 모의실험 자료로 직선 $x_1 = x_2$가 자료가 흩어진 주방향이다. 즉, 2차원의 자료를 직선상으로 사영하였을 때 사영된 자료의 분산을 최대로 하는 직선은 $x_1 = x_2$이다. 주성분분석은 이와 같이 자료가 흩어진 정도가 큰 방향으로 원 변수축 X_1, X_2을 회전하여 새로운 변수축을 생성하는 기법이라 할 수 있다. 이 때, 장축의 직선은 제 1주성분(S_1)이라 부르며, 단축의 직선은 S_1과 직교하는

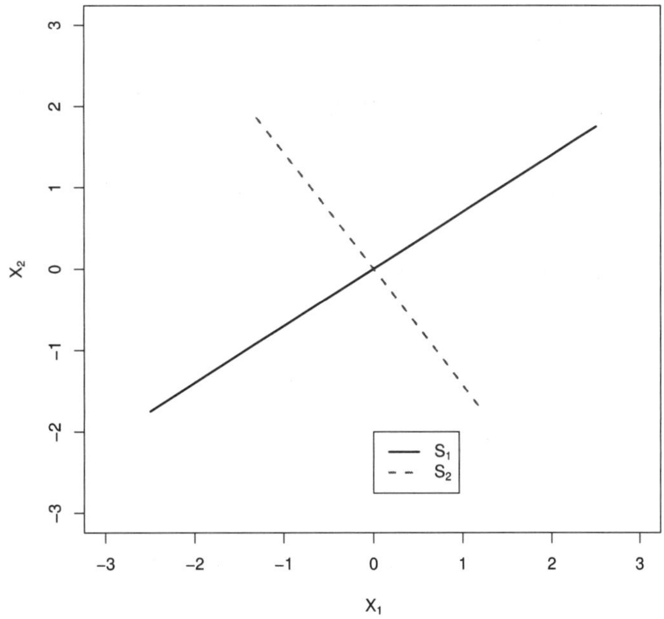

그림 8.1: 2차원상의 모의실험 자료에 대한 제 1, 2 주성분변수

제 2주성분(S_2)이라 부른다. 앞서 논의한 바대로 제 1주성분의 분산은 항상 제 2 주성분보다 크다.

8.1.2 주성분변수의 수리적 유도과정

제 1주성분 $S_1 = v_1^T X$은 $\text{Var}(v_1^T X)$를 최대화하는 X의 p개 변수들의 선형조합으로서, 방향벡터 v_1은

$$v_1 = \arg \max_{v_1 \in \mathbb{R}^p} \text{Var}(v_1^T X) = v_1^T \mathbf{\Sigma} v_1 \tag{8.2}$$

으로 주어진다. 그러나, v_1은 척도화에 의존하므로, $v_1^T \mathbf{\Sigma} v_1$가 유한값을 갖기 위해서는 $v_1^T v_1 = 1$과 같은 방향벡터의 크기를 제한하는 조건이 필요하다. 이를

고려하면 (8.2)는 다음과 같은 라그랑즈 함수에 대한 최적화 문제로 볼 수 있다.

$$\arg\max_{v_1 \in \mathbb{R}^p} \left[v_1^T \mathbf{\Sigma} v_1 - \rho(v_1^T v_1 - 1) \right].$$

여기서, ρ는 라그랑즈 승수(Lagrange multiplier)이다. 위 식을 v_1에 대해 미분하면

$$\mathbf{\Sigma} v_1 - \rho v_1 = 0, \text{ 또는 } (\mathbf{\Sigma} - \rho \boldsymbol{I}_p) v_1 = 0,$$

을 얻는다. 즉, ρ과 v_1는 $\mathbf{\Sigma}$의 고유값(eigenvalue)과 대응되는 고유벡터(eigenvector)이다.

$$\text{Var}(v_1^T X) = v_1^T \mathbf{\Sigma} v_1 = v_1^T \rho v_1 = \rho v_1^T v_1 = \rho$$

이므로 결국 ρ를 가능한 큰 값을 가져야 한다. 따라서 v_1은 $\mathbf{\Sigma}$의 가장 큰 고유값 ρ_1에 해당하는 고유벡터이며 $\text{Var}(v_1^T X) = v_1^T \mathbf{\Sigma} v_1 = \rho_1$이 성립한다.

다음으로 제 2주성분 $S_2 = v_2^T X$은 첫번째 방향 v_1과 직교하는($v_1^T v_2 = 0$), 즉 $\text{Cov}(v_1^T X, v_2^T X) = v_1^T \mathbf{\Sigma} v_2 = 0$이고 $\text{Var}(v_2^T X)$를 최대화하는 선형결합이다. 라그랑즈 승수법을 적용하면 최대화할 라그랑즈 함수는

$$v_2^T \mathbf{\Sigma} v_2 - \rho(v_2^T v_2 - 1) - \phi v_2^T v_1$$

이다. 여기서 ρ와 ϕ는 라그랑지안 승수들이다. v_2에 대해 미분한 식은

$$\mathbf{\Sigma} v_2 - \rho v_2 - \frac{1}{2} \phi v_1 = 0$$

이며, 양변에 v_1^T을 곱하면

$$v_1^T \mathbf{\Sigma} v_2 - \rho v_1^T v_2 - \frac{1}{2} \phi v_1^T v_1 = 0$$

을 얻고 직교성으로부터 결국 $\phi = 0$임을 알 수 있다. 따라서 제 2 주성분 방향도

$$\mathbf{\Sigma} v_2 - \rho v_2 = 0 \text{ 또는 } (\mathbf{\Sigma} - \rho \boldsymbol{I}_p) v_2 = 0$$

을 만족하므로 제 1주성분과 마찬가지 과정을 통해 ρ_2와 v_2는 각각 $\mathbf{\Sigma}$의 두 번째로 큰 고유값과 대응되는 고유벡터임을 알 수 있다.

$k(>2)$번째 주성분은 수학적 귀납법을 이용하여 ρ_k와 v_k는 각각 $\mathbf{\Sigma}$의 k 번째로 큰 고유값과 대응되는 고유벡터임을 보일 수 있다.

$\boldsymbol{V}$를 $\mathbf{\Sigma}$의 k번째 고유벡터 v_k를 k번째 열벡터로 가지는 행렬이라 하자. 그러면 $S = (S_1, \cdots, S_p)^T$는

$$S = \boldsymbol{V}^T X$$

으로 표현 가능하고, 결국 주성분변수들은 X의 직교하는 선형변환이다. 전술한 내용을 직접적으로 행렬로 표현하면

$$\mathbf{\Sigma}\boldsymbol{V} = \boldsymbol{V}\mathbf{\Lambda}^2 \tag{8.3}$$

이다. 여기서 $\mathbf{\Lambda}^2$은 k번째 대각원소로 k번째로 큰 고유값 λ_k^2를 가지는 대각행렬이다($\lambda_k^2 = \text{Var}(v_k^T X) = \text{Var}(S_k)$). $\boldsymbol{V}$가 직교행렬(orthogonal matrix)임을 이용하면 식 (8.3)는

$$\boldsymbol{V}^T\mathbf{\Sigma}\boldsymbol{V} = \mathbf{\Lambda}^2 \text{ 또는 } \mathbf{\Sigma} = \boldsymbol{V}\mathbf{\Lambda}^2\boldsymbol{V}^T$$

로 표현된다.

다음으로 $q(\leq p)$차원으로 차원축소를 시행할 때, 구하고자 하는 q개의 방향벡터들과 $\mathbf{\Sigma}$의 p개의 방향벡터들간의 관계에 대하여 알아보자. 명확한 구분을 위해 X의 공분산행렬을 $\mathbf{\Sigma}_{xx}$라 하자. $q \times p$ 직교행렬을 $\boldsymbol{W}^T$에 대하여 선형결합

$$Z = (Z_1, \cdots, Z_q)^T = \boldsymbol{W}^T X$$

를 정의할 수 있다. Z의 공분산행렬은 $\mathbf{\Sigma}_{zz} \triangleq \text{Var}(Z) = \boldsymbol{W}^T\mathbf{\Sigma}_{xx}\boldsymbol{W}$로 나타내자. 그러면 선형결합에 대한 공분산행렬의 대각합(trace) $\text{tr}(\mathbf{\Sigma}_{zz})$은 $\boldsymbol{W} = \boldsymbol{V}_q$일 때 최대가 된다. 여기서 $\boldsymbol{V}_q$는 $\boldsymbol{V}$의 처음의 $v_1, \cdots, v_q$을 열벡터로 가지는 행렬이다. 보다 자세한 증명은 Jolliffe (2002)의 2장을 참조하기 바란다.

전술한 내용을 종합하면 다음의 정리를 얻는다.

정리 8.1. *공분산(상관계수) 행렬* $\mathbf{\Sigma}$*은*

$$\mathbf{\Sigma} = \lambda_1^2 v_1 v_1^T + \lambda_2^2 v_2 v_2^T + \cdots + \lambda_p^2 v_p v_p^T$$

으로 스펙트럴 분해(*spectral decomposition*)가 가능하다. 단, λ_k^2와 v_k는 각각 $\mathbf{\Sigma}$의 고유값과 이에 해당하는 고유벡터이며, $\lambda_1^2 \geq \lambda_2^2 \geq \cdots \geq \lambda_p^2 \geq 0$ 성질을 만족한다. k번째 주성분 방향으로의 주성분변수는 $S_k = v_k^T X$이다. 주성분 방향을 결정하는 $v_k, k = 1, \cdots, p$는 $v_k^T v_k = 1$과 $v_i^T v_j = 0, i \neq j$를 만족하므로 $\mathrm{Var}(S_k) = v_k^T \mathbf{\Sigma} v_k = \lambda_k^2$이며 $\mathrm{Cov}(S_i, S_j) = v_i^T \mathbf{\Sigma} v_j = 0, \forall i \neq j$이 성립한다.

정리 8.1은 식 (8.3)로부터 자명하며, 공분산(상관계수)행렬이 $\mathbf{\Sigma} = \sum_{k=1}^p \lambda_k^2 v_k v_k^T$와 같이 가법적으로 분해됨을 알 수 있다.

8.1.3 다변량 정규분포 가정하의 주성분분석에 대한 해석

정리 8.1은 X가 다변량 정규분포를 따른다고 가정할 때에도 다음과 같이 자연스럽게 해석된다. 즉, 처음의 q개의 주성분 $S_1, \cdots, S_q, q < p$이 주어졌을 때, 이들 방향과 직교하는 p차원 변수 $X_1, \cdots, X_p$의 선형결합 중 최대 분산을 가지는 선형결합은 $(q+1)$번째 주성분변수이다.

이에 대하여 더 자세히 살펴보자. 먼저 $X_1, \cdots, X_p$와 $S_1, \cdots, S_q$의 각각의 공분산행렬을 $\mathbf{\Sigma}_{xx}$와 $\mathbf{\Sigma}_{ss}$로 나타내고 $\mathbf{\Sigma}_{xs}$은 $p \times q$행렬로 (i,j)번째 원소는 X_i와 S_j의 공분산이라 하자. 그러면, $S_1, \cdots, S_q$가 주어졌을 때, X의 조건부 분산은

$$\mathbf{\Sigma}_{xx} - \mathbf{\Sigma}_{xs}\mathbf{\Sigma}_{ss}^{-1}\mathbf{\Sigma}_{sx}$$

으로 주어진다(연습문제 1번 참고). $\mathbf{\Lambda}^2$는 λ_k^2을 대각원소로 가지는 대각행렬이고 $\boldsymbol{V}$는 $v_k, k = 1, \cdots, p$를 열벡터로 가지는 행렬이라 하면, 스펙트럴 분해의 행렬표현은

$$\mathbf{\Sigma}_{xx} = \boldsymbol{V}\mathbf{\Lambda}^2\boldsymbol{V}^T$$

이다. $\mathbf{\Sigma}_{xs}$의 k번째 열은 $\lambda_k^2 v_k$이 되며, $\mathbf{\Sigma}_{ss}^{-1}$은 λ_k^{-2}가 k번째 대각원소인 행렬이므로

$$\begin{aligned}\mathbf{\Sigma}_{xs}\mathbf{\Sigma}_{ss}^{-1}\mathbf{\Sigma}_{sx} &= \sum_{k=1}^{q}(\lambda_k^2 v_k)(\lambda_k^{-2})(\lambda_k^2 v_k^T) \\ &= \sum_{k=1}^{q}\lambda_k^2 v_k v_k^T\end{aligned}$$

이 성립하고, 스펙트럴 분해를 재적용하면

$$\mathbf{\Sigma}_{xx} - \mathbf{\Sigma}_{xs}\mathbf{\Sigma}_{ss}^{-1}\mathbf{\Sigma}_{sx} = \sum_{k=(q+1)}^{p} \lambda_k^2 v_k v_k^T$$

을 얻는다. 결국 q개의 주성분변수$S_1, \cdots, S_q$가 주어졌을 때, 조건부 분산 $\mathbf{\Sigma}_{xx} - \mathbf{\Sigma}_{xs}\mathbf{\Sigma}_{ss}^{-1}\mathbf{\Sigma}_{sx}$이 최대가 되는 선형결합을 찾는 문제는 조건부 분산의 고유값과 고유벡터를 찾는 문제로 귀결된다. 그러므로 $\lambda_{q+1}^2, \cdots, \lambda_p^2$중 가장 큰 고유값 λ_{q+1}^2과 이에 대응되는 고유벡터 v_{q+1}이 우리가 찾는 $q+1$번째 주성분 $S_{q+1} = v_{q+1}^T X$의 분산과 방향벡터가 된다.

8.1.4 정리 및 예제

정리 8.1의 스펙트럴 분해의 직접적인 결과로, X_j의 분산, 고유값, 고유벡터의 원소들간에는

$$\mathrm{Var}(X_j) = \sum_{k=1}^{p} \lambda_k^2 v_{kj}^2$$

의 관계가 성립한다. 더욱이 전체 변수들의 분산의 합은

$$\begin{aligned} \sum_{i=1}^{p} \mathrm{Var}(X_i) = \mathrm{tr}(\mathbf{\Sigma}_{xx}) &= \sigma_{11} + \sigma_{22} + \cdots + \sigma_{pp} \\ &= \lambda_1^2 + \lambda_2^2 + \cdots + \lambda_p^2 \\ &= \sum_{i=1}^{p} \mathrm{Var}(S_i) \end{aligned}$$

이다. 즉, 주성분변수들의 분산의 합은 원 변수들의 분산의 합과 같다.

주성분변수 S_k와 변수 X_l사이의 상관계수는

$$\mathrm{Corr}(S_k, X_l) = v_{kl}\lambda_k / \sqrt{\sigma_{ll}}$$

로, X_l의 분산이 모두 동일하면$(\sigma_{11} = \sigma_{22} = \cdots = \sigma_{pp})$ v_{kl}는 변수가 k번째 주성분변수에 기여하는 정도를 나타내며, $\mathrm{Corr}(S_k, X_l)$의 절대값의 크기 비교를 통해 S_k에 대한 $X_l, l = 1, \cdots, p$ 변수들의 중요도를 비교할 수 있다.

다음은 주성분 분석의 결과만을 간단하게 정리한 것이다.

1. 주성분은 원 변수들의 공분산행렬 또는 상관계수행렬의 고유벡터로부터 구해진다.

2. 임의의 두 주성분간의 공분산은 항상 0이므로 주성분들 간에는 상관성이 존재하지 않는다.

3. 원 자료의 변수들의 분산의 합은 주성분변수들의 분산의 합과 항상 일치한다.

4. 주성분의 각 적재계수는 특정 변수가 주성분변수에 기여하는 정도를 나타낸다.

실제 자료에 주성분분석을 적용하는 경우 적절한 주성분변수의 갯수를 결정하는 것이 매우 중요하다. 주성분의 갯수를 결정하는데 흔히 사용되는 통계량은 $k(=1,\ldots,p)$개의 주성분들의 분산의 합이 전체 분산에서 차지하는 비율

$$\frac{\sum_{i=1}^{k}\mathrm{Var}(S_i)}{\sum_{i=1}^{p}\mathrm{Var}(X_i)} = \frac{\lambda_1^2+\cdots+\lambda_k^2}{\sigma_{11}+\sigma_{22}+\cdots+\sigma_{pp}}$$

이다.

마지막으로 간단한 예들을 통하여 전술한 내용을 확인하자.

예제 8.2. *3차원 확률벡터 $X=(X_1,X_2,X_3)^T$가 공분산행렬*

$$\mathbf{\Sigma} = \begin{pmatrix} 1 & -2 & 0 \\ -2 & 5 & 0 \\ 0 & 0 & 2 \end{pmatrix}$$

을 가진다고 하자. 스펙트럴 분해는

$$\lambda_1^2 = 5.83, v_1 = (0.383, -0.924, 0)^T,$$
$$\lambda_2^2 = 2.00, v_2 = (0, 0, 1)^T,$$
$$\lambda_3^2 = 0.17, v_3 = (0.924, 0.383, 0)^T$$

으로 주어진다. 그러므로, 주성분변수는

$$S_1 = v_1^T X = 0.383X_1 - 0.924X_2$$
$$S_2 = v_2^T X = X_3$$
$$S_3 = v_3^T X = 0.924X_1 + 0.383X_2.$$

이다. 직접적인 계산에 의해

$$\begin{aligned}
&\mathrm{Var}(S_1)\\
=\ &\mathrm{Var}(0.383X_1 - 0.924X_2)\\
=\ &0.383^2\mathrm{Var}(X_1) + 0.924^2\mathrm{Var}(X_2) + 2 \times 0.383 \times (-0.924)\mathrm{Cov}(X_1, X_2)\\
=\ &0.147 \times 1 + 0.854 \times 5 - 0.708 \times (-2) = 5.83 = \lambda_1^2,\\
&\mathrm{Cov}(S_1, S_2)\\
=\ &\mathrm{Cov}(0.383X_1 - 0.924X_2, X_3)\\
=\ &0.383\mathrm{Cov}(X_1, X_3) - 0.924\mathrm{Cov}(X_2, X_3)\\
=\ &0.383 \times 0 - 0.924 \times 0 = 0,
\end{aligned}$$

및

$$\sigma_{11} + \sigma_{22} + \sigma_{33} = 1 + 5 + 2 = \lambda_1^2 + \lambda_2^2 + \lambda_3^2 = 5.83 + 2 + 0.17$$

이고, 제 2주성분까지의 분산비율은 $(0.5.83 + 2)/8 = 0.98$임을 확인할 수 있다. 또한 $\mathrm{Corr}(S_1, X_1) = v_{11}\lambda_1/\sqrt{\sigma_{11}} = 0.383 \times \sqrt{5.83}/1 = 0.925$, $\mathrm{Corr}(S_1, X_2) = v_{21}\lambda_1/\sqrt{\sigma_{22}} = -0.924 \times \sqrt{5.83}/5 = -0.998$이다. 두 값을 감안할 때 X_1과 X_2가 제 1주성분 S_1에 기여하는 정도는 거의 동일하다고 할 수 있다.

8.1.5 경험위험 관점에서의 표본주성분분석의 이해*

지금까지는 확률벡터 X에 관한 주성분분석을 다루었다. 이 절에서는 자료의 크기가 n인 p차원의 관측치 $x_i = (x_{i1}, x_{i2}, \cdots, x_{ip})^T, i = 1, \cdots, n$가 주어졌을 때,

표본공분산행렬 또는 표본상관행렬에 대한 표본주성분분석을 다루기로 한다. 사실 모공분산행렬 $\boldsymbol{\Sigma}$를 표본공분산행렬 $\boldsymbol{S}$로 대체하면 앞절에서와 동일한 방식으로 표본주성분분석을 수행할 수 있다. 그러나 이 절에서는 차원축소된 공간에서 자료를 근사하는 관점에서 표본주성분분석을 유도하기로 한다.

먼저, 원변수와 차원축소된 주성분변수간의 정보의 손실을 제곱손실함수를 이용하여 추정하는 방법을 설명한다. 이 방법은 선형 주성분분석을 비선형 주성분분석으로 확장이 가능하다는 장점이 있다. 비선형 주성분분석에 대한 내용은 11장을 참조바란다. 다음으로 스펙트럴 분해와 특이치 분해의 관계를 살펴보고 이 절을 맺도록 한다.

$\boldsymbol{X}$를 한 행이 p차원 관측치 x_i로 구성된 자료행렬로 놓자. $e_j = (e_{j1}, \ldots, e_{jp})^T, j = 1, \cdots, p$를 p차원 유클리드 공간의 표준기저벡터(standard basis vector)라고 하자. 여기서 $e_{jk} = I(j = k)$으로 정의된다. 그러면 임의의 관측치 x_i는 $x_i = \sum_{j=1}^p x_{ij} e_j = \sum_{j=1}^p e_j^T x_i e_j$로 표현된다. 평균 μ를 고려할 때, 일반적으로 임의의 p차원 직교 기저벡터 $v_j, j = 1, \ldots, p$ (즉, $\|v_j\| = 1$이고 $j \neq k$에 대해서 $v_j^T v_k = 0$)에 대하여 $x_i = \mu + \sum_{j=1}^p v_j^T (x_i - \mu) v_j$로 표현된다.

이 경우, 차원축소는 p보다 작은 q개의 직교 기저벡터를 사용하여 관측치 x_i를 근사적으로 표현하는 것으로 볼 수 있다. 즉, $x_i = \mu + \sum_{j=1}^p v_j^T (x_i - \mu) v_j$를 $v_1, \ldots, v_q$공간에서의 근사해인

$$z_i = \mu + \sum_{j=1}^q \left(v_j^T (x_i - \mu) \right) v_j \tag{8.4}$$

로 가장 잘 근사하는 직교 기저벡터 $v_1, \ldots, v_q$를 구하면 된다. 자료의 원분산이 가능한한 유지되기 위해서는 2차 적률(moment)인 다음의 제곱손실함수

$$\|x_i - z_i\|^2 = \left\| \sum_{j=1}^p v_j^T (x_i - \mu) v_j - \sum_{j=1}^q v_j^T (x_i - \mu) v_j \right\|^2 \tag{8.5}$$

를 최소화하는 해를 찾으면 된다.

n개의 자료점 모두를 고려하면, 표본주성분분석은 모든 $q \leq p$에 대해서 다음

의 제약조건

$$z_i = \mu + \sum_{j=1}^{q} \Big(v_j^T (x_i - \mu) \Big) v_j, v_j^T v_k = \begin{cases} 1 & j \neq k, \\ 0 & j = k \end{cases}$$

하에서

$$\min_{\mu, \{v_j\}_{j=1}^q} \frac{1}{n} \sum_{i=1}^{n} \|x_i - z_i\|^2 \tag{8.6}$$

이 되는 기저벡터 $v_1, \ldots, v_p$를 찾는 문제로 볼 수 있다. 최적화 (8.6)의 제약조건은 새로 생성된 방향벡터 v_j들이 서로 직교하며 단위벡터임을 의미한다.

$\boldsymbol{V}_q = [v_1, \ldots, v_q]$로 정의하면 (8.4)는

$$z_i = \mu + \boldsymbol{V}_q \boldsymbol{V}_q^T (x_i - \mu)$$

으로 표현된다. 따라서 모든 자료 $\{x_i\}_{i=1}^n$에 대한 차원 축소로 인한 평균제곱손실(또는 경험위험)은

$$R = \frac{1}{n} \sum_{i=1}^{n} \big\| (\boldsymbol{I}_q - \boldsymbol{V}_q \boldsymbol{V}_q^T)(x_i - \mu) \big\|^2$$

이며, R을 재생오류(reconstruction error)라 일컫는다.

먼저, $\boldsymbol{V}_q$가 주어지면 μ의 추정치는 표본평균벡터 $\bar{x} = \sum_{i=1}^n x_i / n$임을 알 수 있다. μ를 추정치 $\bar{x}$로 대체하면 문제 (8.6)는

$$\min_{\boldsymbol{V}_q \in \mathbb{R}^{p \times q}} \frac{1}{n} \sum_{j=1}^{n} \big\| (x_i - \bar{x}) - \boldsymbol{V}_q \boldsymbol{V}_q^T (x_i - \bar{x}) \big\|^2 \tag{8.7}$$

이 된다. 논의의 편의상 식 (8.7)에서 $x_i - \bar{x}$ 대신 x_i로 표기하기로 한다. 앞으로 표기상의 오해가 없으면 x_i는 중심화된 $\tilde{x}_i$로 간주한다. 또한 $\boldsymbol{V} = [v_1, \ldots, v_p]$인 경우를 생각하자. 그러면 $\boldsymbol{\Pi} = \boldsymbol{V}(\boldsymbol{V}^T \boldsymbol{V})^{-1} \boldsymbol{V}^T = \boldsymbol{V}\boldsymbol{V}^T$는 정사영 행렬(projection matrix)으로써 각 관측값 x_i 를 차원축소된 근사 관측값 $z_i = \boldsymbol{\Pi} x_i$로 매핑하는 역할을 수행한다. 행렬 $\boldsymbol{V}\boldsymbol{V}^T$와 $\boldsymbol{I}_p - \boldsymbol{V}\boldsymbol{V}^T$는 대칭(symmetric)이며 멱등(idempotent)이므로 재생오류 (8.7)은

$$\begin{aligned} R &= \frac{1}{n}\sum_{i=1}^{n} x_i^T(\boldsymbol{I}_p - \boldsymbol{V}\boldsymbol{V}^T)x_i \\ &= \frac{1}{n}\sum_{i=1}^{n} x_i^T x_i - \frac{1}{n}\sum_{i=1}^{n} x_i^T \boldsymbol{V}\boldsymbol{V}^T x_i \\ &= \frac{1}{n}\mathrm{tr}(\sum_{i=1}^{n} x_i x_i^T) - \mathrm{tr}\Big(\boldsymbol{V}^T \frac{1}{n}\sum_{i=1}^{n} x_i x_i^T \boldsymbol{V}\Big) \end{aligned}$$

으로 표현된다. 즉,

$$nR = \mathrm{tr}(\boldsymbol{X}^T\boldsymbol{X}) - \mathrm{tr}\Big(\boldsymbol{V}^T\boldsymbol{X}^T\boldsymbol{X}\boldsymbol{V}\Big)$$

이다. 따라서 식 (8.7)은 $\mathrm{tr}\Big(\boldsymbol{V}^T\boldsymbol{X}^T\boldsymbol{X}\boldsymbol{V}\Big)$를 최대화 하는 문제와 동치이다. 아울러 앞절의 결과로부터 제 1주성분 방향벡터 v_1의 분산 또는 변동성은

$$\max_{v_1 \in \mathbb{R}^p} \sum_{i=1}^{n} (x_i^T v_1)^2 = \max_{v_1 \in \mathbb{R}^p} v_1^T(\boldsymbol{X}^T\boldsymbol{X})v_1 = \lambda_1^2 \tag{8.8}$$

임을 알 수가 있다. 여기서 λ_1^2은 $\boldsymbol{X}^T\boldsymbol{X}$의 최대 고유값 또는 후술하는 $\boldsymbol{X}$의 최대 특이값 λ_1의 제곱에 해당된다.

특히 p가 큰 경우에는 모공분산행렬 $\boldsymbol{\Sigma}$ 또는 표본공분산행렬 $\boldsymbol{S}$의 크기가 $p \times p$로 커지므로 저장공간을 적게 쓰면서 동치인 해를 찾는 방법이 요구된다. 이 목적에 부합하는 방법이 특이치 분해라 할 수 있겠다. 그러므로 $\boldsymbol{V} = [v_1, \ldots, v_p]$를 구하는 방법으로는 정리 8.1의 스펙트럴 분해 방법을 직접 적용하기보다는 다음과 같이 자료행렬 $\boldsymbol{X}$에 대한 특이치 분해(singular value decomposition)에 의해 구한다.

$$\boldsymbol{X} = \boldsymbol{U}\boldsymbol{\Lambda}\boldsymbol{V}^T, \tag{8.9}$$

여기서 $r = \min\{n, p\}$는 자료행렬 $\boldsymbol{X}$의 계수(rank)이고 $n \times r$ 행렬 $\boldsymbol{U} = [u_1, \ldots, u_r]$는 직교행렬 $\boldsymbol{U}^T\boldsymbol{U} = \boldsymbol{I}_r$을 만족한다. 열벡터 u_j들은 좌 특이치 벡터(left singular vector)라 부른다. 또한 $p \times r$인 행렬 $\boldsymbol{V}$도 직교성 $\boldsymbol{V}^T\boldsymbol{V} = \boldsymbol{I}_r$을 만족하며 v_j들을 우 특이치 벡터(right singular vector)라 일컫는다. $\boldsymbol{\Lambda}$는 특이값 λ_j들로 이루어진 대각행렬로, 특이값들은 $\lambda_1 \geq \lambda_2 \geq \cdots \geq \lambda_r \geq 0$를 만족한다.

특이치 분해 (8.9)의 관계식으로부터

$$\boldsymbol{XV} = \boldsymbol{U\Lambda}$$

이 성립하고, 우변의 $n \times p$ 행렬 $\boldsymbol{U\Lambda}$를 $\boldsymbol{X}$의 주성분점수(principal component score)라고 부른다. 만약 q개의 주성분만을 고려한다면 $\boldsymbol{XV}_q = \boldsymbol{U}_q\boldsymbol{\Lambda}_q$으로 표현된다. 여기서 $\boldsymbol{V}_q, \boldsymbol{U}_q, \boldsymbol{\Lambda}_q$는 각각 대응되는 행렬의 앞 q열을 추출한 부분행렬(sub-matrix)을 의미한다.

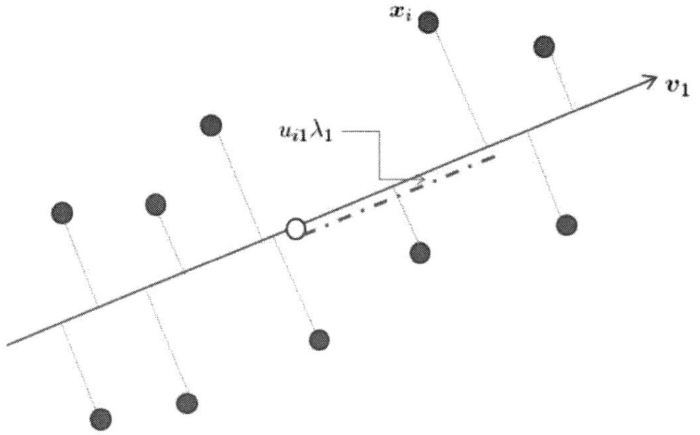

그림 8.2: 2차원상의 모의실험 자료에 대한 제 1주성분

그림 8.2는 $p = 2$인 모의실험 자료에서 $q = 1$인 경우의 제 1주성분을 도시한 것으로, 그림에서 직선은 10개의 자료를 v_1방향으로 직교 사영했을 때 재생오류가 최소화되는 선을 의미한다. 가운데의 흰점은 표본평균을 나타내며 이 점과 자료값 x_i를 v_1축으로 사영한 점과의 거리는 점선으로 표현하였고 이는 주성분 점수 $u_{i1}\lambda_1$에 해당된다.

참고. 특이치 분해와 스펙트럴 분해의 관계를 살펴보자. 행렬계수가 r일때, $(p-r)$개의 고유값이 0이므로 표본공분산행렬 $\boldsymbol{S} = \boldsymbol{X}^T\boldsymbol{X}/(n-1)$라 둘 때, 정리 8.1의 스펙트럴 분해에 의해 다음의 식이 성립한다.

$$(n-1)\boldsymbol{S} = \boldsymbol{X}^T\boldsymbol{X} = \lambda_1^2 v_1 v_1^T + \cdots + \lambda_r^2 v_r v_r^T.$$

$p < n$일 때는 $r = p$로 0인 고유값은 관찰되지 않는다. 만약 $p > n$인 경우에는 $r = n$으로 $p - n$만큼의 0인 고유값이 존재하며, 이들에 대한 고유벡터는 항상 $\boldsymbol{X}v_k = 0, k = n+1, \cdots, p$을 만족한다.

$\boldsymbol{V}$를 k번째 열벡터로 v_k를 가지는 행렬로, $\boldsymbol{\Lambda}$는 대각원소로 λ_k인 $r \times r$ 크기의 대각행렬로 정의하자. $\boldsymbol{U}$의 k번째 열벡터를

$$u_k = \lambda_k^{-1}\boldsymbol{X}v_k, k = 1, \cdots, r$$

로 놓으면

$$\begin{aligned} \boldsymbol{U\Lambda V}^T &= \boldsymbol{U}\begin{pmatrix} \lambda_1 v_1^T \\ \lambda_2 v_2^T \\ \vdots \\ \lambda_r v_r^T \end{pmatrix} = \sum_{k=1}^{r}(\lambda_k^{-1}\boldsymbol{X}v_k)\lambda_k v_k^T \\ &= \sum_{k=1}^{r}\boldsymbol{X}v_k v_k^T \\ &= \sum_{k=1}^{p}\boldsymbol{X}v_k v_k^T = \boldsymbol{X}\sum_{k=1}^{p}v_k v_k^T \\ &= \boldsymbol{X} \end{aligned}$$

으로 귀결된다. 마지막 두 등식은 $v_k, k = (r+1), (r+2), \cdots, p$는 0의 고유값에 해당하는 고유벡터이므로 $\boldsymbol{X}v_k = 0$로부터, v_k들의 직교성으로부터 각각 성립한다.

8.1.6 표본주성분분석 예제 및 행렬도

그림 8.3은 0에서 9까지의 숫자들로 이루어진 우편번호 영상자료(Hastie 외, 2009)에서 숫자 3에 해당하는 658개의 영상들중 임의로 뽑은 49개의 영상을 보여준다. 각 영상은 $16 \times 16 = 256$개의 화소(pixel)로 이루어져 있다. 이러한 256차원의 영상들을 $\{x_i\}_{i=1}^{658}$라고 하면

$$z_i = \bar{x} + (u_{i1}\lambda_1)\cdot v_1 + (u_{i2}\lambda_2)\cdot v_2$$

$=$ 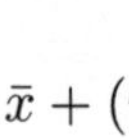 $+ (u_{i1}\lambda_1)\cdot$ $+ (u_{i2}\lambda_2)\cdot$ (8.10)

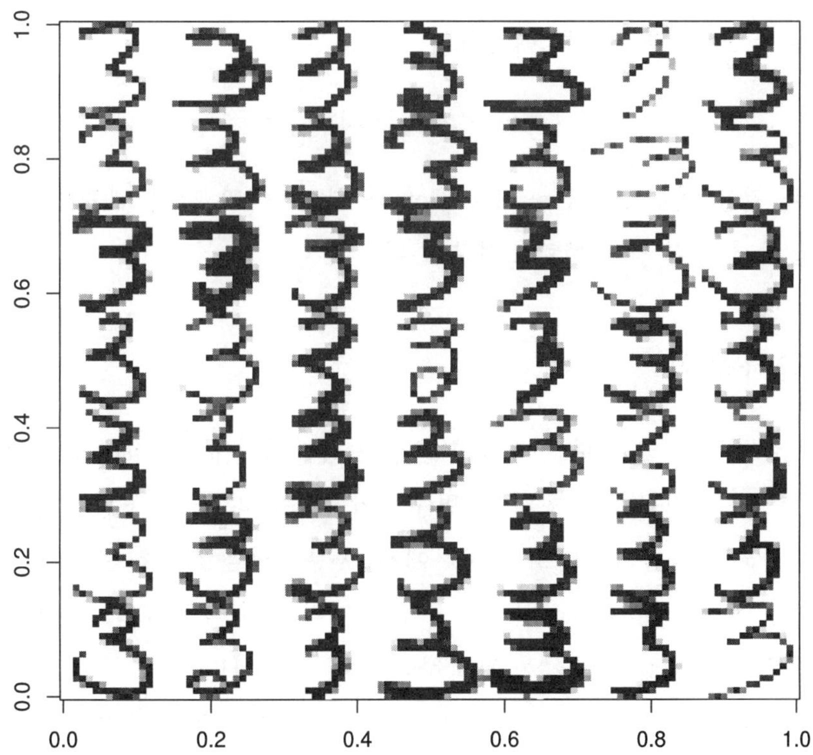

그림 8.3: 우편번호 영상 자료에서 임의로 선택된 숫자 3의 49개의 영상

는 주성분분석에 의한 2차원으로의 근사해를 나타낸다. 식 (8.10)에서 세가지 영상은 각각 자료의 평균 $\bar{x}$, 제1 주성분 방향벡터 v_1, 제2 주성분 방향벡터 v_2에 대응되는 영상을 나타낸다. v_1은 숫자 3의 하단의 끝부분을 길게 늘여쓰는 패턴을 설명하는데 반해 v_2는 숫자 3의 두께에 대한 정보를 담고 있는 것으로 보인다. 보다 자세한 사항은 Hastie 외 (2009)의 14장을 참조하기 바란다.

마지막으로 주성분분석에서 사용되는 탐색적 시각화 기법인 행렬도(biplot)를 간단히 소개한다. n개의 자료에 대한 두 개의 주성분의 점수 $\boldsymbol{X}\boldsymbol{V}_2$ 또는 $(x_i^T v_1, x_i^T v_2), i = 1, \ldots, n$를 2차원의 공간에 표현한 산점도를 관측값 도표(observation plot)라 부른다. 관측값 도표는 저차원상에서 개체들의 분포를 가시적으로 살펴 볼 수 있다는 장점이 있다. 아울러 변수들도 같이 표현할 수 있는데 j번째 원 변수를 표준기저벡터들로 매핑하여

$$(e_j^T v_1, e_j^T v_2), j = 1, \ldots, p$$

로 표현한 것을 변수 도표(variable plot)라 한다. 이와 같이 개체 도표과 변수 도표을 겹쳐서 그린 것을 행렬도라 부른다.

8.2 인자분석

인자분석은 "변수들의 실현값에 영향을 주는 잠재인자(latent factor)들이 존재하지 않을까?"라는 질문에 기초하여, 변수들의 묶음마다 어떤 공통요인들이 선형적으로 결합되어 관찰되었다고 가정하에서, 공통요인을 식별하는 것에 주안점을 두는 다변량 분석법이다. 이러한 모형구조에 따라 보다 직접적으로 잠재인자들을 통하여 변수들의 군집적 특성을 파악하는 것이 가능하다.

인자분석(요인분석)의 본질적 목적은 변수들내에 잠재되어 있는 소수의 인자들로 변수들간의 공분산구조를 파악하는 것에 있다. 이러한 이유로 인자분석은 변수들은 서로 그룹화되어있다고 가정하고, 같은 그룹에 속하는 변수들의 상관성은 높고, 반대로 다른 그룹에 속하는 변수들끼리의 상관성은 낮다라는 전제하에서 수행된다. 따라서 한 그룹에 속하는 변수들은 하나의 인자에 의해 관찰된 속성들로서, 이들의 높은 상관성은 잠재된 인자에 의해 설명된다고 할 수 있다.

예를 들어, 고전음악, 불어, 영어, 수학, 음악, 체육 등의 시험점수로부터 얻은 상관행렬 자료가 주어졌다고 가정하자. 그러면 지능이라는 인자에 의해 체육을 제외한 여러 변수들의 높은 상관성을 설명할 수가 있게 되며, 체력이라는 또 다른 인자에 의해 체육의 시험점수를 설명할 수가 있겠다. 인자분석은 공분산행렬을 근사 또는 차원축소한다는 의미에서는 주성분분석과 유사하다고 할 수 있지만, 인자분석의 근사는 주어진 잠재된 인자들에 의해 변수들의 특징이 드러난다는 관점에 보다 더 큰 비중을 둔다. 즉, 8.1절의 주성분 분석은 변수들의 선형결합으

로 이러한 “인자”들을 인공적으로 생성한다는 점에서 인자분석과 다소 차이가 있다고 볼 수 있겠다. 보다 구체적인 두 분석방법의 차이는 이 장의 8.2.2절에서 확인하자.

인자분석 모형을 설명하기에 앞서 인자들과 관측된 변수들간의 관계를 우선적으로 살펴보자. 확률벡터 $X = (X_1, X_2, \ldots, X_p)^T$에 대하여 다음의 오차가 없는 인자모형을 고려하자.

$$\begin{aligned} X_1 - \mu_1 &= l_{11}S_1 + \cdots + l_{1p}S_p \\ X_2 - \mu_2 &= l_{21}S_1 + \cdots + l_{2p}S_p \\ &\vdots \\ X_p - \mu_p &= l_{p1}S_1 + \cdots + l_{pp}S_p, \end{aligned} \tag{8.11}$$

각 변수 X_j는 서로 상관관계가 없고 기대값이 0, 분산이 1인 변수 $S_1, S_2, \ldots, S_p$들의 선형결합으로 표현된다(주성분분석의 모형은 변수 $X_1, X_2, \cdots, X_p$들의 선형결합으로 주성분변수 $S_1, S_2, \cdots, S_p$가 표현되었음을 주지하자). 식 (8.11)을 행렬로 표현하면 $X - \mu = \boldsymbol{L}S$이 된다. 그러나 이러한 행렬분해는 유일하지 않은데, 그 이유는 $\boldsymbol{Q}\boldsymbol{Q}^T = \boldsymbol{Q}^T\boldsymbol{Q} = \boldsymbol{I}_p$를 만족하는 임의의 직교행렬 $\boldsymbol{Q}$에 대해

$$X = \boldsymbol{L}S = \underbrace{\boldsymbol{L}\boldsymbol{Q}^T}\,\underbrace{\boldsymbol{Q}S} = \boldsymbol{L}^*S^*$$

이 성립하고, $S^* = \boldsymbol{Q}S$로 놓으면 $\text{Cov}(S^*) = \boldsymbol{Q}\text{Cov}(S)\boldsymbol{Q}^T = \boldsymbol{I}_p$가 되어 S_j^*들 또한 분산이 1이고 서로 무상관이 되기 때문이다. 이러한 직교행렬 $\boldsymbol{Q}$는 무수히 많기 때문에 잠재된 인자는 유일하지 않음을 쉽게 알 수 있다. 이를 인자적재행렬의 비유일성(non-uniqueness)이라 일컫고, 통상적으로 $\boldsymbol{L}$에 제약조건을 두어 이 조건을 만족하는 해를 구한다. 다양한 제약조건을 들 수 있는데, 기본적으로 해석이 용이한 $\boldsymbol{L}$을 취한다. 결국 인자행렬에서의 차원축소 방향은 임의적인 성격을 갖고 있으며, 8.2.3 절에서 소개하는 인자회전(factor rotation)문제와 결부되어 있다. 보다 자세한 내용에 관심있는 독자는 김기영과 전명식 (1994)의 7장을 참조하기 바란다.

일반적인 인자분석에서는 다음과 같이 각 변수 X_j가 $q(< p)$개의 공통인자(common factor)들 $S = (S_1, \ldots, S_q)^T$의 선형결합과 X_j에만 영향을 미치는 특정인자(specific factor) ϵ_j의 합으로 표현된다고 가정한다. 오차를 고려한 다음의 인자모형

$$\begin{aligned} X_1 - \mu_1 &= l_{11}S_1 + \cdots + l_{1q}S_q + \epsilon_1 \\ X_2 - \mu_2 &= l_{21}S_1 + \cdots + l_{2q}S_q + \epsilon_2 \\ &\vdots \\ X_p - \mu_p &= l_{p1}S_1 + \cdots + l_{pq}S_q + \epsilon_p, \end{aligned} \tag{8.12}$$

을 행렬로 표현하면 $X - \mu = \boldsymbol{L}S + \epsilon$이 된다. 여기서 $\epsilon = (\epsilon_1, \ldots, \epsilon_p)^T$이고, l_{jk} 값은 j번째 변수의 k번째 인자에 대한 인자적재(factor loading)라 부르며, $p \times q$ 행렬 $\boldsymbol{L} = [l_1, \ldots, l_q]$, $l_k = (l_{1k}, l_{2k}, \cdots, l_{pk})^T$는 인자적재행렬(factor loading matrix)이다. 모형 (8.12)은 $X_1 - \mu_1, X_2 - \mu_2, \cdots, X_p - \mu_p$들이 관측되지 않는 $q + p$개의 확률변수 $S_1, \cdots, S_q, \epsilon_1, \cdots, \epsilon_p$으로 표현됨을 의미한다. $\boldsymbol{L}$이 유일하지 않으므로 몇가지 가정이 필요한데 열거하면 다음과 같다.

$$\begin{aligned} &\mathbb{E}(S) = 0, \mathrm{Cov}(S) = \boldsymbol{I}_q, \\ &\mathbb{E}(\epsilon) = 0, \mathrm{Cov}(\epsilon) = \boldsymbol{\Psi} = \mathrm{diag}(\psi_1, \psi_2, \cdots, \psi_p). \end{aligned}$$

여기서, ψ_j는 특정인자 ϵ_j의 분산으로 특정분산(specific variance)라 한다. S와 ϵ은 서로 독립이다. 이러한 가정들로부터 X의 공분산행렬은

$$\boldsymbol{\Sigma} \triangleq \mathrm{Cov}(X) = \mathrm{Cov}(\boldsymbol{L}S + \epsilon, \boldsymbol{L}S + \epsilon) = \boldsymbol{L}\boldsymbol{L}^T + \boldsymbol{\Psi} \tag{8.13}$$

으로 주어진다. 또한 X와 S의 공분산은

$$\mathrm{Cov}(X, S) = \boldsymbol{L}$$

이 된다. 식 (8.13)는 p개의 변수들의 공분산들이 q개의 인자에 의해 설명되기 위해서 공분산이 가져야할 구조를 뜻한다. 논의한 q개의 직교하는 인자를 가진 공분산모형을 정리하면 다음과 같다.

1. $X = \mu + \boldsymbol{L}S + \epsilon$

   여기서, μ_j는 j번째 변수의 평균, ϵ_j는 j번째 특정인자,

   S_k는 k번째 공통인자, l_{jk}는 k번째 인자 S_k에서의 X_j변수의 적재계수이다.

2. 관측불가능한 확률벡터 S와 ϵ은 서로 독립이며, 다음의 조건을 만족한다.

   $\mathbb{E}(S) = 0, \mathrm{Cov}(S) = \boldsymbol{I}_q$, $\mathbb{E}(\epsilon) = 0, \mathrm{Cov}(\epsilon) = \boldsymbol{\Psi}$.

3. $\mathrm{Cov}(X) = \boldsymbol{L}\boldsymbol{L}^T + \boldsymbol{\Psi}$

   $\mathrm{Var}(X_j) = \sigma_{jj} = \left(l_{j1}^2 + l_{j2}^2 + \cdots + l_{jq}^2\right) + \psi_j$,

   $\mathrm{Cov}(X_j, X_k) = l_{j1}l_{k1} + l_{j2}l_{k2} + \cdots + l_{jq}l_{kq}$.

4. $\mathrm{Cov}(X, S) = \boldsymbol{L}, Cov(X_j, S_k) = l_{jk}$

변수 X_j의 분산이 $\sigma_{jj} = h_j^2 + \psi_j$으로 분해되므로 q개의 인자 $S_1, S_2, \cdots, S_q$들이 X_j에 기여하는 비율

$$h_j^2 = l_{j1}^2 + l_{j2}^2 + \cdots + l_{jq}^2 \tag{8.14}$$

를 공통성(communality)이라고 부른다. 한편 ψ_j는 변수 X_j의 오차분산 또는 특정분산(specific variance)이라고 한다. 이러한 관계를 고려하면, 일반적인 분산분석에서와 마찬가지로 모형의 설명력은 $1 - \psi_j/\sigma_{jj}$으로 정량화할 수 있다. 모수 $\boldsymbol{L}$과 $\boldsymbol{\Psi}$는 일반적으로 주성분분석이나 최대우도추정법으로 추정한다. 모수의 추정에 대한 자세한 내용은 8.2.2절에서 다룬다.

예제 8.3. *공분산행렬 $\boldsymbol{\Sigma}$가 다음과 같이 주어졌다.*

$$\boldsymbol{\Sigma} = \begin{pmatrix} 19 & 30 & 2 & 12 \\ 30 & 57 & 5 & 23 \\ 2 & 5 & 38 & 47 \\ 12 & 23 & 47 & 68 \end{pmatrix}$$

그러면 공분산행렬은 $\boldsymbol{\Sigma} = \boldsymbol{L}\boldsymbol{L}^T + \boldsymbol{\Psi}$*으로 분해된다. 여기서,*

$$\boldsymbol{L} = \begin{pmatrix} l_{11} & l_{12} \\ l_{21} & l_{22} \\ l_{31} & l_{32} \\ l_{41} & l_{42} \end{pmatrix} = \begin{pmatrix} 4 & 1 \\ 7 & 2 \\ -1 & 6 \\ 1 & 8 \end{pmatrix}, \boldsymbol{\Psi} = \begin{pmatrix} \psi_1 & 0 & 0 & 0 \\ 0 & \psi_2 & 0 & 0 \\ 0 & 0 & \psi_3 & 0 \\ 0 & 0 & 0 & \psi_4 \end{pmatrix} = \begin{pmatrix} 2 & 0 & 0 & 0 \\ 0 & 4 & 0 & 0 \\ 0 & 0 & 1 & 0 \\ 0 & 0 & 0 & 3 \end{pmatrix}$$

이다. X_1*의 공통성은* $h_1^2 = l_{11}^2 + l_{12}^2 = 4^2 + 1^2 = 17$*이며,* $19 = 17 + 2$*로* $\sigma_{11} = h_1^2 + \psi_1$ *의 관계가 성립함을 알 수 있다.*

마지막으로 한 가지 주의사항을 언급하면 다음과 같다. 인자분석은 기본적으로 변수들간의 상관성에 기초한 방법이다. 따라서 변수들간의 상관관계가 매우 약한 경우에는, 즉, 공분산행렬에서 대각원소의 값이 다른 원소의 값에 비해 상대적으로 매우 큰 경우에는, 의미 있는 결과를 주지 못한다.

8.2.1 인자분석과 주성분분석의 차이점

주성분분석과 인자분석은 주어진 자료에 대한 차원축소를 한다는 점에서 유사하지만 다음과 같은 차이점이 있다.

1. 주성분모형은 변수들의 선형직교변환에 기초한 수학적 모형인 반면에 인자모형은 특정분산을 가지는 오차를 고려한 통계적 모형이다.

2. 주성분의 분산은 공분산행렬의 고유값과 관련되며 인자의 분산은 1이라 가정한다.

3. 주성분들의 적재계수들은 서로 직교하지만 인자분석의 적재계수행렬 $\boldsymbol{L}$은 유일하지도 역행렬이 존재하지도 않는다.

세번째 차이점으로 인하여 주성분들은 원 변수들로 표현될 수 있지만 인자들은 원 변수들로 역산할 수 없다. 따라서 인자분석에서는 각 관측값에 대한 차원축소된 변수값인 인자점수(factor score)를 구하여 이후의 다른 분석에 사용하게 된다. 인자점수에 대한 내용은 8.2.2절에서 소개한다.

8.2.2 추정법

이 절에서는 인자분석의 대표적인 추정법인 주성분분석과 최대우도추정법에 기반한 추정방법들을 소개한다.

주축인자법

이 방법은 주성분분석을 이용하여 인자를 추정하는 방법으로 주축인자법(principal factor method)이라고 한다. 주축인자법은 주성분분석의 고유벡터들을 인자적재행렬로 사용하는 방법으로 인자분석의 단점인 적재계수의 비유일성(non-uniqueness) 문제를 부분적으로 해결할 수 있다.

정리 8.1의 스펙트럴 분해에 따르면

$$\boldsymbol{\Sigma} = \boldsymbol{V}\boldsymbol{\Lambda}^2\boldsymbol{V}^T = \boldsymbol{V}\boldsymbol{\Lambda}(\boldsymbol{V}\boldsymbol{\Lambda})^T$$

이므로 $\boldsymbol{L} = \boldsymbol{V}\boldsymbol{\Lambda}$라 하면 인자모형 (8.12)은

$$\boldsymbol{\Sigma} = \boldsymbol{L}\boldsymbol{L}^T + \mathbf{0}_p$$

로 표현할 수 있다. 따라서 적재계수벡터 $l_k, k = 1, \cdots, p$는 가중화된 고유벡터 $\lambda_k v_k, k = 1, \cdots, p$로 주어진다. 차원축소 관점에서 p보다 적은 q개의 인자를 고려하고 $\boldsymbol{L}_q$를 $\boldsymbol{L}$의 처음부터 q번째 열까지의 열벡터로 구성된 행렬로 정의하자. 그러면

$$\boldsymbol{\Sigma} \simeq \boldsymbol{V}_q\boldsymbol{\Lambda}_q(\boldsymbol{\Lambda}_q\boldsymbol{V}_q)^T = \boldsymbol{L}_q\boldsymbol{L}_q^T$$

의 관계가 성립한다. 더욱이 특정분산을 고려한다면

$$\boldsymbol{\Sigma} \simeq \boldsymbol{V}_q\boldsymbol{\Lambda}_q(\boldsymbol{\Lambda}_q\boldsymbol{V}_q)^T + \boldsymbol{\Psi}_q = \boldsymbol{L}_q\boldsymbol{L}_q^T + \boldsymbol{\Psi}_q$$

이 된다. 따라서 j번째 변수 X_j의 특정분산은 $\psi_j = \sigma_{jj} - \sum_{k=1}^q l_{jk}^2, j = 1, \cdots, p$으로 추정할 수 있다. 즉, $\boldsymbol{\Psi}_q = \mathrm{diag}(\boldsymbol{\Sigma} - \boldsymbol{L}_q\boldsymbol{L}_q^T)$이다.

특정인자 $\psi_1, \psi_2, \cdots, \psi_p$의 추정식은 추정치의 성능과 결부되는데 이를 자세히 살펴보자. $\boldsymbol{\Psi}_q$를 q개의 인자들에 의해 추정된 특정분산행렬이라고 하면, $\boldsymbol{L}_q\boldsymbol{L}_q^T +$

$\boldsymbol{\Psi}_q$의 대각원소와 $\boldsymbol{\Sigma}$의 대각원소는 동일하지만, 두 행렬의 비대각원소는 일반적으로 다르게 된다. 모형에서 $\boldsymbol{\Sigma}$가 $\boldsymbol{L}\boldsymbol{L}^T + \boldsymbol{\Psi}$로 구조화 되어 있음을 감안할 때, 비대각원소들의 차이가 가급적 작은 것이 좋을 것이다. $q = p$인 경우 이러한 차이가 전혀 발생하지 않으며, q값을 작게 할수록 적합의 차이가 커질이다. 따라서 적합도는 적절한 인자의 갯수를 결정하는 문제와 직접적으로 연관되어 있다고 할 수 있다.

적합도는 다음과 같이 정의되는 잔차행렬(residual matrix) $\boldsymbol{R}_q$를 이용하여 정량화할 수 있다.

$$\boldsymbol{R}_q = \boldsymbol{\Sigma} - (\boldsymbol{L}_q\boldsymbol{L}_q^T + \boldsymbol{\Psi}_q) \tag{8.15}$$

$\boldsymbol{\Psi}_q$의 대각원소의 추정식의 정의에 의해 $\boldsymbol{R}_q$의 대각원소들은 0이 되며

$$\text{Frobenius 노음}\Big(\boldsymbol{\Sigma} - (\boldsymbol{L}_q\boldsymbol{L}_q^T + \boldsymbol{\Psi}_q)\Big) \le \lambda_{q+1}^2 + \lambda_{q+2}^2 + \cdots + \lambda_p^2 \tag{8.16}$$

이 성립함을 알 수 있다(연습문제 6번 참조). 여기서 Frobenius 노음은 행렬의 모든 원소의 제곱의 합으로 정의된다. 결론적으로 작은 고유값 $\lambda_{q+1}, \ldots, \lambda_p$에 해당하는 인자들을 제거하여 발생하는 잔차행렬의 Frobenious 노음의 값이 적다는 것은, q개의 인자를 선택함으로써 발생하는 근사의 오차가 적다는 것을 의미한다. 이 점을 활용하면 주성분분석에서의 주성분변수의 갯수를 결정하는 방법과 유사한 통계량을 활용할 수 있겠다. 첫번째 인자가 $\sigma_{jj}, j = 1, \cdots, p$에 기여하는 정도는

$$l_{11}^2 + l_{21}^2 + \cdots + l_{p1}^2 = \lambda_1^2 v_1^T v_1 = \lambda_1$$

이다(참고적으로 이는 식 (8.14)의 공통성 h_j^2의 정의와 다름을 밝혀둔다). 일반화하면 k번째 인자 S_k가 전체 분산의 합에 기여하는 비율은

$$\frac{\lambda_k^2}{\sigma_{11} + \cdots + \sigma_{pp}}$$

이 되며, 상관행렬인 경우에는 λ_k^2/p이다. 따라서 통상적으로 인자의 갯수 q를 결정할 때, 각각의 인자가 기여하는 비율의 합을 사용한다.

수정 주축인자법

주축인자법은 공통성을 얼마나 잘 추정하느냐가 관건인데, 수정된 주축인자법 (modified principal factor method)은 이러한 목적으로 개발되었다. 수정 주축인자법은 주축인자법을 변형하여 공통성 또는 특정분산을 반복적으로 구하는 방법이다. 앞서 논의한 주축인자법에서는 스펙트럴 분해를 수행한 후, q가 결정되면 최종적인 $\boldsymbol{\Psi}$가 체계적으로 결정되었다. 즉, $\sigma_{jj} = h_j^2 + \psi_j$의 관계를 이용하면, $\psi_j = \sigma_{jj} - h_j^2$이다. 만약 ψ_j값들에 대한 초기해가 주어지면 다음과 같이 수정된 공분산행렬 $\boldsymbol{\Sigma}^*$을 얻을 수 있다.

$$\boldsymbol{\Sigma}^* = \boldsymbol{\Sigma} - \boldsymbol{\Psi}.$$

따라서 $\boldsymbol{\Sigma}$ 대신 $\boldsymbol{\Sigma}^*$에 스펙트럴 분해를 적용하여 적재계수행렬 $\boldsymbol{L}$을 구할 수 있고, 이후의 과정은 기본적인 주축인자법과 동일하다. 수정 주축인자법은 이 과정을 해가 수렴할 때까지 반복하여 적용하는 알고리즘이다. 특정분산 $\boldsymbol{\Psi}$의 초기해로는 주축인자법의 해 또는 변수들간의 회귀분석에 의한 결정계수 등을 사용할 수 있다. 그러나, 일반적으로 주축인자법에 비해 해의 수렴성과 관련하여 수치적으로 불안정한 것으로 알려져 있다. 관심있는 독자는 김기영과 전명식 (1994)를 참조하기 바란다.

예제 8.4. *뉴욕 주식 거래소에 상장된 다섯개 종목(Allied Chemical, du Point, Union Carbide, Exxon, Texaco)의 주별 이익률(weekly rates of return)에 관한 크기가 100인 자료에 대하여 인자분석을 수행하였다. 5개 종목에 대한 평균 주별 이익률은* $\bar{x} = (0.0054, 0.0048, 0.0057, 0.0063, 0.0037)^T$*이다. 5개 종목에 대한 상관계수 행렬(대칭행렬의 상삼각행렬 원소만 표기)*

$$\boldsymbol{\rho} = \begin{pmatrix} 1.000 & 0.577 & 0.509 & 0.387 & 0.462 \\ & 1.000 & 0.599 & 0.389 & 0.322 \\ & & 1.000 & 0.436 & 0.426 \\ & & & 1.000 & 0.523 \\ & & & & 1.000 \end{pmatrix}$$

표 8.1: 예제 8.4에 대한 주축인자추정법을 통한 해

	$q=1$		$q=2$		
	S_1	ψ_i	S_1	S_2	ψ_i
Allid Chemical	0.783	0.39	0.783	-0.217	0.34
du Point	0.773	0.40	0.773	-0.458	0.19
Union Carbide	0.794	0.37	0.794	-0.234	0.31
Exxon	0.713	0.49	0.713	0.472	0.27
Texaco	0.712	0.49	0.712	0.524	0.22
공분산에 대한 누적비율	$\frac{2.857}{5} = 0.571$		0.571	0.733	

에 대한 스펙트럴 분해는

$$\lambda_1^2 = 2.857, v_1 = (0.464, 0.457, 0.470, 0.421, 0.421)^T,$$

$$\lambda_2^2 = 0.809, v_2 = (0.240, 0.509, 0.260, -0.526, -0.582)^T,$$

$$\lambda_3^2 = 0.540, v_3 = (-0.612, 0.178, 0.335, 0.541, -0.435)^T,$$

$$\lambda_4^2 = 0.452, v_4 = (0.387, 0.206, -0.662, 0.472, -0.382)^T,$$

$$\lambda_5^2 = 0.343, v_5 = (-0.451, 0.676, -0.400, -0.176, 0.385)^T$$

으로 주어진다. 표 8.1의 $q=2$인 모형에서 $h_1^2 = 0.783^2 + (-0.217)^2 = 0.66$이다. 첫번째 인자 S_1에서의 적재계수값들은 거의 동일하므로 5개 종목의 평균 인자를 나타낸다고 볼 수 있다. 두번째 인자 S_2는 3개의 화학관련주에는 음의 적재계수를, 2개의 석유관련주에는 양의 적재계수를 가진다. 두 인자의 적재계수 부호가 다르므로 이 두 인자는 서로 다른 두 산업의 주가를 구분한다고 볼 수 있다. 두 인자는 전제 분산의 73.3%를 설명한다.

최대우도추정법

이 추정방법은 자료가 다변량 정규분포를 따른다는 가정하에서 최대우도추정 원리에 따라 인자모형의 모수를 추정하는 방법이다. 특히 확률에 기초하여 모수를

추정하기 때문에 적합도검정이 가능한 장점을 지니고 있어 주축인자법과 더불어 가장 널리 활용된다. 반면 최근 X가 다변량 정규분포를 따른다고 가정할 수 없을 때의 최대우도 추정법에 대한 논의가 활발한데, 이 주제에 관심있는 독자는 Mooijaart (1985)을 참조하기 바란다.

$\{x_i\}_{i=1}^n$는 크기가 n인 다변량 정규분포 $N(\mu, \boldsymbol{\Sigma})$로부터의 임의표본이라고 하자. 인자모형 (8.12)에 대응되는 i번째 표본에 대한 모형은

$$x_i - \mu = \boldsymbol{L} s_i + e_i \tag{8.17}$$

이다. 이때, 우도는

$$L(\mu, \boldsymbol{\Sigma}; x_1, \cdots, x_n) = L(\mu, \boldsymbol{L}, \boldsymbol{\Psi}; x_1, \cdots, x_n)$$

으로 정의되며, $\boldsymbol{L}$와 $\boldsymbol{\Psi}$의 최대우도추정치는 위의 우도를 최대화하는 값으로 정의된다.

참고적으로 계산의 이해를 돕기 위해 다변량 정규분포에서 널리 쓰이는 기본적인 공식은 아래와 같다.

$$\begin{aligned}
& \sum_{i=1}^n (x_i - \mu)^T \boldsymbol{\Sigma}^{-1} (x_i - \mu) \\
= \; & \sum_{i=1}^n (x_i - \bar{x})^T \boldsymbol{\Sigma}^{-1} (x_i - \bar{x}) + n(\bar{x} - \mu)^T \boldsymbol{\Sigma}^{-1} (\bar{x} - \mu) \\
= \; & \mathrm{tr}\Big[\boldsymbol{\Sigma}^{-1} \Big(\sum_{i=1}^n (x_i - \bar{x})(x_i - \bar{x})^T + n(\bar{x} - \mu)(\bar{x} - \mu)^T \Big)\Big].
\end{aligned}$$

위 관계식을 적절히 이용하면 우도는

$$\begin{aligned}
& L(\mu, \boldsymbol{L}, \boldsymbol{\Psi}; x_1, \cdots, x_n) \qquad (8.18) \\
= \; & (2\pi)^{-\frac{np}{2}} |\boldsymbol{\Sigma}|^{-\frac{n}{2}} \exp\Big\{ - \sum_{i=1}^n (x_i - \mu)^T \boldsymbol{\Sigma}^{-1} (x_i - \mu)/2 \Big\} \\
= \; & (2\pi)^{-\frac{(n-1)p}{2}} |\boldsymbol{\Sigma}|^{-\frac{n-1}{2}} \exp\Big\{ -\frac{1}{2} \mathrm{tr}\Big[\boldsymbol{\Sigma}^{-1} \Big(\sum_{i=1}^n (x_i - \bar{x})(x_i - \bar{x})^T \Big)\Big]\Big\} \\
\times \; & (2\pi)^{-\frac{p}{2}} |\boldsymbol{\Sigma}|^{-\frac{1}{2}} \exp\Big\{ -\frac{n}{2} (\bar{x} - \mu)^T \boldsymbol{\Sigma}^{-1} (\bar{x} - \mu) \Big\},
\end{aligned}$$

이 된다. 단, 공분산행렬은 인자모형의 공분산 구조 $\boldsymbol{\Sigma} = \boldsymbol{L}\boldsymbol{L}^T + \boldsymbol{\Psi}$를 만족한다.

표본공분산행렬을 $\boldsymbol{S}$라고 놓자. μ의 최대우도추정치는 다변량 정규분포에서 표본평균 $\bar{x}$가 충분통계량이라는 사실로부터 자연스럽게 얻어진다. 이제 $\boldsymbol{L}$과 $\boldsymbol{\Psi}$의 추정치에 대하여 생각해 보자. 우도를 미분하여 다음과 같은 행렬에 관한 방정식을 얻을 수 있다(연습문제 7번)

$$\boldsymbol{S}\boldsymbol{\Psi}^{-1}\boldsymbol{L} = \boldsymbol{L}\big(\boldsymbol{I}_q + \boldsymbol{L}^T\boldsymbol{\Psi}^{-1}\boldsymbol{L}\big). \tag{8.19}$$

이로부터

$$(\boldsymbol{S} - \boldsymbol{\Psi})\boldsymbol{\Psi}^{-1}\boldsymbol{L} = \boldsymbol{L}\big(\boldsymbol{L}^T\boldsymbol{\Psi}^{-1}\boldsymbol{L}\big)$$

을 얻는다. 다시 좌우변의 좌측에 $\boldsymbol{\Psi}^{-1/2}$을 곱하면

$$\big[\boldsymbol{\Psi}^{-1/2}(\boldsymbol{S} - \boldsymbol{\Psi})\boldsymbol{\Psi}^{-1/2}\big]\boldsymbol{\Psi}^{-1/2}\boldsymbol{L} = \boldsymbol{\Psi}^{-1/2}\boldsymbol{L}(\boldsymbol{L}^T\boldsymbol{\Psi}^{-1}\boldsymbol{L}) \tag{8.20}$$

이 된다. 식 (8.20)에서 우변의 $\boldsymbol{L}^T\boldsymbol{\Psi}^{-1}\boldsymbol{L}$항을 주목할 필요가 있다. $\boldsymbol{\Psi}$가 대각행렬이므로 $\boldsymbol{L}$의 열벡터들을 직교하게 선택하면 자연스럽게 $\boldsymbol{L}^T\boldsymbol{\Psi}^{-1}\boldsymbol{L}$는 대각행렬이 됨을 확인할 수 있다. 만약 $\boldsymbol{L}^T\boldsymbol{\Psi}^{-1}\boldsymbol{L}$이 대각행렬이 되면 식 (8.20)는

$$\big[\boldsymbol{\Psi}^{-1/2}(\boldsymbol{S} - \boldsymbol{\Psi})\boldsymbol{\Psi}^{-1/2}\big]$$

의 고유값과 고유벡터이므로, 이 행렬의 스펙트럴 분해에 의해 구한 고유벡터가 $\boldsymbol{\Psi}^{-1/2}\boldsymbol{L}$의 열벡터와 일치할 것이다. 여기서 고유값은 $\boldsymbol{L}^T\boldsymbol{\Psi}^{-1}\boldsymbol{L}$의 대각원소의 값들 중 대응되는 고유벡터에 해당하는 대각원소의 값이다.

근본적으로 $\boldsymbol{L}$과 $\boldsymbol{\Psi}$를 추정하기 위한 명시적인 공식이 존재하지 않으므로, 최종해를 얻기 위해 반복적인 연산을 수행한다. $\boldsymbol{L}$과 $\boldsymbol{\Psi}$의 초기추청치(예를 들면, 주축인자추정법의 해)를 통해 $\big[\boldsymbol{\Psi}^{-1/2}(\boldsymbol{S} - \boldsymbol{\Psi})\boldsymbol{\Psi}^{-1/2}\big]$행렬을 얻고, 이 행렬의 스펙트럴 분해로부터 새로운 $\boldsymbol{\Psi}$을 구한 후, 다시 공통성 $\boldsymbol{L}$을 계산한다. 이와 같은 과정을 수렴할 때까지 반복하여 최종해를 구한다(Joreskog, 1972). 보다 더 자세한 내용은 Johnson과 Wichern (2002)나 McLachlan과 Krishnan (2008)을 참조하기 바란다.

기대화-최대화 알고리즘에 의한 추정*

추정할 모수들의 벡터를 $\theta = (\mu^T, l_1^T, \cdots, l_q^T, \psi_1, \cdots, \psi_q)^T$로 정의하자. 표본인자모형 (8.17)에서 인자 s_i가 주어졌을 때 관측값 x_i의 변수들은 서로 독립이다. 그러므로 인자 s_i들은 관측값 x_i의 변수들의 상관성을 설명하며, e_i는 x_i의 설명변수들 사이의 상관성으로 설명되지 않는 오차를 나타낸다.

표본인자모형 (8.17)에서 $s_i \sim N(0, \boldsymbol{I}_q), e_i \sim N(0, \boldsymbol{\Psi}), i = 1, \ldots, n$ 을 가정하자. 그러면 s_i가 주어졌을 때 x_i의 조건부분포는 $N(\mu + \boldsymbol{L}s_i, \boldsymbol{\Psi})$이고 x_i의 주변분포는 $N(\mu, \boldsymbol{L}\boldsymbol{L}^T + \boldsymbol{\Psi})$를 따른다. 따라서 x_i와 x_i의 결합분포는

$$N\left(\begin{pmatrix} \mu \\ 0 \end{pmatrix}, \begin{pmatrix} \boldsymbol{L}\boldsymbol{L}^T + \boldsymbol{\Psi} & \boldsymbol{L} \\ \boldsymbol{L}^T & \boldsymbol{I}_q \end{pmatrix}\right)$$

를 따른다. 한편 x_i가 주어졌을 때 s_i의 조건부분포는

$$s_i | x_i \sim N(\boldsymbol{\Gamma}^T(x_i - \mu), \boldsymbol{\Omega}), i = 1, \cdots, n \tag{8.21}$$

이다. 여기서 $\boldsymbol{\Gamma} = (\boldsymbol{L}\boldsymbol{L}^T + \boldsymbol{\Psi})^{-1}\boldsymbol{L}$이고 $\boldsymbol{\Omega} = \boldsymbol{I}_q - \boldsymbol{\Gamma}^T\boldsymbol{L}$이다.

먼저, 전체의 우도함수를 $L_c(\theta; x, s)$라 하면 로그 우도함수는 다음과 같다.

$$\begin{aligned} &\log L_c(\theta; x, s) \qquad (8.22) \\ &= -\frac{1}{2}\log|\boldsymbol{\Psi}| - \frac{1}{2}\sum_{i=1}^{n}\Big((x_i - \bar{x} - \boldsymbol{L}s_i)^T\boldsymbol{\Psi}^{-1}(x_i - \bar{x} - \boldsymbol{L}s_i) + s_i^T s_i\Big). \end{aligned}$$

x, s와 관련된 2차 적률을 $\boldsymbol{C}_{xx} = \sum_{i=1}^n (x_i - \bar{x})(x_i - \bar{x})^T, \boldsymbol{C}_{xs} = \sum_{i=1}^n (x_i - \bar{x})s_i^T, \boldsymbol{C}_{ss} = \sum_{i=1}^n s_i s_i^T$로 놓자. 또한 $\boldsymbol{L}^{(m)}$와 $\boldsymbol{\Psi}^{(m)}$를 식 (8.22)의 해 $\boldsymbol{L}, \boldsymbol{\Psi}$를 얻기 위한 기대화-최대화(expectation minimization, 10.6절 참조) 알고리즘의 m번째 단계에서의 해라 놓자. 기대화-최대화 알고리즘의 일반형 및 그 성질에 대한 것은 10.6절을 참조하라. 그러면 m번째 해가 주어졌을 때, $m+1$번째 반복단계는 다음과 같다.

1. 기대값 단계 (expectation step)

$\boldsymbol{\Gamma}^{(m)} = \left(\boldsymbol{L}^{(m)}\boldsymbol{L}^{(m)^T} + \boldsymbol{\Psi}^{(m)}\right)^{-1}\boldsymbol{L}^{(m)}$ 이고 $\boldsymbol{\Omega}^{(m)} = \boldsymbol{I}_q - \boldsymbol{\Gamma}^{(m)^T}\boldsymbol{L}^{(m)}$라 놓자. $x_1, \cdots, x_n$가 주어졌을 때, $\boldsymbol{C}_{xx}, \boldsymbol{C}_{xs}, \boldsymbol{C}_{ss}$의 조건부 기대값은

$$\mathbb{E}_{\theta^{(m)}}(\boldsymbol{C}_{xx}|x_1, \cdots, x_n) = \boldsymbol{C}_{xx},$$
$$\mathbb{E}_{\theta^{(m)}}(\boldsymbol{C}_{xs}|x_1, \cdots, x_n) = \boldsymbol{C}_{xx}\boldsymbol{\Gamma}^{(m)},$$
$$\mathbb{E}_{\theta^{(m)}}(\boldsymbol{C}_{ss}|x_1, \cdots, x_n) = \boldsymbol{\Gamma}^{(m)^T}\boldsymbol{C}_{xx}\boldsymbol{\Gamma}^{(m)} + n\boldsymbol{\Omega}^{(m)}$$

이 된다.

2. 최대화 단계 (maximization step)

$$\begin{aligned}
\boldsymbol{L}^{(m+1)} &= \boldsymbol{C}_{xx}\boldsymbol{\Gamma}^{(m)}\left(\boldsymbol{\Gamma}^{(m)^T}\boldsymbol{C}_{xx}\boldsymbol{\Gamma}^{(m)} + n\boldsymbol{\Omega}^{(m)}\right)^{-1}, \\
&= \boldsymbol{S}_{xx}\boldsymbol{\Gamma}^{(m)}\left(\boldsymbol{\Gamma}^{(m)^T}\boldsymbol{S}_{xx}\boldsymbol{\Gamma}^{(m)} + \boldsymbol{\Omega}^{(m)}\right)^{-1}, \boldsymbol{S}_{xx} = n^{-1}\boldsymbol{C}_{xx} \\
\boldsymbol{\Psi}^{(m+1)} &= \frac{1}{n}\mathrm{diag}\Big(\boldsymbol{C}_{xx} - \boldsymbol{C}_{xx}\boldsymbol{\Gamma}^{(m)}\big(\boldsymbol{\Gamma}^{(m)^T}\boldsymbol{C}_{xx}\boldsymbol{\Gamma}^{(m)} + n\boldsymbol{\Omega}^{(m)}\big)^{-1}\boldsymbol{\Gamma}^{(m)^T}\boldsymbol{C}_{xx}\Big) \\
&= \mathrm{diag}\Big(\boldsymbol{S}_{xx} - \boldsymbol{L}^{(m+1)}\boldsymbol{H}^{(m)}\boldsymbol{L}^{(m+1)^T}\Big).
\end{aligned}$$

여기서 $\boldsymbol{H}^{(m)} = \big(\boldsymbol{\Gamma}^{(m)^T}\boldsymbol{S}_{xx}\boldsymbol{\Gamma}^{(m)} + \boldsymbol{\Omega}^{(m)}\big)$이다.

위의 단계 1과 2를 모수추정값이 수렴할 때까지 반복한다.

이제 식 (8.19)을 통한 최대우도추정법과 기대화-최대화 알고리즘과의 차이를 살펴보자. 우선 $s_1, \cdots, s_n$의 조건으로부터 $n^{-1}\mathbb{E}(\boldsymbol{C}_{ss})$은 단위행렬 $\boldsymbol{I}_q$이 된다. 반면에 기대화-최대화 알고리즘의 기대화단계에서는

$$n^{-1}\mathbb{E}_{\theta^{(m)}}(\boldsymbol{C}_{ss}|x_1, \cdots, x_n) = \boldsymbol{\Gamma}^{(m)^T}\boldsymbol{S}_{xx}\boldsymbol{\Gamma}^{(m)} + \boldsymbol{\Omega}^{(m)} = \boldsymbol{H}^{(m)}$$

으로, 최대화단계에서의 $\boldsymbol{\Psi}^{(m+1)}$의 공식으로 $\boldsymbol{I}_q$ 대신 $\boldsymbol{H}^{(m)}$을 사용함을 알 수 있다. 기대화-최대화 알고리즘의 공식은 인자모형의 제한조건 $\boldsymbol{\Sigma} = \boldsymbol{L}\boldsymbol{L}^T + \boldsymbol{\Psi}$과 다소 차이가 나지만, 전단계보다 현재단계의 우도함수 값이 감소하지는 않기 때문에 해의 수렴성 관점에서 다른 방법보다 비교우위에 있다고 할 수 있다(McLachlan과 Krishnan, 2008).

8.2.3 인자회전과 인자점수

인자적재행렬은 유일하지 않기 때문에 직교변환을 통해 적절히 변형함으로써 해석을 더 용이하게 할 수 있다. 결국 인자적재행렬을 더 간단한 구조로 변환해야하는데 이를 인자회전(factor rotation)이라 한다. 추정된 인자적재행렬을 $\hat{\boldsymbol{L}}$이라 놓고, $\boldsymbol{Q}\boldsymbol{Q}^T = \boldsymbol{I}_q$을 만족하는 직교행렬 $\boldsymbol{Q}$에 대해서 회전된 적재계수행렬을 $\hat{\boldsymbol{L}}^* = \hat{\boldsymbol{L}}\boldsymbol{Q}$로 놓자. 그러면

$$\hat{\boldsymbol{L}}\hat{\boldsymbol{L}}^T + \hat{\boldsymbol{\Psi}} = \hat{\boldsymbol{L}}^*\hat{\boldsymbol{L}}^{*T} + \hat{\boldsymbol{\Psi}}$$

이 성립되어, 식 (8.15)의 잔차행렬 $\boldsymbol{R}_q$도 변하지 않음을 알 수 있다. 다시 말해 공통성과 특정분산의 값은 변하지 않는다. 결국 적합도 관점에서는 추정된 적재계수 그대로 사용하든지 회전시킨 적재계수를 사용하든지 적합도에 차이가 없다. 따라서 인자회전은 통상적으로 추정된 인자적재계수행렬에 직교회전 변환행렬 등을 이용하여 적절한 기준을 최적화하는 방식을 취한다. 대표적으로 사용되는 직교회전변환으로는 배리맥스(varimax rotation), 프로맥스(promax rotation) 등이 있고, 직교회전이 아닌 회전방법으로는 인자들의 상관관계도 허용하는 사각회전(oblique rotation) 방법 등이 있다.

이제 인자적재계수와 특정분산이 추정된 후, 소수의 인자를 각 표본마다의 새로운 변수라고 여긴다면 이를 새로운 인자들의 "축"에서 표현할 필요성이 제기된다. 그러나 8.2.2절에 밝혔듯이 인자분석에서는 주성분분석과 달리 인자 S를 원 변수들의 선형결합으로 표현할 수 없다. 따라서 대안으로 인자점수(factor score)를 고려한다. $\boldsymbol{\Psi}$의 추정치를 $\hat{\boldsymbol{\Psi}}$라고 하자. 그러면 인자모형 (8.17)에서 e_i를 오차라고 생각하면, 이는 종속변수 x_i와 설명변수 행렬 $\hat{\boldsymbol{L}}_q$이 주어졌을 때 회귀계수 s_i를 추정하는 회귀분석모형의 구조와 동일함을 알 수 있다.

인자점수를 구하는 방법으로는 다음의 두 가지가 대표적이다. Bartlett (1937)은 오차 e_i의 분산인 $\hat{\boldsymbol{\Psi}}$의 대각원소가 동일하지 않으므로, 가중제곱합

$$(x_i - \hat{\boldsymbol{L}}_q s_i)^T \hat{\boldsymbol{\Psi}}^{-1} (x_i - \hat{\boldsymbol{L}}_q s_i)$$

을 최소화하는 인자점수를 제안하였는데,

$$\hat{s}_i^{\text{Bartlett}} = (\hat{\boldsymbol{L}}_q^T \hat{\boldsymbol{\Psi}}^{-1} \hat{\boldsymbol{L}}_q)^{-1} \hat{\boldsymbol{L}}_q^T \hat{\boldsymbol{\Psi}}^{-1} (x_i - \bar{x}), i = 1, \cdots, n, \tag{8.23}$$

으로 주어진다. 다음으로 Thomson (1951)은 식 (8.21)에서의 $s_i|x_i$의 조건부 평균

$$\boldsymbol{L}^T(\boldsymbol{L}\boldsymbol{L}^T + \boldsymbol{\Psi})^{-1}(x_i - \mu)$$

을 이용하여, q개의 인자의 추정치가 주어진 경우에

$$\hat{s}_i^{\text{Thomson}} = \hat{\boldsymbol{L}}_q^T (\hat{\boldsymbol{L}}_q \hat{\boldsymbol{L}}_q^T + \hat{\boldsymbol{\Psi}})^{-1} (x_i - \bar{x}), i = 1, \cdots, n \tag{8.24}$$

와 같이 인자점수를 계산하였다. 나아가

$$\hat{\boldsymbol{L}}_q^T (\hat{\boldsymbol{L}}_q \hat{\boldsymbol{L}}_q^T + \hat{\boldsymbol{\Psi}})^{-1} = \left(\boldsymbol{I}_q + \hat{\boldsymbol{L}}_q^T \hat{\boldsymbol{\Psi}}^{-1} \hat{\boldsymbol{L}}_q\right)^{-1} \hat{\boldsymbol{L}}_q^T \hat{\boldsymbol{\Psi}}^{-1}$$

관계를 이용하면, 두 공식사이에는

$$\begin{aligned} \hat{s}_i^{\text{Thomson}} &= (\hat{\boldsymbol{L}}_q^T \hat{\boldsymbol{\Psi}}^{-1} \hat{\boldsymbol{L}}_q)^{-1} \hat{\boldsymbol{L}}_q^T \hat{\boldsymbol{\Psi}}^{-1} (x_i - \bar{x}) \\ &= (\hat{\boldsymbol{L}}_q^T \hat{\boldsymbol{\Psi}}^{-1} \hat{\boldsymbol{L}}_q)^{-1} \left(\boldsymbol{I}_q + \hat{\boldsymbol{L}}_q^T \hat{\boldsymbol{\Psi}}^{-1} \hat{\boldsymbol{L}}_q\right) \hat{s}_i^{\text{Bartlett}} \\ &= \left(\boldsymbol{I}_q + (\hat{\boldsymbol{L}}_q^T \hat{\boldsymbol{\Psi}}^{-1} \hat{\boldsymbol{L}}_q)^{-1}\right) \hat{s}_i^{\text{Bartlett}} \end{aligned}$$

의 관계가 성립한다. 최대우도추정법에서 $(\hat{\boldsymbol{L}}_q^T \hat{\boldsymbol{\Psi}}^{-1} \hat{\boldsymbol{L}}_q)$이 대각행렬이라는 제한조건을 만족하고, 특정분산에 비해 적재계수행렬의 크기가 크다면 이 대각원소의 역수값은 0에 가깝게 되므로 $\hat{s}_i^{\text{Thomson}} \simeq \hat{s}_i^{\text{Bartlett}}$일 것으로 기대된다. 인자분석시 인자점수를 구하려면 공분산 또는 상관행렬만으로는 구할 수 없고 자료행렬을 입력해야 한다.

8.3 독립성분분석*

두 개의 마이크로폰을 이용하여 방안에 있는 두 사람의 대화를 기록하는 상황을 고려해보자. 시간 t에 따라 마이크로폰에 채집되는 음파를 각각 $x_1(t)$와 $x_2(t)$라고 표기하고 스피커 역할을 하는 두 사람의 원 음성을 $s_1(t)$와 $s_2(t)$ 라고 하면,

관측되는 신호 $x_1(t)$와 $x_2(t)$들은 $s_1(t)$와 $s_2(t)$가 혼재(mixing)되어 측정된다고 볼 수 있다. 이를 다음의 선형방정식

$$\begin{aligned} x_1(t) &= a_{11}s_1(t) + a_{12}s_2(t) \\ x_2(t) &= a_{21}s_1(t) + a_{22}s_2(t) \end{aligned} \tag{8.25}$$

으로 표현할 수 있겠다. 여기서 a_{11}, a_{12}, a_{21}, a_{22}는 스피커로부터 채집장치인 마이크로폰까지의 거리 등에 의존하는 추정의 대상이 되는 모수들이다. 이 문제에서 주요 관심사항은 관측된 신호 $x_1(t)$와 $x_2(t)$로부터 본래의 신호 $s_1(t)$와 $s_2(t)$를 분리하여 추정하는 것에 있다. 이를 흔히 칵테일 파티 문제(cocktail party problem)라고 부르며, 눈가림된 소스 분리(blind source separation) 문제와 밀접하게 관련되어 있다. 본래의 신호 $s_1(t)$와 $s_2(t)$는 서로 독립이라고 가정하는데, 독립성분이라는 명칭은 이러한 가정에서 유래한다. 이 가정은 주성분분석에서의 주성분변수, 인자분석에서의 인자들의 무상관성과 구분할 필요성이 있음을 미리 밝혀둔다.

독립성분분석은 p차원의 확률벡터 $X = (X_1, \ldots, X_p)^T$는 p차원의 독립성분 $S = (S_1, \ldots, S_p)^T$의 선형결합이라고 가정하고, 이로부터 역으로 독립성분들을 추정하는 방법으로, 모형 (8.25)를 일반화하면

$$X = \sum_{j=1}^{p} S_j a_j = \boldsymbol{A}S \tag{8.26}$$

으로 표현할 수 있다. 여기서 $\boldsymbol{A} = [a_1, \ldots, a_p]$는 $p \times p$ 크기를 가지는 계수행렬으로서, a_j들이 신호들을 혼합한다는 의미에서 혼합행렬(mixing matrix)이라 부른다. S의 성분들간의 독립성을 명시적으로 가정한다는 점을 제외하면 모형 (8.26)는 인자분석 모형 (8.11)과 동일하다.

독립성분분석에서의 독립성분 추정과 관련된 가정과 특징을 열거하면 아래와 같다.

1. $\boldsymbol{A}$와 S가 동시에 미지이고, $\boldsymbol{QQ}^T = \boldsymbol{I}$조건을 만족하는 임의의 $\boldsymbol{Q}$에 대해 $X = \boldsymbol{AQQ}^T S = \boldsymbol{A}^* S^*$가 성립하므로, 식별에 어려움이 따르게 된다. 이를

해결하기 위하여 보통 $\mathbb{E}(S_i^2) = 1$의 제약조건을 추가적으로 상정한다.

2. 독립성분의 부호는 유일하게 결정되지 않는다.

3. 주성분분석과 달리 독립성분들의 순서를 결정할 수 없다. 임의의 순열 행렬 $\boldsymbol{P}$와 이의 역행렬 $\boldsymbol{P}^{-1}$를 고려하면 $X = \boldsymbol{APP}^{-1} = \boldsymbol{A}^*S^*$이 성립하기 때문이다.

4. 독립성분은 비정규분포를 따른다.

열거된 1, 2번과 같이 인자분석과 동일한 제약조건 및 단점을 갖고 있다. 3번은 주성분분석/인자분석과 달리 독립성분에서는 통상적으로 독립성분의 순서를 결정하는 제약조건을 따로 두지 않음을 의미한다. 4번은 주성분분석/인자분석과 가장 대비되는 독립성분분석의 특징이라 할 수 있는데, 그 근거를 살펴보도록 하자.

8.5.3절의 그림 8.8은 서로 독립적으로 발생된 일양난수(unform random variates)인 두 신호 u_1, u_2 및 계수행렬 $\boldsymbol{A} = \begin{pmatrix} 1 & 1 \\ -1 & 3 \end{pmatrix}$를 이용하여 혼합한 $x_1 = u_1 + u_2$과 $x_2 = -u_1 + 3u_2$의 분포를 보여준다. 1행의 첫번째 그림에서 Source는 서로 독립인 일양분포를 따르는 두 신호 u_1과 u_2를 보여주며 Data X는 u_1과 u_2가 혼합된 x_1과 x_2를 나타낸다.

그림 8.4의 좌측의 그림은 관측된 변수 x_1과 x_2중 x_1의 히스토그램으로, 이 분포는 정규분포와 가깝게 됨을 확인할 수 있다. 그림 8.4의 우측의 그림은 주성분분석을 통한 제 1주성분의 점수에 대한 히스토그램으로, 이 역시 정규분포와 유사하다. 따라서 주성분분석에 근거하여 독립성분을 찾을 경우에는 우리가 찾는 일양분포를 따르는 u_1과 u_2를 찾을 수 없음을 직관적으로 알 수 있다. 결국 독립적인 성분을 추정하기 위해서는 2차 이내의 적률만을 고려한 주성분분석으로는 한계가 있으며 2차 이상의 적률을 고려해야 함을 알 수 있다.

일반적으로 변수들이 서로 독립이면 상관관계가 없게 되지만 그 역은 성립하지 않는다. 이러한 이유로 독립성분분석의 추정방법들은 성분들간의 독립성에

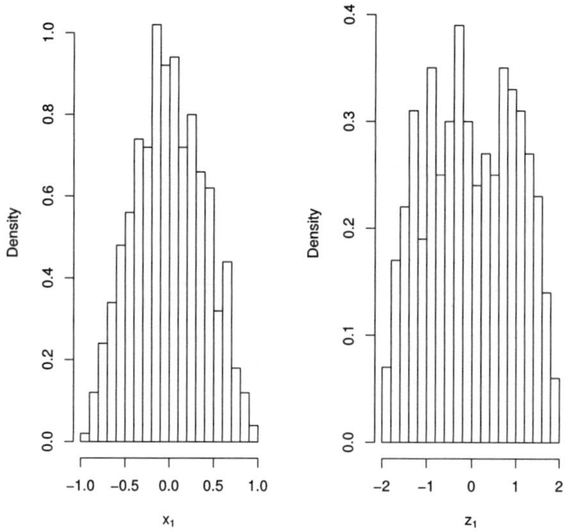

그림 8.4: x_1과 제 1주성분 z_1의 히스토그램

필요한 무상관성을 위해, 일차적으로 상관성을 제거한다. 다음으로 비정규성을 극대화시켜 독립성을 만족시키도록 학습을 한다. 이 때 관측된 X내의 변수들간의 상관관계가 없도록 주성분분석을 통해서 사전처리를 하는데 이를 사전백색화(pre-whitening)라 부른다. 그림 8.8의 2행의 첫번째 그림은 주성분분석을 통해 사전백색화된 자료의 산점도를 나타낸다.

앞으로 혼동을 피하기 위하여 관측된 X는 사전백색화가 되었다고 가정하기로 한다. 그러면 사전백색화 작업을 거친 X는 $\mathrm{Cov}(X) = \boldsymbol{I}_p$가 되며, 독립성분의 공분산은 $\mathrm{Cov}(S) = \boldsymbol{I}_p$이 되므로 식 (8.26)로부터 $\boldsymbol{A}$는 직교행렬이어야 한다.

독립성분분석의 추정법

앞서 칵테일 파티 문제의 예에서와 같이 두 독립신호 $s_1(t)$와 $s_2(t)$의 분포는 정규성을 띠고 있지 않다. 독립성분분석에서 추정의 핵심 아이디어는 독립성분 S_j의 비정규성(non-Gaussianity)에 있다고 할 수 있는데, 비정규성을 가진 독립성분은 어떻게 추정할 수 있을까?

추정원리의 논리를 이해하기 위해서 잠시 중심극한정리(Central Limit Theorem)를 언급하자. 중심극한정리에 따르면, 서로 독립이고 동일한 분포를 따르는 확률변수들의 표본평균의 극한분포는 적절한 정규분포로 수렴한다. 따라서 관측된 변수마다 적절히 척도화된 경우, 여러 변수의 합의 분포는 각각의 주변분포보다 정규분포에 더 가까울 것으로 기대된다.

구체적으로 모형 (8.26)으로부터 독립성분 S는 X의 선형결합을 통해 $S = \boldsymbol{A}^{-1}X$ 같이 추정할 수 있겠다. 결국 독립성분을 추정하기 위해서는 X의 선형결합을 고려해야만 하는데, 하나의 선형결합변수를 $Y_1 = w^T X$ 로 두자. 모형 (8.26)에 의해

$$Y_1 = w^T X = w^T \boldsymbol{A} S$$

로도 표현할 수 있다. 그러므로 독립성분을 안다고 가정했을 때, Y_1은 $q = w^T \boldsymbol{A}$를 혼합벡터로 가지는 S의 선형결합으로 볼 수도 있다. 이제 모형간의 관계를

$$Y_1 = w^T X = q^T S$$

으로 정리할 수 있다. 여기서 만약 w가 정확히 $\boldsymbol{A}$의 역행렬의 한 행과 일치한다면 선형결합 $w^T X$는 실제로 독립성분들중의 한 성분이 됨을 알 수 있다. 이러한 경우, q의 원소중 하나만이 1의 값을 가지고 나머지 모두는 0 의 값을 갖게 될 것이다.

문제는 관찰된 자료에 대한 선형결합의 방향벡터 w를 어떻게 $\boldsymbol{A}$의 역행렬의 한 행과 정확히 일치시키는 것이다. 그러나 실제로는 $\boldsymbol{A}$ 자체도 미지이므로 그러한 w를 정확히 찾는 것은 불가능하므로 다른 방법으로 w를 구하게 된다.

그러면 이제 어떻게 w를 구할 수 있는지 생각해보자. 먼저 q가 변함에 따라 $Y_1 = q^T S$의 분포가 어떻게 변하는지를 살펴볼 필요가 있다. 앞서 언급한 그림 8.4의 좌측의 x_1의 분포나 중심극한정리에 의해 독립인 두 변수의 합의 분포는 원 변수의 주변분포보다 더 정규분포에 가깝게 됨을 주지하자. 이는 $Y_1 = q^T S$의 Y_1이 성분 S들보다 정규성을 강하게 띨 것이라는 것을 의미한다. 그러면 역으로,

선형결합 변수 Y_1을 정규성과 멀게 (또는 비정규성을 강하게 띄게) 만들수록, Y_1은 S의 한 독립성분과 일치될 가능성이 크게 될 것이다. 그러므로 선형결합 $w^T X$의 비정규성을 최대화하는 w를 찾는 것이 하나의 독립성분을 추정하는 것과 직결되어 있음을 알 수 있다.

대표적인 독립성분 추정법으로는 첨도(kurtosis)의 최대화를 통해 비정규성을 극대화하는 방법이 있으며, 이외에도 최대우도추정법에 의한 추정방법이 개발되어 있다. 이 책에서는 $w^T X$의 첨도를 최대화하는 방향벡터 w를 찾는 방법을 소개하기로 한다. 4차 적률인 첨도를 사용하기 때문에 근본적으로 이상치(outlier)에 굉장히 민감하다는 단점이 있음을 미리 밝혀둔다.

이제 첨도의 개념을 확장한 정보이론(information theory)의 엔트로피(entropy)에 기반한 추정법에 대하여 알아보자. 우선 X의 엔트로피는 다음과 같이 정의된다.

$$H(X) = -\mathbb{E}[\log \mathbb{P}(X)] = -\int f(x) \log f(x) dx.$$

여기서 $f(x)$는 X의 확률밀도함수이다. 엔트로피는 척도 변환 $Y = \boldsymbol{M}X$에 대하여

$$H(Y) = H(X) + \log|\det(\boldsymbol{M})|$$

이 성립한다. 참고로 평균이 0이면서 분산이 1인 분포들 중 가장 큰 엔트로피를 가진 분포는 표준정규분포이다. 말하자면 정규분포는 모든 분포들중 가장 무질서한 또는 가장 덜 구조화된 분포라고 볼 수 있다.

p차원 확률벡터 $Y = (Y_1, \ldots, Y_p)^T$의 상호독립성을 기준으로 하는 상호정보량(mutual information)은

$$I(Y) = \sum_{j=1}^{p} H(Y_j) - H(Y)$$

으로 정의할 수 있다. $g(y)$는 Y의 결합확률밀도함수이고 $g_j(y_j)$는 Y_j의 주변확률밀도함수를 나타낸다면 상호독립성 가정하에서는 $g(y) = \prod_{j=1}^{p} g_j(y_j)$가 성립한다. 상호정보량 $I(Y)$는 $g(y)$와 $g_j(y_j)$들 사이의 Kullack Leibler 발산성을 나타낸

다. 만일 X의 공분산행렬이 $\boldsymbol{I}_p$이고 $\boldsymbol{A}$가 직교행렬일때 $Y = \boldsymbol{A}^T X$의 상호정보량은

$$\begin{aligned} I(Y) &= \sum_{j=1}^{p} H(Y_j) - H(Y) \\ &= \sum_{j=1}^{p} H(Y_j) - H(X) - \log|\det(\boldsymbol{A})| \\ &= \sum_{j=1}^{p} H(Y_j) - H(X) \end{aligned}$$

이 된다. 따라서 $I(Y) = I(\boldsymbol{A}^T X)$를 최소화하는 직교행렬 $\boldsymbol{A}$는 성분들을 최대로 독립적으로 하는 선형변환이라고 볼 수 있다.

Hyvärinen and Oja (2000)는 $I(Y)$을 이용해서 $\boldsymbol{A}$를 추정하는 대신 다음의 음의 엔트로피(neg-entopy)

$$J(Y) = H(Z) - H(Y) \tag{8.27}$$

를 사용하여 추정하는 방법을 제안하였다. 여기서 Z는 Y와 동일한 분산을 갖는 정규분포를 따르는 확률변수이다. 정규분포의 엔트로피가 최대인 성질을 이용하면 $J(Y)$는 항상 0보다 크거나 같으며, 만약 Y가 정규분포를 따르는 경우에는 등호가 성립한다. 또한 정규성에서 멀어질수록 $J(Y)$는 커짐을 알 수 있다. 엔트로피와 달리 임의의 선형변환 $\boldsymbol{M}$에 대하여 $Y = \boldsymbol{M}X$는 $J(Y) = J(X)$를 만족하지만, 음의 엔트로피 역시 확률밀도함수의 추정을 필요로 하기 때문에 실제로는 적용하기가 매우 어렵다. 따라서 차선의 방안으로 확률밀도함수를 추정하는 대신 변환된 확률변수에 대한 음의 엔트로피를 근사하는 방법이 널리 사용된다.

근사방법은 임의의 확률밀도를 정규밀도로 근사하는 방법을 활용하는데, 표준정규밀도 함수를 $\phi(\xi) = 1/\sqrt{2\pi}\exp(-\xi^2/2)$로 놓자. 그러면 이에 대한 Gram-Charlier expansion은 다음의 조건을 만족하는 Chebyshev-Hermite 다항식 H_i들을 이용하여 확률밀도를 근사한다.

$$\frac{\partial^i \phi(\xi)}{\partial \xi^i} = (-1)^i H_i(\xi)\phi(\xi),$$

여기서 H_i는 i차 다항식으로 다음의 식을 만족하는 직교다항식이다.

$$\int \phi(\xi)H_i(\xi)H_j(\xi)d\xi = \begin{cases} 1, & \text{if } i = j \\ 0, & \text{if } i \neq j \end{cases}.$$

이제 X의 3차, 4차 적률 $\kappa_3(x) = \mathbb{E}(X^3), \kappa_4(x) = \mathbb{E}(X^4) - 3$라고 둘 때, 4차까지만 고려한 X의 확률밀도 $f(x)$로의 근사는

$$f_X(x) \simeq \hat{p}_x(\xi) = \phi(\xi)\Big(1 + \kappa_3(x)\frac{H_3(\xi)}{3!} + \kappa_4(x)\frac{H_4(\xi)}{4!}\Big) \tag{8.28}$$

이고, $\epsilon \simeq 0$일때 $\log(1+\epsilon) \simeq \epsilon - \epsilon^2/2$ 근사를 이용하면

$$\begin{aligned} & H(X) \\ \simeq & -\int \hat{p}_x(\xi)\log \hat{p}_x(\xi)d\xi \\ = & -\int \phi(\xi)(1 + \kappa_3(x)\frac{H_3(\xi)}{3!} + \kappa_4(x)\frac{H_4(\xi)}{4!}) \\ \times & \Big[\log(\phi(\xi)) + \kappa_3(x)\frac{H_3(\xi)}{3!} + \kappa_4(x)\frac{H_4(\xi)}{4!} - \big(\kappa_3(x)\frac{H_3(\xi)}{3!} + \kappa_4(x)\frac{H_4(\xi)}{4!}\big)^2/2\Big]d\xi \\ = & -\int \phi(\xi)\log\phi(\xi)d\xi - \frac{\kappa_3(x)^2}{2\times 3!} - \frac{\kappa_4(x)^2}{2\times 4!} \\ = & H(Z) - \frac{\kappa_3(x)^2}{12} - \frac{\kappa_4(x)^2}{48} \end{aligned}$$

이 된다. 식 (8.27)의 음의 엔트로피 정의로부터 음의 엔트로피는

$$J(X) \simeq \frac{1}{12}(\mathbb{E}(X^3))^2 + \frac{1}{48}(\mathbb{E}(X^4) - 3)^2 \tag{8.29}$$

으로 근사된다.

첨도는 이상치에 매우 민감하므로 3차나 4차의 다항식을 이에 덜 민감한 비다항식 함수를 대치하는 것을 생각할 수 있겠다. 통상적으로 u 대신 $G(u)$를 활용하는데, 대표적인 근사법으로는

$$G(u) = \frac{1}{a}\log\cosh(au), 1 \leq a \leq 2$$

를 이용한다. 이러한 함수는 인자값의 변화에 대하여 함수값이 너무 빨리 변화하지 않는 특징을 가지고 있다. w의 추정방식은 통상적으로 널리 활용되는

기울기 강하(gradient descent) 알고리즘을 사용한다. R의 FastICA 알고리즘은 $\log\cosh(au)/a$외에 추가적으로 $G(u) = -\exp(-u^2/2)$도 제공한다. 자세한 추정 방법에 관심이 있는 독자는 Hyvärinen 외 (2001)의 8장을 참조하기 바란다.

8.4 다차원 척도법

사회관계망(social network)이나 네트워크(network) 같은 근접정보자료(proximity data)는 개체간의 비유사성(dissimilarity) 또는 유사성(similarity) 정보로만 구성되어 있다. 이는 다차원의 속성정보를 갖는 일반적인 다변량 자료의 구조와 대비되는 특징이다. 다차원 척도법(multidimensional scaling)은 기본적으로 이러한 근접정보자료를 다루는데, 가장 대표적인 근접정보 자료로는 Rothkopf (1957)의 모스부호(Morse code) 자료를 들 수 있다. 이 자료는 모스부호에 익숙하지 않은 피실험자들에게 두 모스부호를 한 쌍으로 들려주고 두 부호의 동일성 여부에 대한 혼동비율(confusion rate)을 측정하여 기록한 자료이다. 혼동을 많이 하면 할수록 두 모스부호는 유사하다는 것을 의미한다. 결국 분석의 관심은 서로 다른 두 모스 부호들간의 혼동비율로부터 모수부호들의 유사성 및 위상을 가시적으로 파악하는데 있다.

이와 같은 개체간의 관계정보(relational information)를 기반으로 전체 개체를 가시적 공간에 위치시키는 분석기법을 다차원 척도법이라 한다. 다차원 척도법의 해석은 군집분석과 매우 유사하다. 예를 들어, 2차원상의 좌표점들로부터 개체들간의 그룹관계, 순서관계, 위상관계 등을 파악할 수 있다.

n개의 변수 $x_i, i = 1, \ldots, n$들의 관측값은 주어지지 않고 그들간의 거리 d_{ij}들만 주어졌다고 하자. 다차원 척도법은 $x_1, \ldots, x_n$들간의 비유사성(또는 유사성)을 가장 잘 보존하는 $\{z_i : i = 1, \ldots, n, z_i \in \mathbb{R}^q, q \le p\}$를 축소된 차원의 공간에 가시적으로 배치하는 방법이다.

우선 간단한 예제를 통하여 다차원 척도법을 설명하기로 한다. 다음의 행렬

$\boldsymbol{D}_1$과 $\boldsymbol{D}_2$는 자료의 갯수가 각각 5 와 3인 자료의 거리행렬들을 나타낸다.

$$\boldsymbol{D}_1 = (d_{ij})_{5\times5} = \begin{pmatrix} 0 & 1 & 2 & 3 & 4 \\ 1 & 0 & 1 & 2 & 3 \\ 2 & 1 & 0 & 1 & 2 \\ 3 & 2 & 1 & 0 & 1 \\ 4 & 3 & 2 & 1 & 0 \end{pmatrix}, \quad \boldsymbol{D}_2 = (d_{ij})_{3\times3} = \begin{pmatrix} 0 & 3 & 4 \\ 3 & 0 & 5 \\ 4 & 5 & 0 \end{pmatrix} \quad (8.30)$$

$\boldsymbol{D}_1$에 대해서는 1차원, $\boldsymbol{D}_2$에 대해서는 2차원의 가시적 공간에 자료들을 배치하면 어떤 모습일까? 그림 8.5에서 확인할 수 있듯이 $\boldsymbol{D}_1$을 1차원에서 나타내면 등간격의 선으로 표현할 수 있다. 마찬가지로 $\boldsymbol{D}_2$를 2차원으로 표현한다면 피타고라스 삼각형의 구조를 만족하는 2차원 평면에 배치할 수 있을 것이다.

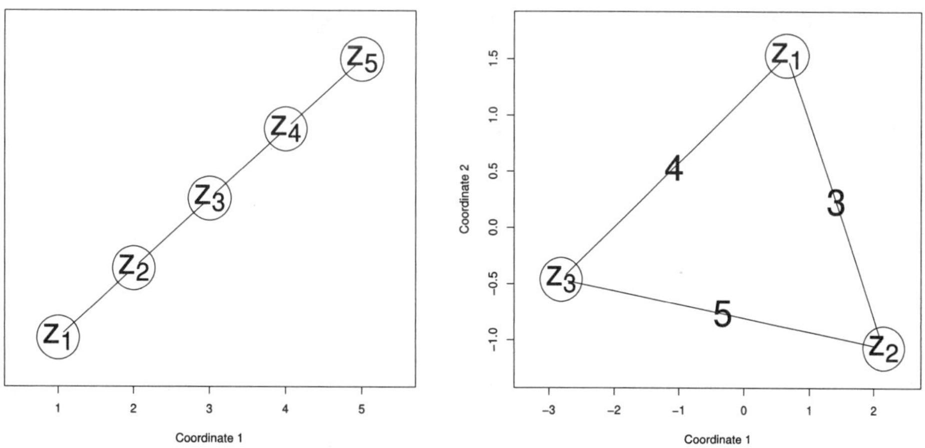

(a) 1차원 매핑 (b) 2차원 매핑

그림 8.5: 다차원척도법 예제에 대한 1차원, 2차원의 가시적 공간상의 배치

8.4.1 다차원 척도법의 종류

스트레스(stress)라 불리는 손실함수의 형태 및 성질에 따라 다차원 척도법을 구분할 수 있다. 즉, 자료의 특성을 반영한 실제 비유사성값을 사용하는 메트릭

척도화(metric scaling)와 거리들의 순서정보만 이용하여 거리의 최적 단조변환(monotonic transformation)을 추정하여 가시적 공간에 자료를 배치하는 비메트릭 척도화(nonmetric scaling)로 구분된다. Torgerson (1952)이 제안한 Torgerson-Gower 척도화는 가장 오래된 척도화로서 Young와 Householder (1938)에 의해 논의된 방법을 척도화(scaling)란 개념으로 정립하였다. 이후 Kruskal (1964a,b)에 의해 비메트릭 척도화방법으로 일반화되어 여러 분야에 널리 활용되게 되었다.

Kruscal-Shepard 척도화 또는 최소제곱 척도화(least squares scaling)는 관측된 비유사성 d_{ij}와 적합된 거리 $\|z_i - z_j\|$사이의 부적합도(lack of fit)인 다음의 스트레스손실함수를 기울기 강하기법을 이용하여 최소화하는 $\{z_1, z_2, \ldots, z_n\}$를 찾는다.

$$S_M(z_1, z_2, \ldots, z_n) = \sum_{i \neq j} (d_{ij} - \|z_i - z_j\|)^2. \tag{8.31}$$

참고로 다차원 척도화에서는 흔히 대칭인 거리행렬을 가정하는데, 그 이유는 가법 상수를 제외한 $(d_{ij} - \|z_i - z_j\|)^2 + (d_{ji} - \|z_i - z_j\|)^2$와 $2\Big((d_{ij} + d_{ji})/2 - \|z_i - z_j\|\Big)^2$가 동일하기 때문이다. 이 책에서도 비유사성행렬이 대칭행렬이라고 가정하기로 한다.

최소제곱 척도화의 또 다른 방법으로는 다음의 목적함수를 최소화하는 Sammon 매핑을 들 수 있다.

$$S_{SM}(z_1, z_2, \ldots, z_n) = \sum_{i \neq j} \frac{(d_{ij} - \|z_i - z_j\|)^2}{d_{ij}}. \tag{8.32}$$

(8.31)과 (8.32)를 비교해보면 Sammon 매핑은 Kruscal-Shepard 척도화에 비해 관측치간의 거리가 더 가까운 자료에 더 많은 가중치를 주는 것을 알 수 있다.

유클리드 공간의 중심화된(centered) 내적 $s_{ij} = \langle x_i - \bar{x}, x_j - \bar{x} \rangle$을 기준으로 하는 전통적인 척도화(classical scaling)에서는

$$S_C(z_1, z_2, \ldots, z_n) = \sum_{i \neq j} (s_{ij} - \langle z_i - \bar{z}, z_j - \bar{z} \rangle)^2 \tag{8.33}$$

를 최소화하는 저차원상의 $z_i, i = 1, \ldots, n$를 찾는다.

관측치간의 유클리드 거리 $d_{ij}^2 = \|x_i - x_j\|^2$가 주어지면 다음의 거리와 평균에 대해 중심화된 내적과의 관계식

$$d_{ij}^2 = \|x_i - \bar{x}\|^2 + \|x_j - \bar{x}\|^2 - 2\langle x_i - \bar{x}, x_j - \bar{x}\rangle \tag{8.34}$$

을 얻는다. $\boldsymbol{B} = (-d_{ij}^2/2)_{n\times n}$로 정의하자. $\boldsymbol{M} = \frac{1}{n}11^T$에 대하여 행렬 $\boldsymbol{B}$에 이중 중심화 $\boldsymbol{K} = (\boldsymbol{I} - \boldsymbol{M})\boldsymbol{B}(\boldsymbol{I} - \boldsymbol{M})$를 수행하면 $\boldsymbol{K} = (k_{ij})_{n\times n}$을 얻게 된다. 여기서 $k_{ij} = \langle x_i - \bar{x}, x_j - \bar{x}\rangle$이다. 따라서 전통적인 척도화는 (8.33)에 스펙트럴 분해를 적용하여 해를 구할 수 있으며, 그 해는 주성분의 해와 동일함을 보일 수 있다.

앞에서 소개한 척도화방법들은 실제 비유사성 또는 유사성을 직접 이용하는 반면 Shephard-Kruskal의 비메트릭 척도화는 다음의 스트레스 함수에서 볼 수 있는 것처럼 이들 간의 순위 정보만을 사용한다.

$$S_{NM}(z_1, z_2, \ldots, z_n) = \sum_{i\neq j} \frac{(\|z_i - z_j\| - \theta(d_{ij}))^2}{\sum_{i\neq j}\|z_i - z_j\|^2}.$$

위의 스트레스 함수를 최소화하는 $\{z_i\}_{i=1}^n$와 임의의 단조증가 변환, 즉, $d_{ij} < d_{i'j'}$이면 $\|z_i - z_j\| < \|z_{i'} - z_{j'}\|$를 만족하는 변환, θ를 찾는다. 일반적으로, 단조증가 변환 θ가 주어지면 기울기 강하 알고리즘으로 $\{z_i\}_{i=1}^n$를 구하고, 반대로 $\{z_i\}_{i=1}^n$가 주어지면 순위를 보존하는 방법인 등위회귀(isotonic regression)로 θ를 추정하며, 추정값이 수렴할 때까지 이 두 과정을 반복하게 된다.

8.4.2 다차원 척도화의 평가

다차원 척도법의 적합도에 대한 표준적인 진단법은 비유사성과 적합된 비유사성에 대한 산점도인 Shepard 도표를 이용하는 것이다. Shepard 도표는 스트레스 값에 대하여 적합도를 제공하여 다차원 척도법의 평가를 가능하게 한다.

8.5.4절의 그림 8.12 (b)의 횡축은 관측된 거리 d_{ij}를 나타내며 종축은 가시적 공간에서 근사된 거리 $\|z_i - z_j\|$를 나타낸다. 중앙의 계단 모양의 실선은 $(d_{ij}, \|z_i - z_j\|)$에 대한 등위회귀분석의 결과이고 검은색 점은 관측된 d_{ij}에서의 단조증가성을 만족하는 추정치 $\hat{d}_{ij} = \hat{\theta}(d_{ij})$를 나타낸다.

8.5 R 예제

8.5.1 주성분분석

R에서는 princomp와 prcomp, labdsv 패키지의 pca 등의 함수들을 이용하여 주성분분석을 수행할 수 있다. 자료행렬 $\boldsymbol{X}$에 대하여 princomp와 pca는 스펙트럴 분해를, prcomp는 특이치 분해를 적용한다. 이 절에서는 princomp를 위주로 설명하도록 한다.

USArrests 자료는 1973년 미국 50개주의 100,000명의 인구당 체포된 세가지 강력범죄수(assault, murder, rape)와 각 주마다 도시에 거주하는 인구의 비율 ("UrbanPop"(%))로 구성되어 있다. 변수들간의 척도의 차이가 상당히 크기 때문에 상관행렬을 사용하여 분석하기로 한다. 특이치 분해를 사용하는 경우에는 자료 행렬 $\boldsymbol{X}$의 각 변수의 평균이 0이고 제곱의 합이 1로 표준화되었다고 가정한다.

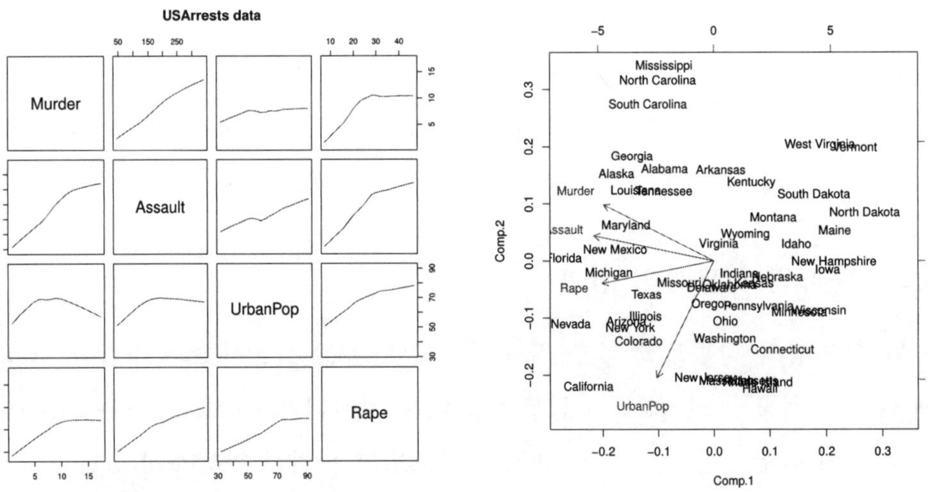

(a) 변수들간의 산점도 행렬 (b) 제 1-2주성분에 의한 행렬도

그림 8.6: USArrests 자료에 대한 산점도 행렬과 주성분분석의 제 1-2주성분에 의한 행렬도

`summary(p1)`의 결과에서 4개의 주성분의 standard deviation으로부터 (λ_1, λ_2, λ_3, λ_4) $= (1.575, 0.995, 0.597, 0.416)$이 되고 $\sum_{j=1}^{2} \lambda_j^2 = 4$의 관계가 성립함 확인할 수 있다. Proportion of Variance는 $(\lambda_1^2, \lambda_2^2, \lambda_3^2, \lambda_4^2)/4$를 의미하고 제 1주성분과 제 2주성분까지의 누적 비율은 대략 86.8%로 변동의 대다수를 차지한다. 주성분들에 의해 설명되는 변동의 비율은 Scree 도표로도 확인할 수 있다.

결과의 Loadings 부분으로부터 네 개의 변수가 각 주성분 Comp.1-Comp.4 까지 기여하는 가중치 $\boldsymbol{V}$가 제시되어 있다. 제 1주성분에는 네 개의 변수가 평균적으로 기여하고 있으며, 제 2주성분에서는 (`Murder`, `Assault`)와 (`UrbanPop`, `Rape`)의 계수의 부호가 서로 다르다. `p1$scores`는 50개 도시에 대한 주성분 축에서의 주성분점수(principal component score) $\boldsymbol{XV}(= \boldsymbol{U\Lambda})$를 보여준다.

그림 8.6(a)는 4개의 변수들간의 산점도를 나타낸다. `Murder`와 `UrbanPop`비율간의 관련성이 작아 보인다. 이는 8.6(b)의 행렬도에서도 관측 된다. 조지아, 메릴랜드, 뉴 멕시코 등은 폭행과 살인의 비율이 상대적으로 높은 지역이라 볼 수 있고, 미시간, 텍사스 등은 강간의 비율이, 콜로라도, 캘리포니아, 뉴저지 등은 도시에 거주하는 인구의 비율이 높은 지역임을 알 수 있다. 반대로 아이다호, 뉴 햄프셔, 아이오와 등의 주들은 도시에 거주하는 인구의 비율이 상대적으로 낮으면서 3대 강력범죄도 낮음을 알 수 있다.

```
> pairs(USArrests, panel = panel.smooth, main = "USArrests data")
> p1 <- princomp(USArrests, cor = TRUE)
> summary(p1)
Importance of components:
                          Comp.1    Comp.2    Comp.3     Comp.4
Standard deviation     1.5748783 0.9948694 0.5971291 0.41644938
Proportion of Variance 0.6200604 0.2474413 0.0891408 0.04335752
Cumulative Proportion  0.6200604 0.8675017 0.9566425 1.00000000
> loadings(p1)
Loadings:
         Comp.1 Comp.2 Comp.3 Comp.4
Murder   -0.536  0.418 -0.341  0.649
```

```
Assault  -0.583  0.188 -0.268 -0.743
UrbanPop -0.278 -0.873 -0.378  0.134
Rape     -0.543 -0.167  0.818  0.089
> p1$scores
               Comp.1 Comp.2 Comp.3 Comp.4
Alabama        -0.986  1.133 -0.444  0.156
Alaska         -1.950  1.073  2.040 -0.439
Arizona        -1.763 -0.746  0.055 -0.835
Arkansas        0.141  1.120  0.115 -0.183
California     -2.524 -1.543  0.599 -0.342
Colorado       -1.515 -0.988  1.095  0.001
Connecticut     1.359 -1.089 -0.643 -0.118
중 략
West Virginia   2.109  1.425  0.105  0.132
Wisconsin       2.080 -0.611 -0.139  0.184
Wyoming         0.629  0.321 -0.241 -0.167
> screeplot(p1, npcs=4, type="lines")
> biplot(p1)
```

8.5.2 인자분석

Harman74.cor는 시카고 교외에 사는 145명의 7-8학년의 학생들을 대상으로 한 24가지의 심리 테스트 점수들에 대한 상관행렬이다. 24종류의 심리 테스트는 VisualPerception, Cubes, PaperFormBoard, Flags, GeneralInformation, PargraphComprehension, SentenceCompletion, WordClassification, WordMeaning, Addition, Code, CountingDots, StraightCurvedCapitals, WordRecognition, NumberRecognition, FigureRecognition, ObjectNumber, NumberFigure, FigureWord, Deduction, NumericalPuzzles, ProblemReasoning, SeriesCompletion, ArithmeticProblems이다.

nFactors 패키지의 factanal을 이용하여 분석해보자. factanl 함수의 scores

옵션은 세가지 값 중 하나를 가질 수 있다. none은 인자점수를 생성시키지 않는 방법이며, regression은 식 (8.24)에서 주어진 스코어 방법을 제공하며, Bartlett은 식 (8.23)으로 주어지는 방법을 제공한다. 부분단어만 매칭되어도 해당하는 스코어방법이 제공된다. rotation 옵션은 세가지 값 none, varimax, promax의 가질 수 있다.

```
> library(psych)
> data(Harman74.cor)
> Harman74.FA <- factanal(factors=1, covmat=Harman74.cor)
> Harman74.FA
Call:
factanal(factors = 1, covmat = Harman74.cor, rotation = "none")

Uniquenesses:
      VisualPerception                  Cubes          PaperFormBoard
                 0.677                  0.866                   0.830
                 Flags     GeneralInformation  PargraphComprehension
                 0.768                  0.487                   0.491
    SentenceCompletion     WordClassification             WordMeaning
                 0.500                  0.514                   0.474
              Addition                   Code            CountingDots
                 0.818                  0.731                   0.824
StraightCurvedCapitals        WordRecognition       NumberRecognition
                 0.681                  0.833                   0.863
     FigureRecognition           ObjectNumber            NumberFigure
                 0.775                  0.812                   0.778
            FigureWord              Deduction        NumericalPuzzles
                 0.816                  0.612                   0.676
      ProblemReasoning       SeriesCompletion      ArithmeticProblems
                 0.619                  0.524                   0.593
```

```
Loadings:
                        Factor1
VisualPerception        0.569
Cubes                   0.366
PaperFormBoard          0.412
Flags                   0.482
GeneralInformation      0.716
PargraphComprehension   0.713
SentenceCompletion      0.707
WordClassification      0.697
WordMeaning             0.725
Addition                0.426
Code                    0.519
CountingDots            0.419
StraightCurvedCapitals  0.565
WordRecognition         0.408
NumberRecognition       0.370
FigureRecognition       0.474
ObjectNumber            0.434
NumberFigure            0.471
FigureWord              0.429
Deduction               0.623
NumericalPuzzles        0.569
ProblemReasoning        0.617
SeriesCompletion        0.690
ArithmeticProblems      0.638

                Factor1
SS loadings       7.438
Proportion Var    0.310
```

```
Test of the hypothesis that 1 factor is sufficient.
The chi square statistic is 622.91 on 252 degrees of freedom.
The p-value is 2.28e-33
```

위 결과에서 uniquenss는 특정분산 $\hat{\psi}_1, \cdots, \hat{\psi}_{24}$를 의미한다. 상관계수행렬을 사용했기 때문에 대부분의 특정분산값들이 0.5를 넘는 것을 보아 모형의 적합이 불충분함을 짐작할 수 있다. Loadings의 Factor1은 $\hat{\boldsymbol{L}}$의 적재계수 $\hat{l}_1$에 해당되고, 이들값의 제곱합은 $0.569^2 + 0.366^2 + \cdots + 0.638^2 = 7.438$으로써 SS loadings의 값에 제시된다. 또한 Proportion Var는 $7.438/24 = 0.310$으로 S_1이 설명하는 비율이라 할 수 있다. 인자분석의 귀무가설

$$H_0 : \boldsymbol{\Sigma} = \boldsymbol{L}\boldsymbol{L}^T + \boldsymbol{\Psi}$$

에 대한 p-값은 2.28e-33으로 H_0을 기각할 수 있고, 1개의 인자로는 부족함을 의미한다(대립가설 H_1은 $\boldsymbol{\Sigma}$이 어떤 양정치 행렬이다).

```
> for(nfactors in 2:5){
>     print(update(Harman74.FA, factors=nfactors))
> }
```

이어 위 코드를 실행하면 $q = 2$부터 5까지의 인자모형을 순차적으로 적합한다. 귀무가설 $H_0 : \boldsymbol{\Sigma} = \boldsymbol{L}\boldsymbol{L}^T + \boldsymbol{\Psi}$에 대한 p-값은 각각 2.01e-13, 5.12e-05, 0.0224, 그리고 0.128로써 귀무가설을 기각하지 못하는 최소 갯수를 가지는 인자모형은 $q = 5$일 때라 할 수 있겠다.

```
> Harman74.FA <- factanal(factors=5, covmat=Harman74.cor, rotation="none")
> print(Harman74.FA$loadings, sort=FALSE)
Loadings:
                     Factor1 Factor2 Factor3 Factor4 Factor5
VisualPerception      0.560           0.462  -0.147
Cubes                 0.344           0.288           0.119
PaperFormBoard        0.376  -0.131   0.433  -0.120
```

Flags	0.462		0.298	-0.118	0.160
GeneralInformation	0.727	-0.253	-0.219		
PargraphComprehension	0.723	-0.379	-0.162		-0.141
SentenceCompletion	0.722	-0.354	-0.240	-0.136	
WordClassification	0.689	-0.153		-0.105	
WordMeaning	0.726	-0.424	-0.171		
Addition	0.512	0.595	-0.389		0.128
Code	0.574	0.380			-0.366
CountingDots	0.476	0.546		-0.119	0.131
StraightCurvedCapitals	0.626	0.346	0.191	-0.385	-0.217
WordRecognition	0.403			0.369	-0.245
NumberRecognition	0.359		0.123	0.373	-0.104
FigureRecognition	0.454		0.386	0.288	-0.105
ObjectNumber	0.437	0.139		0.402	-0.113
NumberFigure	0.471	0.265	0.218	0.253	
FigureWord	0.417		0.155	0.177	
Deduction	0.592	-0.152	0.172	0.153	0.228
NumericalPuzzles	0.573	0.234	0.144		0.177
ProblemReasoning	0.587	-0.126	0.176	0.122	0.119
SeriesCompletion	0.668		0.213		0.251
ArithmeticProblems	0.658	0.186	-0.134	0.132	0.138

	Factor1	Factor2	Factor3	Factor4	Factor5
SS loadings	7.558	1.707	1.308	0.927	0.560
Proportion Var	0.315	0.071	0.055	0.039	0.023
Cumulative Var	0.315	0.386	0.441	0.479	0.503

$q = 5$인 인자모형의 결과에서, SS loadings의 합 $7.558 + 1.707 + 1.308 + 0.927 + 0.560 = 12.06$으로 전체 분산에 대한 누적비율이 $12.06/24 = 0.503$으로 전체분산의 약 50%을 설명한다.

다음은 promax 회전법으로 회전된 인자계수적재행렬이다.

```
> Harman74.FA.rotation <- factanal(Harman, factors=5, covmat=Harman74.cor,
rotation="promax")
> plot(Harman74.FA.rotation$loadings,cex=0.1)
> text(Harman74.FA.rotation$loadings,labels=colnames(Harman74.cor$cov),cex=.8)
# add variable names
Loadings:
                       Factor1 Factor2 Factor3 Factor4 Factor5
VisualPerception        0.831          -0.127           0.230
Cubes                   0.534
PaperFormBoard          0.736          -0.290           0.136
Flags                   0.647                  -0.104
GeneralInformation              0.764
PargraphComprehension           0.845  -0.140   0.140
SentenceCompletion              0.872          -0.140
WordClassification      0.277   0.505   0.104
WordMeaning                     0.846  -0.108
Addition               -0.334           1.012
Code                            0.112   0.288   0.486   0.424
CountingDots            0.206  -0.200   0.722           0.185
StraightCurvedCapitals  0.542           0.247           0.618
WordRecognition        -0.126   0.127  -0.103   0.657
NumberRecognition                               0.568
FigureRecognition       0.399  -0.142  -0.207   0.562
ObjectNumber           -0.108           0.107   0.613
NumberFigure            0.255  -0.230   0.211   0.413
FigureWord              0.187                   0.347
Deduction               0.404   0.169           0.117  -0.203
NumericalPuzzles        0.393           0.368
ProblemReasoning        0.381   0.188           0.169
SeriesCompletion        0.555   0.126   0.127
ArithmeticProblems              0.197   0.500   0.139
```

	Factor1	Factor2	Factor3	Factor4	Factor5
SS loadings	3.529	3.311	2.367	2.109	0.762
Proportion Var	0.147	0.138	0.099	0.088	0.032
Cumulative Var	0.147	0.285	0.384	0.471	0.503

전체 분산에 대한 누적비율이 $12.06/24 = 0.503$으로 전체분산에 대한 설명비율에 변함이 없음을 알 수 있다(단, 인자별 SS loadings의 값은 변함을 확인하여라). 회전된 제 1-2 인자적재계수를 2차원에 도시하여 24개의 심리 테스트 항목들을 살펴보자. 그림 8.7은 24종의 심리테스트들에 대하여 제 1-2인자의 인자적재계수 $\hat{l}_1$와 $\hat{l}_2$를 산점도로 표현한 것이다. 수리, 언어, 공간, 추리 등 여러 가지 인지능력별로 자연스러운 군집이 형성됨을 볼 수 있다.

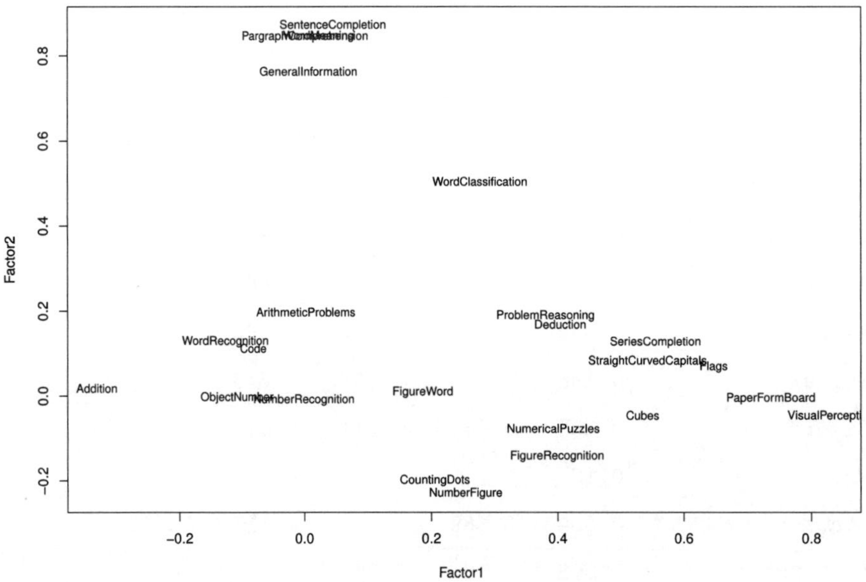

그림 8.7: Harman자료에서 제 1-2인자적재계수의 산점도

8.5.3 독립성분분석

다음은 R의 FastICA 라이브러리의 예제이다. 첫번째 예제는 서로 독립인 두 신

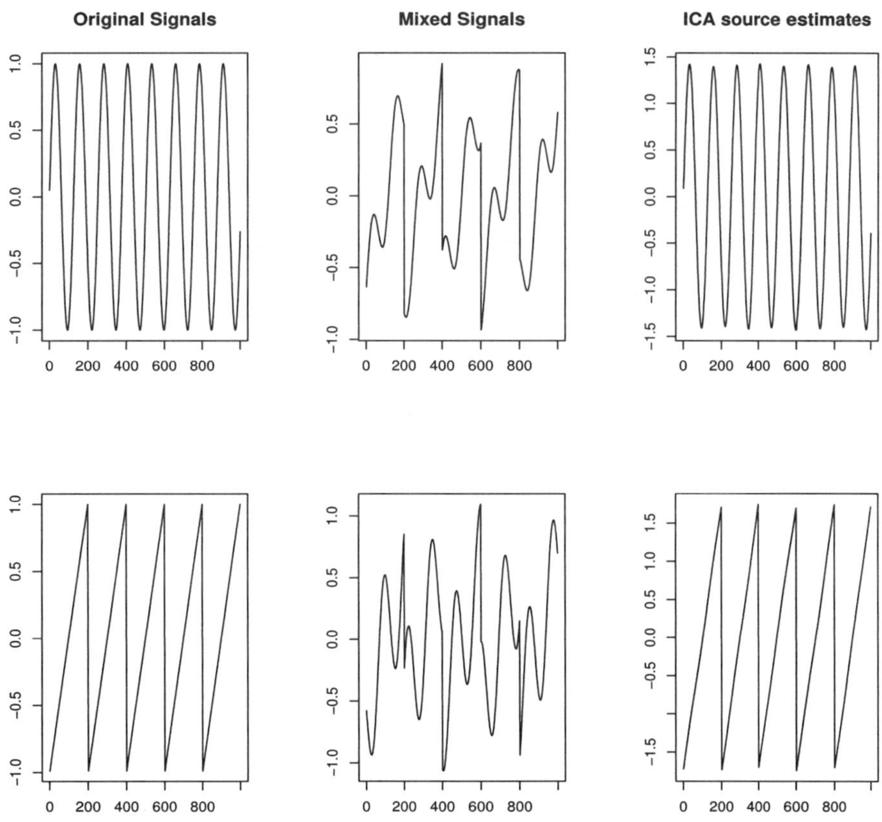

그림 8.8: 서로 독립인 두 신호 자료에 대한 독립성분분석

호 자료에 대한 독립성분분석이다. 그림 8.8에서 첫번째 열의 두 그림은 패턴이 서로 다른 두 독립성분 신호 $s_1(t)$와 $s_2(t)$이며, 두 번째 열은 혼합된 신호 $x_1(t)$와 $x_2(t)$를 나타낸다. 세 번째 열은 두 번째 열의 자료로부터 추정된 독립성분 신호 $\hat{s}_1(t)$와 $\hat{s}_2(t)$이다. 추정된 신호는 원 신호를 근접하게 추정함을 알 수 있다.

두번째 예제에서는 서로 독립적으로 발생된 일양난수(unform random variates)인 두 신호를 행렬 $\boldsymbol{A}$를 이용하여 혼합한 후 fastICA 함수로 추정하였다.

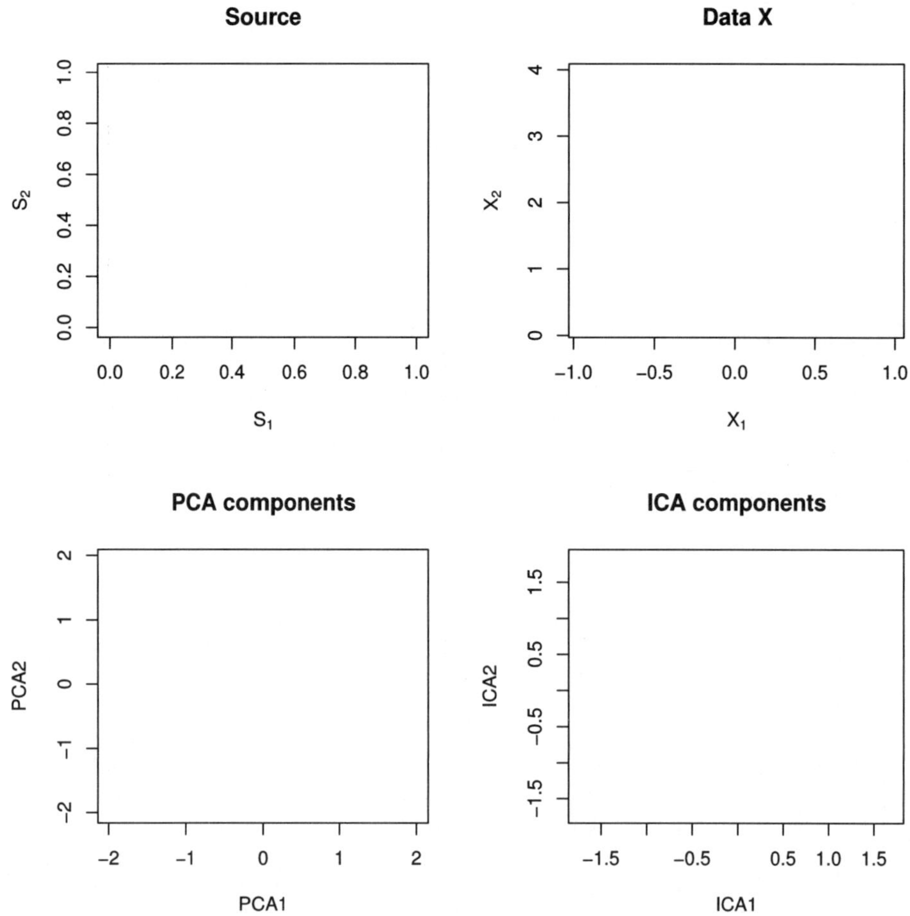

그림 8.9: 일양분포를 따르는 두 신호 자료에 대한 독립성분분석

그림 8.9는 그 결과를 보여준다. Source는 서로 독립인 일양분포를 따르는 두 신호를 보여주며 Data X는 두 신호가 혼합되어 관측된 자료에 대한 x_1과 x_2의 산점도이다. PCA components과 ICA components는 각각 주성분분석과 독립성분분석의 제 1-2성분들을 나타낸다. 독립성분분석은 독립인 두 신호를 잘 분리해 주는 반면 주성분분석으로 추정된 두 성분들은 독립이 아님을 알 수 있다.

```
>library(FastICA)
> # Example 1: un-mixing two independent signals
```

```
> S <- cbind(sin((1:1000)/20), rep((((1:200)-100)/100), 5))
> A <- matrix(c(0.291, 0.6557, -0.5439, 0.5572), 2, 2)
> X <- S%*%A
> a <- fastICA(X, 2, alg.typ = "parallel", fun = "logcosh", alpha = 1,
       method="R", row.norm=FALSE, maxit=200, tol = 1e-4, verbose = TRUE)
> op <- par(mfcol = c(2, 3))
> plot(1:1000, S[,1], type = "l", main = "Original Signals",
      xlab = "", ylab = "")
> plot(1:1000, S[,2], type = "l", xlab = "", ylab = "")
> plot(1:1000, X[,1], type = "l", main = "Mixed Signals",
      xlab = "", ylab = "")
> plot(1:1000, X[,2], type = "l", xlab = "", ylab = "")
> plot(1:1000, a$S[,1], type = "l", main = "ICA source estimates",
      xlab = "", ylab = "")
> plot(1:1000, a$S[,2], type = "l", xlab = "", ylab = "")
> par(op)
>
> # Example 2: un-mixing two mixed independent uniforms
> S <- matrix(runif(1000), 500, 2)
> A <- matrix(c(1, 1, -1, 3), 2, 2, byrow = TRUE)
> X <- S%*%A
> a <- fastICA(X, 2, alg.typ = "parallel", fun = "logcosh", alpha = 1,
       method="C", row.norm=FALSE, maxit=200, tol = 1e-4, verbose = TRUE)
> op <- par(mfrow = c(2, 2))
> plot(S, main = "Source", xlab=expression(S[1]), ylab=expression(S[2]))
> plot(X, main = "Data X", xlab=expression(X[1]), ylab=expression(X[2]))
> plot(a$X%*%a$K, main = "PCA components", xlab="PCA1", ylab="PCA2")
> plot(a$S, main = "ICA components", xlab="ICA1", ylab="ICA2")
>
> # histogram of x1 and pre-whitened z1
> par(op)
```

```
> op <- par(mfrow = c(1, 2))
> hist(X[,1], freq=F, xlab=expression(x[1]), main="", 20)
> Z = a$X%*%a$K
> hist(Z[,1], freq=F, xlab=expression(z[1]), main="", 20)
> par(op)
```

8.5.4 다차원척도법

유럽의 21개 도시들 사이의 거리를 측정한 eurodist 자료와 1888년경의 스위스 연방중 47개의 불어권 주의 토양의 비옥도 지수와 여러 사회경제적 지표를 측정한 Swiss 자료를 이용하여 다차원 척도법을 실습하여 보자. 각 자료에 대한 자세한 사항은 각 자료의 R 도움말을 참고하기 바란다.

R에서 제공하는 대표적인 다차원 척도화 방법으로는 stat 패키지의 고전적 척도화 함수인 cmdscale, MASS 패키지의 Shepard-Kruskal 비메트릭 척도화 함수 isoMDS와 Sammon 매핑 함수 sammon 등을 들 수 있다. 그림 8.10은 cmdscale을 이용하여 2차원으로 21개 도시들을 매핑한 결과이다. 종축은 북쪽 도시를 상단에 표시하기 위해 부호를 바꾸었다.

```
> library(MASS)
> loc <- cmdscale(eurodist)
> x <- loc[,1]
> y <- -loc[,2] # 북쪽 도시를 위에 표시하기 위해 방향을 바꾸었다.
> plot(x, y, type = "n", xlab="Coordinate 1", ylab="Coordinate 2",
    asp = 1, main = "Metric MDS")
> text(x, y, rownames(loc), cex = 0.7)
> abline(v=0,h=0,lty=2,lwd=0.5)
```

그림 8.11은 Swiss 자료에 대해 각각 isoMDS와 sammon를 이용하여 산점도로 나타낸 것이다.

```
> library(MASS)
```

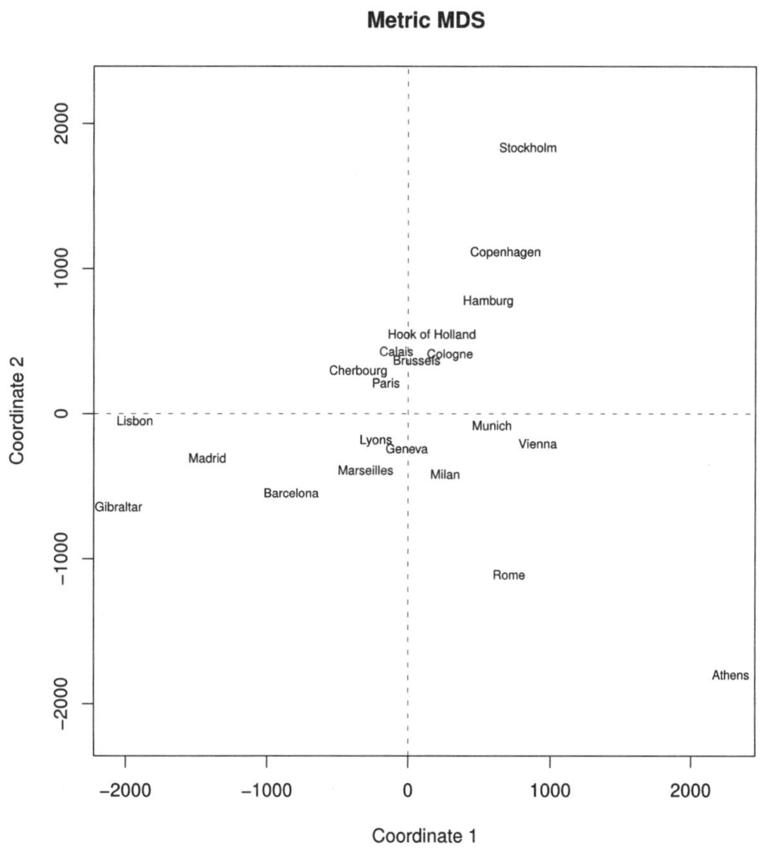

그림 8.10: eurodist 자료에 대한 고전적 척도화 결과

```
> data(swiss)
> swiss.x <- as.matrix(swiss[, -1])
> swiss.dist <- dist(swiss.x)
> swiss.mds <- isoMDS(swiss.dist)
> plot(swiss.mds$points, type="n", xlab="Coordinate 1", ylab="Coordinate 2")
> text(swiss.mds$points, labels = as.character(1:nrow(swiss.x)))
> abline(v=0,h=0,lty=2,lwd=0.5)
> swiss.x <- as.matrix(swiss[, -1])
> swiss.sam <- sammon(dist(swiss.x))
```

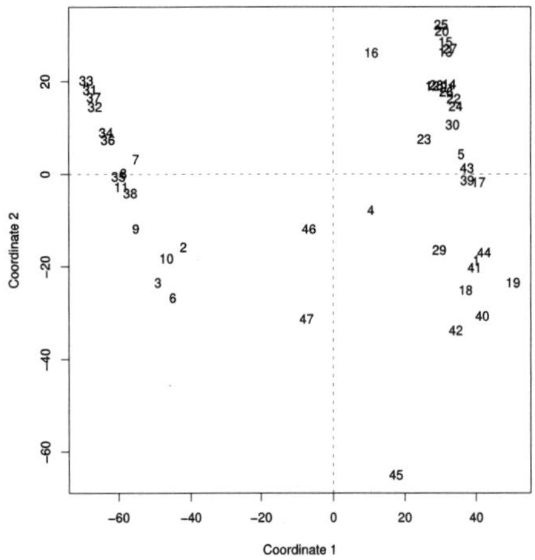

(a) Shepard-Kruskal 비메트릭 척도화

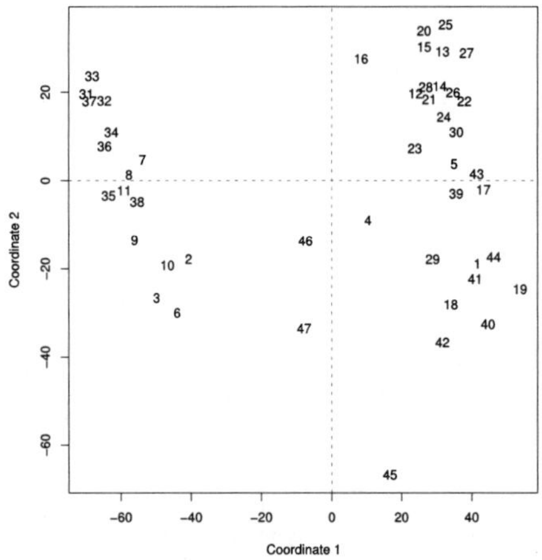

(b) Sammon 매핑

그림 8.11: Swiss 자료에 대한 여러 가지 척도화 결과

```
> plot(swiss.sam$points, type="n", xlab="Coordinate 1", ylab="Coordinate 2")
> text(swiss.sam$points, labels = as.character(1:nrow(swiss.x)))
> abline(v=0,h=0,lty=2,lwd=0.5)
```

다음으로 voting 자료에 대하여 분석해 보자. voting 자료는 1973년 미국 뉴저지주의 15명의 하원의원들이 19개 환경법안들에 투표한 결과를 바탕으로 15명의 의원들간의 거리 행렬에 관한 것이다. 그림 8.12에서 괄호안의 R과 D는 각각 공화당과 민주당을 의미하는데 15명의 의원들 중 공화당소속의 Rinaldo외의 나머지 의원은 각당의 정당의 지침에 따라 투표한 것으로 파악된다.

```
> library(MASS)
> data("voting", package = "HSAUR")
> voting_mds <- isoMDS(voting)
> x <- voting_mds$points[,1]
> y <- voting_mds$points[,2]
> plot(x, y, xlab = "Coordinate 1", ylab = "Coordinate 2",
```

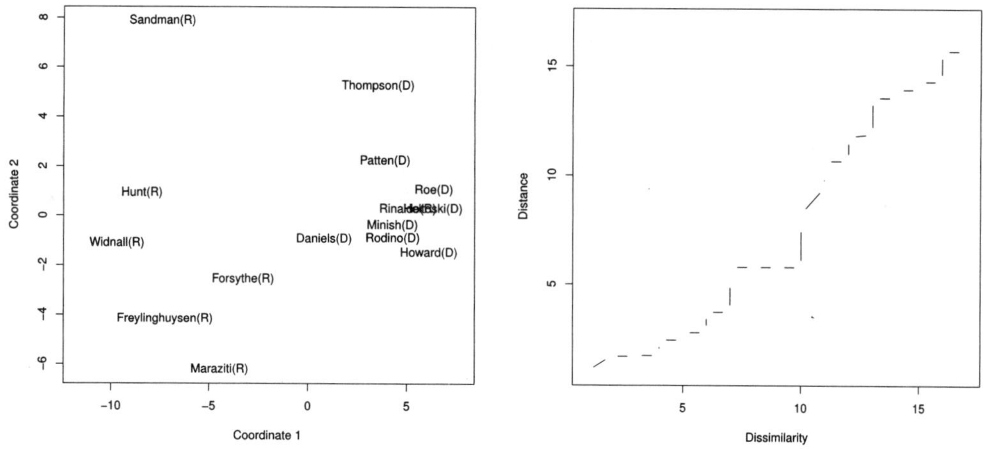

(a) Shepard-Kruskal 척도화 (b) Shepard 플롯

그림 8.12: voting 자료에 대한 Shepard-Kruskal 척도화 결과

```
     xlim = range(voting_mds$points[,1])*1.2, type = "n")
> text(x, y, labels = colnames(voting))
> voting_sh <- Shepard(voting[lower.tri(voting)], voting_mds$points)
> plot(voting_sh, pch = ".", xlab = "Dissimilarity", ylab = "Distance",
     xlim = range(voting_sh$x), ylim = range(voting_sh$x))
> lines(voting_sh$x, voting_sh$yf, type = "S")
```

연습문제

1. p차원 다변량 확률벡터 $X = (X_1^T, X_2^T)$가 다변량 정규분포 $N(\mu, \mathbf{\Sigma})$을 따른다고 하자. X_1과 X_2는 각각 크기가 $p_1, p_2 (p_1 + p_2 = p)$인 부확률벡터라고 하고, 이에 해당하는 블럭화된 공분산을 $\mathbf{\Sigma}_{ij} = \mathrm{Cov}(X_i, X_j), i, j = 1, 2$라 놓을 때, $X_1 | X_2 = x_2$의 조건부 평균은 $\mu_1 + \mathbf{\Sigma}_{12}\mathbf{\Sigma}_{22}^{-1}(x_2 - \mu_2)$, 조건부 분산은 $\mathbf{\Sigma}_{11} - \mathbf{\Sigma}_{12}\mathbf{\Sigma}_{22}^{-1}\mathbf{\Sigma}_{21}$와 같음을 보여라.

2. 주성분분석에서 직교 좌표축 $\boldsymbol{V}$이 주어지면 μ의 추정치는 표본평균벡터 $\bar{x}$임을 보여라.

3. 주성분분석에서 상관행렬을 분석에 사용한 경우를 생각하자. 즉, 원변수가
$$Z_1 = \frac{(X_1 - \mu_1)}{\sigma_{11}}, \cdots, Z_p = \frac{(X_p - \mu_p)}{\sigma_{pp}}$$
으로 표준화되었을 경우, $\mathrm{tr}(\mathrm{Corr}(X)) = p$임을 확인하고, 이의 주성분변수를 $Y_k, k = 1, \cdots, p$라 놓을 때, $\mathrm{Corr}(Y_k, Z_l)$을 구하여라. 또한, Y_k와 공분산을 사용했을 경우의 주성분변수 S_k와의 관계에 대해 살펴보아라.

4. 선형판별분석은 Rayleigh 계수를 최대화시키는 방법으로 해석될 수 있다. 그룹간의 변동행렬 $\boldsymbol{S}_B = \sum_{j=1}^{2}\sum_{i=1}^{n_q}(x_i - \bar{x}_j)(x_i - \bar{x}_j)^T$와 그룹내의 변동행렬을 $\boldsymbol{S}_W = \sum_{j=1}^{2}\sum_{i=1}^{n_q}(x_i - \bar{x}_j)(x_i - \bar{x}_j)^T$로 나타내자.
$$\max_{v \in \mathbb{R}^p} \frac{v^T \boldsymbol{S}_B v}{v^T \boldsymbol{S}_W v} \leq (\bar{x}_1 - \bar{x}_2)^T \boldsymbol{S}_W^{-1} (\bar{x}_1 - \bar{x}_2) \tag{8.35}$$
임을 보여라. 위 식에서 등호는 $v \propto \boldsymbol{S}_W^{-1}(\bar{x}_1 - \bar{x}_2)$일 때 성립하며 판별규칙은
$$(\bar{x}_1 - \bar{x}_2)^T \boldsymbol{S}_W^{-1} x - \frac{1}{2}(\bar{x}_1 - \bar{x}_2)^T \boldsymbol{S}_W^{-1} (\bar{x}_1 + \bar{x}_2)$$
로 주어짐을 보여라. 이 문제의 결과를 이용하여 주성분분석과 선형판별분석과의 관계를 설명하라.

5. 주성분분석에서 특이치 분해가 식 (8.10)과 같이 $z_i = \bar{x} + \sum_{j=1}^{2} v_j^T (x_i - \bar{x}) v_j = \bar{x} + (u_{i1}\lambda_1)v_1 + (u_{i2}\lambda_2)v_2$ 임을 확인하여라. 또한 아래 코드를 실행하여 (8.10)의 분해를 확인하여라.

```
library(ElemStatLearn)
zip.3 <- zip.train[zip.train[,1] == 3,]
# run pca
# delete first column's information
m.zip.3 <- zip.3[,-1]
m3 <- colMeans(m.zip.3)
mat3 <- matrix(rep(m3,658),byrow=TRUE,ncol=16*16)
# centering
zip.3.c <- m.zip.3-mat3
fit <- svd(zip.3.c)
op <- par(mfrow=c(2,2))
image(t(matrix(m3,16,16,byrow=TRUE)), col=gray(256:0/256),
                      xlab="", ylab="", xaxt="n", yaxt="n")
image(t(matrix(fit$v[,1],16,16,byrow=TRUE)), col=gray(256:0/256),
                      xlab="", ylab="", xaxt="n", yaxt="n")
image(t(matrix(fit$v[,2],16,16,byrow=TRUE)), col=gray(256:0/256),
                      xlab="", ylab="", xaxt="n", yaxt="n")
par(op)
```

6. $\boldsymbol{\Sigma} - (\boldsymbol{L}_q\boldsymbol{L}_q^T + \boldsymbol{\Psi}_q)$의 대각원소가 0임을 이용하면

$$\text{Frobenius 노음}\Big(\boldsymbol{\Sigma} - (\boldsymbol{L}_q\boldsymbol{L}_q^T + \boldsymbol{\Psi}_q)\Big) \le \text{Frobenius 노음}\Big(\boldsymbol{\Sigma} - (\boldsymbol{L}_q\boldsymbol{L}_q^T)\Big)$$

이 성립한다. 이를 활용하여 부등식 (8.16)를 보여라.

7. 식 (8.18)의 상수항을 제외한 우도를 간략히 $L(\boldsymbol{L}, \boldsymbol{\Psi})$으로 표현하고, 이의 로그 우도를 $l(\boldsymbol{L}, \boldsymbol{\Psi})$라 놓자. 그러면 로그 우도는

$$l(\boldsymbol{L}, \boldsymbol{\Psi}) = \log L(\boldsymbol{L}, \boldsymbol{\Psi}) = -\log|\boldsymbol{\Sigma}| - \text{tr}(\boldsymbol{S}\boldsymbol{\Sigma}^{-1})$$

으로 재표현할 수 있다. 행렬 $\boldsymbol{L}$에 대한 편미분

$$\partial l(\boldsymbol{L}, \boldsymbol{\Psi})/\partial \boldsymbol{L} = -2\boldsymbol{\Sigma}^{-1}(\boldsymbol{\Sigma} - \boldsymbol{S})\boldsymbol{\Sigma}^{-1}\boldsymbol{L}$$

및 $\boldsymbol{\Sigma}$의 역행렬공식

$$\boldsymbol{\Sigma}^{-1} = \boldsymbol{\Psi}^{-1} - \boldsymbol{\Psi}^{-1}\boldsymbol{L}(\boldsymbol{I} + \boldsymbol{L}^T\boldsymbol{\Psi}^{-1}\boldsymbol{L})^{-1}\boldsymbol{L}^T\boldsymbol{\Psi}^{-1}$$

을 활용하여 식 (8.18)의 우도를 $\boldsymbol{L}$에 대해 미분함으로써, 식 (8.19)의 추정 방정식을 얻을 수 있음을 보여라.

8. $Y = \boldsymbol{M}X$라고 할 때, $H(Y) = H(X) + \log|\det(\boldsymbol{M})|$임을 보여라.

9. 다차원 척도화에서 관측치간의 유클리드 거리 $d_{ij}^2 = \|x_i - x_j\|^2$ 의 행렬을 다음의 과정을 통해 중심화된 내적으로 표현하여라. 먼저

$$d_{ij}^2 = \|x_i - \bar{x}\|^2 + \|x_j - \bar{x}\|^2 - 2\langle x_i - \bar{x}, x_j - \bar{x}\rangle$$

임을 보이고 행렬 $\boldsymbol{B} = (-d_{ij}^2/2)$라 정의할 때, $\boldsymbol{B}$에 이중 중심화 $\boldsymbol{K} = (\boldsymbol{I} - \boldsymbol{M})\boldsymbol{B}(\boldsymbol{I} - \boldsymbol{M}), \boldsymbol{M} = \frac{1}{n}11^T$를 수행하면 $\boldsymbol{K}$의 원소는

$$k_{ij} = \langle x_i - \bar{x}, x_j - \bar{x}\rangle$$

가 됨을 확인하여라.

10. 고전적 척도화에서 $\boldsymbol{S} = (\langle x_i - \bar{x}, x_i - \bar{x}\rangle)$를 중심화된 내적행렬이라 하자. $\boldsymbol{S}$의 k개의 고유값을 $\lambda_1^2 \geq \lambda_2^2 \geq \cdots \geq \lambda_k^2 \geq 0$라 하고, $\boldsymbol{\Lambda}$는 $\lambda_1, \ldots, \lambda_k$를 대각원소로 갖는 대각행렬이라 하자. 또한 $\boldsymbol{E} = [e_1, \ldots, e_k]$를 대응하는 고유벡터라 할 때 고전적 척도화의 해 z_i들이 $\boldsymbol{E\Lambda}$의 행으로 주어짐을 보여라.

11. `mlbench` 패키지를 이용하여 다음의 질문에 답하라.

    (a) `BostonHousing` 자료에 대하여 출력변수 `medv`를 제외한 나머지 변수들에 대하여 주성분분석과 인자분석을 실시하고 그 결과를 해석하라.

    (b) `Sonar` 자료에서 61번째 열의 출력변수를 제외한 나머지 변수들에 대하여 주성분분석과 독립성분분석을 실시하고 그 결과를 비교하라.

(c) `HouseVotes84` 자료에 대하여 1열을 제외한 나머지 변수들에 대하여 적절한 다차원 척도법을 적용하고 그 결과를 도표로 표현하라. 단, 관측치 번호와 1열의 democrat, republican 범주의 첫 글자를 결합하여 (예를 들면 1(D) 식으로) 관측값의 라벨로 사용하라.

9 연관규칙분석

연관규칙분석(association rule analysis)은 대용량 데이터베이스에서 변수들 간의 흥미로운 관계를 탐색하기 위해 고안된 방법으로 마케팅과 웹마이닝 등 여러 분야에서 사용된다. 이 장에서는 연관규칙, 연관규칙의 유용성에 대한 측도, 연관규칙분석의 절차, 자료분석시 자주 발생하는 여러 가지 현실문제에 대한 고려사항들에 대하여 다룬다.

9.1 개요

연관규칙분석은 자료에 존재하는 항목(item)들간의 if-then 형식의 연관규칙을 찾는 방법으로서 자율학습법의 일종이다. 연관규칙분석은 흔히 기업의 데이터베이스에서 상품의 구매, 서비스 등 일련의 거래 또는 사건들 간의 연관성에 대한 규칙을 발견하기 위해 적용되며, 마케팅에서는 손님의 장바구니에 들어있는 품목간의 관계를 알아본다는 의미에서 장바구니분석(market basket analysis)이라고도 부른다.

그러면 왜 이러한 분석을 고려하는지 알아보자. 어느 수퍼마켓에서 고객이 구입한 물건들이 담긴 장바구니의 정보가 주어졌다고 하자. 연관규칙분석은 특정한 상품을 구입한 고객이 어떤 부류에 속하는지, 그들이 왜 그런 구매를 했는지 알아보기 위해서 고객들이 구매한 상품에 대한 자료를 분석하는 것이다. 이러한 분석을 통하여 효율적인 매장진열, 패키지 상품의 개발, 교차판매전략의 수립, 기획상품의 결정 등에 응용할 수 있다.

구체적인 연관규칙분석의 적용 예를 살펴보면 다음과 같다. 백화점, 호텔 등 서비스업에서는 연관규칙을 통하여 고객들이 특정 서비스를 받은 후 다음에 어떤 서비스를 원하는지 미리 알 수 있고, 신용카드사나 은행에서는 고객들의 기존 금융서비스 내역으로부터 대출과 같은 특정한 서비스를 받을 가능성이 높은 고객을 찾을 수 있다. 의료보험이나 상해보험에서는 고객의 보험금 청구가 기존의 정상적인 청구와 다른 패턴을 보이는 경우 보험사기의 징조로 간주하여 추가적인 조사를 하게 된다. 그 외에도 연관규칙분석은 인터넷 쇼핑몰에서 상품의 추천, 텍스트마이닝에서 웹페이지간의 링크에 대한 분석 등 여러 가지 문제에 적용된다.

9.2 연관규칙

연관규칙분석은 자료로부터 항목간의 연관규칙을 찾아주는데, 이 때 찾은 모든 규칙이 유용한 정보를 가지고 있지는 않다. 연관규칙은 유용한 규칙, 자명한 규칙, 설명이 불가능한 규칙으로 구분할 수 있다. 예를 들면, “목요일에 식료품 가게를 찾는 고객은 아기 기저귀와 맥주를 함께 구입하는 경향이 있다”라는 규칙은 매장진열이나 교차판매 등 마케팅에 직접 활용할 수 있는 유용한 규칙으로 볼 수 있다. “한 회사의 전자제품을 구매하던 고객은 전자제품을 살 때 같은 회사의 제품을 사는 경향이 있다”라는 규칙은 상식적으로 생각할 수 있는 자명한 규칙으로 현실적으로는 그다지 유용하지 않을 수 있고, “새로 연 건축 자재점에서는 변기덮개가 많이 팔린다”라는 규칙은 논리적으로 설명이 불가능한 규칙이다. 현실문제에서는 연성규칙분석을 통해 수많은 규칙들을 얻게 되며 이 규칙들 중에서 유용한 규칙을 발견하는 것은 분석자의 몫이다.

연관규칙에 대한 이해를 돕기 위해 다음과 같은 편의점에서의 거래내역(transaction) 예제를 생각해보자.

고객번호	품목
1	오렌지쥬스,사이다
2	우유, 오렌지쥬스, 식기세척제
3	오렌지쥬스, 세제
4	오렌지쥬스, 세제, 사이다
5	식기 세척제, 사이다

위의 거래내역을 바탕으로 다음과 같이 동시구매표를 작성할 수 있다.

	오렌지쥬스	식기세척제	우유	사이다	세제
오렌지쥬스	4	1	1	2	2
식기세척제	1	2	1	1	0
우유	1	1	1	0	0
사이다	2	1	0	3	1
세제	2	0	0	1	2

작성된 동시구매표로부터 "사이다를 구입하는 고객은 오렌지쥬스를 산다"와 같은 간단한 규칙을 만들 수 있다. "If X, then Y"와 같은 형식으로 표현되는 규칙을 연관규칙이라 하며 앞에서 논의된 것처럼 모든 규칙이 유용하지는 않다. 유용한 규칙이 되기 위한 필요조건은 두 품목 X와 Y를 동시에 구매한 경우의 수가 일정수준 이상이며 품목 X를 포함하는 거래 중 품목 Y를 구입하는 경우의 수도 일정수준 이상이어야 한다.

9.3 연관규칙분석의 측도

이 절에서는 연관규칙이 유용한 규칙일 필요조건에 대한 측도인 지지도(support), 신뢰도(confidence), 향상도(lift)에 대하여 학습한다. 먼저 연관규칙 $X \Rightarrow Y$(즉 "if X, then Y")의 지지도와 신뢰도에 대하여 알아보자.

- 지지도

  연관규칙 $X \Rightarrow Y$의 지지도는 전체 거래들중 품목 X와 품목 Y를 동시에 포함하는 거래의 비율로 정의된다.

$$\text{지지도} = \hat{\mathbb{P}}(X \cap Y) = \frac{\text{X와 Y가 동시에 포함된 거래수}}{\text{전체 거래수}}$$

- 신뢰도

  연관규칙 $X \Rightarrow Y$의 신뢰도는 품목 X를 포함하는 거래들중 품목 Y를 포함하는 거래의 비율로 아래와 같이 정의된다.

$$\frac{\hat{\mathbb{P}}(X \cap Y)}{\hat{\mathbb{P}}(X)} = \frac{\text{품목 X와 Y를 동시에 포함하는 거래수}}{\text{품목 X를 포함하는 거래수}}$$

  따라서 신뢰도는 $\hat{\mathbb{P}}(Y|X)$를 의미한다.

편의점 거래내역 예제에서 연관규칙 "오렌지쥬스를 구매하면 사이다를 구매한다"의 지지도와 신뢰도는 동시구매표로부터 2/5와 2/4이며, 다른 연관규칙 "우유와 오렌지쥬스를 사면 식기세척제를 산다"는 1/5과 1/1의 지지도와 신뢰도를 가짐을 쉽게 알 수 있다.

이번에는 피자의 거래내역에 대하여 모든 가능한 연관규칙들의 지지도와 신뢰도를 구해보자. 여기서 A, B, C는 추가로 주문하는 토핑들이다.

항목	거래수
A	100
B	150
C	200
{A,B}	400
{A,C}	300
{B,C}	200
{A,B,C}	100
추가안함	550
전체 거래수	2000

위의 거래내역으로부터 각 품목에 대한 거래수와 전체 거래수에 대한 상대도수를 다음과 같이 구할 수 있다.

항목	품목이 포함된 거래수	확률
A	900	0.450
B	850	0.425
C	800	0.400
{A,B}	500	0.250
{A,C}	400	0.200
{B,C}	300	0.150
{A,B,C}	100	0.050

위의 상대도수로부터 각 품목의 거래수로부터 하나의 품목만을 결과로 갖는 모든 연관규칙에 대한 지지도와 신뢰도는 다음과 같이 구할 수 있다.

규칙	지지도		신뢰도
$X \Rightarrow Y$	$\hat{\mathbb{P}}(X \cap Y)$	$\hat{\mathbb{P}}(X)$	$\hat{\mathbb{P}}(Y\|X)$
$A \Rightarrow B$	0.250	0.450	0.556
$B \Rightarrow A$	0.250	0.425	0.588
$C \Rightarrow B$	0.150	0.400	0.375
$B \Rightarrow C$	0.150	0.425	0.353
$A \Rightarrow C$	0.200	0.450	0.444
$C \Rightarrow A$	0.200	0.400	0.500
$\{A, B\} \Rightarrow C$	0.050	0.250	0.200
$\{B, C\} \Rightarrow A$	0.050	0.150	0.333
$\{A, C\} \Rightarrow B$	0.050	0.200	0.250

세가지 품목을 포함하는 연관규칙들 중 가장 신뢰도가 높은 규칙은 $\{B, C\} \Rightarrow A$이며 이 규칙의 신뢰도는 0.333이다. 그러나 전체 거래에서 품목 $\{B, C\}$의 거래가 일어날 가능성(지지도)은 0.15로 작기 때문에 이 연관규칙은 실제 의미부여가

힘들며 따라서 유용한 규칙이 아닐 수도 있다. 이와 같이 지지도와 신뢰도만으로는 유용한 규칙인지 판단하기 어렵기 때문에 향상도라는 다른 측도를 고려하게 된다.

연관규칙 $X \Rightarrow Y$의 향상도는

$$\frac{\hat{\mathbb{P}}(X \cap Y)}{\hat{\mathbb{P}}(X)\hat{\mathbb{P}}(Y)} = \frac{\hat{\mathbb{P}}(Y|X)}{\hat{\mathbb{P}}(Y)} = \frac{\text{신뢰도}}{\hat{\mathbb{P}}(Y)}$$
$$= \frac{\text{품목 X와 Y를 포함하는 거래수}}{\text{품목 X를 포함하는 거래수} \times \text{품목 Y를 포함하는 거래수}}$$

로 정의된다. 향상도가 의미하는 바는 품목 X가 주어지지 않았을 때의 품목 Y의 확률 대비 품목 X가 주어졌을 때의 품목 Y의 확률의 증가 비율이다. 이 값이 클수록 품목 X의 구매여부가 품목 Y의 구매 여부에 큰 영향을 미친다.

연관규칙 $X \Rightarrow Y$는 품목 X와 품목 Y의 구매가 상호 관련이 없는 경우에는 $\mathbb{P}(Y|X) = \mathbb{P}(Y)$이므로 향상도가 1이 된다. 만일 향상도가 1보다 크면 이 규칙은 결과를 예측하는데 있어서 우연적 기회(random chance)보다 우수하다는 것을 뜻하며, 1보다 작으면 이러한 규칙은 결과를 예측하는데 있어서 우연적 기회보다 나쁘다는 의미이다. 따라서 향상도가 1이면 두 품목이 서로 독립적인 관계이고, 1보다 작으면 서로 음의 상관 관계, 1보다 크면 서로 양의 상관 관계가 있다고 해석할 수 있다.

9.4 연관규칙분석 절차

만약 k개의 품목이 있는 경우에 2^k개의 가능한 품목 집합이 있고, k가 아주 큰 경우에 이 모든 집합 중에 지지도가 높은 집합을 찾는 것은 현실적으로 불가능하다. 이 절에서는 최소지지도를 갖는 연관규칙을 찾는 대표적인 방법인 apriori 알고리즘을 소개한다. 기본적인 아이디어는 최소지지도 보다 큰 집합(빈발품목집합, frequent itemset)만을 대상으로 높은 지지도를 갖는 품목 집합을 찾는 것이다. 보다 자세한 사항은 Liu (2009)를 참고하기 바란다. apriori 알고리즘은 다음의 2 단계로 이루어진다.

1. 최소지지도를 넘는 모든 빈발품목집합을 생성한다.

2. 빈발품목집합에서 최소 신뢰도를 넘는 모든 규칙을 생성한다.

9.4.1 빈발품목집합의 생성

연관규칙분석에서 가장 힘든 것은 최소지지도 이상의 빈발품목집합을 생성하는 것이다. apriori 알고리즘에서 이런 집합을 찾는 방법은 다음과 같다.

1. 개별 품목중에서 최소 지지도를 넘는 모든 품목을 찾는다.

2. 위에서 찾은 개별 품목만을 이용해서 최소 지지도를 넘는 2가지 품목 집합을 찾는다.

3. 위의 두 단계에서 찾은 품목 집합을 결합하여 최소 지지도를 넘는 3가지 품목 집합을 찾는다.

4. 이런 방법을 반복적으로 사용하여 최소지지도가 넘는 빈발품목집합들을 찾을 수가 있다.

이와 같이 검색할 품목집합을 제한함으로써 대용량 데이터베이스의 거래자료에서 효율적으로 연관규칙을 생성할 수 있다.

9.4.2 연관규칙의 생성

빈발품목집합에 대하여 연관규칙을 생성하기 위해 공집합을 제외한 빈발품목집합의 모든 부분집합을 고려한다. 즉, 모든 부분집합에 대하여 연관규칙을 생성하고 신뢰도를 계산하여 주어진 최소 신뢰도를 넘는 연관규칙을 찾게 된다. 아래의 거래내역에 대하여 최소 지지도가 0.3인 경우에 apriori 알고리즘을 이용하여 빈발품목집합을 생성하는 과정을 살펴보자.

거래	품목
1	F, K, N
2	E, F
3	E, S
4	E, F, N
5	C, E, F, K, N
6	C, K, N
7	C, K, N

- 각 품목 C, E, F, K, N, S의 빈도가 각각 3, 4, 4, 4, 5, 1이므로 S를 제외한 모든 품목의 지지도는 0.3을 넘는다. 따라서 하나의 품목으로 구성된 빈발품목집합(여기서는 1-빈발품목집합으로 표현)은

$$F_1 = \{C, E, F, K, N\}$$

이고, 1-빈발품목집합의 원소들로 구성된 가능한 2품목 조합으로 이루어진 2-후보품목집합은

$$\begin{aligned} C_2 &= \{\{C,E\},\{C,F\},\{C,K\},\{C,N\},\{E,F\},\{E,K\},\{E,N\},\{F,K\}, \\ &\quad \{F,N\},\{K,N\}\} \end{aligned}$$

이다.

- C_2의 각 품목집합의 빈도는 1, 1, 3, 3, 3, 1, 2, 2, 3, 4이므로 최소 지지도를 넘는 2-빈발품목집합은

$$F_2 = \{\{C,K\},\{C,N\},\{E,F\},\{F,N\},\{K,N\}\}$$

이다. 3-후보품목집합은 $C_3 = \{\{C,K,N\}\}$이 된다. $\{E,F,N\}$도 고려해볼 수 있으나 $\{E,N\} \notin F_2$이므로 포함되지 않는다.

- $\{C,K,N\}$의 빈도는 3으로 최소 지지도를 넘고 3-빈발품목집합은 $F_3 = \{\{N,\ C,K\}\}$이 된다.

일단 빈발품목집합 F_1, F_2, F_3이 생성되면 이들에 대하여 모든 가능한 연관규칙을 생성한 후 정해진 최소 신뢰도를 넘는 연관규칙을 찾는 것은 앞 절에서 설명한 것처럼 어렵지 않다. 연습삼아 각자 최소 신뢰도가 80%를 넘는 연관규칙을 찾아 보기 바란다.

9.5 연관규칙분석의 고려사항

다음은 연관규칙분석시 고려할 사항들이다.

- 적절한 품목의 선택
  어떤 품목을 선택할 것인가는 전적으로 분석의 목적에 달려있다. 가령 대형 할인점에서는 술을 하나의 상위 품목으로 고려할 수 있는데 어떤 경우에는 술을 소주, 맥주, 포도주, 위스키 등으로 세분화할 필요가 있다. 또한 Calvin Klein 또는 Marc Jacobs와 같은 디자이너 레이블이나 저지방 또는 무지방 제품 등과 같은 가상품목을 고려해야 하는 경우도 있다. 탐색해야 할 규칙의 수는 고려되는 품목의 수에 따라 지수적으로 증가하므로 분석 목적에 맞는 적절한 품목의 선택은 매우 중요한 문제이다. 일반적으로는 일차 단계에서 상위수준의 품목 분류를 이용하여 규칙을 찾은 후 이를 바탕으로 세분화된 품목으로 분석을 진행한다. 또 다른 고려사항은 통계학의 모든 범주형 자료 분석이 그렇듯이 연관규칙분석은 각 품목들의 거래회수가 비슷한 경우에 가장 효율적이다.

- 연관규칙의 발견
  연관규칙을 찾을 때 연관규칙을 어떻게 표현하는가라는 문제도 매우 중요하다. 예를 들어 "아기 기저귀와 목요일이면 맥주"라는 규칙이 "목요일이면 아기 기저귀와 맥주"에 비해 조건은 보다 구체적이고 결과는 더 단순하므로 더 의미 있는 연관 규칙이라 할 수 있다. 분석 결과 향상도가 1보다 작은 경우에는 결과를 역으로 나타내면 향상도가 1보다 커지는데 이러한 규칙이 의미가 있는지 생각해 보는 것도 좋다. 만일 인터넷 쇼핑몰이나 웹페이지 방문 순서와 같이 관심있는 사건이 시차에 따라 이루어지는 경우에는 시차 연관규칙분석을 고려할 수도 있다.

- 현실적 문제의 해결
  품목의 수가 증가하면 계산량은 기하급수적으로 증가하게 되며 연관규칙을 탐색하는데에 많은 시간이 소요된다. 이러한 문제점 때문에 일반적으로 지지도가 정해진 기준보다 작은 규칙들은 고려하지 않도록 하는 최소지지도 가지치기(minimum support pruning)를 적용한다. 또한 품목수가 일정수를 넘는 규칙은 고려대상에서 제외하기도 한다.

앞에서 언급된 음의 연관규칙과 시차 연관규칙에 대하여 보다 자세히 살펴보자. 예를 들어 연관규칙 "B와 C이면 A이다"의 신뢰도가 33%이고 향상도는 1보다 작다고 하자. 이 연관규칙에서 결과에 대한 부정인 "B와 C이면 A가 아니다"라는 연관규칙은 신뢰도가 67%가 되고 따라서 향상도는 1보다 커지게 된다. 그러나 이러한 음의 연관규칙은 원래의 연관규칙만큼 유용하지 않을 수도 있기 때문에 주의할 필요가 있다.

시계열자료와 같이 사건들이 어떤 순서로 일어날 때 이 사건들 사이의 연관성을 알아내는 것을 시차 연관규칙분석이라 부른다. 웹로그(web log)로부터 동일한 고객의 구매 패턴이나 웹페이지 방문 패턴을 알아내고자 하는 경우에 유용한 분석으로서, 같은 고객의 구매 패턴을 기반으로 구매 패턴이 시간에 따라 연관성이 있는지를 알아보고자 할 때 사용된다.

9.6 R 예제

9.6.1 자료의 변환

이 절에서는 R의 `arules` 패키지의 여러 가지 알고리즘들중 apriori에 의한 연관규칙분석을 살펴본다. 다음은 여러 가지 자료에 `apriori` 함수에 적용할 수 있도록 자료를 거래형태로 변환하는 예제들이다. 자료를 거래형태로 변환하는 함수는 `as`를 사용하며 옵션으로 `transactions`를 사용한다.

```
> library(arules)
> # Example 1
> # convert transactions into a list
> a_list = list(
+         c("a","b","c"),
+         c("a","b"),
+         c("a","b","d"),
+         c("c","e"),
+         c("a","b","d","e")
+         )
> # set transaction names
> names(a_list) = paste("Tr",c(1:5), sep = "")
> a_list
$Tr1
[1] "a" "b" "c"
$Tr2
[1] "a" "b"
$Tr3
[1] "a" "b" "d"
$Tr4
[1] "c" "e"
$Tr5
[1] "a" "b" "d" "e"

> # coerce into transactions
> trans = as(a_list, "transactions")
> # analyze transactions
> summary(trans)
transactions as itemMatrix in sparse format with
 5 rows (elements/itemsets/transactions) and
 5 columns (items)
```

```
most frequent items:
      a       b       c       d       e (Other)
      4       4       2       2       2       0

element (itemset/transaction) length distribution:
sizes
2 3 4
2 2 1

   Min. 1st Qu.  Median    Mean 3rd Qu.    Max.
    2.0     2.0     3.0     2.8     3.0     4.0

includes extended item information - examples:
  labels
1      a
2      b
3      c

includes extended transaction information - examples:
  transactionID
1           Tr1
2           Tr2
3           Tr3
> image(trans)
> # Example 2
> # create transactions from a matrix
> a_matrix = matrix(
+         c(1,1,1,0,0,
+            1,1,0,0,0,
+            1,1,0,1,0,
```

```
+             0,0,1,0,1,
+             1,1,0,1,1), ncol = 5)
> # set dim names
> dimnames(a_matrix) =  list(
+             c("a","b","c","d","e"),
+             paste("Tr",c(1:5), sep = ""))
> a_matrix
  Tr1 Tr2 Tr3 Tr4 Tr5
a   1   1   1   0   1
b   1   1   1   0   1
c   1   0   0   1   0
d   0   0   1   0   1
e   0   0   0   1   1
> # coerce into transactions
> trans2 =  as(a_matrix, "transactions")
> trans2
transactions in sparse format with
 5 transactions (rows) and
 5 items (columns)
> image(trans2)
>
> # Example 3
> # create transactions from data.frame
> a_data.frame = data.frame(
+             age = as.factor(c(6,8,7,6,9,5)),
+             grade = as.factor(c(1,3,1,1,4,1)))
> # note: all attributes have to be factors
> a_data.frame
  age grade
1   6     1
2   8     3
```

```
3  7     1
4  6     1
5  9     4
6  5     1
> # coerce into transactions
> trans3 = as(a_data.frame, "transactions")
> image(trans3)
>
> # Exmaple 4
> # create from data.frame with NA
> a_df = sample(c(LETTERS[1:5], NA),10,TRUE)
> a_df = data.frame(X = a_df, Y = sample(a_df))
> a_df
      X    Y
1     D    E
2     E    A
3     D    D
4     A    C
5     E    E
6     B    D
7     E    D
8     D <NA>
9  <NA>    B
10    C    E
> trans3 = as(a_df, "transactions")
> trans3
transactions in sparse format with
 10 transactions (rows) and 10 items (columns)
> as(trans3, "data.frame")
       items transactionID
1  {X=D,Y=E}             1
```

```
2  {X=E,Y=A}          2
3  {X=D,Y=D}          3
4  {X=A,Y=C}          4
5  {X=E,Y=E}          5
6  {X=B,Y=D}          6
7  {X=E,Y=D}          7
8       {X=D}          8
9       {Y=B}          9
10 {X=C,Y=E}         10
```

9.6.2 Adult 자료

다음으로 미국 Census Bureau의 Census Income 데이터베이스에서 추출된 설문조사 자료인 `Adult` 자료를 분석해보자. 이 자료는 48,842개의 관측값과 나이, 직업군, 교육정도 등의 15개의 변수들로 구성되었고 대부분의 변수들이 범주형이다. 자세한 사항은 자료에 대한 도움말을 참조하기 바란다. 이 자료에 대하여 지지도, 신뢰도, 향상도 등에 대한 적절한 최소값을 넘는 연관규칙들을 다음과 같이 탐색하였다. 연관성 규칙을 찾는 분석을 하기 위한 함수로는 `apriori`를 사용한다. 아래 코드에서 사용된 함수에 대한 설명은 표 9.1과 같다.

표 9.1: 함수 `str`, `apriori`, `subset`에 대한 설명

함수명	옵션	함수설명
`str`		R 객체(object)의 내부적 구조를 표시
`apriori`	`parameter`	연관성 규칙을 찾는 과정에서 지지도, 신뢰도 등을 설정하고 설정된 조건을 만족하는 연관성 규칙을 찾음. 자세한 사항은 `APparameter` 옵션 참고
	`appearance`	연관성 분석의 결과를 출력하는 형식을 지정. 자세한 사항은 `APappearance` 옵션 참고
`subset`	`subset`	`appriori` 함수를 통해서 얻은 여러 연관성 규칙 중에 관심있는 연관성 규칙을 R 콘솔창에 출력

```
> ## Adult data
> data(Adult)
Warning message:
In readChar(con, 5) : can only read in bytes in a non-UTF-8 MBCS locale
> str(Adult)
Formal class 'transactions' [package "arules"] with 4 slots
  ..@ transactionInfo:'data.frame':     0 obs. of  0 variables
  ..@ data           :Formal class 'ngCMatrix' [package "Matrix"] with 5 slots
  .. .. ..@ i       : int [1:612200] 1 10 25 32 35 50 59 61 63 65 ...
  .. .. ..@ p       : int [1:48843] 0 13 26 39 52 65 78 91 104 117 ...
  .. .. ..@ Dim     : int [1:2] 115 48842
  .. .. ..@ Dimnames:List of 2
  .. .. .. ..$ : NULL
  .. .. .. ..$ : NULL
  .. .. ..@ factors : list()
  ..@ itemInfo       :'data.frame':     115 obs. of  3 variables:
  .. ..$ labels   : Factor w/ 115 levels "age=Middle-aged",..: 4 1 3 ...
  .. ..$ variables: Factor w/ 13 levels "age","capital-gain",..: 1 1 1 ...
  .. ..$ levels   : Factor w/ 112 levels "10th","11th",..: 111 63 92 ...
  ..@ itemsetInfo    :'data.frame':     0 obs. of  0 variables
> # association rules with support >= 0.5 &, confidence >= 0.9
> rules = apriori(Adult,
+          parameter = list(supp = 0.5, conf = 0.9, target = "rules"))

parameter specification:
 confidence minval smax arem  aval originalSupport support minlen maxlen
        0.9    0.1    1 none FALSE            TRUE     0.5      1      5
 target   ext
  rules FALSE

algorithmic control:
```

```
 filter tree heap memopt load sort verbose
    0.1 TRUE TRUE  FALSE TRUE    2    TRUE

apriori - find association rules with the apriori algorithm
version 4.21 (2004.05.09)        (c) 1996-2004   Christian Borgelt
set item appearances ...[0 item(s)] done [0.01s].
set transactions ...[115 item(s), 48842 transaction(s)] done [0.05s].
sorting and recoding items ... [9 item(s)] done [0.00s].
creating transaction tree ... done [0.03s].
checking subsets of size 1 2 3 4 done [0.00s].
writing ... [52 rule(s)] done [0.00s].
creating S4 object  ... done [0.02s].
> summary(rules)
set of 52 rules

rule length distribution (lhs + rhs):sizes
 1  2  3  4
 2 13 24 13

   Min. 1st Qu.  Median    Mean 3rd Qu.    Max.
  1.000   2.000   3.000   2.923   3.250   4.000

summary of quality measures:
    support          confidence          lift
 Min.   :0.5084  Min.   :0.9031  Min.   :0.9844
 1st Qu.:0.5415  1st Qu.:0.9155  1st Qu.:0.9937
 Median :0.5974  Median :0.9229  Median :0.9997
 Mean   :0.6436  Mean   :0.9308  Mean   :1.0036
 3rd Qu.:0.7426  3rd Qu.:0.9494  3rd Qu.:1.0057
 Max.   :0.9533  Max.   :0.9583  Max.   :1.0586
> # association rules with support >= 0.4
```

```
> rules = apriori(Adult, parameter = list(support = 0.4))

parameter specification:
 confidence minval smax arem  aval originalSupport support minlen maxlen
        0.8    0.1    1 none FALSE            TRUE     0.4      1      5
 target   ext
  rules FALSE

algorithmic control:
 filter tree heap memopt load sort verbose
    0.1 TRUE TRUE  FALSE TRUE    2    TRUE

apriori - find association rules with the apriori algorithm
version 4.21 (2004.05.09)        (c) 1996-2004   Christian Borgelt
set item appearances ...[0 item(s)] done [0.00s].
set transactions ...[115 item(s), 48842 transaction(s)] done [0.06s].
sorting and recoding items ... [11 item(s)] done [0.00s].
creating transaction tree ... done [0.03s].
checking subsets of size 1 2 3 4 5 done [0.00s].
writing ... [169 rule(s)] done [0.00s].
creating S4 object  ... done [0.02s].
# association rules having "sex" on LHS with support >=0.4 & lift >= 1.3
> rules.sub = subset(rules, subset = rhs \%pin\% "sex" & lift > 1.3)
> inspect(SORT(rules.sub)[1:3])
  lhs                                    rhs        support   confidence  lift
1 {marital-status=Married-civ-spouse} => {sex=Male} 0.407415  0.889181 1.33015
2 {relationship=Husband}              => {sex=Male} 0.403648  0.999949 1.49585
3 {marital-status=Married-civ-spouse,
   relationship=Husband}              => {sex=Male} 0.403402  0.999949 1.49585
```

지지도가 0.4이상이고 향상도가 1.3이상이며 결과가 성별인 연관규칙으로는 "시민권자와 결혼하였으면 남성이다", "남편이면 남성이다", "시민권자와 결혼했고 남편이면 남성이다"라는 것들을 찾아주었다. 첫번째 규칙을 제외한 나머지 규칙들은 자명한 규칙으로 볼 수 있다.

9.6.3 Titanic 생존 자료

다음은 타이타닉호의 승객의 생존여부에 대한 자료[1]로 갯수는 2201개이고 변수는 승객의 객실 등급(Class), 성별(Sex), 나이(Age), 생존여부(Yes 또는 No)의 변수들로 이루어져 있다. 생존 여부에 대한 연관규칙을 찾기 위하여 규칙의 결과로는 생존 여부가 오는 규칙들을 지지도와 신뢰도의 최소값을 각각 0.005와 0.8로 놓고 찾은 결과는 다음과 같다.

```
> # rules with rhs containing "Survived" only
> rules = apriori(titanic.raw, parameter = list(minlen=2, supp=0.005,
+                                                              conf=0.8),
+              appearance = list(rhs=c("Survived=No", "Survived=Yes"),
+              default="lhs"), control = list(verbose=F))
> rules.sorted = sort(rules, by="lift")
> inspect(rules.sorted)
  lhs                rhs                 support confidence     lift
1  {Class=2nd,
    Age=Child}    => {Survived=Yes} 0.010904134  1.0000000 3.095640
2  {Class=2nd,
    Sex=Female,
    Age=Child}    => {Survived=Yes} 0.005906406  1.0000000 3.095640
3  {Class=1st,
    Sex=Female} => {Survived=Yes} 0.064061790  0.9724138 3.010243
4  {Class=1st,
    Sex=Female,
```

[1]자료는 http://www.rdatamining.com에서 내려받을 수 있다

```
    Age=Adult}  => {Survived=Yes} 0.063607451  0.9722222 3.009650
5  {Class=2nd,
    Sex=Female} => {Survived=Yes} 0.042253521  0.8773585 2.715986
6  {Class=Crew,
    Sex=Female} => {Survived=Yes} 0.009086779  0.8695652 2.691861
7  {Class=Crew,
    Sex=Female,
    Age=Adult}  => {Survived=Yes} 0.009086779  0.8695652 2.691861
8  {Class=2nd,
    Sex=Female,
    Age=Adult}  => {Survived=Yes} 0.036347115  0.8602151 2.662916
9  {Class=2nd,
    Sex=Male,
    Age=Adult}  => {Survived=No}  0.069968196  0.9166667 1.354083
10 {Class=2nd,
    Sex=Male}   => {Survived=No}  0.069968196  0.8603352 1.270871
11 {Class=3rd,
    Sex=Male,
    Age=Adult}  => {Survived=No}  0.175829169  0.8376623 1.237379
12 {Class=3rd,
    Sex=Male}   => {Survived=No}  0.191731031  0.8274510 1.222295
```

규칙1은 2등석의 모든 어린이가 생존했다는 것을 의미하므로 규칙2는 규칙1에 비해 더 이상의 추가 정보를 포함하지 않는다. 따라서 이러한 규칙은 일종의 불필요한 중복으로 볼 수 있고 중복 규칙을 찾아서 제거한 결과는 다음과 같다.

```
> # find redundant rules
> subset.matrix = is.subset(rules.sorted, rules.sorted)
> subset.matrix[lower.tri(subset.matrix, diag=T)] = NA
> redundant = colSums(subset.matrix, na.rm=T) >= 1
> which(redundant)
[1] 2 4 7 8
```

```
> # remove redundant rules
> rules.pruned = rules.sorted[!redundant]
> inspect(rules.pruned)
  lhs               rhs                  support confidence     lift
1 {Class=2nd,
   Age=Child}   => {Survived=Yes} 0.010904134  1.0000000 3.095640
2 {Class=1st,
   Sex=Female} => {Survived=Yes} 0.064061790  0.9724138 3.010243
3 {Class=2nd,
   Sex=Female} => {Survived=Yes} 0.042253521  0.8773585 2.715986
4 {Class=Crew,
   Sex=Female} => {Survived=Yes} 0.009086779  0.8695652 2.691861
5 {Class=2nd,
   Sex=Male,
   Age=Adult}  => {Survived=No}  0.069968196  0.9166667 1.354083
6 {Class=2nd,
   Sex=Male}   => {Survived=No}  0.069968196  0.8603352 1.270871
7 {Class=3rd,
   Sex=Male,
   Age=Adult}  => {Survived=No}  0.175829169  0.8376623 1.237379
8 {Class=3rd,
   Sex=Male}   => {Survived=No}  0.191731031  0.8274510 1.222295
>
> # visualization
> library(arulesViz)
> plot(rules)
> plot(rules, method="graph", control=list(type="items"))
> plot(rules, method="paracoord", control=list(reorder=TRUE))
```

중복된 규칙을 제거하고 찾은 규칙은 8가지로, 규칙을 살펴보면 어린이, 여성 등 탈출시 우선순위가 높은 사람들이 대부분 생존하였고 2등석 이하의 남성들은 생존하지 못했음을 알 수 있다. 그림 9.1은 `arulesViz` 라이브러리를 이용한 여러 가지 형태의 연관규칙에 대한 그래프를 보여준다.

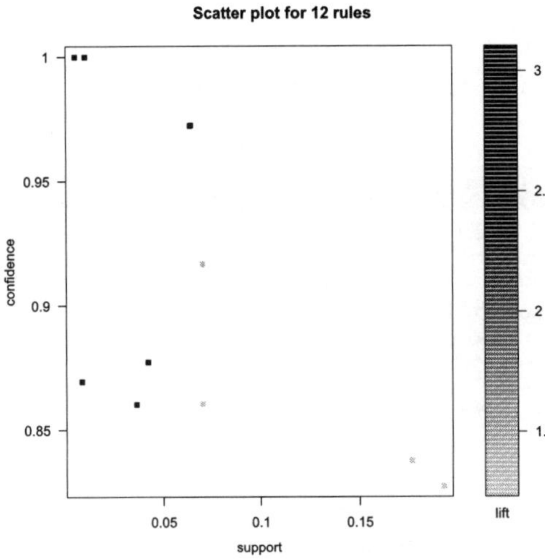

(a) scatter 옵션

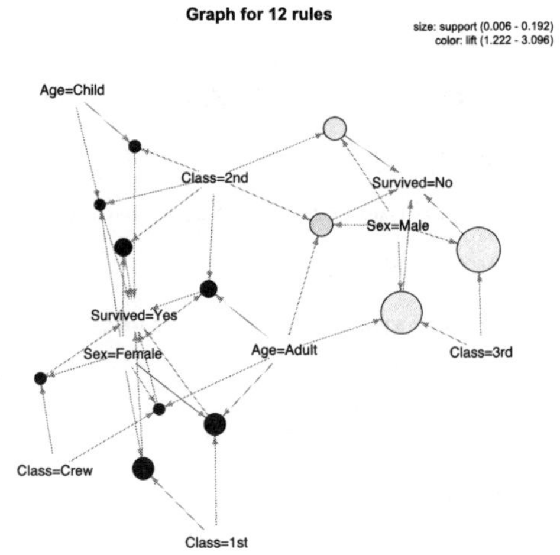

(b) graph 옵션

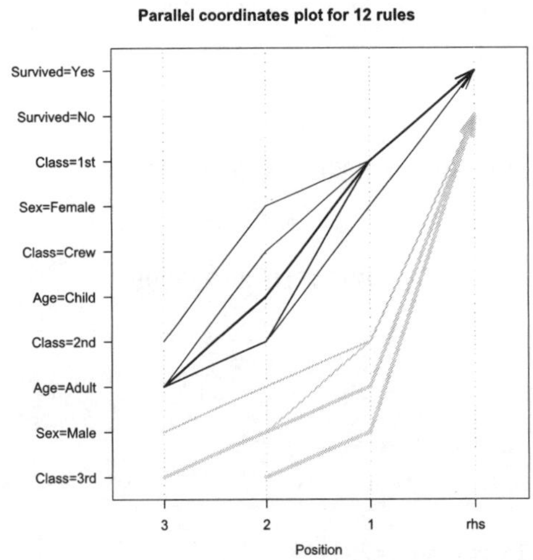

(c) paracoord 옵션

그림 9.1: Titanic 생존 자료에 대한 연관규칙의 여러 가지 시각화

연습문제

1. `arules` 패키지의 Income과 Groceries 자료에 대하여 연관규칙을 탐색하라.

2. `mlbench` 패키지의 `HouseVotes84` 자료에 대하여 결과가 공화당 또는 민주당인 적절한 연관규칙을 탐색해보고, 찾은 연관규칙들을 `arulesViz` 패키지를 이용하여 그래프로 표현하라. 단, `HouseVotes84` 자료는 결측값의 비율이 크기때문에 결측값을 적절히 처리해야 한다. 우선 결측을 해당 의원의 한 의견으로 보고 범주를 3개로 만든 후 의원들간의 법안에 대한 불일치쌍의 비율을 구하여 `lower.tri` 함수를 이용하여 거리로 활용하는 것을 고려할 수 있다. 또 다른 방안으로 각 의원의 결측값을 해당 당별로 다수결로 하여 보정하는 것을 생각해 볼 수 있다.

3. 적절한 자료(웹 검색, KDD Cup 등의 데이터마이닝 경연대회 등)를 찾아 연관규칙분석을 적용하고 그 결과를 해석하라. 단 자료의 출처를 명확히 밝혀라.

10 군집분석

군집화(clustering) 또는 군집분석(cluster analysis)은 대표적인 비지도학습법으로서, 일련의 관측값들을 적절한 기준에 대하여 동일한 군집에 속하는 관측값들은 서로 유사하도록 군집이라 불리는 여러개의 부분집합들로 할당하는 방법이다. 이 장에서는 k-평균 군집법(k-means clustering), 계층적 군집법(hierarchical clustering), 그리고 확률모형에 기반한 가우스 혼합모형에 대하여 소개한다.

10.1 개요

군집분석은 모집단 또는 범주에 대한 사전정보가 없는 경우에 사용하는 비지도학습법이다. 군집분석의 목적은 각 군집내의 개체들을 다른 군집에 속하는 개체들보다 서로 더 유사하도록 여러 군집으로 나눈 후 각 군집별 특성을 파악함으로써 전체 자료 구조에 대한 이해를 돕는 것이다. 반면에 분류분석은 범주에 대한 사전정보가 있는 경우에 분류를 잘 할 수 있는 분류기를 구축하는데 그 목적이 있다. 분류분석에서의 분석자료는 회귀분석과 마찬가지로 반응변수를 가지고 있으며, 다만 이 반응변수의 속성이 수치형이 아니고 범주형 변수라는 점이 다르다. 반면에 군집분석에서는 반응변수 없이 모든 변수가 독립변수로만 이루어져 있다.

군집분석은 사전정보가 없는 자료에 대한 탐색적 방법이므로 분석자의 주관에 따라 결과나 해석이 달라지는 특징을 가진다.

군집분석은 크게 확률모형에 기초한 방법(model-based clustering)과 확률모형을 가정하지 않은 방법(model-free clustering) 으로 나눌 수 있다. 여기서 확률모형에 기초한 방법이란, 관측값들이 혼합분포(mixture distribution)에서 나온 임의표본이라고 가정하고 그 혼합분포의 모수와 각 군집의 비율 모수를 추정하는 방법이다. 확률모형에 기초한 방법 중에서 가장 대표적인 방법은 가우스 혼합모형이다. 확률모형을 가정하지 않은 방법은 여러 가지 최적화 기준이 존재하며 최적화 기준에 따라 다양한 알고리즘이 존재한다. 가장 대표적인 방법으로는 k-평균 군집법과 계층적 군집법이 있다.

군집분석은 자료를 정해진 그룹에 할당한다는 본래의 목적 이외에 이상점(outlier) 등의 특이값을 갖는 개체의 발견이나 결측값의 보정(imputation) 등에도 활용될 수 있다.

군집분석의 대표적인 활용 예로는 고객세분화가 있다. 고객세분화에서는 고객을 인구통계, 구매패턴, 생활패턴 등과 관련된 변수들을 이용하여 여러 집단으로 나눈다. 인구통계적 변수의 예로는 성별, 나이, 거주지, 직업, 소득, 교육, 종교 등이 있고, 구매패턴 변수로는 상품, 주기, 거래액 등이 있으며, 생활패턴 관련 변수로는 라이프스타일, 성격, 취미 등이 있다. 또한 고객의 기업 수익에 대한 기여도 또는 구매패턴 등의 여러 가지 측면의 고객세분화가 가능하다. 개별 고객의 기업의 수익에 대한 기여도 측면의 세분화는 우수고객의 인구통계적 요인과 생활패턴 등을 파악함으로써 개별고객에 대한 맞춤관리를 가능하게 한다. 고객의 구매패턴에 따른 고객세분화는 신상품의 판촉이나 교차판매를 위한 목표집단을 설정하는데 활용될 수 있다.

군집분석의 또 다른 적용예로서 신용카드 사기와 보험료 과다청구와 같은 금융에서의 사기방지 또는 공학에서의 이상탐지가 있다. 예를 들어 제조 공장에서는 정상적인 제품에 대한 자료에 대하여 군집분석을 실시하여 군집을 찾고, 새로 생산된 제품이 군집과의 거리가 크면 자동적으로 불량품으로 인식하도록

함으로써 불량률을 낮출 수도 있다.

이 장에서는 확률모형이 없는 방법론 중에서 가장 많이 쓰이는 방법론인 k-평균 군집분석(k-means clustering)과 그 변형들, 계층적 군집분석, 그리고 확률모형에 기초한 군집분석 방법 중에서 가장 대표적인 가우스 혼합모형에 대하여 알아보기로 한다.

10.2 거리

확률모형에 기초하지 않는 군집방법에서는 관측값들이 서로 얼마나 유사한지 또는 유사하지 않은지를 측정하는 측도를 필요로 하며, 보통 유사성보다는 비유사성(혹은 거리)을 이용하여 군집화를 한다. 분석자료에 포함된 변수들이 모두 연속형인 경우에는 다음과 같은 거리들을 일반적으로 사용한다. 이런 거리들은 확률모형에 기반한 군집분석방법에는 사용되지 않지만, 확률모형에 기반하지 않은 거의 모든 군집분석 방법들이 관측값들의 거리를 이용해서 군집을 나눈다.

- 유클리드 거리(Euclidean distance): $d(x, y) = \left(\sum_{i=1}^{p}(x_i - y_i)^2\right)^{1/2}$

- 민콥스키 거리(Minkowski distance): $d(x, y) = \left(\sum_{i=1}^{p}(x_i - y_i)^m\right)^{1/m}$

- 맨하탄 거리(Manhattan distance): $d(x, y) = \sum_{i=1}^{p} |x_i - y_i|$

- 표준화 거리(standardized distance): $d(x, y) = \left(\sum_{i=1}^{p}(x_i - y_i)^2/s_i^2\right)^{1/2}$
  s_i는 i번째 변수에 대한 표준편차를 나타낸다.

- 마할라노비스 거리(Mahalanobis distance): $d(x, y) = \left((x - y)^T \mathbf{\Sigma}^{-1}(x - y)\right)^{1/2}$
  $\mathbf{\Sigma}$는 공분산행렬을 나타낸다.

- 체비셰프 거리(Chebychev distance): $d(x, y) = \max_{i=1,\ldots,p} |x_i - y_i|$

범주형 변수에 대해서도 여러 가지 거리를 정의할 수 있다. 먼저 변수들의 값이 0 또는 1인 이항 자료에서의 거리에 대하여 생각해보자. 다음은 차원이 p인 두 자료점 x, y의 좌표값들에 대한 분할표이다.

		y		
		1	0	계
x	1	a	b	$a+b$
	0	c	d	$c+d$
	계	$a+c$	$b+d$	p

이항자료에서는 0과 1이 동일한 중요도와 가중치를 가지는 대칭인 경우와 그렇지 않은 비대칭의 경우가 있다. 대칭인 경우에는 두 자료 간의 거리로 불일치쌍의 비율인 $d(x,y) = \frac{b+c}{p}$가 흔히 사용된다. 반면 비대칭인 경우에는 가령 1이 더 중요한 (드물게 발생하는 사건 등) 상태라 하면 자카드 거리(Jaccard distance) $d(x,y) = \frac{b+c}{a+b+c}$를 흔히 사용하며 $\frac{a}{a+b+c}$를 자카드 계수라 부른다. 일반적인 명목형 자료에서 q를 p개의 좌표중 일치쌍의 수라고 하면 거리는 $d(x,y) = 1 - \frac{q}{p}$와 같이 정의할 수 있다. 만약 자료가 연속형과 범주형 변수들의 혼합형인 경우에는 R의 `cluster` 패키지안에 있는 `daisy` 함수를 이용하여 관측치들 사이의 거리를 계산할 수 있다. 연속형 및 범주형 변수들에 대하여 일반적으로 사용되는 여러 가지 거리에 대한 자세한 사항은 Johnson과 Wichern (2002)을 참고하기 바란다.

10.3 k-평균 군집법

k-평균 군집법은 주어진 군집수 k에 대해서 군집내 거리제곱합의 합을 최소화하는 것을 그 목적으로 한다. k-평균 군집법은 사전에 결정된 군집수 k가 주어지면 유클리드 거리를 이용하여 전체 자료를 상대적으로 유사한 k 개의 군집으로 나눈다. k-평균 군집법은 계층적 군집법에 비하여 계산량이 적고 대용량 데이터를 빠르게 처리할 수 있다는 장점이 있다. 하지만 유클리드 거리를 이용하고 군집의 중심을 그 군집에 속한 관측치들의 평균으로 정의하므로 모든 변수가 연속형 변수이어야 한다.

k-평균 군집법의 최적화를 위해서는 주어진 관측치와 군집수 k에 대해서 가능한 모든 군집들에 대해서 거리제곱합을 계산해서 가장 작은 값을 가지는 최적분

리를 찾아야 하지만, 관측치가 많거나 k가 큰 경우에는 경우의 수가 너무 많아서 계산이 불가능하다. 따라서 현재 R에서 제공하고 있는 알고리즘은 모든 가능한 경우에 대해서 계산하지 않고 아래와 같은 방법으로 k개의 군집을 찾는다.

군집수 k가 주어지면 랜덤하게 초기 k개 군집의 중심(평균벡터)을 선택하고, 각 관측값을 그 중심과 가장 가까운 거리에 있는 군집에 할당한 후 군집 중심을 새로 계산한다. 이 과정을 기존의 중심과 새로 계산된 중심간에 차이가 없을 때까지 반복한다. 그림 10.1은 가상의 자료에 대하여 k-평균 군집의 진행 과정을 보여준다. 이런 알고리즘은 초기치에 따라서 다른 결과를 가져올 수 있으므로, 다른 여러개의 초기치들을 사용하여 구한 결과 중에서 거리제곱합이 가장 작은 결과를 선택하는 것이 일반적이다.

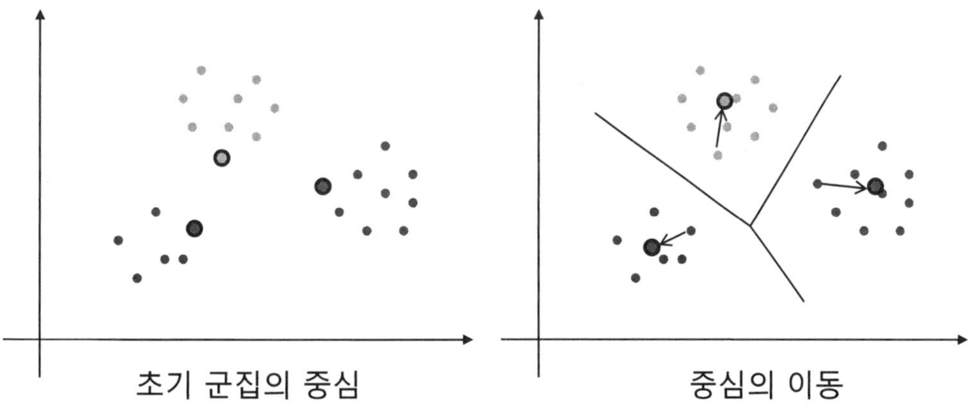

그림 10.1: k-평균 군집법 알고리즘에 대한 예시

10.3.1 k-평균 군집법의 변형

k-평균 군집은 군집간에 겹침(overlap)이 있는 경우나, 이상치가 있는 경우에 대해서 초기값에 민감하다는 단점이 있다. 또한 k-평균 군집법은 각 관측값이 할당된 군집에 속하지 않을 불확실성에 대한 측도가 없기 때문에 하드 군집화(hard clustering)방법의 일종이다. k-평균 군집법의 또 다른 단점으로는 모든 변수가 연속형이어야 한다는 것이다. 즉, 자료중에 범주형 변수가 포함되어 있으면 k-평균

군집법을 사용할 수가 없다.

이런 단점을 극복하기 위해서 k-평균 군집법을 확장한 방법들 중에서 가장 많이 쓰이는 것이 k-medoids 방법이다. k-medoids 방법은 PAM(partitioning around medoids)이라고도 불린다. k-medoids 방법은 k-평균 군집법과 달리 어떤 비유사성 측도도 사용 가능하므로 관측치들 사이에 비유사성만 잘 정의되면 어떤 종류의 자료에도 사용할 수 있다. k-medoids 방법은 군집내 거리합을 최소화한다는 점에서 k-평균 군집법과 유사하지만, 관측치들의 평균 대신 군집내의 관측치들 중에서 가장 작은 거리합을 갖는 관측치를 그 군집의 중심으로 잡는다. 예를 들어 한 군집내에 3개의 관측치 a, b, c가 있다고 하자. 관측치 사이의 거리가 각각 $d(a, b) = 1, d(a, c) = 3, d(b, c) = 6$로 주어졌다. 각 관측치의 거리합을 구해보면 관측치 a는 $d(a, b) + d(a, c) = 4$, 관측치 b는 $d(b, a) + d(b, c) = 7$, 관측치 c 는 $d(c, a) + d(c, b) = 9$이므로 관측치 a가 이 군집의 중심이 된다.

k-medoids 방법에서 최적 군집을 찾는 알고리즘은 k-평균 군집법과 비슷하다. 초기에 k개의 군집 중심을 임의로 정하고 각각의 관측치를 가장 가까운 군집 중심에 할당한 후에 군집 중심을 새로 계산한다. 이 과정을 기존의 중심과 새로 계산된 중심간에 차이가 없을 때까지 반복한다. 다만 군집 중심을 계산할 때 k-평균 군집법보다 시간이 더 걸린다. 그 밖에도 자기조직화지도(self-organizing map)나 fuzzy c-평균법 등 비계층적 군집방법은 아주 많으며 자세한 사항은 Hastie 외 (2009)를 참고하기 바란다.

10.4 계층적 군집분석

계층적 군집분석에는 순차적으로 가까운 관측값들끼리 묶어주는 병합(agglomeration) 방법과 먼 관측값들을 나누어 가는 분할(division) 방법이 있으며 주로 병합 방법이 사용된다. 계층적 군집법은 군집결과를 나무구조의 덴드로그램(dendrogram)을 통해 간단하게 나타낼 수 있고, 이를 이용하여 전체 군집들간의 구조적 관계를 쉽게 살펴볼 수 있다는 장점이 있다.

10.4.1 병합방법

처음에는 n개의 자료 각각을 하나의 군집으로 취급하고, 이 n개의 군집 중 가장 거리가 가까운 두 군집을 병합하여 $n-1$ 개의 군집을 형성한다. 주어진 군집들 중 거리가 가장 가까운 두 군집을 병합하고 군집의 개수를 하나씩 줄이는 과정을 반복하여 모든 자료가 하나의 군집에 속할 때까지 계속한다. 이 과정은 시작부분에서는 군집의 크기는 작고 동질적이며 끝부분에서는 군집의 크기는 커지고 이질적으로 된다. 병합방법에는 군집들간의 거리를 측정하는 방법에 따라 다양한 종류가 있으며, 대표적인 방법들로 최단연결(single linkage), 최장연결(complete linkage), 평균연결(average linkage) 방법 등이 있다.

최단연결법

최단연결법은 두 군집 사이의 거리를 각 군집에서 하나씩 관측값을 뽑았을 때 나타날 수 있는 모든 조합의 거리의 최소값으로 측정하는 방법으로서, 같은 군집에 속하는 관측값은 다른 군집에 속하는 관측값에 비하여 거리가 가까운 변수를 적어도 하나는 갖고 있게 된다. 이 방법은 고립된 군집을 찾는데 중점을 둔 방법으로서 군집이 고리형태로 연결되어 있는 경우에는 부적절한 결과를 줄 수도 있다.

다음의 5개의 관측값에 대한 거리 행렬에 대하여 최단연결법으로 군집을 얻고 덴드로그램으로 나타내보자.

1	0				
2	7	0			
3	1	6	0		
4	9	3	8	0	
5	8	5	7	4	0
	1	2	3	4	5

- 1단계

  거리 행렬에서 $d(1,3)=1$이 최소이므로 관측값 1과 3을 묶어 군집 (1,3)을 만들고 군집 (1,3)과 관측값 2,4,5와의 거리를 다음과 같이 구할 수 있다.

$$\begin{aligned} d((2),(1,3)) &= \min\{d(2,1),d(2,3)\} = d(2,3) = 6, \\ d((4),(1,3)) &= \min\{d(4,1),d(4,3)\} = d(4,3) = 8, \\ d((5),(1,3)) &= \min\{d(5,1),d(5,3)\} = d(5,3) = 7. \end{aligned}$$

이를 이용하여 다음과 같은 거리 행렬을 만든다.

(1,3)	0			
2	6	0		
4	8	3	0	
5	7	5	4	0
	(1,3)	2	4	5

- 2단계

  거리행렬에서 $d(2,4) = 3$이 최소값을 가지므로 관측값 2와 4를 묶어 군집 (2,4)를 만든 후 군집 (2,4)와 군집 (1,3), (5)와의 거리를 구한 후 거리 행렬을 다시 구한다.

$$\begin{aligned} d((2,4),(1,3)) &= \min\{d((2),(1,3)),d((4),(1,3))\} = d((2),(1,3)) = 6, \\ d((5),(2,4)) &= \min\{d(5,2),d(5,4)\} = d(5,4) = 4. \end{aligned}$$

  다음 단계에 사용될 거리행렬은 다음과 같다.

(1,3)	0		
(2,4)	6	0	
5	8	4	0
	(1,3)	(2,4)	5

- 3단계

  $d((5),(2,4)) = 4$가 최소값이므로 군집 (2,4)와 (5)를 묶어 (2,4,5)를 만든 후 $d((1,3),\ (2,4,5)) = d(2,3) = 6$을 이용하여 다음의 거리행렬을 얻는다.

(1,3)	0	
(2,4,5)	6	0
	(1,3)	(2,4,5)

- 4단계

  전체가 하나의 군집을 이룬다.

최장연결법

최장연결법은 두 군집 사이의 거리를 각 군집에서 하나씩 관측값을 뽑았을 때 나타날 수 있는 거리의 최대값으로 측정한다. 군집들의 내부 응집성에 중점을 둔 방법으로서 같은 군집에 속하는 관측치들간의 거리는 최대 거리보다 짧다. 최단연결법 예제에 대하여 최장연결법으로 군집을 얻고 덴드로그램으로 나타내보자.

- 1단계

  최단연결법의 1단계와 같다. 즉, 관측값 1과 3이 최단거리에 위치하고 이를 묶어서 새로운 군집 (1,3)을 만든다. 그리고 군집 (1,3)과 관측값 2,4,5와의 거리

$$
\begin{aligned}
d((2),(1,3)) &= \max\{d(2,1), d(2,3)\} = d(2,1) = 7, \\
d((4),(1,3)) &= \max\{d(4,1), d(4,3)\} = d(4,1) = 9, \\
d((5),(1,3)) &= \max\{d(5,1), d(5,3)\} = d(5,1) = 8
\end{aligned}
$$

  를 구하여 다음과 같은 거리 행렬을 만든다.

(1,3)	0			
2	7	0		
4	9	3	0	
5	8	5	4	0
	(1,3)	2	4	5

- 2단계

  1단계에서 계산된 거리행렬에서 $d(2,4) = 3$이 최소값을 가지므로 관측값 2와 4를 묶어 군집 (2,4)를 만든 후 군집 (2,4)와 군집 (1,3), (5)와의 거리를 다음과 같이 구하고 거리행렬을 다시 계산한다.

$$\begin{aligned} d((2,4),(1,3)) &= \max\{d((2),(1,3)), d((4),(1,3))\} = d((4),(1,3)) = 9, \\ d((5),(2,4)) &= \max\{d(5,2), d(5,4)\} = d(2,4) = 5. \end{aligned}$$

(1,3)	0		
(2,4)	9	0	
5	7	5	0
	(1,3)	(2,4)	5

- 3단계

  $d((5),(2,4)) = 4$이 최소값을 가지므로 군집 (2,4)와 (5)를 묶어 (2,4,5)를 만든 후 $d((1,3),(2,4,5)) = d(1,4) = 9$를 이용하여 다음의 거리행렬을 얻는다.

(1,3)	0	
(2,4,5)	9	0
	(1,3)	(2,4,5)

- 4단계

  전체가 하나의 군집을 이룬다.

그림 10.2는 최단연결법과 최장연결법에 의한 덴드로그램을 보여준다. 이 예제에서 두 군집법은 각 개체들이 군집화되는 거리에 차이가 있을뿐 동일한 군집 결과를 준다. 그러나 대부분의 자료에서는 이들 군집법의 덴드로그램에 차이가 나타나는 것이 일반적이다. 평균연결법에 의한 군집화와 덴드로그램은 연습삼아 각자 구해보기 바란다.

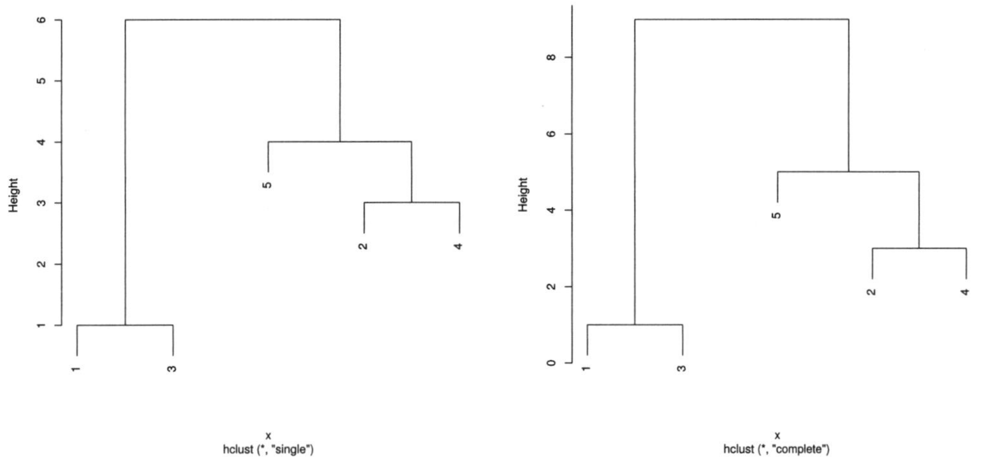

(a) 최단연결법 (b) 최장연결법

그림 10.2: 최단연결법과 최장연결법의 덴드로그램

10.5 가우스 혼합모형

$r = 1, \ldots, R$에 대하여 $0 < \pi_r < 1$, $\sum_{r=1}^{R} \pi_r = 1$이고 f_r은 확률밀도함수라고 하면, 혼합분포(mixture distribution)는 다음과 같은 확률밀도함수를 갖는다.

$$\sum_{r=1}^{R} \pi_r f_r \tag{10.1}$$

군집분석에서는 π_r는 r번째 군집의 비율, f_r 는 r번째 군집의 확률밀도함수, R은 총 군집의 개수로 볼 수 있다. p차원 가우스 혼합모형은 (10.1)에서 $f_r(\cdot) = \phi(\cdot; \mu_r, \mathbf{\Sigma}_r)$인 경우에 해당된다. 여기서 ϕ는 p차원 정규분포의 확률밀도함수이다. 즉, r번째 군집의 분포가 평균벡터가 μ_r이고 공분산행렬이 $\mathbf{\Sigma}_r$인 정규분포라고 가정하는 것이다.

모수의 추정은 아래에서 소개되는 기대화-최대화 (expectation-maximization, EM) 알고리즘이나 MCMC(Markov Chain Monte Carlo) 방법을 사용한다. R에서는 `mclust` 패키지를 이용하여 가우스 혼합모형을 적합할 수 있다. 만일 각각의 군집마다 다른 공분산을 가정하면 총 $R - 1 + Rp + R\frac{p(p+1)}{2}$개의 모수를 추정해야 한다. 따라서 자료가 충분히 많은 경우를 제외하고는 공분산행렬에 대한 적절한 가정을 통하여 모수의 개수를 줄인다. 예를 들면 공분산행렬들이 동일하다고($\mathbf{\Sigma}_1 = \cdots = \mathbf{\Sigma}_R = \mathbf{\Sigma}$) 가정할 수 있다. 혹은 공통공분산행렬에 대하여 $\mathbf{\Sigma} = \mathrm{diag}(\sigma_1^2, \ldots, \sigma_R^2)$이나 $\mathbf{\Sigma} = \sigma^2 \boldsymbol{I}$를 가정하기도 한다.

10.6 기대화-최대화 알고리즘에 의한 추정*

가우스 혼합모형의 모수추정법을 설명하기 전에 우선 일반적인 기대화-최대화 알고리즘에 대해서 알아보자. Dempster 외 (1977)에 의해 제안된 기대화-최대화 알고리즘은 확률모형이 관측되지 않는 잠재변수(latent variable)에 의존하는 경우에 최대우도추정량을 구할 때 사용되는 방법이다. x는 관측된 변수들의 값이고 z는 관측되지 않은 잠재변수들의 값이라고 하자. 모수 θ에 대하여 관측된 자료 x의 로그 우도는 $l(\theta; x)$이고 전체자료 (x, z)의 로그 우도는 $l(\theta; x, z)$ 로 나타내자. 다음은 일반적인 기대화-최대화 알고리즘이다.

1. 모수를 초기값 $\hat{\theta}(0)$로 초기화 한다.

2. 기대값 단계(expectation step)
   j번째 단계에서 관측된 자료값과 전단계의 모수 추정값 $\hat{\theta}(j)$이 주어졌을 때, 다음과 같은 전체자료의 로그 우도의 기대값을 구한다.
   $$Q(\theta, \hat{\theta}(j)) = E\left\{ l(\theta; x, z) | x, \hat{\theta}(j) \right\}$$

3. 최대화 단계(maximization step)
   $$\hat{\theta}(j+1) = \arg\max_{\theta} Q(\theta, \hat{\theta}(j)).$$

4. 단계 2와 3을 모수추정값이 수렴할 때까지 반복한다.

기대화-최대화 알고리즘에서는 항상

$$l(\hat{\theta}(j+1); x) - l(\hat{\theta}(j); x) \geq 0 \tag{10.2}$$

이 성립하기 때문에 관측된 자료의 우도함수값을 계속해서 증가시킨다는 아주 좋은 성질이 있다. 하지만, 반드시 최대우도추정량으로 수렴하지는 않는다. 예를 들어 다봉분포(multimodal distribution)의 경우 초기치에 따라 국소 최대값(local maximum)으로 수렴하게 된다. 한편 이 알고리즘은 우도함수가 지수족(exponential family)에 속하는 경우에 매우 유용하다. 그 이유는 우도함수가 지수족이면 기대화 단계는 충분통계량의 기대값의 합으로 표현되고 최대화 단계는 선형함수의 최대화 문제가 되기 때문이다. 따라서 대부분의 지수족의 경우에는 각 단계의 모수 추정값을 명시적인 수식으로 표현하는 것이 가능하다.

이제 가우스 혼합분포의 추정 알고리즘에 대하여 생각해보자. $x = (x_1, x_2, \ldots, x_n)$은 R개의 성분으로 이루어진 p차원 가우스 혼합분포를 따른다고 가정하자. $z = (z_1, z_2, \ldots, z_n)$는 각 관측값이 어느 정규분포로부터 온 것인지를 나타내는 잠재변수라고 하면

$$X_i|Z_i = r \sim N(\mu_r, \mathbf{\Sigma}_r)$$

이다. $\mathbb{P}(Z_i = r) = \tau_r \in (0,1)$이고 $\sum_{r=1}^{R} \tau_r = 1$이라고 하자. 이 문제에서 추정할 모수는 $\theta = (\tau, \mu_1, \ldots, \mu_R, \mathbf{\Sigma}_1, \ldots, \mathbf{\Sigma}_R)$이며 전체자료의 우도함수는

$$L(\theta; x, z) = \prod_{i=1}^{n} \tau_{z_i} \phi(x_i; \mu_{z_i}, \mathbf{\Sigma}_{z_i})$$

로 나타낼 수 있다. 로그 우도함수는

$$\sum_{i=1}^{n}\sum_{r=1}^{R} I(z_i = r)[\log \tau_r - \frac{1}{2}\log|\mathbf{\Sigma}_r| - \frac{1}{2}(x_i - \mu_r)^T \mathbf{\Sigma}_r^{-1}(x_i - \mu_r) - \frac{p}{2}\log(2\pi)]$$

이다.

현재의 추정값 $\hat{\theta}(j)$가 주어졌을 때 Z_i의 조건부 분포는 베이즈 정리에 의해

$$\hat{\gamma}_{r,i}(j) = \mathbb{P}(Z_i = r|X_i = x_i; \hat{\theta}(j)) = \frac{\hat{\tau}_r(j)\phi(x_i; \hat{\mu}_r(j), \hat{\mathbf{\Sigma}}_r(j))}{\sum_{r=1}^{R} \hat{\tau}_r(j)\phi(x_i; \hat{\mu}_r(j), \hat{\mathbf{\Sigma}}_r(j))}$$

이다. 결국 기대값 단계는

$$\begin{aligned} & Q(\theta|\theta(j)) \\ = \ & \sum_{i=1}^{n}\sum_{r=1}^{R} \hat{\gamma}_{r,i}(j) \left[\log \tau_r - \frac{1}{2}\log|\mathbf{\Sigma}_r| - \frac{1}{2}(x_i - \mu_r)^T \mathbf{\Sigma}_r^{-1}(x_i - \mu_r) - \frac{p}{2}\log(2\pi)\right] \end{aligned}$$

이 된다. 위 식에서 $\tau, (\mu_1, \mathbf{\Sigma}_1), \ldots, (\mu_R, \mathbf{\Sigma}_R)$은 선형항으로서 나타나므로 서로 독립적으로 최대화할 수 있다.

먼저 τ의 경우 제약조건 $\tau_1 + \cdots + \tau_R = 1$과 $0 \le \tau_r \le 1, r = 1, \ldots, R$하에서

$$\hat{\tau}(j+1) = \arg\max_{\tau} \left(\sum_{i=1}^{n} \sum_{r=1}^{R} \hat{\gamma}_{r,i}(j) \log \tau_r \right)$$

를 구하면 되는데, 라그랑즈 승수법에 의해 $\hat{\tau}(j+1)$은

$$\frac{\partial}{\partial \tau_r} \left(Q - \lambda \sum_{s \neq r} \tau_s \right) = 0, j = 1, \ldots, R$$

과

$$\frac{\partial}{\partial \lambda} \left(Q - \lambda \sum_{r=1}^{R} (\tau_r - 1) \right) = 1 - \sum_{r=1}^{R} \tau_r = 0$$

의 해가 된다. 따라서

$$\hat{\tau}_r(j+1) = \frac{\sum_{i=1}^{n} \hat{\gamma}_{r,i}(j)}{\sum_{i=1}^{n} \sum_{r=1}^{R} \hat{\gamma}_{r,i}(j)} = \frac{1}{n} \sum_{i=1}^{n} \hat{\gamma}_{r,i}(j) \tag{10.3}$$

로 주어진다.

다음으로 $(\mu_r, \mathbf{\Sigma}_r)$의 추정값은

$$(\hat{\mu}_r(j+1), \hat{\mathbf{\Sigma}}_r(j+1)) = \arg\max_{\mu_r, \mathbf{\Sigma}_r} Q(\theta | \hat{\theta}(j))$$

이다. $\dfrac{\partial \log |\mathbf{\Sigma}_r|}{\partial \mathbf{\Sigma}_r} = \mathbf{\Sigma}_r^{-1}$이고 $\dfrac{\partial a^T \mathbf{\Sigma}_r^{-1} b}{\partial \mathbf{\Sigma}_r} = \mathbf{\Sigma}_r^{-1} a b^T \mathbf{\Sigma}_r^{-1}$ 라는 사실을 이용하면, μ_r과 $\mathbf{\Sigma}_r$에 대한 편도함수로부터

$$\begin{aligned} \hat{\mu}_r(j+1) &= \frac{\sum_{i=1}^{n} \hat{\gamma}_{r,i}(j) x_i}{\sum_{i=1}^{n} \hat{\gamma}_{r,i}(j)} \\ \hat{\mathbf{\Sigma}}_r(j+1) &= \frac{\sum_{i=1}^{n} \hat{\gamma}_{r,i}(j)(x_i - \hat{\mu}_r(j+1))(x_i - \hat{\mu}_r(j+1))^T}{\sum_{i=1}^{n} \hat{\gamma}_{r,i}(j)} \end{aligned} \tag{10.4}$$

를 얻는다. 따라서 적절한 초기치를 주고 식 (10.3)과 (10.4)를 반복하여 추정값을 얻을 수 있다. R 패키지 `mclust`를 사용하면 모든 모수에 대한 추정뿐만 아니라 다양한 공분산 행렬 모형과 군집수에 따른 BIC 값을 계산하여 주고, 가장 작은 BIC값을 주는 최적의 모형이 무엇인지 알려준다.

10.7 군집분석의 고려사항

적절한 군집분석을 수행하기 위해서 고려해야 할 사항 중에 가장 중요한 것은 군집수의 결정과 자료의 표준화이다.

10.7.1 군집수의 결정

거의 대부분의 군집방법은 군집수를 미리 정해야만 결과를 계산할 수 있다. 하지만 실제 자료분석에서 적절한 군집수를 미리 아는 경우는 드물다. 따라서 대부분의 경우에는 군집수를 변경해 가면서 결과를 보고 최적 군집수를 결정하게 된다. 확률모형에 기초한 방법론의 경우에는 AIC나 BIC 값을 최소화하는 결과를 선택할 수도 있지만, 확률모형에 기반하지 않은 방법의 경우에는 최적 군집수를 결정하는 것은 쉽지 않다. k-평균 군집법의 경우에는 일반적으로 k값이 증가함에 따라 거리제곱합은 감소하게 된다. 따라서 k값을 증가시켜 가면서 거리제곱합을 계산하고, $k-1$때의 값보다 감소량이 줄어드는 k값을 선택하는 방법이 있다. 이를 일반화한 것이 gap 통계량이다(Tibshirani외, 2001). 계층적 군집방법론은 군집수를 미리 정하지 않아도 되지만 최종적으로 군집을 나눌 때에는 군집수를 선택해야 한다. 적절한 군집수를 결정하기 위해서 다양한 방법을 사용할 수 있는데, 자료의 시각화를 통한 최적 군집수를 찾는 방법도 많이 사용된다. 고차원 자료의 경우에는 시각화를 위해서 차원의 축소가 필수적이고, 이를 위하여 8 장에서 소개된 주성분분석이 널리 사용된다. 만일 시각화가 어려우면 여러 가지 통계량을 사용하는데, 가령 각 그룹의 산포행렬의 행렬식을 최소로 하는 군집수를 찾을 수도 있다.

10.7.2 자료 표준화

대부분의 군집분석은 자료들간의 거리를 이용하여 수행되기 때문에 자료의 단위가 결과에 큰 영향을 미친다. 예를 들어, 첫번째 변수는 범위가 0.1에서 0.5이고 두번째 변수는 범위가 100만에서 1000만이라고 하면, 관측치들간의 거리를 계산할 때 첫번째 변수는 거의 영향을 미치지 못하게 된다. 따라서 각각의 변수에 대해 표준화를 실시한 후에 군집분석을 적용하는 것이 일반적이다. 또 다른 고려사항인 가중치 부여는 표준화를 수행한 후에 이루어진다. 각 변수의 중요도에 대한 사전정보가 있을 때에는 적절한 가중치를 둠으로써 각 변수의 중요도를 조절할 수 있다. 가중치에 대한 군집의 영향을 평가하기 위해서는 여러 가지의 가중치에 대하여 군집분석의 결과를 비교할 필요가 있다.

군집분석을 실시한 후에는 초기 군집수, 가중치 등 분석자의 주관에 의하여 결정되는 여러 가지 사항들이 군집분석의 결과에 어떻게 영향을 미치는가를 알아보기 위해서 그 결과를 평가하게 된다. 평가시 사용된 거리의 측도를 이용하여 군집내의 거리의 평균과 군집간의 거리의 평균을 비교할 수 있다. 즉, 군집내의 거리의 평균이 군집간의 거리의 평균보다 작을수록 좋다고 할 수 있다.

10.8 R 예제

R에서 제공되는 함수로는 계층적 군집분석을 위한 `hclust`와 $k-$평균 군집법을 위한 `kmeans` 등이 있고, 가우스 혼합모형과 같은 확률모형에 기반한 방법을 구현한 `mclust` 패키지의 함수들, 그 밖의 여러 가지 군집방법과 혼합자료의 계산에 필요한 함수등이 `cluster` 패키지에 제공되어 있다. 관심이 있는 독자들은 R-project 웹사이트에서 검색해 보기 바란다.

10.8.1 거리

다음은 연속형 및 범주형 자료에 대한 몇 가지 거리의 예를 보여준다. 벡터간의 거리를 계산하는 함수는 `dist`이며 다양한 측도에 의해서 거리를 측정한다. `dist` 함수에 대한 설명은 표 10.1과 같다.

```
> ## Examples of distances
> # continuous variables
> x = matrix(rnorm(100), nrow=5)
```

표 10.1: 함수 dist에 대한 설명

함수명	옵션	함수설명
dist	method	사용할 거리 측도를 결정. euclidean, maximum, manhattan, canberra, binary, minkowski를 거리측도로 사용할 수 있으며 기본값은 euclidean임

```
> dist(x)
         1        2        3        4
2 6.447893
3 5.880217 7.218197
4 7.829470 9.756690 8.533476
5 5.540784 7.513610 6.372149 7.474474
> dist(x, method= "manhattan")
         1        2        3        4
2 22.98722
3 20.98210 27.70672
4 26.96802 35.24666 27.79824
5 19.78209 28.53844 23.51716 29.08478
> dist(x, method= "maximum")
         1        2        3        4
2 3.249235
3 3.428472 3.160409
4 3.821567 5.161783 4.535412
5 2.273051 3.373129 3.104479 3.325344
> # discrete variables
> x = c(0, 0, 1, 1, 1, 1)
> y = c(1, 0, 1, 1, 0, 1)
```

```
> dist(rbind(x,y), method= "binary")
    x
y 0.4
> hamming=function(x,y){sum(x != y)}
> hamming(x,y)
[1] 2
```

10.8.2 계층적 군집분석

아래의 코드는 표준정규분포로부터 5개의 관측값을 발생한 후 계층적 군집분석을 적용한 것이다. 계층적 분집군석을 수행 하기 위해서는 hclust 함수를 사용하며 이에 대한 설명은 표 10.2와 같다. 그림 10.3은 각 방법에 대한 덴드로그램이다.

표 10.2: 함수 hclust에 대한 설명

함수명	옵션	함수설명
hclust	method	계층적 군집분석시 최단연결(single), 최장연결(complete), 평균연결(average) 등의 병합방법을 설정

```
> ## Hierarchical clustering
> x = matrix(rnorm(100), nrow=5)
> dist(x)
         1        2        3        4
2 7.295423
3 7.926345 7.414292
4 6.317195 7.201161 5.996857
5 5.250617 6.528911 5.472830 6.091614
> par(mfrow=c(2,2))
> plot(h<-hclust(dist(x), method = "single"))
> plot(h<-hclust(dist(x), method = "complete"))
> plot(h<-hclust(dist(x), method = "average"))
```

```
> plot(h<-hclust(dist(x), method = "centroid"),hang=-1)
```

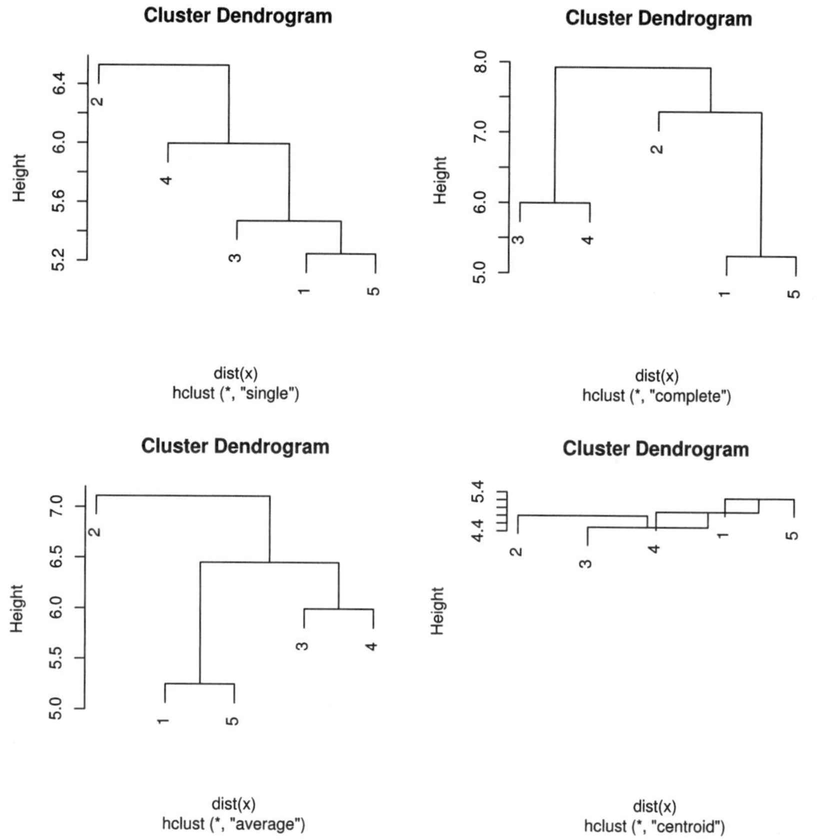

그림 10.3: 정규난수 자료에 대한 계층적 군집분석 결과

10.8.3 비계층적 군집분석

다음은 모의실험 자료에 대하여 k-평균 군집법을 적용시킨 예이다. 모의자료는 공통 공분산행렬은 $0.09\boldsymbol{I}$이고, 평균벡터가 각각 $(0,0)^T$과 $(1,1)^T$인 정규분포로부터 생성된 난수이다. 이 경우 $k=2$인 k-평균 군집법을 적용한 결과를 보여준다. 또한 이 자료에 대하여 $k=5$로 군집수가 많은 경우에는 랜덤하게 25 개의 초기치를 이용하여 k-평균 군집분석을 실시하였다. 그림 10.4는 $k=2$인 경우와

$k = 5$이고 랜덤한 초기치의 개수가 25인 경우의 k-평균 군집 결과를 보여준다. 그림에서 $*$표시된 부분은 군집의 중심을 나타낸다.

```
> plot(x, col = cl$cluster)
> points(cl$centers, col = 1:5, pch = 8)
> ## k-means clustering
> require(graphics)
> # a 2-dimensional example
> x = rbind(matrix(rnorm(100, sd = 0.3), ncol = 2),
+             matrix(rnorm(100, mean = 1, sd = 0.3), ncol = 2))
> colnames(x) = c("x", "y")
> (cl <- kmeans(x, 2))
K-means clustering with 2 clusters of sizes 50, 50

Cluster means:
           x           y
1 -0.0368778 0.005142663
2  0.9335550 0.995530002

Clustering vector:
  [1] 1 1 1 1 1 1 1 1 1 1 1 1 1 1 1 1 1 1 1 1 1 1 1 1 1 1 1 1 1 1 1
 [32] 1 1 1 1 1 1 1 1 1 1 1 1 1 1 1 1 1 1 1 2 2 2 2 2 2 2 2 2 2 2 2
 [63] 2 2 2 2 2 2 2 2 2 2 2 2 2 2 2 2 2 2 2 2 2 2 2 2 2 2 2 2 2 2 2
 [94] 2 2 2 2 2 2 2

Within cluster sum of squares by cluster:
[1] 8.37562 8.75337

Available components:
[1] "cluster"  "centers"  "withinss" "size"
> plot(x, col = cl$cluster)
```

```
> points(cl$centers, col = 1:2, pch = 8, cex=2)


> # random starts do help here with too many clusters
> (cl <- kmeans(x, 5, nstart = 25))
K-means clustering with 5 clusters of sizes 19, 34, 16, 16, 15

Cluster means:
           x           y
1 -0.37278811 -0.08558379
2  1.08297889  0.87333067
3  0.29602541 -0.14410903
4  0.61602933  1.25520358
5  0.03351182  0.27926464

Clustering vector:
  [1] 5 5 1 1 1 5 5 3 1 3 5 3 1 1 1 5 3 3 3 3 5 1 3 1 5 1 3 1 1 5 3
 [32] 1 3 3 5 3 3 3 5 1 5 1 1 3 1 1 5 1 5 5 2 4 2 4 2 2 2 2 4 2 4 2
 [63] 4 2 2 2 2 4 4 4 2 4 2 2 2 2 2 2 2 2 4 2 2 2 2 4 2 4 2 2 2 2 2
 [94] 2 4 2 4 2 4 4

Within cluster sum of squares by cluster:
[1] 1.4239774 3.5621876 0.5359258 1.2322899 0.7843706

Available components:
[1] "cluster"  "centers"  "withinss" "size"
> plot(x, col = cl$cluster)
> points(cl$centers, col = 1:5, pch = 8)
```

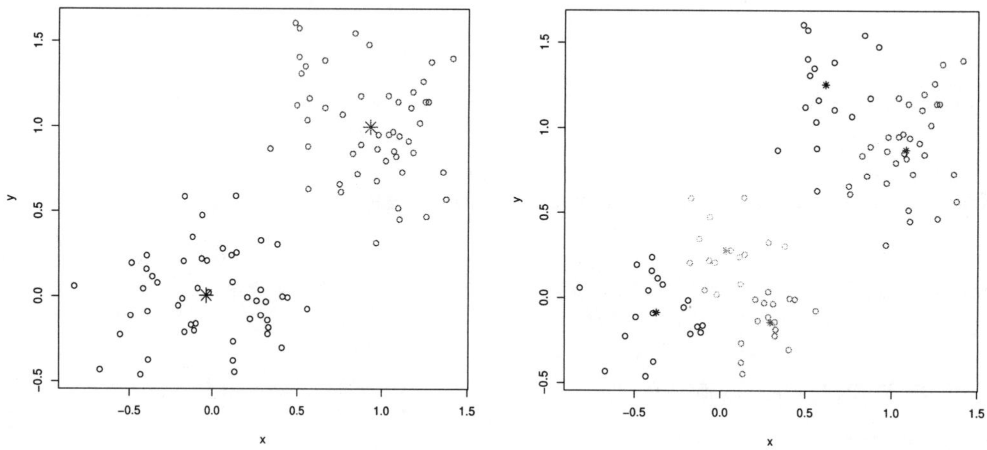

(a) $k = 2$ (b) $k = 5$

그림 10.4: 모의실험 자료에 대한 k-평균 군집 예시

10.8.4 가우스 혼합모형

다음은 다변량 정규분포 자료를 만들고 mclust 패키지에 있는 Mclust 함수를 이용하여 가우스 혼합모형을 적합한 예이다.

```
> library(MASS)
> library(mclust)
> x = mvrnorm(100, c(0,0,0,0), diag(4)*0.7)
> y = mvrnorm(150, c(1,1,1,1), diag(4))
> z = mvrnorm(50, c(3,1,3,1), diag(4)*0.3)
>
> x = rbind(x,y,z)
> x = data.frame(x)
> colnames(x) = c("x1","x2","x3","x4")
> m1 = Mclust(x)
> m1$parameters
$Vinv
```

```
NULL
$pro
[1] 0.3675435 0.4655059 0.1669506
$mean
            [,1]      [,2]      [,3]
x1 -0.0002096943 1.0858014 2.9182040
x2  0.1119127163 0.9228793 0.9883378
x3  0.1795365229 0.9612026 2.9021684
x4 -0.0118502889 1.0656153 1.0311496

$variance
$variance$modelName
[1] "VII"
$variance$d
[1] 4
$variance$G
[1] 3
$variance$sigma
, , 1
          x1        x2        x3        x4
x1 0.7717406 0.0000000 0.0000000 0.0000000
x2 0.0000000 0.7717406 0.0000000 0.0000000
x3 0.0000000 0.0000000 0.7717406 0.0000000
x4 0.0000000 0.0000000 0.0000000 0.7717406

, , 2
          x1        x2        x3        x4
x1 0.9605475 0.0000000 0.0000000 0.0000000
x2 0.0000000 0.9605475 0.0000000 0.0000000
x3 0.0000000 0.0000000 0.9605475 0.0000000
x4 0.0000000 0.0000000 0.0000000 0.9605475
```

```
, , 3
          x1        x2        x3        x4
x1 0.2642874 0.0000000 0.0000000 0.0000000
x2 0.0000000 0.2642874 0.0000000 0.0000000
x3 0.0000000 0.0000000 0.2642874 0.0000000
x4 0.0000000 0.0000000 0.0000000 0.2642874

$variance$sigmasq
[1] 0.7717406 0.9605475 0.2642874
$variance$scale
[1] 0.7717406 0.9605475 0.2642874
> plot(m1,data=x)
```

cluster 패키지에서 제공되는 pam 함수를 이용한 k-medoids 군집은 각자 해보기 바란다.

연습문제

1. 가우스 혼합모형에 대하여 $R = 2$이고 공통공분산행렬 $\mathbf{\Sigma}$가 대각행렬인 경우의 기대화-최대화 알고리즘을 유도하라.

2. p차원 벡터 x, y에 대하여 유사성의 척도로서
$$\cos(x, y) = \frac{x^T y}{\|x\|\|y\|}$$
를 생각해보자. x, y의 각 좌표값이 ± 1값을 취하는 경우에 $\cos(x, y)$에 대하여 해석해 보아라. 유클리드 거리 $\|x - y\|^2$을 $\cos(x, y)$에 의하여 표현하라.

3. `data(faithful)` 명령을 이용하여 old faithful geyser 자료를 메모리에 로드하고, 군집수를 2와 3으로 했을 때 최단연결법, 평균연결법, 최장연결법, k-평균 군집법의 결과를 그림으로 표시하여 비교하라. 또한 각 군집에 속하는 자료는 서로 다른 색 또는 기호로 표시하여 쉽게 구별되도록 한다. 참고로 계층적 군집법의 경우 `cutree` 함수를 이용하여 주어진 군집수에 대응되는 결과를 얻을 수 있다.

4. `mlbench` 패키지의 Glass자료에 대하여 $k = 2, \ldots, 10$로 하여 k-평균 군집법을 적용하고 군집내 오차제곱합과 군집간 오차제곱합의 비를 그려보아라. 오차제곱합의 비에 의해 선택된 최적의 k값에서의 k-평균 군집 결과와 출력변수의 값을 비교하라.

5. 공분산행렬이 $\mathbf{\Sigma} = \boldsymbol{I}_2$, 평균벡터가 $\mu_1 = (-1, -1)^T$와 $\mu_2 = (1, 1)^T$, 혼합비율이 $\tau_1 = \tau_2 = 1/2$인 두 성분으로 이루어진 가우스 혼합모형으로부터 독립적으로 100개의 난수를 발생한 후 다음을 실시하라.

   (a) 기대화-최대화 알고리즘을 구현한 후 발생된 자료에 적용하여 추정 결과와 모수의 참값을 비교하라.

   (b) 동일한 자료에 `mclust` 패키지의 `Mclust` 함수를 적용하여 모수를 추정하고 (a)의 결과와 비교하라.

6. `Colon` 자료는 62개의 표본(40개 종양, 22개 정상)에 대한 2,000개의 유전자에 대한 측정값이다.

   (a) 유전자들간의 상관계수를 이용하여 최단/최장/평균연결법 등의 계층적 군집법을 실시하고 덴드로그램을 그려라. 또한 2개의 군집으로 분리했을 때 실제 종양/정상 그룹으로 잘 분리되는가 확인하라.

   (b) 정상과 종양 두 그룹을 가장 잘 분리하는 유전자를 찾아라.

제 II 편

데이터마이닝의 고급 방법론

11 커널 방법론*

학습문제에서는 최종모형의 해석상의 편리성 또는 과대적합 문제를 피하기 위해 선형모형을 고려하는 경우가 많다. 그러나 특별한 경우를 제외하고는 회귀함수나 베이즈 분류함수가 선형이라는 가정은 그리 현실적이지 않다. 따라서 선형모형 뿐만 아니라 비선형모형도 고려하게 되며, 비선형모형의 구축시 적절한 기저함수(basis function)를 이용한 일반화 가법모형 또는 커널트릭을 많이 사용한다. 커널트릭은 특성변환(feature map)이라 불리는 비선형 변환을 통하여 본래의 입력공간에서 새로운 (많은 경우 고차원) 특성공간(feature space)으로 매핑시킨 후에 특성공간상에서 선형방법을 적용하게 된다. 그러면 특성공간상에서의 선형모형은 본래의 입력공간에서의 비선형 모형에 대응된다. 기계학습에서는 커널트릭에 기반한 학습법을 통칭하여 커널기계(kernel machine)라고 부르기도 한다. 이 장에서는 커널기계의 이론적인 배경이 되는 커널과 재생 커널 힐버트 공간을 벌점화 방법론에 기반하여 설명하고자 한다. 사실 이 장에서 소개하는 내용은 가우스 과정(Gaussain process)과 밀접한 관련이 있는데 자세한 내용은 Rasmussen과 Williams (2006)을 참조하기 바란다.

선형모형 $f(x) = x^T\beta$를 비선형모형으로 확장하는 방법 중 하나는, 입력변수 $x \in \mathbb{R}^p$를 적절한 비선형 변환인 특성변환 Φ를 통하여 새로운 입력변수 $\Phi(x)$를 만든 후, $f(x) = \Phi(x)^T\beta$로 가정한다. 여기서, Φ의 치역은 일반적으로 입력변수의 공간보다 훨씬 큰 새로운 공간이 되며, Φ의 치역을 특성공간이라고 부른다. 다항회귀가 대표적인 예제인데, 2차 다항회귀모형에서의 특성함수는

$$\Phi(x) = (1, x_1, \ldots, x_p, x_1^2, \ldots, x_p^2, x_1x_2, \ldots, x_{p-1}x_p)$$

로 주어진다.

이 아이디어를 실제 자료에 적용할 때, 가장 중요한 것은 특성함수 Φ를 선택하는 것이다. 일반적으로 Φ는 매우 복잡하고 고차원의 변환이기 때문에, 적절한 Φ를 선택하는 것은 매우 난해한 문제이다. 이러한 문제를 해결하는 방법 중 하나가 커널방법론이다. 특성공간에서 내적이 정의되어진 경우에, 일반적으로 회귀함수의 추정량은 Φ의 내적으로 주어진다. 따라서, Φ를 선택하는 대신 Φ의 내적을 선택함으로써 Φ의 선택의 어려움을 많이 해결할 수 있으며 이러한 방법을 커널 방법론이라고 한다. 특히, 커널 방법론은 적절한 내적의 선택으로 무한차원의 특성공간도 고려할 수 있으며, 이를 통해서 고도의 비선형 모형도 추정이 가능하다.

11.1 벌점화 방법

데이터마이닝의 몇가지 근본적인 이슈들 중 하나가 입출력 변수간의 의존관계를 결정하는 모형의 복잡도를 어떻게 조절할 것인가 하는 것이다. 모수적 추론(parametric inference)은 특정 함수 형태를 가지는 모형을 가정하고 자료로부터 모형에 나타나는 모수에 대한 추론을 하는 통계학의 전통적인 접근법으로서 여러 가지 추론 문제에 성공적으로 적용되어 왔다. 그러나 모수적 추론 방식은 실제 의존관계가 단순한 모수적 형태로 표현 또는 근사 가능한 경우에만 의미를 가지므로 그 적용범위가 제한될 수밖에 없다. 최근 분석 대상이 되는 고차원 또는 대용량 자료에 모수적 추론을 직접 적용하기에는 다중공선성 등의 현실적 어려움이 있다. 따라서 여러 가지 복잡도를 가지는 모형들로 구성된 모형 집합에서 훈련자료로부터 최적의 복잡도를 갖는 모형을 선택하고 이를 이용하여 추론을 하거나 특정 함수 형태를 가정하지 않는 함수 추정(function estimation) 방법론

을 적용한다. 생물학의 마이크로어레이 자료처럼 자료의 수보다 모수의 수가 더 크거나 무한차원의 함수형태인 모형의 경우에는 유한개의 훈련자료로 적합하는 것은 여러 문제를 야기하며, 그 해결책으로 벌점화 방법론(method of penalization or regularization)을 고려한다. 이 절에서는 최근 통계학 및 관련분야에서 활발히 연구되고 있으며 통계적 학습문제에서도 중요한 방법론으로 여겨지는 벌점화 방법을 소개한다.

통계적 학습은 훈련자료 $\{(x_i, y_i)\}_{i=1}^n$로부터 입력값 $x \in \mathcal{X} \subset \mathbb{R}^p$와 출력값 $y \in \mathcal{Y}$의 함수적 관계 f를 찾는 다차원 공간상의 함수 추정의 문제로 볼 수 있으며, 예측력을 평가하는 기준으로 손실함수 $L(y, f(x))$를 사용한다. 예를 들어 비모수적 함수 추정의 하나인 평활 스플라인(smoothing spline)에서는 제곱손실함수 $L(y, f(x)) = (y - f(x))^2$ 를 사용한다. 선형회귀와 마찬가지로

$$\frac{1}{n}\sum_{i=1}^{n} L(y_i, f(x_i)) \tag{11.1}$$

을 최소화하는 f를 찾는 경험위험 최소화를 생각해 볼 수 있다. 그러나 주어진 자료는 유한개이고 추정할 함수는 무한 차원이므로 자료를 과대적합하는 해가 무수히 많다. 따라서 이 경우에 경험위험 최소화의 해는 수학적으로 잘 정의되지 않는다.

Tikhonov와 Arsenin (1977)은 이러한 함수 추정 문제의 해가 수학적으로 잘 정의되도록(즉, 해가 존재하고, 유일하고, 또한 자료에 연속적으로 의존하도록) 하는 소위 벌점화 방법을 제시하였다. 벌점화는 (11.1)을 직접 최적화하는 대신 다음과 같은 벌점항 $J(f)$가 추가된 벌점화된 목적함수를 최적화한다.

$$\frac{1}{n}\sum_{i=1}^{n} L(y_i, f(x_i)) + \lambda J(f) \tag{11.2}$$

여기서 $\lambda > 0$는 훈련오차 $\frac{1}{n}\sum_{i=1}^{n} L(y_i, f(x_i))$와 모형의 복잡도를 나타내는 $J(f)$ 간의 비중을 조절하는 조율모수이다. 가령 평활 스플라인을 생각해 보면 $L(y, f(x)) = (y - f(x))^2$이고 $J(f) = \int |f''(t)|^2 dt < \infty$이며 차수가 2인 Sobolev 공간을 그 함수 공간으로 갖는다. 평활 스플라인의 $J(f)$는 함수의 곡면(curvature)에 대한 벌점항이다. 극단적으로 $\lambda = 0$인 경우 훈련자료점을 연결하는 임의의 함수를 해로

주며 결과적으로 매우 복잡한 모형을 적합하게 된다. 반대로 $\lambda = \infty$인 경우는 최소제곱법에 의한 선형 회귀함수가 그 해가 된다.

이러한 벌점화 방법론은 베이지안 관점에서 해석해 볼 수 있다. f를 추정할 모수로 간주하면 베이지안에서는 f에 대한 사전분포와 f가 주어졌을 때 훈련자료들의 조건부 분포들의 곱인 우도함수를 정해야 한다. 훈련자료 $D = \{(x_i, y_i)\}_{i=1}^n$가 주어졌을 때 f의 사후분포는 이러한 사전분포와 우도함수의 곱에 비례한다. $i(= 1, \ldots, n)$에 대하여 $(x_i, y_i)|f$가 서로 독립적으로 분산이 σ^2인 정규분포를 따른다고 가정하면

$$\mathbb{P}(D|f) \propto \exp\left(-\frac{1}{2\sigma^2}\sum_{i=1}^{n}(y_i - f(x_i))\right)^2$$

이다. 또한 f에 대한 사전분포를 $\mathbb{P}(f) \propto \exp(-J(f))$라 가정하자. 그러면 베이즈 정리에 의해 f의 사후분포는

$$\mathbb{P}(f|D) \propto \exp\left(-\frac{1}{2\sigma^2}\sum_{i=1}^{n}(y_i - f(x_i))^2 - J(f)\right)$$

임을 알 수 있다. 사후분포를 최대화하는 추정치를 MAP(maximum a posteriori) 추정치라 부르는데 주어진 사후분포에 대한 MAP은 결국

$$\frac{1}{n}\sum_{i=1}^{n}(y_i - f(x_i))^2 + \frac{2\sigma^2}{n}J(f)$$

를 최소로 하는 f이다. $\lambda = \frac{2\sigma^2}{n} > 0$라 하면 (11.2)의 최적화와 동치이다. 따라서 벌점화 방법론의 최적해는 적절한 사전분포와 우도에 대한 베이지안 MAP과 동치라고 볼 수 있다.

여기서는 평활 스플라인 예제를 중심으로 설명하였으나, 벌점화 방법은 손실함수 L과 벌점항 $J(f)$에 따라 회귀에서 분류에 이르기까지 다양한 형태의 자료에 적용이 가능한 일반적인 방법론이다. 예를 들면 고전적 선형회귀부터 나중에 소개될 서포트 벡터 기계등 다양한 분석방법을 포괄하는 것이다. 선형모형 $f(x) = x^T\beta$에서는 벌점항으로는 $J(f) = \sum_{k=1}^{p} a(|\beta_k|)$를 사용한다. 여기서 a는 주어진 음이 아닌 함수이다. 선형모형에서의 벌점화 방법은 12장에서 자세하게 다룬다.

11.2 재생 커널 힐버트 공간

11.2.1 양정치 커널

모든 $x, x' \in \mathcal{X}$에 대하여

$$K(x, x') = \langle \Phi(x), \Phi(x') \rangle \tag{11.3}$$

을 만족하는 함수 $K : \mathcal{X} \times \mathcal{X} \to \mathbb{R}$를 커널(kernel)이라 부른다. 여기서 Φ는 입력공간을 도트 곱 공간(dot product space)인 특성공간로 매핑하는 함수로서 흔히 특성함수라 부른다. 이러한 커널을 이용하면 선형적인 방법을 비선형적인 방법으로 쉽게 확장할 수 있다.

식 (11.3)을 만족하는 커널들의 클래스는 양정치(positive definite) 커널들의 클래스와 일치한다. 특성함수 Φ의 구체적인 형태를 모르더라도 그 내적을 알면 충분하며 이를 커널 트릭(kernel trick)이라 부른다. 예를 들어 베이즈 분류경계가 이차함수형태인 분류문제에서 차수 $d = 2$인 다항 커널(polynomial kernel)을 사용한다고 해보자. $x, x' \in \mathcal{X} \subset \mathbb{R}^2$에 대하여 비선형 함수 Φ를

$$\Phi(x) = (x_1^2, x_2^2, \sqrt{2}x_1x_2, \sqrt{2}x_1, \sqrt{2}x_2, 1)^T$$

로 정의하면

$$K(x, x') = (x_1x_1' + x_2x_2' + 1)^2 = \langle \Phi(x), \Phi(x') \rangle$$

이 성립한다. $\Phi : \mathcal{X} \to \mathcal{F}$는 2차원의 입력공간 $\mathcal{X}$를 6개의 특성값(features)들로 구성된 특성공간(feature space) $\mathcal{F}$로 매핑하는 특성함수이다. 특성공간에서의 선형분류는 원 입력변수들에 대하여 이차함수를 표현할 수 있으므로 분류결과가 아마도 좋을 것이다. 그러나 실제문제에서는 어떤 변환이 적절한지 알 수 없는 경우가 많다. 커널 트릭의 아이디어는 내적에만 의존하는 학습방법에서 $\langle x, x' \rangle$을 $K(x, x')$으로 대치하면 Φ에 의한 특성공간상에서 학습을 하게 된다는 것이다. 즉, 학습을 위해서는 변환 Φ의 구체적 형태는 알 필요가 없고 커널만 잘 정의하면 되는 것이다.

정의 11.1 (그램 행렬). *커널 K와 입력값 $x_1, \ldots, x_n \in \mathcal{X}$가 주어졌을 때 $n \times n$ 행렬 $\boldsymbol{K} = (K(x_i, x_j))$를 K의 $x_1, \ldots, x_n$에 대한 그램 행렬(Gram matrix) 또는 커널 행렬(kernel matrix)이라 부른다.*

정의 11.2 (양정치 행렬). 모든 $c_i \in \mathbb{R}, i, \ldots, n$에 대하여

$$\sum_{i,j} c_i c_j K_{ij} \geq 0 \tag{11.4}$$

를 만족하는 $n \times n$ 실수 행렬 $\boldsymbol{K} = (K_{ij})_{i,j}$를 양정치(positive definite) 행렬이라 한다. 식 (11.4)에서 등식이 $c_1 = \cdots = c_n = 0$일 때만 성립하면 순양정치(strictly positive definite) 행렬이라 부른다.

정의 11.3 (양정치 커널). *$\mathcal{X} \neq \emptyset$이라 하자. 모든 자연수 n과 $x_i \in \mathcal{X}$에 대하여 양정치 그램 행렬을 생성하는 함수 $K : \mathcal{X} \times \mathcal{X} \to \mathbb{R}$를 양정치 커널(positive definite kernel)이라 한다. x_i값이 서로 다를 때 그램 행렬이 순양정치 행렬인 경우에는 K를 순양정치 커널이라 부른다.*

임의의 특성함수 Φ에 대하여

$$\sum_{i,j} c_i c_j \langle \Phi(x_i), \Phi(x_j) \rangle = \langle \sum_i c_i \Phi(x_i), \sum_j c_j \Phi(x_j) \rangle \geq 0$$

이 성립하므로 (11.3) 형태를 갖는 커널은 양정치 커널이다. 편의상 앞으로 커널이라고 하면 양정치 커널을 의미하는 것으로 이해하기 바란다.

11.2.2 재생 커널 힐버트 공간

우선 논의에 필요한 몇 가지 수학 용어와 개념을 간략히 정의하기로 한다. 보다 자세한 정의는 함수해석학 서적을 참조하기 바란다. 함수공간 $\mathcal{F}$는 함수 $f : \mathbb{R}^p \to \mathbb{R}$를 원소로 갖는 공간이라 정의하면 $\mathcal{F}$상의 내적과 노음을 다음과 같이 정의할 수 있다.

정의 11.4. *$\mathcal{F}$상의 내적(inner product) $\langle \cdot, \cdot \rangle : \mathcal{F} \times \mathcal{F} \to \mathbb{R}$은 다음의 조건을 만족한다.*

- 모든 $f, g \in \mathcal{F}$*에 대하여* $\langle f, g\rangle = \langle g, f\rangle$*이다.*
- 모든 $f_1, f_2, g \in \mathcal{F}$*와* $c_1, c_2 \in \mathbb{R}$*에 대하여* $\langle c_1 f_1 + c_2 f_2, g\rangle = c_1\langle f_1, g\rangle + c_2\langle f_2, g\rangle$*이 성립한다.*
- 모든 $f \in \mathcal{F}$*에 대하여* $\langle f, f\rangle \geq 0$*이며* $\langle f, f\rangle = 0$*일 필요충분조건은* $f = 0$*이다.*

정의 11.5. $\mathcal{F}$*상의 노음(norm)* $\|\cdot\| : \mathcal{F} \to \mathbb{R}$*은 다음의 조건을 만족한다.*

- 모든 $f \in \mathcal{F}$*에 대하여* $\|f\| \geq 0$*이고* $\|f\| = 0$*일 필요충분조건은* $f = 0$*이다.*
- 모든 $f, g \in \mathcal{F}$*에 대하여 삼각부등식* $\|f + g\| \leq \|f\| + \|g\|$*이 성립한다.*
- 모든 $f \in \mathcal{F}$*와* $c \in \mathbb{R}$*에 대하여* $\|cf\| = |c|\|f\|$*이다.*

노음을 내적으로 표현하면 $\|f\| = \sqrt{\langle f, f\rangle}$이다. 예를 들어 $\mathbb{R}^p$상에서 다음과 같이 내적과 노음을 정의할 수 있다. 임의의 $x, y \in \mathbb{R}^p$에 대하여 $\langle x, y\rangle = x^T y$이고 $\|x\| = (x^T x)^{1/2}$이다. 정의 11.5는 이러한 유클리드 노음을 포괄하는 일반적인 정의로서 이 장에서는 함수공간 $\mathcal{F}$상의 노음을 고려할 것이다.

내적이 존재하는 완비된(complete)[1] 선형공간 $\mathcal{H}$를 힐버트 공간이라 부르며, 노음은 관계 $\|\cdot\| = \sqrt{\langle\cdot,\cdot\rangle}$로부터 유도할 수 있다. 또 다른 노음이 존재할 수도 있으나 편의상 내적으로부터 유도되는 노음을 고려하기로 한다. 또한 $\mathcal{H}$가 가산무한개의 정규직교 기저(countable orthonormal basis)[2]를 갖도록 분리가능(separable)하다고 가정한다. 통계학에서 힐버트 공간을 고려하는 이유는 유한차원에서 성립하는 선형대수를 적용할 수 있기 때문이다. 특히 힐버트 공간은 완비된 공간으로서 알고리즘의 수렴성을 보장하며, 내적이 존재함으로써 직교성이나 정사영(projection)을 구할 수도 있다.

---

[1] $f_n \in \mathcal{H}, n = 1, \ldots,$일때 임의의 $\epsilon > 0$에 대하여 모든 $n, n' \geq N_\epsilon$에 대하여 $\|f_n - f_{n'}\| < \epsilon$을 만족하는 자연수 N_ϵ이 존재하는 경우 수열 $\{f_n\}$을 코시수열(Cauchy sequence)라 부른다. $\mathcal{H}$상의 모든 코시수열의 극한이 $\mathcal{H}$의 원소이면 $\mathcal{H}$를 완비된 공간(complete space)이라 부른다.

[2] $\mathcal{H}$상의 수열 $\{e_n\}$이 존재하여 $\langle e_n, e_{n'}\rangle = \begin{cases} 1, & n = n' \\ 0, & n \neq n' \end{cases}$ 를 만족하며 임의의 $f \in \mathcal{H}$에 대하여 $c_n \in \mathbb{R}$이 존재하여 $f = \sum_n c_n e_n$이 성립한다.

함수공간에 대한 몇 가지 예를 생각해보자. 첫번째 함수공간은 구간 $[a,b]$상의 연속인 함수들의 공간 $C[a,b]$이다. 노음은 $\|f\| = \max_{x\in[a,b]}|f(x)|$로 정의할 수 있는데 이 경우 대응되는 내적이 존재하지 않는다. 따라서 이 함수공간은 힐버트 공간이 아니다. 두번째 예는 구간 $[a,b]$상의 제곱 적분 가능한 함수들의 공간 $L_2[a,b]$이다. 이 공간에서는 내적을 $\langle f,g\rangle = \int_a^b f(x)g(x)dx$로 정의할 수 있고 이 내적은 노음 $\|f\| = \left(\int_a^b f^2(x)dx\right)^{1/2}$을 생성한다. 이 함수공간은 힐버트 공간이다. 그러나 $g(x)$를 $x=k$에서만 f와 다르게 정의하면 $g \in L_2[a,b]$이고 $\|f-g\| = 0$이다. 예측문제에서는 특정 자료값에서 함수를 계산해야 하는데 내적이 임의의 한 점에서 다른 함수와 구별하지 못하는 단점을 가지고 있어서 이 함수공간을 예측문제에서 적용하기에는 문제가 있다.

정의 11.6 (재생 커널 힐버트 공간). *힐버트 공간 $\mathcal{H}$상의 평가함수(evaluation functional) $\mathcal{F}_t : \mathcal{H} \to \mathbb{R}$은 모든 $f \in \mathcal{H}$에 대하여 $\mathcal{F}_t[f] = f(t)$이다. 평가함수가 유계(bounded)[3]인 경우 힐버트 공간 $\mathcal{H}$를 재생 커널 힐버트 공간이라 부른다.*

$L_2[a,b]$에서는 두 함수가 제곱 적분 가능하지만 유한개의 점에서 값이 임의로 다를 수 있기 때문에 정의 11.6을 만족하는 상수 M이 존재하지 않는다. 위의 정의는 내적의 존재성을 보장할 뿐만 아니라 정의역의 각 점에서 각 함수를 평가할 수 있게 한다. 또한 Riesz 표현 정리(Riesz representation theorem)를 사용하면 다음과 같은 재생 커널 힐버트 공간의 성질을 증명할 수 있다.

정리 11.7. *$\mathcal{H}$가 재생 커널 힐버트 공간이면 각 $t \in \mathcal{X}$에 대하여 t의 대표자 (representer) $K_t \in \mathcal{H}$는 재생성(reproducing property), 즉, 모든 $f \in \mathcal{H}$에 대하여*

$$F_t[f] = \langle K_t, f\rangle_{\mathcal{H}} = f(t),$$

을 갖는다.

K_t는 $\mathcal{H}$상의 함수이므로 재생성에 의해 각 $x \in \mathcal{X}$에 대하여

$$K_t(x) = \langle K_t, K_x\rangle_{\mathcal{H}}$$

---

[3]모든 t에 대하여 $M > 0$이 존재하여 모든 $f \in \mathcal{H}$에 대하여 $|\mathcal{F}_t[f]| = |f(t)| \le M\|f\|_{\mathcal{H}}$를 만족한다. 여기서 $\|\cdot\|_{\mathcal{H}}$는 $\mathcal{H}$상의 노음을 나타낸다.

이며, $K : \mathcal{X} \times \mathcal{X} \to \mathbb{R}$를 $K(t,x) = K_t(x)$로 정의할 수 있다. 이러한 K는 소위 재생 커널(reproducing kernel)이라 부른다. 편의상 앞으로는 노음과 내적에서 공간표기를 생략하기로 한다.

11.2.3 커널과 재생 커널 힐버트 공간

정리 11.7은 재생 커널 힐버트 공간이 주어지면 이에 대응되는 유일한 재생 커널이 존재한다는 것을 의미한다. 역으로 다음과 같은 정리가 성립한다.

정리 11.8. *양정치 커널 K가 주어지면 K를 재생 커널로 갖는 유일한 재생 커널 힐버트 공간 $\mathcal{H}$가 존재한다.*

위의 정리에 대한 증명을 스케치 해보면 다음과 같다. $\mathbb{R}^{\mathcal{X}}$는 $\mathcal{X}$에서 $\mathbb{R}$로의 함수들의 공간을 나타낸다고 하자. 다음과 같은 $\mathcal{X}$로부터 $\mathbb{R}^{\mathcal{X}}$로의 매핑 $\Phi : \mathcal{X} \to \mathbb{R}^{\mathcal{X}}$을 생각해 보자. $\Phi(x) = K(\cdot, x)$는 $x' \in \mathcal{X}$을 $K(x', x)$로 대응시키는 함수이다. 이때 Φ하에서 입력값들의 상(image)를 포함하는 내적 공간을 다음과 같이 생성할 수 있다.

$$f(\cdot) = \sum_{i=1}^{n} \alpha_i K(\cdot, x_i). \tag{11.5}$$

여기서 n은 자연수이고 $\alpha_i \in \mathbb{R}, x_i \in \mathcal{X}$이다. 이제 f와 또 다른 함수 $g(\cdot) = \sum_{j=1}^{n'} \beta_j K(\cdot, x'_j)$와의 내적을

$$\langle f, g \rangle = \sum_{i=1}^{n} \sum_{j=1}^{n'} \alpha_i \beta_j K(x_i, x'_j)$$

으로 정의할 수 있다.

$\langle f, g \rangle = \langle g, f \rangle$이므로 $\langle \cdot, \cdot \rangle$은 대칭임을 쉽게 알 수 있다. 또한 K는 양정치 커널이므로 임의의 f에 대하여

$$\langle f, f \rangle = \sum_{i,j=1}^{n} \alpha_i \alpha_j K(x_i, x_j) \geq 0$$

이 성립함을 알 수 있다. 다음으로 $f_1, \ldots, f_r$와 $\gamma_1, \ldots, \gamma_r \in \mathbb{R}$에 대하여

$$\sum_{i,j=1}^{r} \gamma_i \gamma_j \langle f_i, f_j \rangle = \langle \sum_{i=1}^{r} \gamma_i f_i, \sum_{j=1}^{r} \gamma_j f_j \rangle \geq 0$$

이 성립하므로 이 내적은 양정치 커널을 정의한다. 또한

$$\langle K(\cdot, x), f \rangle = f(x) \tag{11.6}$$

이고

$$\langle K(\cdot, x), K(\cdot, x') \rangle = K(x, x')$$

이 성립한다. 즉, 재생성을 갖음을 쉽게 알 수 있다. 사실 재생 커널이라는 명칭은 식 (11.6)에 기인한다. 이 내적에 대응하는 노음에 대하여 (11.5) 형태의 함수들에 대한 완비된 공간을 $\mathcal{H}$라 하자. $\{f_n\}$이 $\mathcal{H}$상의 코시수열이라 하면 완비성에 의하여 노음 수렴(convergence in norm)하는, 즉, $n \to \infty$에 대하여 $\|f_n - f\| \to 0$인, $f \in \mathcal{H}$가 존재한다. Cauchy-Schwarz 부등식에 의해

$$|f_n(x) - f(x)| = |\langle f_n - f, K(\cdot, x) \rangle| \leq \|f_n - f\| \|K(\cdot, x)\|$$

이므로 $n \to \infty$에 대하여 $|f_n(x) - f(x)| \to 0$이 성립한다. 따라서 $\mathcal{H}$는 K를 재생 커널로 갖는 재생 커널 힐버트 공간임을 알 수 있다.

11.2.4 여러 가지 커널

양정치 행렬의 성질을 이용하면 다음의 정리와 같이 여러 가지 커널을 유도할 수 있다.

정리 11.9. *K_1, K_2를 $\mathcal{X} \times \mathcal{X}$상의 양정치 커널이라 하자. 그러면 다음의 함수 $K : \mathcal{X} \times \mathcal{X} \to \mathbb{R}$는 양정치 커널이다.*

- $K(x, x') \triangleq K_1(x, x') + K_2(x, x')$.
- $c > 0$에 대하여 $K(x, x') \triangleq cK_1(x, x')$.
- $c > 0$에 대하여 $K(x, x') \triangleq K_1(x, x') + c$.
- $K(x, x') \triangleq K_1(x, x')K_2(x, x')$.
- 임의의 함수 $f : \mathcal{X} \to \mathbb{R}$에 대하여 $K(x, x') \triangleq f(x)f(x')$.

- 임의의 $\theta_1 > 0$와 자연수 θ_2에 대하여 $K(x,x') \triangleq (K_1(x,x') + \theta_1)^{\theta_2}$.
- 임의의 $\sigma > 0$에 대하여 $K(x,x') \triangleq \exp(K_1(x,x')/\sigma^2)$.
- 임의의 $\sigma > 0$에 대하여

$$K(x,x') \triangleq \exp(-(K_1(x,x') - 2K_1(x,x') + K_1(x',x'))/\sigma^2).$$

- $K(x,x') \triangleq \dfrac{K_1(x,x')}{\sqrt{K_1(x,x)K_1(x',x')}}$.

위의 정리를 사용하면 기본적인 커널로부터 새로운 커널을 생성할 수 있다. 특히 K_1과 K_2가 각각 $\mathcal{H}_1$과 $\mathcal{H}_2$상의 재생 커널인 경우 $K_1(x,x') + K_2(x,x')$과 $K_1(x,\ x')\ K_2(x,x')$은 각각 직합(direct sum)공간 $\mathcal{H}_1 \oplus \mathcal{H}_2$[4] 및 텐서 곱(tensor product) 공간 $\mathcal{H}_1 \otimes \mathcal{H}_2$[5] 상의 재생 커널이다. 그 밖의 여러 가지 커널과 그 생성법은 Gärtner (2008)을 참고하기 바란다.

11.2.5 대표자 정리

이제 재생 커널 힐버트 공간에서 식 (11.2)의 최적화를 생각해 보자. 즉,

$$\hat{f} = \arg\min_{f \in \mathcal{H}} \left[\frac{1}{n} \sum_{i=1}^{n} L(y_i, f(x_i)) + \lambda J(f) \right]. \tag{11.7}$$

여기서 K는 재생 커널, $\mathcal{H}$는 K에 의해 정의되는 재생 커널 힐버트 공간이다. 벌점화를 통해서 해는 잘 정의되고, 해의 존재성과 유일성은 손실함수 L와 벌점항 $J(f)$에 의존하며, $J(f) = \|f\|^2$이 흔히 사용된다.

이제 벌점화의 이론상의 문제가 아닌 실제 계산 문제를 고려해 보자. $\mathcal{H}$는 함수공간이므로 무한차원이다. 즉, 모수모형으로 말하면 모수의 수가 무한개가 존재하는 셈이다. 데이터마이닝에서는 흔히 대용량 자료를 고려하지만 아무리

[4] 임의의 $f \in \mathcal{H}_1 \oplus \mathcal{H}_2$에 대하여 $f_1 \in \mathcal{H}_1$과 $f_2 \in \mathcal{H}_2$가 존재하여 $f = f_1 + f_2$와 $\langle f_1, f_2 \rangle = 0$을 만족한다. 여기서 $\langle \cdot, \cdot \rangle$는 $\mathcal{H}_1 \oplus \mathcal{H}_2$상의 내적이다.

[5] 두 힐버트 공간 $\mathcal{H}_1$과 $\mathcal{H}_2$의 내적을 각각 $\langle \cdot, \cdot \rangle_1$과 $\langle \cdot, \cdot \rangle_2$라 하자. 모든 $f_1, g_1 \in \mathcal{H}_1$과 $f_2, g_2 \in \mathcal{H}_2$에 대하여 $\langle f_1 \otimes f_2, g_1 \otimes g_2 \rangle = \langle f_1, g_1 \rangle_1 \langle f_2, g_2 \rangle_2$라 정의하면 $\mathcal{H}_1 \otimes \mathcal{H}_2$는 내적 $\langle \cdot, \cdot \rangle$에 대하여 완비된 공간을 나타낸다.

큰 자료라 할지라도 본질적으로는 유한개의 자료라 할 수 있다. 유한개의 자료로부터 무한차원의 해를 구해야 하는 것이다. 다음은 소위 대표자 정리(representer theorem)라고 불리는 결과로 이러한 계산문제에 대한 답을 준다.

정리 11.10 (대표자 정리). *$J(f)$가 $\|f\|^2$에 대한 단조증가함수이면 (11.7)의 해 $\hat{f}$는 적절한 $c_1, \ldots, c_n \in \mathbb{R}$에 대하여*

$$f(x) = \sum_{i=1}^{n} c_i K(x_i, x)$$

로 표현된다.

대표자 정리의 증명을 간략하게 스케치 해보면 다음과 같다.

$$\mathcal{H}_0 = \{f \in \mathcal{H} : f(\cdot) = \sum_{i=1}^{n} \alpha_i K(\cdot, x_i)\}$$

로 정의하면 $\mathcal{H}_0$는 $\mathcal{H}$의 선형 부분 공간으로서 훈련 자료의 대표자들에 의해 생성되는 공간이다. $\mathcal{H}_0^{\perp} = \{g \in \mathcal{H} :$ 모든 $f \in \mathcal{H}_0$ 에 대하여 $\langle g, f\rangle = 0\}$로 정의하자. 즉, $\mathcal{H}_0^{\perp}$는 $\mathcal{H}_0$와 직교하는 $\mathcal{H}$의 부분 공간이다. $\mathcal{H}_0$는 유한차원이고 닫혀(closed)있으므로 $\mathcal{H} = \mathcal{H}_0 \oplus \mathcal{H}_0^{\perp}$으로 나타낼 수 있다. 따라서 임의의 $f \in \mathcal{H}$는 적절한 $f_0 \in \mathcal{H}_0$와 $f_0^{\perp} \in \mathcal{H}_0^{\perp}$에 대하여 $f = f_0 + f_0^{\perp}$으로 분해된다. 여기서 $f_0(\cdot) = \sum_{i=1}^{n} c_i K(\cdot, x_i)$이다. 직교성에 의해

$$\|f_0 + f_0^{\perp}\|^2 = \|f_0\|^2 + \|f_0^{\perp}\|^2$$

이 성립하며

$$\begin{aligned} f(x_j) &= \langle f(\cdot), K(\cdot, x_j)\rangle \\ &= \langle \sum_{i=1}^{n} \alpha_i K(\cdot, x_i), K(\cdot, x_j)\rangle + \langle f_0^{\perp}, K(\cdot, x_j)\rangle \\ &= \sum_{i=1}^{n} c_i K(x_i, x_j) = f_0(x_j) \end{aligned}$$

이다. 또한 $\|f\|^2 \geq \|f_0\|^2$이므로 $J(f)$의 단조성에 의해 (11.7)는 $f_0^{\perp} = 0$일 때 최소가 됨을 알 수 있다.

이 정리가 의미하는 바는 무한차원의 힐버트 공간상의 최적화가 유한차원 $\mathbb{R}^n$상의 최적화 문제가 된다는 것이다. 즉, (11.7)의 해는 유한개의 훈련자료점 $x_1, \ldots, x_n$에 대한 일종의 커널에 의한 기저함수 표현이 된다는 것이다. 보다 자세한 설명 또는 엄밀한 증명은 Wahba (1990)을 참조하기 바란다.

참고적으로 (11.7)형태의 벌점화를 Tikhonov 벌점화라 부르며 L이 볼록손실함수인 경우 다음의 Ivanov 벌점화

$$\text{제약조건 } J(f) \le \tau\text{하에서 } \arg\min_{f \in \mathcal{H}} \frac{1}{n} \sum_{i=1}^{n} L(y_i, f(x_i))$$

또는 Philips 벌점화

$$\text{제약조건 } \tfrac{1}{n} \textstyle\sum_{i=1}^{n} L(y_i, f(x_i)) \le \kappa\text{하에서 } \arg\min_{f \in \mathcal{H}} J(f)$$

와 동치이다. 여기서 동치의 의미는 세가지 형태의 벌점화중 하나의 해 $\hat{f}$에 대하여 적절한 모수 λ, τ, 또는 κ에 대하여 $\hat{f}$은 다른 최적화 문제의 해가 된다는 것이다. 따라서 L이 볼록손실함수이면 문제에 따라 최적화가 쉬운 벌점화를 선택하여 해를 구할 수 있음을 뜻한다. 이에 대한 증명은 생략하기로 한다.

11.3 여러 가지 커널 기계

이 절에서는 커널 기반의 최소제곱법, 판별분석, 로지스틱 회귀, 주성분분석 등을 소개한다. 대표적인 커널 기반 방법인 서포트 벡터 기계는 14장에서 따로 소개하기로 한다. 그 밖에도 커널을 이용한 여러 가지 방법이 존재하며 k-근방과 k-평균 알고리즘 등과 같이 학습이 거리에 기반하여 이루어지는 경우에는 유사 거리

$$d(x, x') = \sqrt{K(x,x) - 2K(x,x') + K(x',x')}$$

를 이용할 수 있다.

11.3.1 벌점화 최소제곱법

벌점화 최소제곱법(regularized least squares)은 최소제곱 서포트 벡터 기계(least squares support vector machines)라고도 불리는 방법이다. 식 (11.2)에서 손실함

수로서 제곱오차 $L(y, \hat{f}(x)) = (y - \hat{f}(x))^2$를 사용한 것으로서 목적함수를 다음과 같이 행렬로 표현할 수 있다.

$$\begin{aligned} Q_\lambda(f) &= \frac{1}{n}\sum_{i=1}^{n}(y_i - f(x_i))^2 + \lambda\|f\|^2 \\ &= \frac{1}{n}\|y - \boldsymbol{K}c\|^2 + \lambda c^T \boldsymbol{K} c \\ &= \frac{1}{n}(y - \boldsymbol{K}c)^T(y - \boldsymbol{K}c) + \lambda c^T \boldsymbol{K} c. \end{aligned}$$

여기서 $\boldsymbol{K} = (K(x_i, x_j))$이고 $c = (c_1, \ldots, c_n)^T$이다. 계수 c에 대한 일차 및 이차 도함수는 다음과 같다.

$$\begin{aligned} \frac{\partial Q_\lambda(f)}{\partial c} &= -\frac{2}{n}\boldsymbol{K}y + \frac{2}{n}\boldsymbol{K}^2 c + 2\lambda \boldsymbol{K} c \\ \frac{\partial Q_\lambda(f)}{\partial c_l \partial c_m} &= \frac{2}{n}(\boldsymbol{K}^2)_{lm} + 2\lambda(\boldsymbol{K})_{lm}. \end{aligned}$$

$\boldsymbol{H} = \left(\frac{\partial Q_\lambda(f)}{\partial c_l \partial c_m}\right)$는 헤시안(Hessian) 행렬이다. $\boldsymbol{K}$는 양정치이므로 $\boldsymbol{K}^2$ 또한 양정치 행렬이고 따라서 헤시안도 양정치가 된다. 그러므로 $\frac{\partial Q_\lambda(f)}{\partial c} = 0$의 해는 최적해이다. $\boldsymbol{K} + \lambda \boldsymbol{I}$는 양정치 행렬이므로 역행렬이 존재하고 능형회귀처럼 해 $\hat{c} = (\boldsymbol{K} + \lambda \boldsymbol{I})^{-1} y$를 구할 수 있다.

11.3.2 커널 판별분석

커널 판별분석(kernel discriminant analysis)의 아이디어는 자료를 특성공간으로 매핑한 후 피셔의 판별함수를 계산하는 것이다. 논의의 편의상 출력공간이 $\mathcal{Y} = \{1, 2\}$인 이진 분류문제를 고려해 보자. n_1와 n_2는 각각 클래스 1과 2에 속하는 자료수를 나타내며, 각 클래스의 중심점들을 $\bar{x}_1 = \frac{1}{n_1}\sum_{i:y_i=1} x_i$와 $\bar{x}_2 = \frac{1}{n_2}\sum_{i:y_i=2} x_i$로 나타내자. 또한

$$\boldsymbol{S}_B = (\bar{x}_1 - \bar{x}_2)(\bar{x}_1 - \bar{x}_2)^T$$

와

$$\boldsymbol{S}_W = \sum_{i:y_i=1}(x_i - \bar{x}_1)(x_i - \bar{x}_1)^T + \sum_{i:y_i=2}(x_i - \bar{x}_2)(x_i - \bar{x}_2)^T = \boldsymbol{S}_{W_1} + \boldsymbol{S}_{W_2}$$

는 각각 클래스 간의 제곱합과 클래스 내의 제곱합이다. 피셔의 판별 분석에서는 Rayleigh 계수

$$\frac{w^T \boldsymbol{S}_B w}{w^T \boldsymbol{S}_W w}$$

를 최대로 하는 계수벡터 w를 찾게 된다.

자료들을 특성함수 Φ에 의해 특성공간으로 매핑하면 $w = \sum_{i=1}^{n} \alpha_i \Phi(x_i)$이며

$$w^T \bar{x}_1 = \sum_{i=1}^{n} \alpha_i \Phi(x_i) \left\{ \frac{1}{n_1} \sum_{j:y_j=1} \Phi(x_j) \right\} = \sum_{i=1}^{n} \alpha_i \frac{1}{n_1} \sum_{j:y_j=1} K(x_i, x_j) = \alpha^T \boldsymbol{M}_1$$

임을 알 수 있다. 유사한 방법으로 계산해 보면 $w^T \boldsymbol{S}_B w = \alpha^T (\boldsymbol{M}_1 - \boldsymbol{M}_2)(\boldsymbol{M}_1 - \boldsymbol{M}_2)^T \alpha$를 얻는다. $w^T \Phi(x) = \langle \sum_{i=1}^{n} \alpha_i \Phi(x_i), \Phi(x) \rangle = \sum_{i=1}^{n} \alpha_i K(x_i, x)$ 이므로

$$\begin{aligned}
w^T \boldsymbol{S}_{W_1} w &= \sum_{i:y_i=1} w^T (\Phi(x_i) - \bar{x}_1)(\Phi(x_i) - \bar{x}_1)^T w \\
&= \sum_{i:y_i=1} [w^T \Phi(x_i) \Phi(x_i)^T w - w^T \bar{x}_1 \bar{x}_1^T w] \\
&= \sum_{i:y_i=1} \left[\sum_{j=1}^{n} \alpha_j K(x_j, x_i) \sum_{k=1}^{n} \alpha_k K(x_k, x_i) \right. \\
&\quad \left. - \sum_{j=1}^{n} \alpha_j \frac{1}{n_1} \sum_{l:y_l=1} K(x_j, x_l) \sum_{k=1}^{n} \alpha_k \frac{1}{n_1} \sum_{l:y_l=1} K(x_k, x_l) \right] \\
&= \sum_{j=1}^{n} \alpha_j \sum_{k=1}^{n} \alpha_k \sum_{l:y_l=1} \left[K(x_j, x_i) K(x_k, x_i) \right. \\
&\quad \left. - \frac{1}{n_1} \sum_{l:y_l=1} K(x_j, x_l) \frac{1}{n_1} \sum_{l:y_l=1} K(x_k, x_l) \right] \\
&= \alpha^T [\boldsymbol{K}_1 \boldsymbol{K}_1^T - n_1 \boldsymbol{M}_1 \boldsymbol{M}_1^T] \alpha
\end{aligned}$$

이다. 여기서 $\boldsymbol{K}_1$는 $y_j = 1$인 j에 대하여 $K(x_i, x_j)$를 (i, j)원소로 갖는 커널 행렬이다. 마찬가지로 $\boldsymbol{K}_2$를 정의할 수 있다. $\boldsymbol{M} = (\boldsymbol{M}_1 - \boldsymbol{M}_2)(\boldsymbol{M}_1 - \boldsymbol{M}_2)^T$와 $\boldsymbol{K} = \boldsymbol{K}_1 \boldsymbol{K}_1^T - n_1 \boldsymbol{M}_1 \boldsymbol{M}_1^T + \boldsymbol{K}_2 \boldsymbol{K}_2^T - n_2 \boldsymbol{M}_2 \boldsymbol{M}_2^T$로 정의하면 $w^T \boldsymbol{S}_B w = \alpha^T \boldsymbol{M} \alpha$와 $w^T \boldsymbol{S}_W w = \alpha^T \boldsymbol{K} \alpha$를 얻게 된다. 따라서 최적화 문제는

$$\max_{\alpha} \frac{\alpha^T \boldsymbol{M} \alpha}{\alpha^T \boldsymbol{K} \alpha}$$

로 표현되며, 해 $\hat{\alpha}$은 $\hat{\alpha} \propto \boldsymbol{K}^2(\boldsymbol{M}_1 - \boldsymbol{M}_2)$을 만족한다. $\hat{\alpha}$는 Choleski 분해, 이차 계획법(quadratic programming) 등 여러 가지 방법으로 구할 수 있는데 자세한 사항은 Schölkopf와 Smola (2002)를 참고하기 바란다.

11.3.3 커널 로지스틱 회귀

논의의 편의상 이번에는 $\mathcal{Y} = \{0, 1\}$라 하자. 모형을

$$\log \frac{\mathbb{P}(Y=1|X=x)}{\mathbb{P}(Y=0|X=x)} = f(x)$$

라 하고 $Y=1$에 대한 클래스 조건부 확률을 $p(x) = \mathbb{P}(Y=1|X=x) = \dfrac{e^{f(x)}}{1+e^{f(x)}}$로 나타내자. 커널 로지스틱 회귀에서는 벌점화 로그 우도함수를 최대화한다. 마찬가지로 로그 우도함수의 앞에 음의 부호를 붙이면 최소화 문제가 된다. 따라서

$$\begin{aligned} Q_\lambda(f) &= -\sum_{i=1}^{n}[y_i \log p(x_i) + (1-y_i)\log(1-p(x_i))] + \frac{\lambda}{2}\|f\|^2 \\ &= -\sum_{i=1}^{n}[y_i f(x_i) - \log(1+e^{f(x_i)})] + \frac{\lambda}{2}\|f\|^2 \\ &= -y^T \boldsymbol{K} c + 1^T \log(1+\exp(\boldsymbol{K}c)) + \frac{\lambda}{2} c^T \boldsymbol{K} c. \end{aligned}$$

을 최소화하는 f를 구하는 것이다. 여기서

$$\log(1+\exp(\boldsymbol{K}c)) = [\log\{1+\exp((\boldsymbol{K}c)_1)\}, \ldots, \log\{1+\exp((\boldsymbol{K}c)_n)\}]^T$$

이다. 계수 c의 추정은 로지스틱 회귀와 유사하게 적절한 초기치 $c^{(0)}$에 대하여 다음과 같은 가중 최소제곱으로 구할 수 있다.

$$c^{(k)} = (\boldsymbol{K}^T \boldsymbol{W} \boldsymbol{K} + \lambda \boldsymbol{K})^{-1} \boldsymbol{K}^T \boldsymbol{W} z.$$

여기서 $c^{(k)}$는 k번째 단계에서의 c의 값이고, $z = \boldsymbol{K}a^{(k-1)} + \boldsymbol{W}^{-1}(y-p)$, 가중치 행렬 $\boldsymbol{W} = \mathrm{diag}(p(x_i)(1-p(x_i)))$는 $k-1$번째 단계의 값으로부터 계산된다. 커널 로지스틱 회귀는 계산량이 많을 수 있기 때문에 서포트 벡터 기계처럼 전체 모형 $f(x) = \sum_{i=1}^{n} c_i K(x_i, x)$에 대하여 근사가 잘 되는 부분모형 $f(x) =$

$\sum_{i\in\mathcal{S}} c_i K(x_i, x)$를 고려할 수 있다. 여기서 $\mathcal{S}$는 훈련자료의 부분집합을 나타내며 $\mathcal{S}$상의 자료점을 임포트 벡터(import vector)라고 부른다. 자세한 알고리즘은 Zhu와 Hastie (2005)를 참조하기 바란다.

11.3.4 커널 주성분분석

커널 주성분 분석은 주성분 분석에 대한 확장으로서 분산이 최대가 되는 자료의 방향을 찾고자 한다. 흔히 자료를 특성공간에서 저차원 부분 공간으로 사영시키며 자료점의 함수값에 대하여 분산이 최대가 되는 함수를 찾게 된다. 방향만이 중요하므로, 일반성을 잃지 않고 함수의 노음이 1이라 가정하기로 한다. 또한 자료의 평균이 0이라 가정한다. 그러면 커널 주성분 분석의 최적화 문제는 제약조건 $\|f\|^2 = 1$하에서

$$\max_{f\in\mathcal{H}} \frac{1}{n}\sum_{i=1}^{n} f^2(x_i)$$

또는

$$\max_{f\in\mathcal{H}} \frac{1}{n}\sum_{i=1}^{n} \|\langle K(\cdot, x_i), f(\cdot)\rangle f(\cdot) - K(\cdot, x_i)\|^2$$

이 된다. 논의의 편의상 제약조건 $\|f\|^2 = 1$에 대한 언급은 생략하기로 한다.

재생 성질과 $\|f(\cdot)\|^2 = 1$임을 이용하면

$$\begin{aligned} & \|\langle K(\cdot, x_i), f(\cdot)\rangle f(\cdot) - K(\cdot, x_i)\|^2 \\ = \ & \langle f(x_i)f(\cdot), f(x_i)f(\cdot)\rangle - 2\langle f(x_i)f(\cdot), K(\cdot, x_i)\rangle + \langle K(\cdot, x_i), K(\cdot, x_i)\rangle \\ = \ & f^2(x_i)\langle f(\cdot), f(\cdot)\rangle - 2f^2(x_i) + K(x_i, x_i) \\ = \ & -f^2(x_i) \end{aligned}$$

임을 보일 수 있다. 따라서 이 최적화 문제는

$$\frac{1}{n}\min_{f\in\mathcal{H}} f^2(x_i) = \frac{1}{n}\min_{c\in\mathbb{R}^n} c^T \boldsymbol{K}^2 c$$

으로 표현된다.

$\{(\lambda_i, u_i)\}$는 $\boldsymbol{K}$의 고유치와 고유벡터들로서 고유치의 크기순으로 정렬되었다고 하자. 그러면 정리 8.1의 스펙트럴 분해에 의해 $K^2 = \sum_i \lambda_i^2 u_i u_i'$이고 u_i들은 기저를 형성하므로, 적절한 상수 α_j들에 대하여 $c = \sum_j \alpha_j u_j$로 표현할 수 있다. 따라서 앞의 최적화 문제는

$$\frac{1}{n} \min_{\alpha \in \mathbb{R}^n} \alpha_i^2 \lambda_i^2$$

로 쓸 수 있다. 최적화 문제를 제약 조건과 같이 써보면

$$\sum_i \beta_i = 1, \beta_i \geq 0\text{에 대하여} \max_{\beta \in \mathbb{R}^n} \frac{1}{n} \sum_i \beta_i \lambda_i$$

이며 최대값은 $\beta_1 = 1, \beta_2 = \cdots = \beta_n = 0$에서 발생한다. 즉, 첫번째 주성분 함수는 $c = \frac{1}{\sqrt{\lambda_1}} u_1$를 계수로 갖는 함수이고 k번째 주성분 함수의 계수는 $\frac{1}{\sqrt{\lambda_k}} u_k$가 된다.

이제 자료의 평균이 0이 아닌 경우를 생각해 보자. 일반적으로

$$K(x_i, x_j) = \langle K(\cdot, x_i), K(\cdot, x_j) \rangle$$

이 성립하며 자료의 평균을 0으로 맞추기 위해서는

$$\tilde{K}(x_i, x_j) = \langle K(\cdot, x_i) - \mu(\cdot), K(\cdot, x_j) - \mu(\cdot) \rangle$$

을 고려해야 한다. 여기서 $\mu(\cdot) = \frac{1}{n} \sum_i K(\cdot, x_i)$이다. 내적계산을 통해 새로운 커널

$$\begin{aligned}
\tilde{K}(x_i, x_j) &= \langle K(\cdot, x_i) - \mu(\cdot), K(\cdot, x_j) - \mu(\cdot) \rangle \\
&= \langle K(\cdot, x_i) - K(\cdot, x_j) \rangle - \langle K(\cdot, x_i), \mu(\cdot) \rangle - \langle \mu(\cdot), K(\cdot, x_j) \rangle + \langle \mu(\cdot), \mu(\cdot) \rangle \\
&= K(x_i, x_j) - \frac{1}{n} \sum_l K(x_i, x_l) - \frac{1}{n} \sum_l K(x_l, x_j) + \frac{1}{n^2} \sum_{l,l'} K(x_l, x_{l'})
\end{aligned}$$

를 얻을 수 있으며 K를 $\tilde{K}$로 대체하여 분석하게 된다.

연습문제

1. 다음과 같은 회귀모형 $Y_i = f(x_i) + \epsilon_i, i = 1, \ldots, n$을 고려해 보자. f는 미지의 함수이고, 매듭점 $x_1 < \cdots < x_n$이 주어졌고, 오차항은 서로 독립적으로 평균이 0이고 분산이 σ^2인 분포를 따른다. 이때 평활 스플라인을 이용하여 f를 추정할 수 있는데, 평활 스플라인의 목적함수는

$$Q_\lambda(f) = \frac{1}{n}\sum_{i=1}^{n}(y_i - f(x_i))^2 + \lambda J\int_a^b [f''(t)]^2 dt$$

이다.

(a) f의 이차도함수가 연속이라고 가정하고 부분 적분법을 이용하여 적절한 $\boldsymbol{K}$에 대하여

$$\int_a^b [f''(t)]^2 dt = f^T \boldsymbol{K} f$$

임을 보여라. 여기서 $f = (f(x_1), \ldots, f(x_n))^T$이다.

(b) 목적함수 $Q_\lambda(f)$의 해가 $\hat{f} = (\boldsymbol{I} + \lambda\boldsymbol{K})^{-1}y$임을 보여라.

2. $\mathcal{H}$는 $[0, 1]$상의 이차도함수가 제곱 적분이 가능한 함수들의 공간이다. 내적 $\langle f, g\rangle = f(0)g(0) + \int_0^1 f'(x)g'(x)dx$에 대응되는 커널은 $K(s, t) = 1 + \min(s, t)$이다. 이 커널이 재생 커널임을 보여라.

3. $\boldsymbol{\Sigma}$는 $i, j = 1, \ldots, n$에 대하여 σ_{ij}를 (i, j)원소로 가지는 순양정치 행렬이라 하자. $i, j = 1, \ldots, n$에 대하여 $K(i, j) = \sigma_{ij}$라 정의하고 내적을 $\langle f, g\rangle = f^T\boldsymbol{\Sigma}^{-1}g$으로 정의하자. $c_i = (\sigma_{1i}, \ldots, \sigma_{ni})^T = K(\cdot, i)$라 하자.

(a) $\langle c_i, c_j\rangle = \sigma_{ij} = K(i, j)$임을 보여라.

(b) K가 재생성을 가짐을 보여라.

(c) $i = 1, \ldots, n$에 대하여 $\Phi_i = (\Phi_i(1), \ldots, \Phi_i(n))^T$는 직교하는 벡터이고

$$\sigma_{ij} = K(i, j) = \sum_{k=1}^{n}\lambda_k\Phi_k(i)\Phi_k(j)$$

를 만족하는 $\lambda_1, \ldots, \lambda_n$이 주어졌다고 하자. $\{\Phi_k\}$와 $\{\lambda_k\}$를 이용하여 내적 $\langle f, g \rangle = f^T \mathbf{\Sigma}^{-1} g$을 표현하라.

12

축소 추정법*

최근 여러 분야에서 고차원 또는 대용량 자료가 양산되고 있으며, 이를 분석하기 위한 데이터마이닝 분석법도 더불어 발전하고 있다. 차원의 수가 증가하면 분석에 필요한 자료의 수는 기하급수적으로 늘어나게 된다. 이를 차원의 저주(curse of dimensionality)라 함은 전술한 바 있다. 굳이 고차원 자료가 아니더라도 통계모형의 절약성의 원리(rule of parsimony)의 관점에서도 보다 더 해석이 용이한 단순한 모형이 선호된다. 따라서 실제 자료분석에서 차원축소나 변수선택은 필수적인 과정이라 할 수 있다.

3장에서 다룬 전진선택법, 후진소거법, 단계별 선택법 등의 최적부분집합 선택법은 추출된 표본에 따라 결과가 크게 달라지는 불안정한 성질을 가지고 있다(Breiman, 1996b). 이 장에서는 계수추정 및 변수선택을 동시에 수행하는 벌점화(penalization)를 통한 축소추정법 (shrinkage estimation)을 소개하기로 한다. 축소추정을 위한 벌점함수는 여러 가지 형태로 제안되어 있으며 이들간의 관계에 대해서도 살펴보기로 한다.

본 장에서는 다음과 같은 선형회귀모형에서의 축소추정법들만을 소개하기로 한다.

$$y_i = \beta_1 x_{i1} + \cdots + \beta_p x_{ip} + \epsilon_i, \epsilon_i \sim N(0, \sigma^2), i = 1, \cdots, n. \tag{12.1}$$

여기서 $\beta = (\beta_1, \ldots, \beta_p)^T$는 p차원의 회귀계수벡터, $\boldsymbol{X} = (x_{ij})$는 $n \times p$ 자료행렬, $j(= 1, \ldots, p)$에 대하여 x^j는 $\boldsymbol{X}$의 j번째 열벡터를, $i(= 1, \ldots, n)$에 대하여 x_i는 $\boldsymbol{X}$의 i번째 행벡터를 나타낸다. 또한 변수들에 대하여 $\sum_{i=1}^n y_i = 0$, $\sum_{i=1}^n x_{ij} = 0$와 $\sum_{i=1}^n x_{ij}^2 = n, j = 1, \cdots, p$로 표준화되었다고 가정하기로 한다.

주어진 자료에서 입력변수의 차원이 아주 큰 경우에 (특히 입력차원의 수가 자료의 수보다 큰 경우)는 선형모형의 예측력이 비선형모형의 예측력과 비슷하다는 것이 Hall 외 (2005)에 의해서 설명되었다. 이러한 이유로, 데이터마이닝에서 고차원 선형모형은 매우 중요하게 사용되고 있다.

12.1 회귀문제에 대한 통합 벌점화

다음의 벌점화된 잔차제곱합을 최소로 하는 추정량을 고려해보자.

$$\min_\beta \frac{1}{n} \sum_{i=1}^n \left(y_i - \sum_{j=1}^p \beta_j x_{ij} \right)^2 + \lambda \|\beta\|_0. \tag{12.2}$$

여기서 l_0-노음 $\|\beta\|_0 = \sum_k I(\beta_k \neq 0)$은 β의 원소중 0이 아닌 계수들의 수를 나타내며, λ는 잔차제곱합에 의한 자료의 모형에 대한 적합도와 l_0-노음에 의해 측정되는 모형의 복잡도의 상대적 비중을 조정하는 조율모수이다. 이러한 방법은 3장에서 다룬 변수선택방법과 깊은 관계가 있다.

식 (12.2)에서 $s < p$에 대하여 $\|\beta\|_0 = s$라는 제약조건을 두면, 목적함수 (12.2)의 해는 크기가 s인 입력변수들의 부분집합들 중에서 가장 작은 잔차제곱합값을 갖는 입력변수들의 조합이 된다. 이 경우 $\binom{p}{s}$만큼의 모형 적합이 필요함을 알 수 있다. $s = 3$ 정도만 되어도 $O(p^3)$개의 모형의 적합이 필요하게 된다. $s(= 1, \ldots, p)$의 모든 경우를 고려하면, 각 s값에 대한 p개의 최적의 모형들 중에서 (12.2)를 최소화하는 조합을 선택하는 것이 된다. 따라서 l_0-노음에 대한 벌점화된 목적함수의 최적화에 필요한 계산량은 복잡도가 매우 크다는 것을 알 수 있다.

일반적인 벌점화된 잔차제곱합은

$$\frac{1}{n}\sum_{i=1}^{n}\left(y_i - \sum_{j=1}^{p}\beta_j x_{ij}\right)^2 + \sum_{j=1}^{p} J_\lambda(\beta_j) \tag{12.3}$$

로 표현할 수 있다. 여기서 $J_\lambda(z)$는 회귀계수 z에 대한 벌점함수이고 $\lambda > 0$는 회귀계수의 축소 정도를 조절하는 조율모수이다.

예를 들어 $J_\lambda(z) = \lambda I(z \neq 0)$이면 l_0-노음이 된다. 가장 널리 알려진 벌점함수로는 l_1-노음인 LASSO 벌점함수 $J_\lambda(z) = \lambda|z|$이 있다 (Tibshirani, 1996). LASSO 벌점함수는 우수한 예측 성능을 보유하고 있지만 상대적으로 값이 큰 회귀계수에 대해서 큰 편의가 발생하는 것으로 알려져 있으며, 이러한 편의를 제거할 수 있는 다양한 종류의 벌점함수가 제안되고 있다.

식 (12.3)에서 벌점화를 통한 회귀계수의 추정을 위해서는 두 가지를 선택해야 한다. 첫번째는 표본크기 n과 차원 p를 고려한 조율모수 λ의 선택이고, 두번째는 벌점함수를 불연속인 l_0-노음에서 l_1-노음과 같이 연속인 함수로 완화하는 것이다.

12.1.1 λ의 선택

변수선택 문제와 관련하여 C_p와 수정 결정계수 등과 같이 적합도와 복잡도를 동시에 고려하는 기준들이 사용되고 있다. 이러한 기준들은 고려 대상인 여러 모형들 중에 적합도와 복잡도의 합을 최적화하는 모형을 선택한다. 식 (12.3)에서 $J_\lambda(z) = \lambda I(z \neq 0)$으로 l_0-노음을 이용하는 벌점화로써 흔히 사용되는 변수선택 기준들은 다음과 같다. 편의상 $\sigma^2 = 1$로 가정한다.

- $\lambda = 2/n$인 경우에 Akaike (1973)의 AIC로

  $$\frac{1}{n}\sum_{i=1}^{n}(y_i - x_i^T\beta)^2 + 2\frac{s}{n}$$

  을 최소로 하는 변수집합 및 관련 회귀계수를 추정한다.

- $\lambda = \log n/n$이면 Schwarz (1978)의 BIC로

  $$\frac{1}{n}\sum_{i=1}^{n}(y_i - x_i^T\beta)^2 + \log(n)\frac{s}{n}$$

을 최소로 한다.

- $\lambda = \log p/n$일때 George와 Foster (1994)가 제안한 RIC(risk inflation criterion)가 된다.
- 그 밖에도 Tibshirani와 Knight (1999)에서 제안된 CIC(covariance inflation criterion)도 이러한 범주에 든다.
- 검증자료를 이용하거나 교차확인을 통하여 최적의 λ를 선택할 수 있다.

따라서 식 (12.3)에서 주어진 벌점화된 목적함수를 통해 거의 대부분의 변수선택 기준들을 해석할 수 있다. 보다 자세한 내용은 인용된 문헌들을 참조하기 바란다.

12.1.2 벌점함수의 완화

앞에서 설명한 것처럼 l_0-노음을 벌점함수로서 사용하는 것은 결국 최적 부분집합선택법에 해당되며, 매우 큰 복잡도를 갖고 있어서 p가 커지면 직접적으로 최적화하는 것은 현실적으로 어렵다. 또한 최적 부분집합선택법은 l_0-노음이 계단함수 형태이므로 특정 변수들의 포함여부에 따라 모형의 추정이 불연속이며 결과적으로 불안정하게 되는 단점이 있다.

최근에는 불연속인 l_0-노음을 연속이거나 부드러운 노음으로 대체한 방법들이 제안되었다. 이러한 방법은 변수의 선택과 추정이 동시에 이루어지며 최적 부분집합선택법에 비해 안정적인 장점이 있다. 그림 12.1은 여러 가지 l_q-노음 벌점함수 $\sum_{j=1}^{p} |\beta_j|^q$ 들을 보여준다. l_q-노음은 $q=1$을 기준으로 $0<q<1$에서는 오목성(concavity)을 띄고 있고 $1 \le q < 2$에서는 볼록성(convexity)을 띄고 있다.

l_0-노음에 대한 일반화 관점에서 최초로 제안된 방법은 Frank와 Friedman (1993)의 브릿지 추정(bridge estimation)이다. 브릿지 추정법은 l_q-노음

$$J_\lambda(z) = \lambda |z|^q, 0 < q < 2$$

를 벌점함수로 사용한다. 브릿지라는 용어에서 알 수 있듯이 이 방법은 $q=0$일 때의 l_0-노음과 $q=2$의 능형회귀의 가교 역할을 수행한다. 또한 이 방법은 $q=1$

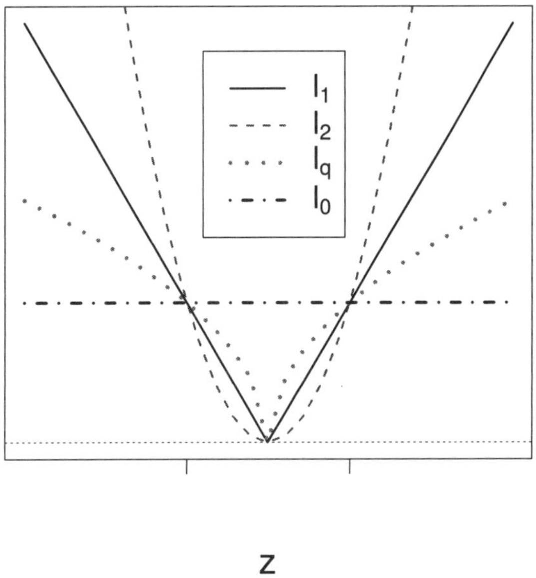

그림 12.1: l_0-노음과 여러 벌점함수들

에 해당하는 LASSO 추정을 특별한 경우로서 포함한다.

벌점함수의 형태에 따라 축소추정량의 특징이 달라지며, 그 기준이 되는 주요한 세가지 성질은 다음과 같다.

(a) 성김성(sparsity): 추정량이 소수의 변수에서만 영이 아닌 계수를 갖도록 함으로써 모형의 복잡도를 감소시키고 해석력을 높이는 성질을 말한다.

(b) 불편성(unbiasedness): 추정량이 점근적인 의미에서 거의 편의가 없는 성질을 말한다.

(c) 연속성(continuity): λ의 변화에 대해 추정량이 연속성을 가진다는 것으로, λ에 따라 모형이 급작스럽게 변하는 것을 방지하며 최종모형에 의한 예측의 변동성을 줄인다.

벌점함수의 성질에 따라 축소추정량의 성질이 달라지게 된다. 이를 설명하기 전에 우선 축소와 관계된 두 가지 작용소(operator)인 강분계 작용소(hard thresholding operator)와 약분계 작용소(soft thresholding operator)에 대하여 알아보자. 약분계 작용소는

$$S(z,\lambda) = \begin{cases} z-\lambda & \text{if } z > \lambda \\ 0 & \text{if } |z| \le \lambda \\ z+\lambda & \text{if } z < -\lambda \end{cases}$$

으로 정의되며(Donoho와 Johnstone, 1994), 강분계 작용소는

$$H(z,\lambda) = zI(|z| > \lambda)$$

로 정의된다. 그림 12.2 (a)는 강분계 및 약분계 작용소를 보여준다. $p = 1$인 경우에 최소제곱추정량 $\hat{\beta}^{LS}$를 강분계 작용소와 약분계 작용소에 적용하면, 각각 l_0-노음을 이용한 추정량과 LASSO 추정량이 된다. 따라서, 강분계 작용소와 약분계 작용소의 성질을 비교하면 l_0-노음을 이용한 추정량과 LASSO 추정량의 성질을 비교할 수 있다. 먼저, 강분계 작용소와 약분계 작용소 모두 성긴 추정량을 제공한다. 둘째, 강분계 작용소는 연속이 아닌 반면 약분계 작용소는 연속이다. 마지막으로 $|\hat{\beta}^{LS}|$이 큰 경우에 강분계 작용소를 적용하여 얻은 추정량은 최소제곱추정량과 같게 되어 불편성을 만족하지만, 약분계 작용소를 적용하면 $|\hat{\beta}^{LS}|$이 큰 경우에도 λ만큼의 편의가 있음을 알 수 있다. 정리하자면, l_0-노음을 이용한 추정치는 성김성과 불편성을 만족하지만 연속성을 만족하지 못하고, LASSO 추정량은 성김성과 연속성을 만족하지만 불편성을 만족하지 못한다. 이러한 성질들은 $p > 1$인 경우에도 자료행렬 $\mathbf{X}$가 직교인 경우에는 만족한다.

λ에 따른 축소추정량은 설계행렬이 직교하는 경우($\boldsymbol{X}^T\boldsymbol{X} = n\boldsymbol{I}$) 쉽게 구할 수 있다. $\lambda = 0$에서 최적해는 $\hat{\beta}^{LS} = (\boldsymbol{X}^T\boldsymbol{X})^{-1}\boldsymbol{X}^Ty = \boldsymbol{X}^Ty/n$이고, 주어진 $\lambda > 0$에 대해서 LASSO 추정량은 $\text{sign}(\hat{\beta}_j^{LS})\max\{|\hat{\beta}_j^{LS}| - \lambda, 0\}$으로 나타낼 수 있다. 이 사실은 다음의 몇가지 단계를 통해 확인할 수 있다. LASSO 추정의 벌점화된

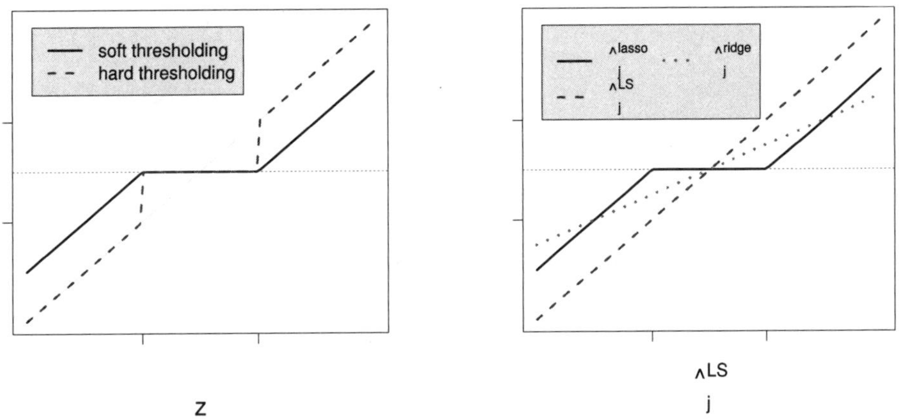

(a) 작용소 $S(z,\lambda)$와 $H(z,\lambda)$

(b) λ에 따른 LASSO 해의 자취

그림 12.2: 작용소와 $\boldsymbol{X}^T\boldsymbol{X} = n\boldsymbol{I}$일 때 LASSO 해의 자취

목적함수는

$$Q_\lambda(\beta) = \frac{1}{n}(y - \boldsymbol{X}\beta)^T(y - \boldsymbol{X}\beta)/2 + \lambda \text{sign}(\beta)^T\beta \tag{12.4}$$

이다 (논의의 편의상 잔차제곱항을 2로 나누었음). 여기서 $\text{sign}(\beta) = (\text{sign}(\beta_1), \ldots, \text{sign}(\beta_p))^T$이다. LASSO 추정량에서 0이 아닌 계수들의 인덱스집합을 $\mathcal{A} = \{j : \hat{\beta}_j^{lasso} \neq 0\}$라고 하면, (12.4)에 대한 KKT(Karush-Kuhn-Tucker) 조건은 $j \in \mathcal{A}$에 대하여

$$\frac{\partial Q_\lambda(\beta)}{\partial \beta_j} = -\frac{1}{n}(x^j)^T(y - \boldsymbol{X}\hat{\beta}^{lasso}) + \lambda \text{sign}(\hat{\beta}_j^{lasso}) = 0 \tag{12.5}$$

이고, $j \notin \mathcal{A}$인 경우 β_j에 대하여는

$$|-(x^j)^T(y - \boldsymbol{X}\hat{\beta}^{lasso})| \leq n\lambda \tag{12.6}$$

로 주어진다. 따라서 $-\hat{\beta}_j^{LS} + \hat{\beta}_j^{lasso} + \lambda\text{sign}(\hat{\beta}_j^{lasso}) = 0, j \in \mathcal{A}$ 와 $|\hat{\beta}_j^{LS}| \leq \lambda, j \in \mathcal{A}^c$가 성립한다. $\hat{\beta}_j^{LS}$와 $\hat{\beta}_j^{lasso}$의 부호가 같아야 하므로 $\hat{\beta}_j^{lasso} = \text{sign}(\hat{\beta}_j^{LS})\max\{|\hat{\beta}_j^{LS}| - \lambda, 0\}$이 성립함을 알 수 있다.

참고. KKT 조건은 제약조건하에서 주어진 함수가 최대 또는 최소가 되도록 하는 해가 가져야 하는 필요조건이다. LASSO 추정량을 구하기 위하여는 식 (12.4)를 최소로 해야 하는데, 이는 $\sum_{j=1}^{p} |\beta_j| \le s, s > 0$라는 제약조건하에서 잔차제곱합을 최소로 하는 문제와 같다는 것이 알려져 있다. 즉, λ와 s사이에 1-1 대응이 존재한다. KKT 조건에 대한 자세한 내용은 Bertsekas 외 (2004)를 참조하고, LASSO 추정량에 대한 KKT 조건은 Rosset (2007)을 참조바란다.

그림 12.2 (b)는 자료행렬이 직교인 경우에 최소제곱추정량, LASSO 추정량 그리고 능형회귀 추정량을 비교한다. LASSO 추정량은 $\hat{\beta}_j^{lasso} = S(\hat{\beta}_j^{LS}, \lambda)$로 주어지며, 2장의 식 (3.6)으로부터 능형회귀 추정량은 $\hat{\beta}_j^{ridge} = \hat{\beta}_j^{LS}/(1+\lambda)$임을 알 수 있다. 능형회귀의 경우 회귀계수의 절대값이 커질수록 점점 편의의 정도가 커지는 것을 볼 수 있다. 강분계 작용소는 최적 부분집합선택에 해당되고 불연속이나 회귀계수가 클 때에는 편의가 없다. 반면 약분계 작용소에 해당되는 LASSO 추정량은 편의가 발생함을 알 수 있다. 그러나, 편의의 양은 능형회귀 추정량보다는 작다.

표 12.1: 노음에 따른 해의 세 가지 성질

	희소성	불편성	연속성
$l_q, 0 < q < 1$	○	○	×
l_1	○	×	○
$l_q, 1 < q$	×	×	○

지금까지 l_q-노음에 대하여 살펴본 것을 정리하면 표 12.1과 같다. $q > 1$인 경우 벌점함수는 볼록함수지만 해의 희소성을 만족하지 못한다. $q = 1$이면 해의 희소성은 만족하지만 불편성을 만족하지 못한다. $0 < q < 1$인 경우에는 볼록하지도 않고 연속성을 만족하지도 못하지만, 희소성과 불편성은 만족한다는 것이 알려져 있다. 따라서 해의 세 가지 성질을 동시에 모두 만족하는 l_q-노음($0 < q \le 2$)은 존재하지 않는 것을 알 수 있다. 다음 절에서는 희소성, 불편성, 연속성을 동시에 만족하는 축소추정량들에 대해서 살펴본다.

참고. 본 절에서 살펴본 여러 벌점함수들의 성질은 자료행렬이 직교인 경우에만 적용이 된다. 자료행렬이 직교가 아닌 경우에는 벌점함수의 성질에 대한 연구는 매우 어려우며, 일반적으로 추정량의 근사적 성질을 이용하여 연구를 할 수 있다.

12.2 여러 가지 축소추정량

LASSO 추정량의 편의를 줄이기 위하여 개발된 축소추정량으로 Zou (2006)의 ALASSO(Adaptive LASSO)추정량이 있다. ALASSO는 가중치

$$w_j = 1/|\hat{\beta}_j^{LS}|^{\nu}, \nu > 0, j = 1, \ldots, p$$

에 대하여 가중 l_1-노음

$$\sum_{j=1}^{p} w_j |\beta_j|$$

을 벌점함수로 사용한다. 따라서 ALASSO는 LASSO의 볼록성을 유지하면서도 동시에 불편성을 갖을 수 있다. ALASSO의 벌점함수를 자세히 살펴보면 초기 추정량이 0에 가까울 때는 벌점을 많이 받게 하고, 0이 아닌 회귀계수에 대해서는 벌점을 거의 주지 않는다. 이러한 특징은 LASSO에서 발생하는 편의를 줄이고자 고안된 것이다. ALASSO벌점함수의 단점으로는 초기추정치의 선택이 어렵다는 것이다. 변수의 차원 p가 크지 않은 경우에는 최소제곱추정량은 좋은 추정량이고, 따라서 ALASSO 추정량도 좋은 성질을 가지지만, p가 큰 경우에는 최소제곱추정량이 그리 좋은 추정량이 되지 못하고, 따라서 ALASSO 추정량도 좋은 성질을 갖지 못한다.

비볼록 벌점함수를 이용하여 LASSO 추정량의 편의를 줄이는 방법도 제안이 되었다. 대표적으로 SCAD(Smoothly Clipped Absolute Deviation) 벌점함수는 LASSO 벌점함수의 편의를 줄이고자 설계된 벌점함수로 다음과 같이 주어진다

(Fan과 Li, 2001). $\gamma > 2$에 대하여 SCAD 벌점함수는

$$J_{\lambda,\gamma}(\beta) = \begin{cases} \lambda|\beta| & \text{if } |\beta| < \lambda \\ \frac{\gamma\lambda(|\beta|-\lambda)-(\beta^2-\lambda^2)/2}{(\gamma-1)} + \lambda^2 & \text{if } \lambda \le |\beta| < \gamma\lambda \\ \frac{(\gamma-1)\lambda^2}{2} + \lambda^2 & \text{if } |\beta| \ge \gamma\lambda. \end{cases} \quad (12.7)$$

로 정의된다. 그림 12.3을 보면 SCAD는 LASSO에 비해 절대값이 큰 회귀계수가 상대적으로 덜 벌점을 받도록(즉, 덜 축소되도록)함을 알 수 있다. 그러나 SCAD 벌점함수는 볼록함수가 아니며 전역적인 해가 반드시 존재하지는 않는다는 문제점이 있다. 또한 SCAD의 최적화 문제는 볼록이 아니므로 계산이 어렵다. 최근 Kim 외 (2008)와 Kim과 Kwon (2012) 등에는 SCAD에서 전역해를 보장하는 충분조건들이 규명되어 있으니 관심있는 독자들은 참고문헌을 참조하기 바란다.

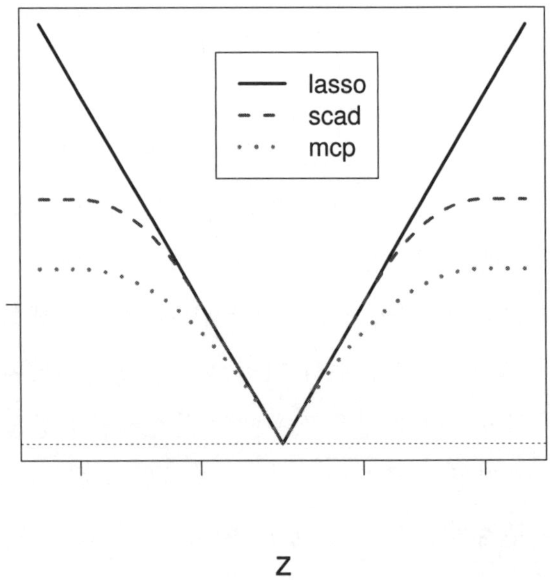

그림 12.3: LASSO, SCAD 그리고 MCP 벌점함수

SCAD외에 불편추정량을 제공하는 비볼록 벌점함수로는 Zhang (2010)의 MCP

(minimax concave penalty)가 있다. $\gamma > 1$에 대하여 MCP 벌점함수는

$$J_{\lambda,\gamma}(\beta) = \begin{cases} \lambda|\beta| - \frac{\beta^2}{2\gamma} & \text{if } |\beta| \le \gamma\lambda \\ \frac{1}{2}\gamma\lambda^2 & \text{if } |\beta| > \gamma\lambda \end{cases} \tag{12.8}$$

이다.

성긴벌점함수의 성질중에서 중요한 것들중 하나는 변수선택의 점근적 일치성이다. 즉, 자료의 수가 커지면서 벌점함수를 통하여 선택되어지는 변수들이 실제로 중요한 변수들을 모두 포함하며, 중요하지 않은 변수는 하나도 포함하지 않는 성질을 변수선택의 점근적 일치성이라고 한다. 볼록이 아닌 벌점 SCAD와 MCP, 볼록함수인 ALASSO 등은 변수선택의 점근적 일치성과 관련하여 소위 신탁성질(oracle property)을 가진다. 여기서 어떤 추정량이 신탁성질을 가지고 있다고 하면, 참값이 0인 회귀계수들을 미리 알고 있어서 나머지 유의한 변수들만을 이용하여 구한 이상적인 계수추정량과 점근적으로 일치함을 의미한다. Zhao와 Yu (2006)는 LASSO 추정에 대하여 변수선택의 점근적 일치성이 성립할 조건을 규명하였으나 그들의 조건은 좀 제한적이어서 만족되지 못하는 경우가 있다. 그러한 경우에 LASSO 추정량은 일치성을 만족하지 못할 수 있다. 그리고, 변수선택의 일치성이 만족되지 않는 경우에는 대부분이 실제로 유의하지 않은 변수를 최종 모형에서 유의하다고 선택하는 경우이다. 즉, 실제 자료분석에서 LASSO 추정량은 유의한 변수외에 불필요한 변수들을 추가적으로 더 선택하는 경향이 있다. 보다 자세한 사항은 제시된 참고문헌을 참조하기 바란다.

12.2.1 SCAD와 MCP의 일변량 해의 자취

자료행렬이 직교행렬일 때 SCAD와 MCP의 해는 명시적으로 $\hat{\beta}^{LS}$의 함수로서 구할 수 있다. β_j에 대한 MCP 추정량은 다음과 같다.

$$\hat{\beta}_j^{mcp} = \begin{cases} \frac{S(\hat{\beta}_j^{LS},\lambda)}{1-1/\gamma} & \text{if } |\hat{\beta}_j^{LS}| \le \gamma\lambda \\ \hat{\beta}_j^{LS} & \text{if } |\hat{\beta}_j^{LS}| > \gamma\lambda. \end{cases} \tag{12.9}$$

식 (12.9)에서 MCP의 해는 γ의 크기에 따라 LASSO 해를 $1-1/\gamma$만큼 척도변환해 주는 것을 알 수 있다. $\gamma \to \infty$이면 MCP와 LASSO의 해는 일치하게 되고 $\gamma \to 1$인 경우에 MCP의 해는 강분계 작용소 추정치인 $\hat{\beta}_j^{LS} I(|\hat{\beta}_j^{LS}| > \lambda)$이 된다. 따라서 MCP는 일변량의 의미에서 Gao와 Bruce (1997)에 의해 제안된 firm 축소추정량을 도출한다. 참고로 영어 단어 firm은 soft와 hard의 중간을 의미하며, 강분계와 약분계 작용소 추정량들은 firm 추정량의 극단적인 경우들로 볼 수 있다.

정리하면 직교 설계행렬에 대하여 최적 부분집합선택, LASSO, MCP는 각각 강분계, 약분계 작용소, firm 축소추정량이 된다. 한편 SCAD 추정량의 경우를 살펴보면

$$\hat{\beta}_j^{scad} = \begin{cases} S(\hat{\beta}_j^{LS}, \lambda) & \text{if } |\hat{\beta}_j^{LS}| \leq 2\lambda \\ \frac{S(\hat{\beta}_j^{LS}, \gamma\lambda/(\gamma-1))}{1-1/(\gamma-1)} & \text{if } 2\lambda < |\hat{\beta}_j^{LS}| \leq \gamma\lambda \\ \hat{\beta}_j^{LS} & \text{if } |\hat{\beta}_j^{LS}| > \gamma\lambda \end{cases} \tag{12.10}$$

이다. SCAD 추정치는 MCP의 firm 축소추정량과 정확히 일치하지는 않지만 매우 유사함을 알 수 있다. SCAD와 MCP 모두 편의를 가지는 LASSO 해를 불편추정량인 $\hat{\beta}_j^{LS}$쪽으로 덜 축소되게 하는 효과를 갖는다. 그러나 SCAD 추정량은 $\gamma \to \infty$이면 약분계 작용소로 표현되지만, $\gamma \to 2$인 경우에서는 MCP와 달리 강분계 작용소가 되지는 않는다.

12.3 구조화된 벌점함수

이 절에서는 능형회귀와 LASSO의 절충인 elastic net, 변수들을 그룹별로 선택하는 group LASSO, 인접 변수들간의 상관성을 반영하는 fused LASSO 등 몇 가지 구조화된 벌점함수들을 소개한다.

먼저 Zou와 Hastie (2005)에 의해 제안된 elastic net 벌점은 l_1-노음과 l_2-노음의 볼록결합(convex combination) 형태로 다음과 같이 주어진다.

$$\lambda \sum_{j=1}^{p} \left((1-\alpha)|\beta_j| + \alpha\beta_j^2 \right), \alpha \in [0,1]. \tag{12.11}$$

Elastic net은 능형회귀와 LASSO 추정의 절충으로서, 상관관계가 있는 변수들 중에서 하나의 변수만을 흔히 선택하는 LASSO의 단점을 보완하기 위하여 제안되었다. Elastic net은 l_1-노음에 l_2-노음을 결합함으로써 상관관계가 있는 변수들을 모두 선택하도록 하며, 이를 그룹화 효과(grouping effect)라고 부른다.

입력변수가 두개인 간단한 회귀문제를 통하여 elastic net의 특징을 보다 자세히 살펴보자. α와 λ값들이 주어졌을때 두 변수의 elastic net의 추정계수를 각각 $\hat{\beta}_1(\alpha,\lambda)$과 $\hat{\beta}_2(\alpha,\lambda)$라 하자. 그러면 어떤 상수 $M > 0$에 대하여 부등식

$$|\hat{\beta}_1(\alpha,\lambda) - \hat{\beta}_2(\alpha,\lambda)| < \frac{\sqrt{n}M}{\alpha\lambda}\sqrt{2(1-r_{12})} \tag{12.12}$$

이 성립한다. r_{12}는 두 변수의 상관계수를 나타낸다. 따라서 r_{12}가 1에 가까울수록 두 계수의 차이가 0이 된다. 즉, 두 변수들간에 상관관계가 크면 대응되는 추정치들의 값은 거의 동일하다. 참고적으로 elastic net의 최적화는 출력벡터와 자료행렬을 적절히 확장함으로써 LASSO 추정법으로 전환하여 풀 수 있다.

Yuan과 Lin (2007)에 의해 제안된 group LASSO 추정은 벌점함수에 사전지식을 반영한 것이다. 사전지식으로는 변수들을 특정한 그룹으로 묶을 수 있는 것이다. 예로는, 여러개의 범주형 변수들을 가변수로 바꾼 경우, 동일한 변수로부터 생성된 가변수들은 하나의 그룹으로 묶일 수 있다. 또 다른 예로는 마이크로어레이 자료에서 특정 생물학적인 경로(biological pathway)에 같이 속하는 유전자들의 집단이 존재하는 경우를 들 수 있다. 이렇게 입력변수들 사이에 그룹정보가 있는 경우에는 변수들을 개별적으로 선택하는 것보다는 변수들의 그룹을 선택하는 것이 의미가 있게 된다.

사전지식에 따라 변수들이 G개의 그룹으로 나누어지며 p_g는 g번째 그룹에 속하는 변수들의 수이고 $p = \sum_{g=1}^{G} p_g$라 하자. Group LASSO의 벌점화 목적함수는

$$\min_{\beta_0\in\mathbb{R},\beta\in\mathbb{R}^p} \sum_{i=1}^{n}(y_i - \beta_0 - \sum_{g=1}^{G} x_{ig}^T\beta_g)^2 + \lambda\sum_{g=1}^{G}\sqrt{p_g}\|\beta_g\|_2 \tag{12.13}$$

이다. 여기서 $x_{ig} = (x_{ig1},\cdots,x_{igp_g})^T$는 i번째 관측치의 g번째 그룹의 변수값 벡터, $\beta_g = (\beta_{g1},\cdots,\beta_{gp_g})^T$은 p_g차원의 g번째 그룹의 모수벡터이다.

Group LASSO는 변수들의 그룹을 선택하는 특징이 있다. 예를 들어 세 변수로 이루어진 회귀문제에서 사전지식에 따르면 두 변수 x_{11}과 x_{12}는 첫번째 그룹에 속하고 나머지 변수 x_2는 두번째 그룹에 속한다고 하자. 각 변수에 대응되는 모수를 $\beta_{11}, \beta_{12}, \beta_2$라 하자. 그림 12.4에서 x, y, z 축은 각각 x_{11}, x_{12}, x_2이다. 이 경우 제약조건을 1이라고 할 때 능형회귀, LASSO, group LASSO의 벌점항은 각각 $\beta_{11}^2 + \beta_{12}^2 + \beta_2^2 \le 1$, $|\beta_{11}| + |\beta_{12}| + |\beta_2| \le 1$, $\sqrt{2\beta_{11}^2 + 2\beta_{12}^2} + |\beta_2| \le 1$이며 그림 12.4의 (a), (b), (c)에 해당한다. Group LASSO의 경우 x축과 y축에 대해서는 부드러운 곡면을 가지고 있고 z축으로는 뾰족한 면을 가지고 있음을 주목하기 바란다.

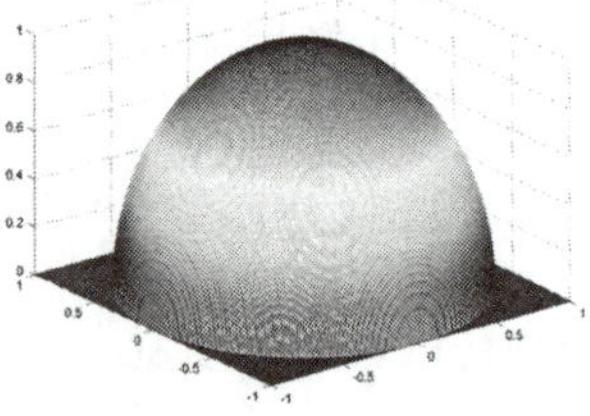

(a) l_2-노음

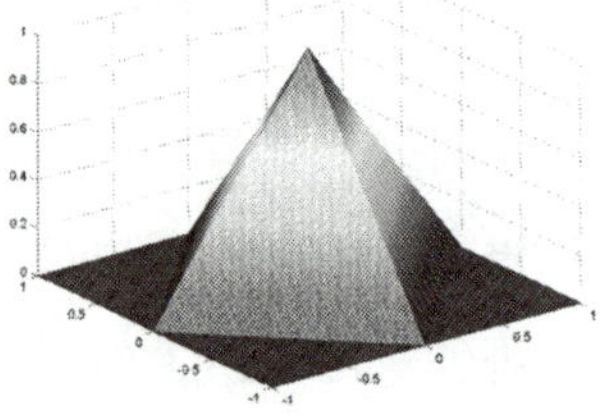

(b) l_1-노음

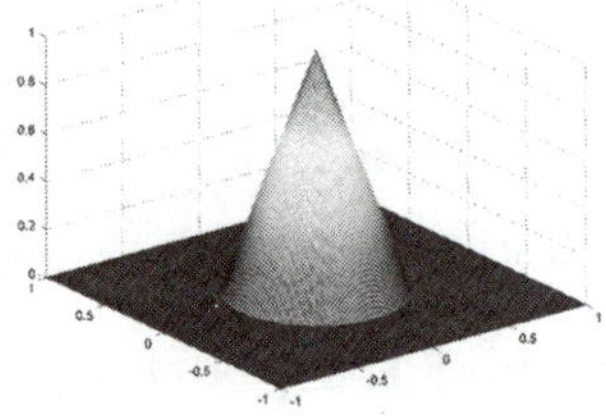

(c) group lasso

그림 12.4: 여러 가지 벌점과 group LASSO 벌점의 비교

한편 Tibshirani와 Saunders (2005)가 제안한 fused LASSO 추정은 단백질들의 m/z(질량 대비 전하량)을 측정한 SELDI-TOF MS(surface-enhanced laser desorption/ionization time-of-flight mass spectrometry) 자료와 같이 순서화된 인접한 m/z 변수에 강한 양의 상관성이 존재하는 경우에 적용된다. 이와 같이 인접 변수들간에 강한 양의 상관관계가 있으면 인접한 변수들의 회귀계수가 비슷할 것임을 짐작할 수 있다. Fused LASSO의 벌점함수는

$$\lambda \left((1-\alpha) \sum_{j=1}^{p} |\beta_j| + \alpha \sum_{j=2}^{p} |\beta_j - \beta_{j-1}| \right), \alpha \in [0,1]$$

으로 elastic net에 비해 상관성을 더 직접적인 방식으로 반영한 추정법이다. Witten와 Tibshirani (2009)의 scout방법은 fused LASSO에 비해 더 일반적인 상관관

계를 반영한 방법으로 공분산의 축소추정을 활용한다.

또 다른 구조화된 방법의 예로는 교호작용과 같은 변수들간의 구조를 반영하는 방법이 있다. 예를 들어 두 연속형변수 x_1과 x_2와 이의 교호작용 $x_1 \cdot x_2$을 모형에서 고려한다고 하자. 각 변수들에 대응되는 회귀계수를 각각 β_1, β_2와 β_{12}로 나타내자. 만일 $\beta_{12} \neq 0$으로 교호작용이 유의하면, 주효과 x_1, x_2들 중 유의하지 않은 것이 있다고 하더라도 반드시 x_1, x_2도 모형에 포함되어야 한다. 이를 약/강 유전성 원리(weak/strong heredity principle)라 부른다. Yuan 외 (2009)는 위의 예와 같은 경우에 LASSO 추정법을 적용할 때, 추가적인 제약조건을 도입하여 추정된 모형이 유전성을 갖도록 하는 방법을 제시하였다. 제약조건들의 수가 많아지면 계산이 복잡해질수 있다는 문제점이 있는데, Zhao 외 (2009) 는 제약조건을 도입하는 대신 벌점화 방식을 통해 이러한 문제를 해결할 것을 제안하였다.

12.4 벌점함수들간의 관계

이 절에서는 앞에서 논의된 여러 가지 벌점함수들간의 관계를 살펴보기로 한다. 그림 12.5는 여러 가지 벌점함수들간의 관계를 그림으로 보여준다. 최적 부분집합 선택법은 l_0-노음을 이용한 벌점화로 볼 수 있으며 l_0-노음의 특성상 불연속적으로 변수가 선택된다. 이에 대해 연속적이고 부드러운 벌점함수로 대체하는 것을 고려해 볼 수 있으며 LASSO는 l_1-노음, bridge는 l_q-노음($0 < q < 2$), 능형회귀는 l_2-노음을 벌점함수로 사용하는 방법들이다. 능형회귀는 축소추정량을 주지만 변수선택을 하지 않는데 비해 LASSO는 축소추정과 변수선택을 동시에 수행한다. 그러나 LASSO 추정은 계수값이 큰 경우에도 벌점을 줌으로써 모형선택 관점에서 일치성이 성립하지 않는 경우가 있다. 이에 ALASSO는 LASSO에 적절한 가중치를 부여함으로써 일치성을 갖도록 하며, SCAD와 MCP는 볼록이 아닌 벌점함수를 사용함으로써 LASSO의 일치성 문제를 해결하는 방법이다. LASSO의 또 다른 문제점은 변수들간에 상관관계가 큰 경우 변수들중 일부만 선택하고 나머지는 선택되지 않는 경우가 흔히 있다. Elastic net 벌점함수는 l_1과 l_2-노음을

절충함으로써 상관관계가 큰 변수들을 모두 선택되도록 한다.

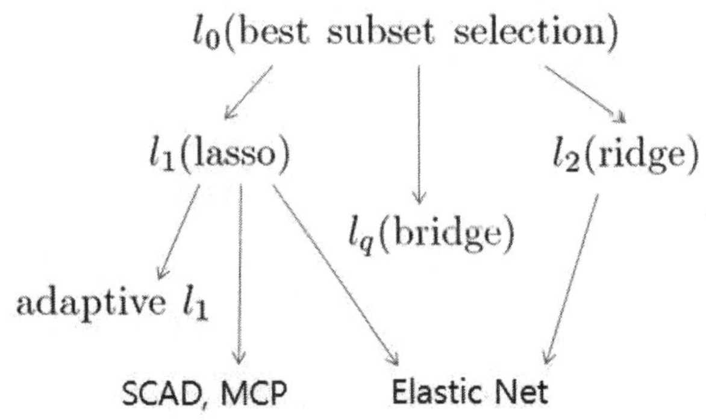

그림 12.5: 여러 가지 벌점함수들간의 관계

12.5 최적화 알고리즘

벌점함수가 희소성을 갖기 위해서는 벌점함수가 0에서 미분이 불가능하여야 한다. 본 장에서 고려하는 대부분의 벌점함수는 이 성질을 만족한다. 하지만, 벌점함수가 미분 불가능하기 때문에, 대응되는 추정량을 구하기 위해서는 특별한 최적화 알고리즘이 필요하다. 본 절에서는 LASSO추정량을 구하는 특수한 최적화 알고리즘에 대해서 살펴본다.

Lars는 LASSO 회귀에 대하여 Efron 외 (2004)에 의해 제안된 LAR(least angle regression)를 기반으로 조율모수 λ에 대한 조각별 선형인 해의 자취를 제공한다. 이 알고리즘은 최소제곱추정값을 구하는 경우의 계산의 복잡도인 $O(np^2)$와 동일한 차수의 복잡도로써 전체 해의 자취를 구할 수 있으며, 부가적으로는 λ의 값에 따라 해의 생성, 성장, 감소, 소멸 현상을 자세히 살펴볼 수 있다는 장점이 있다.

보다 구체적으로 설명하자면 다음과 같다. 식 (12.4)의 최소화 문제에서 $\lambda = 0$일 때의 최소해는 $\hat{\beta}^{LS}$에 해당되는 반면에 $\lambda = \infty$이면 모든 $j(=1, \cdots, p)$에 대해 $\hat{\beta}_j = 0$가 최적의 해가 됨을 알 수 있다. 또한, 식 (12.5)와 (12.6)의 KKT 조건으로부터 $\beta_j \neq 0$인 최초의 해가 출현할 때까지의 최소의 λ_0는 $\max_{j=1,\cdots,p} |(x^j)^T y|$

가 됨을 알 수 있다. 따라서 $\infty > \lambda \geq \lambda_0$의 구간에서는 모든 해가 0이며, $\lambda = \lambda_0$에서 유의한 계수들의 인덱스집합은 $\mathcal{A} = \arg\max_{j=1,\cdots,p} |(x^j)^T y|$이 된다. LAR 알고리즘은 조율모수 λ를 ∞에서 0까지 줄여가면서 식 (12.5)와 (12.6)의 최적해에 대한 필요충분조건인 KKT 조건을 만족하도록 직전해를 다음과 같이 갱신 및 제어한다. λ_0보다 작은 λ에 대해서는 $\beta_j, j \in \mathcal{A}$는 $\frac{\partial \beta_j}{\partial \lambda}$에 비례하여 현재 $\mathcal{A}$에 대한 KKT 조건이 위배되지 않을 때까지

$$\beta_j \leftarrow \beta_j + \delta \frac{\partial \beta_j}{\partial \lambda}$$

와 같이 갱신한다. 여기서 δ는 KKT 조건을 만족하는 적당한 상수이다. 현재 $\mathcal{A}$에 대한 KKT 조건은 새로운 변수가 $\mathcal{A}$로 들어오거나 $\mathcal{A}$에 속해 있던 변수가 나갈 때 위배된다.

이러한 KKT 조건을 위배하는 사건이 일어나는 λ들을 $\infty > \lambda_0 > \lambda_1 > \cdots > \lambda_L = 0$이라 놓으면, 인접한 조율모수 $\lambda_j > \lambda > \lambda_{j+1}$사이의 해는 λ에 대해 선형적으로 변하고, $\lambda = \lambda_j$에서는 변수가 새로 생성($j \in \mathcal{A}^c \rightarrow j \in \mathcal{A}$)되거나 기존의 변수가 소멸($j \in \mathcal{A} \rightarrow j \in \mathcal{A}^c$)된다.

12.6 R 예제

축소 회귀추정과 관련된 R 패키지로는 `elasticnet`, `lars`, `lqa`, `ncvreg`, `scout`, `SIS`, `plus` 등이 있으며, 본 예제에서는 총 442명의 당뇨병 환자들을 대상으로 조사한 `diabetes` 자료를 분석하기로 한다. 출력변수는 당뇨병 치료후 1년후에 병세가 호전되는 정도를 정량적으로 측정한 것이고, 입력변수로는 나이(`age`), 성별(`sex`), 체질량지수(`body mass index`), 평균혈압(`average blood pressure`), 6가지 종류의 혈청(`blood serum`) 측정값들로 구성되어 있다. 이들 10개 입력변수들은 표본평균과 분산이 각각 0과 1이 되도록 표준화되었다.

아래의 R 프로그램은 `lars` library에 있는 `lars`함수를 이용하여 LASSO 추정량의 자취를 구한다.

```
> library(lars)
```

```
> data(diabetes)
> attach(diabetes)
> object1 <- lars(x,y)
> plot(object)
> detach(diabetes)
> tmp <- round(cbind(object1$beta,c(object1$lambda,0)),2)
> colnames(tmp)[11] <- "lambda"
> tmp
     age    sex   bmi   map     tc   ldl    hdl   tch   ltg  glu lambda
0    0.0    0.0   0.0   0.0    0.0   0.0    0.0   0.0   0.0  0.0  949.4
1    0.0    0.0  60.1   0.0    0.0   0.0    0.0   0.0   0.0  0.0  889.3
2    0.0    0.0 361.9   0.0    0.0   0.0    0.0   0.0 301.8  0.0  452.9
3    0.0    0.0 434.8  79.2    0.0   0.0    0.0   0.0 374.9  0.0  316.1
4    0.0    0.0 505.7 191.3    0.0   0.0 -114.1   0.0 439.7  0.0  130.1
5    0.0  -74.9 511.3 234.2    0.0   0.0 -169.7   0.0 450.7  0.0   88.8
6    0.0 -112.0 512.0 252.5    0.0   0.0 -196.0   0.0 452.4 12.1   69.0
7    0.0 -197.8 522.3 297.2 -103.9   0.0 -223.9   0.0 514.7 54.8   20.0
8    0.0 -226.1 526.9 314.4 -195.1   0.0 -152.5 106.3 529.9 64.5    5.5
9    0.0 -227.2 526.4 315.0 -237.3  33.6 -134.6 111.4 545.5 64.6    5.1
10  -5.7 -234.4 522.6 320.3 -554.3 286.7    0.0 148.9 663.0 66.3    2.2
11  -7.0 -237.1 521.1 321.5 -580.4 313.9    0.0 139.9 674.9 67.2    1.3
12 -10.0 -239.8 519.8 324.4 -792.2 476.7  101.0 177.1 751.3 67.6    0.0
> ols <- drop(solve(t(x) %*% x)%*%t(x) %*% y)
> round(ols,1)
   age    sex    bmi    map     tc    ldl    hdl    tch    ltg    glu
 -10.0 -239.8  519.8  324.4 -792.2  476.7  101.0  177.1  751.3   67.6
```

그림 12.6은 λ에 따라 전체 LASSO 해의 자취를 도시한 것으로써, 총 12개의 step으로 구성되어 있음을 확인할 수 있다. 출력결과의 마지막 열의

```
object1$lambda
```

로부터 $(\lambda_0, \lambda_1, \cdots, \lambda_{11}, \lambda_{12}) = (949.4, 889.3, \cdots, 1.3, 0)$임을 알 수 있다. 또한 13번째 마지막 행의 해는 최소제곱추정치와 동일함을 확인할 수 있다. 단계와 단계사이의 해는 λ의 변화에 따른 해의 기울기가 상수라는 사실을 이용하여 볼록결합(convex combination)으로 구할 수 있다. 즉, $\beta(\lambda)$를 λ일 때의 해라고 놓으면 $\lambda_j > \lambda > \lambda_{j+1}$의 해는

$$\beta(\lambda) = \frac{(\lambda - \lambda_{j+1})\beta(\lambda_j) + (\lambda_j - \lambda)\beta(\lambda_{j+1})}{\lambda_j - \lambda_{j+1}}$$

이 된다. 예를 들어, 2단계와 3단계사이에서는 유의한 계수들의 인덱스집합에 ltg 변수가 새로 추가되었는데, $\lambda = 500$에서의 bmi와 ltg의 추정치는 각각

$$\begin{aligned} \frac{(500 - 452.9) \times 60.1 + (889.3 - 500) \times 361.9}{889.3 - 452.9} &= 329.3, \\ \frac{(889.3 - 500) \times 301.8}{889.3 - 452.9} &= 269.2 \end{aligned}$$

이다. `lars` 함수에서는 `type=lar` 또는 `lasso`를 옵션으로 지정할 수 있다. `lasso` 옵션은 변수가 소멸될 때마다 해를 보여주며 `lar`옵션은 소멸시의 해는 보여주지 않는다. 디폴트는 `lasso`옵션이다.

그림 12.6에서 횡축의 위쪽천장의 값은 초기단계부터 12개의 단계를 나타내며 횡축의 아래바닥의 값은 각 단계에서의 l_1-노음을 최대 l_1-노음으로 나눈 비율을 나타낸다. 그림의 종축의 우측면의 숫자는 차례대로 1:`age`, 2:`sex`, 3:`bmi`, 4:`map`, 5:`tc`, 6:`ldl`, 7:`hdl`, 8:`tch`, 9:`ltg`, 10:`glu`을 의미한다. 7번 `hdl` 변수는 단계 3에서부터 단계 10까지의 λ영역에서는 음수값을 가지다가 단계 10에서 유의한 계수들의 인덱스집합에서 제거되었고, 다시 단계 11에서 단계 12의 영역에서는 양수값을 가지면서 모형에 포함되었다.

`predict.lars`를 이용하면 주어진 λ값에 대해서 회귀계수의 추정치를 다음과 같이 볼 수 있다.

```
> predict.lars(object, s=500, type = "coefficients", mode = "lambda")
$s
[1] 500
```

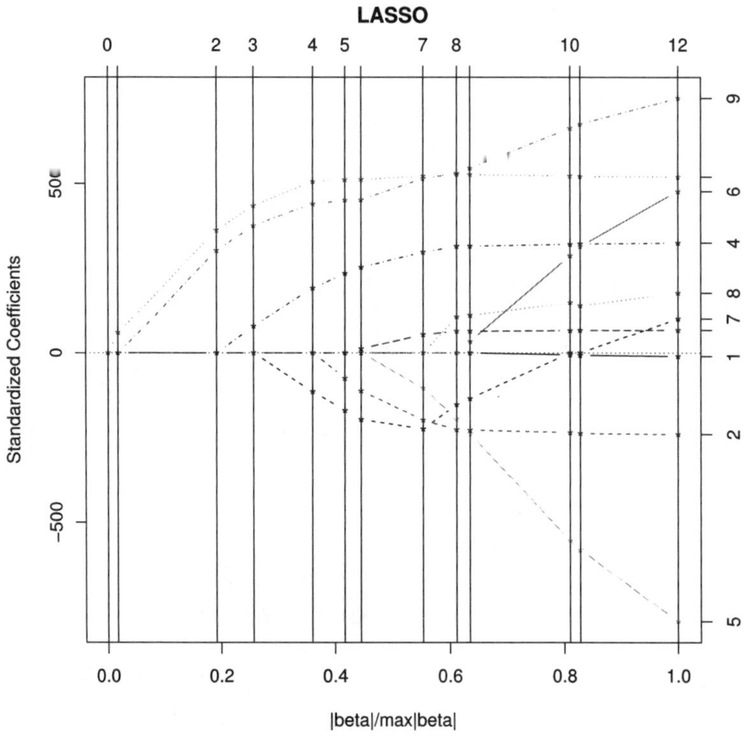

그림 12.6: diabetes 자료에 대한 LASSO 해의 자취

```
$fraction
[1] 0.4733711
$mode
[1] "lambda"
$coefficients
age  sex  bmi    map  tc  ldl  hdl  tch  ltg    glu
0    0    329.3  0    0   0    0    0    269.2  0
```

위의 R 코드에서 사용한 두 함수 lars, predict.lars에서 사용할 수 있는 옵션에 관한 설명은 다음 표 12.2와 같다.

표 12.2: 함수 lars, predict.lars에 대한 설명

함수명	옵션	함수설명
lars	type	변수선택에 대한 옵션 lars, lasso, forward.swagewise, stepwise를 선택할 수 있음
predict.lars	s	해의 자취에서 사용할 적당한 조율모수의 값 설정
	type	예측값의 형태를 지정. 옵션으로 fit는 추정된 반응변수값을, coefficients는 추정된 계수를 값으로 반환함

SCAD, MCP, elastic net 추정

같은 자료에 대하여 SCAD와 MCP를 제공하는 패키지 plus와 elastic net을 제공하는 패키지 elasticnet를 이용하여 diabetes 자료에 대한 각각의 해를 추정해 보도록 하자.

```
> library(plus)
> fit.scad <- plus(diabetes$x, diabetes$y, method="scad")
> fit.mcp <- plus(diabetes$x, diabetes$y, method="mc+")
> fit.lasso <- plus(diabetes$x, diabetes$y, method="lasso")
> # fit the elastic net model with lambda=1
> library(elasticnet)
> fit.enet <- enet(diabetes$x, diabetes$y, lambda=1)
> op <- par(mfrow=c(2,2))
> plot(fit.lasso, xvar="step", yvar="coef", ylim=c(-800,800))
> plot(fit.scad, xvar="step", yvar="coef", ylim=c(-800,800))
> plot.lars(fit.enet, xvar="step", main="Elastic Net",
  ylim=c(-800,800), breaks=FALSE)
> plot(fit.mcp, xvar="step", yvar="coef", ylim=c(-800,800))
> par(op)
```

그림 12.7은 diabetes 자료에 대한 LASSO, elastic net, SCAD와 MCP의 조율모수 λ에 따른 해의 자취를 보여준다. LASSO를 제외한 나머지 세 가지 방법에서의 추가 조율모수는 각각 초기 설정값으로 설정하였다. 그림의 첫번째 열에서

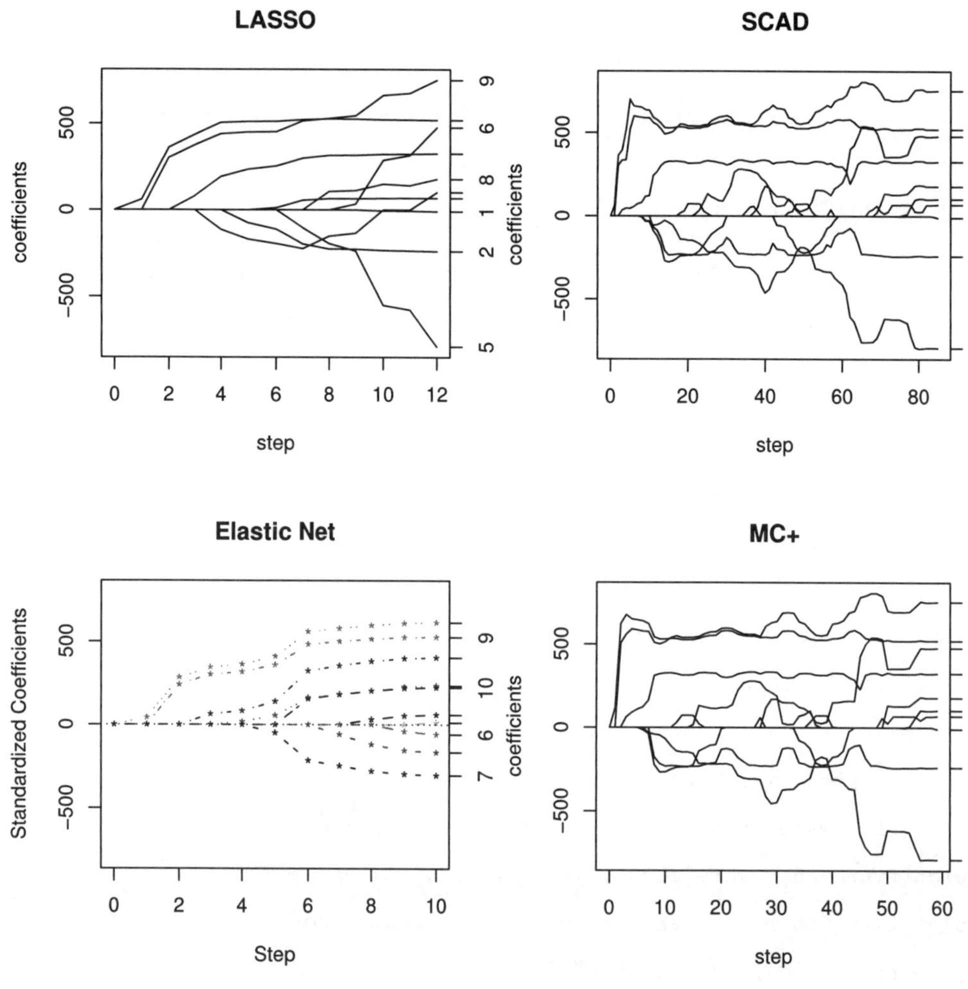

그림 12.7: diabetes 자료에 대한 LASSO, elastic net, SCAD와 MCP의 해의 자취

elastic net 추정량은 l_2-노음의 효과로 인해 LASSO 추정량보다 부드럽게 추정되었음을 확인할 수 있다. 두번째 열의 SCAD와 MCP 추정량과 LASSO 추정량은 같은 조율모수의 값이라 하더라도 벌점함수의 척도가 다르기 때문에 직접적으로 비교하기는 어렵다. 그러나 같은 크기를 가지는 동일한 유의한 계수들의 인덱스 집합에서 SCAD와 MCP가 LASSO의 추정치보다 절대값이 크다는 것을 알 수 있다. 또한 SCAD와 MCP의 해가 LASSO나 elastic net 추정량보다 변동이 심하다는 것을 알 수 있다. 이러한 변동성은 예측력의 저하를 가져올 수 있다.

연습문제

1. LASSO 추정에서 KKT 조건이 $j \in \mathcal{A}$에 대하여

$$\frac{\partial Q_\lambda(\beta)}{\partial \beta_j} = -\frac{1}{n}(x^j)^T(y - \boldsymbol{X}\hat{\beta}^{lasso}) + \lambda \text{sign}(\hat{\beta}_j^{lasso}) = 0$$

이고 $j \notin \mathcal{A}$에 대하여

$$|-(x^j)^T(y - \boldsymbol{X}\hat{\beta}^{lasso})| \leq n\lambda$$

임을 보여라.

2. 자료행렬이 직교행렬인 경우 MCP의 해가 식 (12.9)로 주어짐을 보여라.

3. 직교 자료행렬을 가정하면 SCAD의 해는 식 (12.10)임을 보여라.

4. Elastic net 벌점에 대한 벌점화된 목적함수는 다음과 같다.

$$\min_\beta \left(\|y - \boldsymbol{X}\beta\|_2^2 + \lambda\left[(1-\alpha)\|\beta\|_1 + \alpha\|\beta\|_2^2\right]\right),$$

y^*와 $\boldsymbol{X}^*$는 y와 $\boldsymbol{X}$를 적절히 확대(augment)하여 정의되었다고 하자. 확대된 y^*와 $\boldsymbol{X}^*$를 이용하여 elastic net의 벌점화를 LASSO의 벌점화로 표현할 수 있음을 보여라. 단, 절편 β_0는 편의상 0라고 가정하자.

5. `mlbench` 패키지의 `BostonHousing` 자료에 대하여 LASSO, SCAD, elastic net, MCP 추정의 결과를 비교해보고 각 추정법의 해의 자취를 그려라.

13 앙상블*

앙상블(ensemble)이란 주어진 자료로부터 여러개의 예측모형들을 만든 후 이러한 예측모형들을 결합하여 하나의 최종 예측모형을 만드는 방법을 말한다. 최초로 제안된 앙상블 알고리즘은 Breiman (1996a)의 배깅(bagging)이다. 그 이후 앙상블 방법은 예측력을 획기적으로 향상시킬 수 있음이 경험적으로 입증되었다. 이 장에서는 여러 가지 앙상블 기법중 가장 널리 사용되는 세 가지 방법인 배깅, 부스팅(boosting), 랜덤 포레스트(random forest)를 소개한다.

13.1 배깅

배깅은 불안정한 예측모형에서 불안정성을 제거함으로써 예측력을 향상시키기 위하여 개발되었다. 먼저 여러 학습방법의 안정성에 대해서 살펴본 후에 배깅을 소개하도록 한다.

13.1.1 학습방법의 불안정성

학습자료의 작은 변화에 의해 예측모형이 크게 변하는 경우에는 그 학습방법은 불안정하다고 말할 수 있다. 불안정성은 통계학의 로버스트(robust)성질과 그 맥을 같이 한다. 이에 대한 엄밀한 정의는 이 책의 범위를 벗어나므로 불안정성에 대해서 직관적인 수준에서 설명하고자 한다.

학습방법들 중 가장 안정적인 방법으로는 1-차 근방(1-nearest neighbor) 방법을 들 수 있다. 이 방법은 가장 가까운 자료만 변하지 않으면 예측모형이 변하지 않는다. 또한 최소제곱추정량으로 구한 선형회귀모형도 상당히 안정적인 것으로 평가를 받는다. 불안정한 학습방법으로는 선형회귀모형에서의 최적 부분집합선택과 의사결정나무가 있다. 이 학습방법들의 특징은 예측모형 구축시 불연속적인 의사결정을 한다는 것이다. 예를 들면, 최적 부분집합선택에서는 각 변수가 모형에 포함되거나 포함되지 않게 된다. 어떤 변수가 절반만 포함되는 식의 의사결정은 불가능하다. 의사결정나무는 각 노드에서 분기를 할 때 최적인 하나의 변수로만 하고, 일단 분기가 되면 두 개의 자식노드에 속하는 자료들은 그 이후로는 다시 사용되지 않는다.

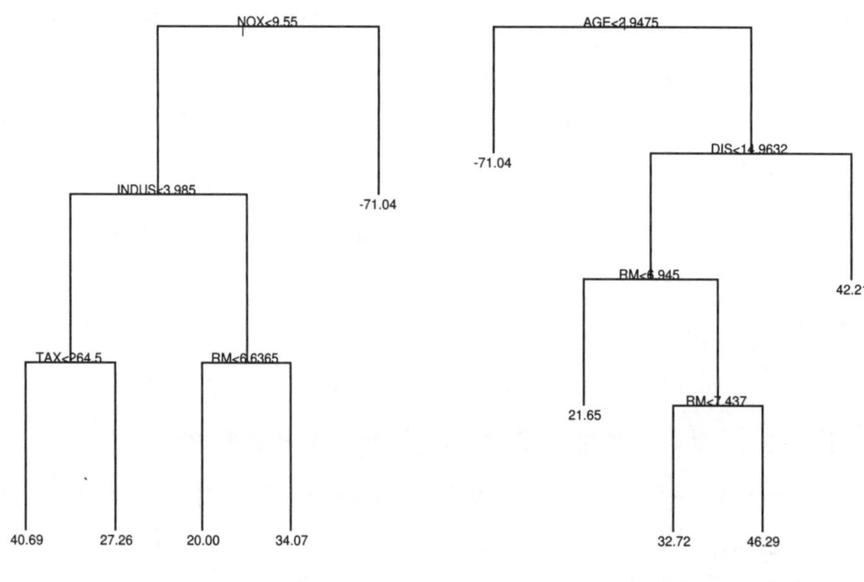

그림 13.1: 의사결정나무의 불안정성에 대한 예시

그림 13.1은 의사결정나무의 불안정성을 예시한다. 그림 13.1에서 두 의사결정나무는 다음과 같이 구축되었다. 보스턴 집값 자료(Boston housing data)에

대하여 학습자료와 같은 크기의 자료를 랜덤 복원추출하여 두 개의 자료를 만들고, 이 두 자료를 이용하여 각각의 의사결정나무를 구축하였다. 학습자료를 모집단이라고 생각하면 랜덤복원추출로 만들어진 두 개의 자료는 모집단으로부터 추출한 두 개의 표본으로 생각할 수 있다. 따라서 이 두 개의 표본은 서로 비슷할 것으로 예상할 수 있다. 그러나 두 자료로부터 얻은 의사결정나무는 서로 다름을 알 수 있다. 특히 마지막 노드를 제외하고 의사결정나무 구축에 사용된 변수들이 서로 완전히 다르다. 의사결정나무가 이렇게 불안정한 이유는 첫번째 노드에서 분리변수를 찾을 때 서로 비슷한 예측력을 갖는 변수가 다수 존재하기 때문이다. 따라서 자료의 작은 변화에도 첫번째 노드의 분리변수가 바뀔 수 있다. 첫번째 분리변수가 바뀌면 자식노드에 포함되는 자료가 완전히 바뀌게 되고 따라서 최종 의사결정나무가 완전히 달라지게 된다.

학습방법의 불안정성은 예측력의 저하를 가져옴과 동시에 예측모형의 해석을 어렵게 만든다. 따라서 불안정한 학습방법을 안정적으로 만드는 작업은 데이터 마이닝의 목적을 달성하기 위하여 필수적이다. 배깅은 이러한 배경하에서 개발되었다.

13.1.2 배깅 알고리즘

배깅(bagging)은 **B**ootstrap **Agg**reat**ing**의 준말로서 주어진 자료에 대하여 여러 개의 붓스트랩(bootstrap) 자료를 생성하고 각 붓스트랩 자료에 예측모형을 만든 후 결합하여 최종 예측모형을 만드는 방법이다. 여기서 붓스트랩 자료란 주어진 자료로부터 동일한 크기의 표본을 랜덤 복원추출로 뽑은 자료를 말한다. 붓스트랩에 대한 대한 자세한 내용은 Davison과 Hinkley (1997)를 참고하기 바란다.

$\mathcal{L} = \{(x_i, y_i)\}_{i=1}^n$은 훈련자료를 나타낸다고 하자. 배깅 알고리즘을 정리하면 다음과 같다.

1. B개의 부스트랩 자료 $\mathcal{L}^{*(b)}, b = 1, \ldots, B$를 만든다.

2. 각 부스트랩 자료 $\mathcal{L}^{*(b)}$에 대해서 예측모형 $f^{(b)}(x)$를 구축한다.

3. B개의 예측모형을 결합하여 최종 모형 $\hat{f}$을 만든다. 최종 모형을 만드는 방법은

   (a) 회귀모형인 경우 $\hat{f}(x) = \sum_{b=1}^{B} f^{(b)}(x)/B$와 같이 평균을 취한다.

   (b) 분류모형인 경우 $\hat{f}(x) = \arg\max_k \left(\sum_{b=1}^{B} I(f^{(b)}(x) = k)\right)$와 같이 투표(voting)를 한다.

자료	표본수	변수갯수	클래스 갯수	$\bar{e}_S$	$\bar{e}_B$	오차 감소율
waveform	300	21	3	29.1	19.3	34 %
heart	1395	16	2	4.9	2.8	43 %
breast cancer	699	9	2	5.9	3.7	37%
ionosphere	351	34	2	11.2	7.9	29%
diabetes	768	8	2	25.3	23.9	6%
glass	214	9	6	30.4	23.6	22%
soybean	683	35	19	8.6	6.8	21%

표 13.1: Breiman (1996b) 논문의 예시 중 일부

배깅 알고리즘은 매우 단순하지만 불안정한 학습방법의 예측력을 획기적으로 향상시킨다. 표 13.1은 여러 가지 기계학습 벤치마크 자료에서 최적의 의사결정나무의 예측오차($\bar{e}_S$)와 의사결정나무에 대한 배깅의 예측오차($\bar{e}_B$)를 비교하고 있다. 모든 자료에서 배깅이 최적 의사결정나무의 예측력을 크게 향상시킴을 알 수 있다.

흥미롭게도 계산면에서 배깅은 하나의 최적 의사결정나무를 구축하는 것보다도 간단하다. 최적의 의사결정나무 구축시 가장 어려운 부분이 가지치기(pruning)이고 이를 위하여 여러 가지 방법이 제안되었다. 그러나 배깅의 경우에는 각각의 의사결정나무 구축시 가지치기를 하지 않아도 된다. 즉, 배깅에서는 가지치기를 하지 않은 최대로 성장한 의사결정나무를 사용함으로써 계산량을 대폭 줄일 수 있다. 왜 배깅에서는 가지치기가 필요 없는지는 다음절에서 설명한다.

13.1.3 이론적 배경

왜 배깅이 예측력을 크게 향상시킬 수 있는지에 대하여 많은 이론적인 연구가 있었다. 이 절에서는 여러 가지 이론적 설명들 중 Breiman (1996a)의 것을 소개하고자 한다. 본 절에서 소개되는 이론적 설명은 배깅을 이용하여 예측모형을 만들 때 대두되는 여러 가지 고려사항에 대한 답을 제공한다. 특별히, 배깅에서는 왜 가지치기를 할 필요가 없는지에 대한 답을 준다.

주어진 훈련자료 $\mathcal{L}$을 이용하여 구축된 예측모형 $\hat{f}(x)$는 $\mathcal{L}$에 의존한다. 이를 강조하기 위하여 $\hat{f}(x) = f(x, \mathcal{L})$이라고 쓰자. 주어진 예측모형 $f(x, \mathcal{L})$에 대하여 평균예측모형 $f_A(x)$를 $f_A(x) = \mathbb{E}_{\mathcal{L}} f(x, \mathcal{L})$로 정의한다. 여기서 기대값은 훈련자료가 얻어진 모집단의 분포를 이용하여 구한다는 점에 유의하기 바란다. 다음의 정리는 평균예측모형의 기대손실(또는 위험)이 단일 예측모형의 기대손실보다 항상 작다는 것을 보여준다.

정리 13.1. *(X, Y)를 $\mathcal{L}$과 독립인 미래의 관측값이라 하자. 제곱손실함수 $L(y, a) = (y - a)^2$에 대하여 $f(x, \mathcal{L})$, $f_A(x)$의 기대손실 R, R_A를 다음과 같이 정의한다.*

$$R = \mathbb{E}_{(X,Y)} \mathbb{E}_{\mathcal{L}} L(Y, f(X, \mathcal{L})), \quad R_A = \mathbb{E}_{(X,Y)} L(Y, f_A(X)).$$

그러면 항상 $R \geq R_A$가 성립한다.

Proof. 제곱함수는 볼록함수이므로 Jensen 부등식에 의해서

$$\mathbb{E}_{(X,Y)} \mathbb{E}_{\mathcal{L}} f^2(X, \mathcal{L}) \geq \mathbb{E}_{(X,Y)} f_A(X)^2$$

이 성립한다. 따라서

$$\begin{aligned} R &= \mathbb{E}_{(X,Y)}[Y^2] - 2\mathbb{E}_{(X,Y)}\big[Y \mathbb{E}_{\mathcal{L}} f(X, \mathcal{L})\big] + \mathbb{E}_{(X,Y)} \mathbb{E}_{\mathcal{L}}[f^2(X, \mathcal{L})] \\ &\geq \mathbb{E}_{(X,Y)}[Y^2] - 2\mathbb{E}_{(X,Y)}[Y f_A(X)] + \mathbb{E}_{(X,Y)}[f_A(X)^2] \\ &= \mathbb{E}_{(X,Y)}[(Y - f_A(X))^2] = R_A. \end{aligned}$$

□

위의 증명에서 중요한 사실 하나를 확인할 수 있는데, $R - R_A$는

$$\mathbb{E}_{X,Y}\left\{\mathbb{E}_{\mathcal{L}}f^2(X,\mathcal{L}) - (\ E_{\mathcal{L}}f(X,\mathcal{L}))^2\right\} = \mathbb{E}_{X,Y}(\mathrm{Var}_{\mathcal{L}}f(X,\mathcal{L}))$$

이다. 즉, $f(x,\mathcal{L})$의 분산(또는 불안정성)이 크면 평균예측모형이 원래의 예측모형을 크게 향상시키며, 반대로 분산이 작으면(또는 안정적이면) 평균예측모형의 예측력의 향상 정도가 줄어든다.

훈련자료를 얻은 모집단의 분포를 모르기 때문에 실제문제에서는 평균예측모형을 구할 수 없다. 그 대신 학습자료를 모집단으로 생각하고 이로부터 평균예측모형을 구한 것이 바로 배깅의 예측모형이라 할 수 있다. 배깅은 결국 주어진 예측모형의 평균예측모형을 구하는 것이고 이를 통하여 분산을 줄여줌으로써 예측력을 향상시킨다. 바꿔 말하면 배깅은 예측모형의 편의(bias)에는 영향을 미치지 않고 분산에만 영향을 미친다. 따라서 배깅을 적용하기에 적합한 예측모형은 편의가 없고 분산이 큰 모형이다. 일반적으로 과대적합된 모형이 편의가 작고 분산은 크다. 의사결정나무에 배깅을 적용할 때 나무를 최대로 성장시키고 가지치기를 하지 않는 것도 과대적합을 통해 배깅의 효과를 극대화하기 위함이다.

13.2 부스팅

부스팅의 기본 아이디어는 예측력이 약한 모형(weak learner)들을 결합하여 강한 예측모형을 만드는 것이다. 여기서 약한 예측모형이란 랜덤하게 예측하는 것보다 약간 좋은 예측력을 지닌 모형을 말한다. 반면 강한 예측모형이란 예측력이 최적에 가까운 예측모형을 지칭한다. 다음의 경마의 예를 통해서 부스팅의 기본 아이디어를 설명할 수 있다.

예제 13.2 (경마에서 우승하는 말을 맞추기 위한 전략).
경마에서 우승하는 말을 맞추기 위해서 여러 전문가들로부터 기본적인 전략을 들을 수 있다. 즉, 최근에 가장 많이 우승한 말에게 걸든지, 자신의 주변 사람이 가장 선호하는 말에 걸든지 등의 여러 가지 전략이 있을 수 있다. 이러한 전략은 임의로 예측하는 것보다는 좋은 전략이겠지만 정확성이 높지는 않을 것이다.

그러나 이러한 전문가들의 전략을 모두 모아서 결합한다면 높은 예측력을 발휘할 수 있을 것이다. 이때 고려해야할 중요한 문제는 각각의 전략에 대한 가중치 설정방법이다.

실제 자료분석을 위해 제안된 최초의 부스팅 알고리즘은 이진 분류문제에서 Freund와 Schapire (1997)에 의해서 개발된 아래의 AdaBoost(Adaptive Boost) 알고리즘이다.

1. 가중치 $w_i = 1/n, i = 1, \ldots, n$를 초기화 한다.

2. $m = 1, \ldots, M$에 대하여 다음 과정을 반복한다.

   (a) 가중치 w_i를 이용하여 분류기 $f_m(x) \in \{-1, 1\}$를 적합한다.

   (b) err_m를 다음과 같이 계산한다.

   $$err_m = \frac{\sum_{i=1}^n w_i I(y_i \neq f_m(x_i))}{\sum_{i=1}^n w_i}.$$

   (c) $c_m = \log((1 - err_m)/err_m)$로 설정한다.

   (d) 가중치 w_i를 $w_i = w_i \exp(c_m I(y_i \neq f_m(x_i)))$로 업데이트 한다.

3. 단계 2에서 얻은 M개의 분류기를 결합하여 최종 분류기 $\text{sign}(\sum_{m=1}^M c_m f_m(x))$를 얻는다.

AdaBoost 알고리즘에서 주의 깊게 살펴보아야 할 부분은 단계 2의 (c)와 (d)이다. 부스팅에 사용되는 예측모형인 f_m은 랜덤한 추측보다 조금 좋은 예측력을 갖는다고 가정하면, f_m의 (가중) 오분류률(즉, err_m)은 0.5보다 작게 되므로 (c)의 $c_m > 0$이 된다. 그러면 (d)에서 각 관측치에 할당되는 가중치가 f_m에 의해서 오분류된 관측치에서는 증가하고 정분류된 관측치에서는 기존의 값과 같게 된다. 가중치를 정규화하여 합이 1이 되도록하면, AdaBoost 알고리즘은 매 반복마다 오분류된 관측치의 가중치는 증가시키고 정분류된 관측치의 가중치는 감소시키면서 예측모형을 만들어 간다.

AdaBoost 알고리즘의 본래의 목적은 훈련오차를 빨리 그리고 쉽게 줄이는 것이다. 약한학습기 f_m의 오분류율이 항상 $0.5 - \gamma(\gamma > 0)$이면 훈련오차는 지수적으로 빠르게 0으로 수렴함이 증명되었다(Freund와 Schapire, 1997). 이러한 성질은 AdaBoost 알고리즘이 자료의 압축문제에 적합한 방법으로 여겨지는 계기가 되었다.

자료	단일 의사결정나무	Adaboost	감소율	Bagging
waveform	29.0	18.2	37 %	19.4
breast cancer	6.0	3.2	47 %	5.3
ionosphere	11.2	5.9	47 %	8.6
diabetes	23.4	20.2	14 %	18.8
glass	32.0	22.0	31 %	24.9

표 13.2: 부스팅의 예측오차

그러나 AdaBoost 알고리즘이 제안된 이후 본래의 목적과는 상관없이 예측오차도 감소한다는 것이 경험적으로 증명되었다. 특히 비슷한 시기에 개발된 배깅에 비해서도 많은 경우에 예측오차가 유의하게 향상되었다. 표 13.2는 몇가지 기계학습 벤치마크 자료에서 단일 의사결정나무와 배깅과의 성능 비교 결과로서, AdaBoost의 예측력이 배깅보다 뛰어나다는 것을 명백히 알 수 있다. 흥미로운 점은 이 표에서 AdaBoost에서는 최종노드의 수가 2개인 가장 간단한 의사결정나무인 그루터기(stump)를 약한학습기로 사용하였다는 것이다.

이후로 AdaBoost 알고리즘의 통계학적 해석에 대하여 많은 연구가 이루어졌다. Friedman (2001)에서는 AdaBoost가 단계별 전진선택법(stagewise forward selection)을 이용한 변수선택방법이라는 것을 밝혀냈고 축소추정을 통해서 과대적합을 피할 수 있다는 것을 경험적으로 보였다. Efron 외 (2004)는 축소추정을 포함한 부스팅 알고리즘은 lasso 추정치와 동일함을 보였다(AdaBoost에는 축소추정이 없음). 이러한 연구결과들을 통해서 부스팅 알고리즘의 작동원리는 대부분 규명되었다.

이제 부스팅 알고리즘의 여러 해석들중에 주요한 두 가지 해석에 대해서 살펴보도록 한다. 그리고 이러한 해석을 통해서 다양한 종류의 부스팅 알고리즘이 어떻게 개발되었는지를 설명한다.

13.2.1 가파른 강하 알고리즘으로서의 AdaBoost

Schapire와 Singer (1999)에 의해서 AdaBoost 알고리즘은 최적화에서 잘 알려진 가파른 강하(steepest descent) 알고리즘으로 해석될 수 있다는 것이 밝혀졌다. $y_i \in \{-1, 1\}$로 라벨이 주어진 이진 분류문제를 생각해 보자. $\mathcal{F}$는 약한학습기의 집합이라고 하자. 또한 AdaBoost의 최종 예측모형은 약한학습기들의 선형결합으로 이루어져 있으므로, $L(\mathcal{F})$는 $\mathcal{F}$상의 학습기들의 모든 선형결합의 집합이라고 하자. Schapire와 Singer (1999)에 의하여 AdaBoost는 지수손실함수 $L(y, f) = \exp(-yf)$에 대한 경험위험 최소추정량

$$\hat{f} = \arg\min_{f \in L(\mathcal{F})} \sum_{i=1}^{n} \exp(-y_i f(x_i))/n$$

을 구하는 가파른 강하 알고리즘라는 것이 증명되었다. 가파른 강화 알고리즘은 $\hat{f}$를 $\mathcal{F}$에 있는 함수들의 선형결합으로 근사하는 방법으로, 알고리즘을 n번째 반복했을 때의 해를 f_n이라 하면, $n+1$번째 반복에서는$f_{n+1} = f_n + \hat{g}$로 갱신하는데, 이때 $\hat{g}$는

$$\hat{g} = \arg\min_{g \in \mathcal{F}} \sum_{i=1}^{n} \exp\left[-y_i(f_n(x_i) + g(x_i))\right]/n$$

이다. 본 알고리즘의 자세한 증명은 Schapire와 Singer (1999)를 참조바란다. 참고로 지수손실함수는 AdaBoost 알고리즘을 통해서 소개된 손실함수로서 Fisher 일치성 (3.3절 참조)을 만족한다.

AdaBoost 알고리즘에서는 약한학습기의 집합 $\mathcal{F}$가 분류기들의 집합이다. 즉, $\mathcal{F}$에 속하는 모든 함수는 -1 또는 1의 값을 갖는다. Schapire와 Singer (1999)는 AdaBoost 알고리즘의 확장으로 약한학습기의 집합 $\mathcal{F}$가 실수를 갖는 함수까지 포함하는 경우의 부스팅 알고리즘을 기울기 강하(gradient descent) 알고리즘을 이용하여 다음과 같이 개발하였으며, 이를 RealBoost라 명명하였다.

1. 가중치 $w_i = 1/n, i = 1, \ldots, n$를 초기화한다.

2. $m = 1, \ldots, M$에 대하여 다음 과정을 반복한다.

   (a) 가중치 w_i를 이용하여 $\sum_{i=1}^{n} w_i \exp(-y_i f(x_i))$를 최소로하는 함수 f_m을 $\mathcal{F}$에서 찾는다.

   (b) 가중치 w_i를 $w_i = w_i \exp(-y_i f_m(x_i))$로 업데이트 한다.

3. 단계 2에서 얻은 M개의 분류기를 결합하여 최종 분류기 $\text{sign}(\sum_{m=1}^{M} f_m(x))$를 얻는다.

13.2.2 기울기 강하 알고리즘으로서의 부스팅

Friedman (2001)은 부스팅 알고리즘을 최적화 알고리즘의 하나인 기울기 강하 알고리즘으로 해석하였으며, 이를 통하여 지수손실함수 이외의 다양한 손실함수에서 부스팅 알고리즘을 개발하였다. 이러한 알고리즘을 그래디언트 부스팅 (gradient boosting)이라고 부른다.

먼저 기울기 강하 알고리즘에 대하여 소개한다. p차원 공간에서 정의된 미분가능하고 볼록인 함수 $f(x)$의 최소값을 찾는 문제를 고려해보자. 다음의 기울기 강하 알고리즘은 주어진 해로부터 기울기 값이 작은 쪽으로 현재의 해를 이동시키면서 축차적으로 최소값을 찾는 방법이다.

1. 해를 $x^c = x_0$로 초기화 한다.

2. 다음 단계를 해 x^c가 수렴할 때까지 반복한다.

   (a) x^c에서 기울기를 다음과 같이 계산한다.

$$\nabla = (\partial f(x)/\partial x_1, \ldots, \partial f(x)/\partial x_p)^T|_{x=x^c}.$$

   (b) x^c의 이동거리 ρ을 계산한다.

$$\rho = \arg\min_{z \in \mathbb{R}} f(x^c + z\nabla).$$

(c) x^c를 ∇방향으로 ρ만큼 이동하여 새로운 해를 구한다.

$$x^c = x^c + \rho\nabla.$$

위의 기울기 강하 알고리즘을 부스팅에 적용하면 다음과 같다. 주어진 손실함수 L과 주어진 함수집합 $\mathcal{F}$에 대해서 경험위험함수 $R(f) = \sum_{i=1}^n L(y, f(x_i))/n$을 최소로 하려고 한다. 주어진 함수 f에서의 경험위험함수의 기울기는 $\nabla(f(x)) = \dot{L}(y, f(x))$로 정의된다. 여기서 $\dot{L}(y,a) = \partial L(y,a)/\partial a$이다.

1. 해를 $f^c = f_0$로 초기화 한다.

2. 다음 단계를 해 f^c가 수렴할 때까지 반복한다.

   (a) f^c에서 기울기 $\nabla(f^c)$를 계산한다.

   (b) $\nabla(f)$와 가장 가까운 기본학습기(base learner) g를 다음과 같이 찾는다.

   $$g = \arg\min_{h \in \mathcal{F}} \sum_{i=1}^n \{h(x_i) - \nabla(f^c(x_i)\}^2.$$

   (c) f^c의 이동거리 ρ를 계산한다.

   $$\rho = \arg\min_{z \in \mathbb{R}} R(f^c + zg).$$

   (d) f^c를 g방향으로 ρ만큼 이동하여 새로운 해를 구한다.

   $$f^c = f^c + \rho g.$$

Friedman (2001)은 의사결정나무를 기본학습기로 하는 그래디언트 부스팅 알고리즘을 L_2손실함수와 로지스틱손실함수에 대해서 개발하였으며 이 두 알고리즘을 각각 L_2 부스팅과 로짓 부스팅으로 명명하였다. 예를 들어서, L_2부스팅의 손실함수는 $L(y,a) = (y-a)^2/2$이며 기울기 함수는 $\nabla(f(x)) = -(y - f(x))$로서 음의 잔차가 된다. 따라서 L_2부스팅은 현재의 해 f^c의 잔차인 $r_i = y_i - f^c(x_i)$를 가장 잘 설명하는 기본학습기 g를 찾고 f^c를 g방향으로 ρ만큼 이동시킨다. 보다 상세한 내용은 Friedman (2001)을 참조하기 바란다.

학습기의 복잡도는 더해지는 기본학습기의 수에 비례한다고 생각할 수 있으므로 그래디언트 부스팅은 너무 많이 반복하면 과대적합 문제가 발생할 수 있다. 과대적합을 피할 수 있는 방법으로는 반복수를 조절하는 것이다. 즉, 수렴할 때까지 반복하는 것이 아니라 일정수의 반복만 하는 것이다. 이때 반복수는 조율모수가 되며 이를 적절히 조절함으로써 최적의 예측력을 갖는 모형을 찾을 수 있다.

과대적합을 피하기 위한 더 효율적인 방법으로는 축소추정 방법을 이용하는 것이다. 즉, 현재의 해 f^c를 기울기인 g방향으로 이동시킬 때 최적의 이동량인 ρ를 사용하지 않고 아주 작은 γ만큼만 이동하는 것이다. 즉, 현재의 해를 $f^c = f^c + \gamma g$와 같이 갱신하는 것이다. 이때 γ는 조율모수가 되며 보통 반복수를 아주 크게 놓고 γ를 조절하여 최종 학습기의 복잡도를 조절함으로써 과대적합을 피하게 된다. 축소추정을 이용한 부스팅 방법은 다음과 같이 정리할 수 있다.

1. 해를 $f^c = f_0$로 초기화하고 아주 작은 $\gamma > 0$를 선택한다.

2. 다음을 수렴할 때까지 반복한다.

   (a) f^c에서 기울기 $\nabla(f^c)$를 계산한다.

   (b) $\nabla(f^c)$와 가장 가까운 기본학습기 g를 다음과 같이 찾는다.

$$g = \arg\min_{h \in \mathcal{F}} \sum_{i=1}^{n} \{h(x_i) - \nabla(f^c(x_i)\}^2 .$$

   (c) f^c를 g방향으로 γ만큼 이동하여 새로운 해를 구한다.

$$f^c = f^c + \gamma g.$$

그래디언트 부스팅 알고리즘에서 약한학습기의 선택도 최종 학습기의 복잡도에 영향을 미친다. Friedman (2001)은 약한학습기의 선택이 함수에 대한 ANOVA 분해에서 교호작용 차수의 선택과 동일함을 다음과 같이 설명하였다.

가장 간단한 의사결정나무인 그루터기를 약한학습기로 사용하는 경우를 생각해 보자. 주어진 그루터기의 구조는 분리에 사용된 변수와 분리기준 값, 그리고 두 최종노드에서의 예측값으로 설명할 수 있다. 즉, 주어진 그루터기 $g(x)$는 다음의 수식으로 나타낼 수 있다

$$g(x) = a_l I(x_k \leq s) + a_r I(x_k > s).$$

여기서 x_k는 분리에 사용된 변수, s는 분리 기준값, a_l과 a_r는 두 최종노드에서의 예측값이다. 반복수가 M이고 축소추정 모수가 γ인 그래디언트 부스팅의 최종 학습기는 다음과 같이 나타낼 수 있다.

$$\begin{aligned} f(x) &= \sum_{m=1}^{M} \gamma g_m(x) \\ &= \sum_{m=1}^{M} \gamma \left(a_l^{(m)} I(x^{(m)} \leq s^{(m)}) + a_r I(x^{(m)} > s^{(m)}) \right). \end{aligned}$$

여기서 $x^{(m)}$은 m번째 약한학습기의 분기에 사용된 변수이다. 따라서 최종학습기 f에서 변수x_k가 미치는 영향은 다음과 같이 정리할 수 있다

$$f_k(x) = \sum_{m=1}^{M} \gamma g_m(x) I(x^{(m)} = x_k).$$

즉,

$$f(x) = \sum_{k=1}^{M} f_k(x)$$

이 되는데, 이러한 모형은 7장에서 소개한 일반화 가법모형(Hastie와 Tibshirani, 1990)이다. 일반화 가법모형은 고차원 함수의 추정에 많이 사용되는 모형으로서 교호작용은 존재하지 않으며 각 변수들을 적당한 비선형함수들의 가법모형으로 표현된다. x_k가 예측에 미치는 영향은 성분(component) f_k를 그려봄으로써 시각적으로 확인할 수 있다.

그림 13.2는 10개의 입력변수로 이루어진 모의실험자료에서 그루터기를 이용한 그래디언트 부스팅 알고리즘으로 구한 후에 최종 학습기의 각 성분의 추정값을 그린 것이다. 그림에서 굵은 선은 참 함수의 성분을 나타내며, 점선은 그래디언트 부스팅으로 추정된 함수의 성분이다. 추정된 함수 성분이 실제 함수의 성분을 잘 추정함을 확인할 수 있다.

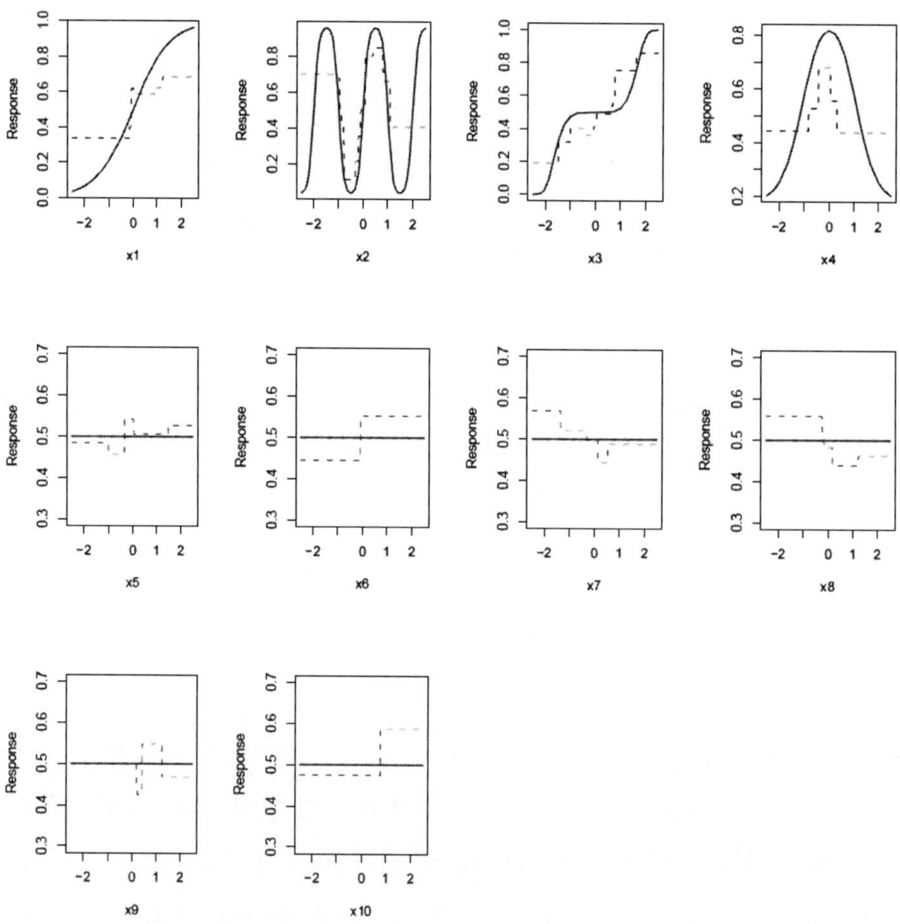

그림 13.2: 부스팅을 이용해 추정한 성분들

13.2.3 함수 ANOVA 분해

앞에서 부스팅 알고리즘을 일반화 가법모형으로 이해할 수 있다는 점을 확장하여 다음과 같은 함수 ANOVA 분해를 생각해보자.

$$f(x) = \beta_0 + \sum_{j=1}^{p} f_j(x_j) + \sum_{j<k} f_{jk}(x_j, x_k).$$

여기에서 $f_j \in \mathcal{F}_j, f_{jk} \in \mathcal{F}_{jk}$로 함수공간 $\mathcal{F}_j, \mathcal{F}_{jk}$은 다음과 같이 정의할 수 있다.

$$\begin{aligned}
\mathcal{F}_j &= \left\{ f_j : \int f_j(x_j)\mu_j(dx_j) = 0 \right\}, \\
\mathcal{F}_{jk} &= \left\{ f_{jk} : \int f_{jk}(x_j, x_k)\mu_j(dx_j) = 0, \right. \\
& \qquad \left. \int f_{jk}(x_j, x_k)\mu_k(dx_k) = 0, j \neq k \right\}. \qquad (13.1)
\end{aligned}$$

μ_j, μ_k는 $\mathbb{R}$상의 x_j, x_k에 대한 확률측도이다. 그러면, 고려되는 함수공간 $\mathcal{F}$는 다음과 같이 표현된다

$$f \in \mathcal{F} = \{1\} \oplus \left[\bigoplus_{k=1}^{p} \mathcal{F}_j \right] \oplus \left[\bigoplus_{j<k} \mathcal{F}_{jk} \right].$$

실제로 $f_j(\cdot), f_{jk}(\cdot)$을 추정할 때 그래디언트 부스팅과 같은 방법을 사용할 수 있다. $f_j(\cdot)$의 추정을 위한 약한학습기로는

$$g_j(x_j) = \theta_L I(x_j \leq s) + \theta_R I(x_j > s)$$

를 사용할 수 있고

$$\mu_j(x_j \leq s)\theta_L + \mu_j(x_j > s)\theta_R$$

를 만족하면 g_j들의 선형결합이 $\mathcal{F}_j$에 속한다. 또한 $f_{jk}(\cdot)$를 위한 약한학습기로는

$$\begin{aligned}
& g_{jk}(x_j, x_k) \\
= \; & \theta_{LL} I(x_j \leq s_j, x_k \leq s_k) + \theta_{LR} I(x_j \leq s_j, x_k > s_k) \\
& + \theta_{RL} I(x_j > s_j, x_k \leq s_k) + \theta_{RR} I(x_j > s_j, x_k > s_k) \qquad (13.2)
\end{aligned}$$

를 사용할 수 있는데, 위 함수가 네 가지 조건을 만족하면 g_{jk}들의 선형결합이 $\mathcal{F}_{jk}$에 속한다. 이러한 네 가지 조건을 구하는 것은 연습문제로 남긴다.

한편 함수 ANOVA 분해를 이용하는 경우에도 과대적합이 발생할 수도 있기 때문에, 축소추정 방법을 이용하여 기울기 방향으로의 이동폭을 작게 하거나 적절한 기준을 만들어 약한학습기들 중에 일부를 제거하기도 한다. 이러한 방법들에 대해서는 Kim 외 (2009)에 정리되어 있다.

13.3 랜덤 포레스트

Breiman (2001)에 의해서 개발된 랜덤 포레스트는 의사결정나무의 특징인 분산이 크다는 점을 고려한 것으로서, 배깅과 부스팅보다 더 많은 무작위성을 주어 약한학습기들을 생성한 후 이를 선형결합하여 최종 학습기를 만든다. 랜덤 포레스트에 대한 이론적 설명이나 최종 결과에 대한 해석은 어렵다는 단점은 있지만 예측력은 매우 높은 방법으로 알려져 있다. 특히 입력변수의 갯수가 많을 때에는 배깅이나 부스팅과 비슷하거나 더 좋은 예측력을 보이는 경우가 많다. 또한, 조율모수가 없어서 실제 자료분석에 쉽게 사용될 수 있다.

랜덤 포레스트는 무작위성을 최대로 주기 위해 붓스트랩과 더불어 입력변수들에 대한 무작위 추출을 결합한다. 따라서 서로 연관성이 약한학습기를 여러개 만들어 내는 기법이라고 할 수 있다. 다음은 랜덤 포레스트의 알고리즘이다.

1. 훈련자료 $\mathcal{L} = \{y_i, x_i\}_{i=1}^n, x_i \in \mathbb{R}^p$에 대하여 n개를 자료를 이용한 붓스트랩 표본 $\mathcal{L}^* = \{y_i^*, x_i^*\}_{i=1}^n$을 생성한다.

2. $\mathcal{L}^*$에서 입력변수들 중 $k(k \ll p)$개만 무작위로 뽑아 의사결정나무를 생성한다. 이때 의사결정나무는 정해놓은 s 단계까지 진행한다.

3. 이렇게 생성된 의사결정나무들을 선형결합하여 최종 학습기를 만든다.

여기에서 붓스트랩 표본을 몇 개나 생성할 것인지, k값을 어떻게 할 것인지, 선형결합의 형식을 어떻게 할 것인지에 대한 여러 가지 선택이 있다. 보통 붓스트랩 표본의 갯수는 지나치게 적어서는 곤란하며, 선형결합의 형식은 각각의 의사결정나무의 결과들에 대하여 회귀분석에서는 평균을, 분류문제에서는 다수결원칙을 적용하는 방식이 많이 사용된다.

13.3.1 이론적 배경

이 절에서는 랜덤 포레스트의 이론적 배경을 분류문제에서 살펴보기로 한다. 일반적으로 분류문제에 있어서는 0-1손실함수를 이용하지만, 랜덤 포레스트에 대한 이론적 설명에는 마진함수(margin function)와 그에 기반한 랜덤 포레스트의 강도(strength)를 이용한다.

먼저 랜덤 포레스트에 사용된 의사결정나무의 모집단을 $\mathcal{F}(\Theta)$로, 이 모집단의 의사결정나무는 $\{f(\cdot,\Theta_k), k = 1,\ldots,K\}$로 표기하기로 한다. 만약 (x,y)가 (X,Y)의 분포로부터 생성된 표본이고 각각의 분류함수 $f(\cdot,\Theta_k)$가 투표방식으로 분류를 한다면,

$$\frac{1}{K}\sum_{k=1}^{K} I\{f(x,\Theta_k)=y\} - \arg\max_{l\neq y}\left[\frac{1}{K}\sum_{k=1}^{K} I\{f(x,\Theta_k)=l\}\right] < 0$$

이면 잘못된 분류를 하게 될 것이다.

위의 사실을 이용하여 랜덤 포레스트 $\mathcal{F}(\Theta)$의 마진함수, 예측오차, 강도를 다음과 같이 정의할 수 있다.

$$\begin{aligned} M_{\mathcal{F}(\Theta)}(x,y) &= \mathbb{P}_\Theta(f(x,\Theta)=y) - \max\nolimits_{l\neq y}\mathbb{P}_\Theta(f(x,\Theta)=l), \\ R_{\mathcal{F}(\Theta)} &= \mathbb{P}_{X,Y}(M_{\mathcal{F}(\Theta)}(X,Y)<0), \\ S_{\mathcal{F}(\Theta)} &= \mathbb{E}_{X,Y}[M_{\mathcal{F}(\Theta)}(X,Y)]. \end{aligned}$$

$R_{\mathcal{F}(\Theta)}$은 결국 0-1손실함수를 이용한 예측오차와 동일하며, $S_{\mathcal{F}(\Theta)}$은 분류함수가 과연 얼마나 큰 마진으로 분류를 하는가를 나타낸다. 예를 들면, 실제 y가 1일 때 로지스틱 회귀분석에 의한 0과 1에 대한 확률추정값이 각각 0.45, 0.55라고 하자. 더 높은 확률을 주는 쪽으로 분류한다면 0-1손실은 0이며 마진은 0.1이 된다. 반대로 0과 1에 대한 확률추정값이 각각 0.1, 0.9이면 0-1손실은 0이며 마진은

0.8이 된다. 이 두개의 분류함수는 0-1손실은 같으나 두번째 분류함수가 더 좋은 분류성능을 갖는다고 생각할 수 있으며, 이를 측정한 것이 강도이다. 즉, 분류에 있어서 어느 정도 명확하게 분류하는가를 고려한 것이 $S_{\mathcal{F}(\Theta)}$이라고 할 수 있다. $S_{\mathcal{F}(\Theta)}$ 값은 $[-1,1]$에 속하며 그 값이 클수록 분류를 잘한다고 할 수 있다. 그러나 분류 자체가 분류경계 근처에서만 이루어지는 경우 $S_{\mathcal{F}(\Theta)}$의 값은 작을 수 있다. 따라서 분류를 잘한다고 해서 반드시 $S_{\mathcal{F}(\Theta)}$가 큰 것은 아니다.

Breiman (2001)은 랜덤 포레스트의 성능에 대한 이론적 설명을 다음과 같이 하였다.

$$
\begin{aligned}
r(\theta,x,y) &= I\{f(x,\theta)=y\} - I\left\{f(x,\theta)=\arg\max_{l\neq y}\mathbb{P}_\Theta(f(x,\Theta)=l)\right\},\\
\sigma^2(\theta) &= \mathrm{Var}_{X,Y}(r(\theta,X,Y)),\\
\rho(\theta,\theta') &= \mathrm{Corr}_{X,Y}(r(\theta,X,Y),r(\theta',X,Y))
\end{aligned}
$$

라 하자. 아래의 정리는 앞에서 정의한 개념들에 기반하여 $R_{\mathcal{F}(\Theta)}$의 상한을 구한 것이다.

정리 13.3. *만약에* $S_{\mathcal{F}(\Theta)}>0$*이면*

$$
R_{\mathcal{F}(\Theta)} \le \rho\left(\frac{1-S^2_{\mathcal{F}(\Theta)}}{S^2_{\mathcal{F}(\Theta)}}\right). \tag{13.3}
$$

여기서, ρ*는 독립적으로* Θ*의 분포를 따르는* Θ_1,Θ_2*에 대하여*

$$
\rho = \frac{\mathbb{E}_{\Theta_1,\Theta_2}\{\rho(\Theta_1,\Theta_2)\sigma(\Theta_1)\sigma(\Theta_2)\}}{\mathbb{E}_{\Theta_1,\Theta_2}\{\sigma(\Theta_1)\sigma(\Theta_2)\}}
$$

로 정의된다.

Proof. $g(x,y)=M_{\mathcal{F}(\Theta)}(x,y)$로 놓으면 Chebyshev부등식에 의하여

$$
\begin{aligned}
R_{\mathcal{F}(\Theta)} &= \mathbb{P}_{X,Y}(g(X,Y)-S_{\mathcal{F}(\Theta)} < -S_{F(\Theta)})\\
&\le \frac{\mathrm{Var}_{X,Y}(g(X,Y))}{S^2_{\mathcal{F}(\Theta)}}
\end{aligned} \tag{13.4}
$$

이 된다.

여기서 $\mathrm{Var}_{X,Y}(g(X,Y))$의 상한은 다음과 같이 구할 수 있다.

$$\begin{aligned}
\mathrm{Var}_{X,Y}(g(X,Y)) &= \mathbb{E}_{X,Y}\{\mathbb{E}_{\Theta}(r(\Theta,X,Y))\}^2 - \{\mathbb{E}_{X,Y}\mathbb{E}_{\Theta}(r(\Theta,X,Y))\}^2 \\
&= \mathbb{E}_{X,Y}\mathbb{E}_{\Theta_1,\Theta_2}(r(\Theta_1,X,Y)r(\Theta_2,X,Y)) \\
&\quad -\{\mathbb{E}_{\Theta}\mathbb{E}_{X,Y}(r(\Theta,X,Y))\}^2 \\
&= \mathbb{E}_{\Theta_1,\Theta_2}\big[\mathbb{E}_{X,Y}(r(\Theta_1,X,Y)r(\Theta_2,X,Y))\big] \\
&\quad -\mathbb{E}_{\Theta_1,\Theta_2}\big[\mathbb{E}_{X,Y}(r(\Theta_1,X,Y))\mathbb{E}_{X,Y}(r(\Theta_2,X,Y))\big] \\
&= \mathbb{E}_{\Theta_1,\Theta_2}\big[\mathrm{Cov}_{X,Y}(r(\Theta_1,X,Y),r(\Theta_2,X,Y))\big] \\
&= \rho\mathbb{E}_{\Theta}\{\sigma(\Theta)\}^2 \\
&\le \rho\mathbb{E}_{\Theta}\sigma^2(\Theta).
\end{aligned}$$

여기서, Θ_1과 Θ_2는 Θ와 분포가 같으면서 서로 독립이다. 또한

$$\begin{aligned}
\mathbb{E}_{\Theta}\sigma^2(\Theta) &= \mathbb{E}_{\Theta}\mathbb{E}_{X,Y}\{r^2(\Theta,X,Y)\} - \mathbb{E}_{\Theta}\{\mathbb{E}_{X,Y}r(\Theta,X,Y)\}^2 \\
&\le \mathbb{E}_{\Theta}\mathbb{E}_{X,Y}\{r^2(\Theta,X,Y)\} - S^2_{\mathcal{F}(\Theta)} \\
&\le 1 - S^2_{\mathcal{F}(\Theta)}
\end{aligned}$$

이므로

$$\mathrm{Var}_{X,Y}(g(X,Y)) \le \rho(1 - S^2_{\mathcal{F}(\Theta)})$$

이 성립하며 (13.4)로부터 (13.3)가 성립함을 보일 수 있다. □

(13.3)으로부터 $R_{\mathcal{F}(\Theta)}$는 $S_{\mathcal{F}(\Theta)}$ 값이 크고 ρ가 작을 때 작은 값을 갖는다는 것을 알 수 있다. 특히 ρ가 작다는 것은 랜덤 포레스트에서 생성된 의사결정나무들간에 독립성이 강하다는 것으로 생각할 수 있다. 따라서 이 결과를 이용하면 랜덤 포레스트에서 붓스트랩 표본을 뽑고 임의로 입력변수들을 선택함으로써 예측오차가 줄어드는 것이 설명된다.

13.3.2 부분 의존성 도표

일반적인 회귀분석의 경우에는 예측에 사용되는 입력변수가 2개 이내이면 적절한 그래프를 통해 입력변수의 출력변수에 대한 영향이나 중요도를 쉽게 확인할 수 있다. 그러나 변수의 갯수가 많고 배깅, 부스팅, 랜덤 포레스트와 같이 예측방법이 단순하지 않을 경우에는 각 변수들의 영향력을 시각화하기가 쉽지 않다. 부분 의존성 도표(partial dependence plot)는 Friedman (2001)에 의해 제안된 것으로서 학습기에 사용되는 입력변수들 중 일부를 골라내 그것의 영향력을 시각화하는 방법이다.

$x \in \mathbb{R}^p$인 입력변수를 이용하는 학습기 $\hat{F}(x)$를 생각해보자. $l(l < p)$에 대하여 π_l를 크기가 l인 $\{1, \ldots, p\}$의 부분집합이라 하고, $\pi_{-l} = \{1, \ldots, p\} - \pi_l$이라 하자. $z_l = \{x_k : k \in \pi_l\}$이고 $z_{i,l} = \{x_{ik}, k \in \pi_l\}$이라 하면, 이 때 z_l의 영향력을 나타내는 값으로 다음을 고려한다:

$$\hat{F}_{\pi_l}(z_l) = \frac{1}{n} \sum_{i=1}^{n} \hat{F}(z_l, z_{i,-l}).$$

위의 값은 z_{-l}의 확률밀도함수 $p_{-l}(z_{-l})$에 대하여

$$\hat{F}_{\pi_l}(z_l) = \int \hat{F}(z_l, z_{-l}) p_{-l}(z_{-l}) dz_{-l}$$

로 표현된다. 이 값을 이용해 시각화하는 것이 부분 의존성 도표로서 π_l의 원소의 수가 1인 경우에는 2차원 그래프, 원소의 수가 2이면 3차원 그래프로 표현할 수 있다. $\hat{F}(\cdot)$이 가법모형이면 $\hat{F}(x) = \sum_{i=1}^{p} \hat{F}_i(x_i)$이므로

$$\frac{1}{n} \sum_{i=1}^{n} \hat{F}(x_k, z_{i,-k}) = \hat{F}_k(x_k)$$

인 특성을 가지고 있다.

다음 모형은 Friedman (2001)의 모의실험을 조금 수정한 것이다.

$$F^*(x_i) = \sum_{l=1}^{20} a_l g_l(z_{i,l}) + \epsilon_i$$

여기에서 ϵ_i는 서로 독립이며 $N(0, 2^2)$을 따르고, $a_l \sim U[-1,1]$이고, $z_{i,l}$은 $N(0, 4\mathbf{I}_{10})$을 따르는 10개의 입력변수들 중에서 평균 2인 지수난수 r에 대하여 $n_l = \lceil 1.5 + r \rceil$개를 임의로 뽑은 것이다. 그리, $g_l(z_l)$의 구체적인 함수형태는 다음과 같다.

$$g_l(z_l) = exp\Big(- \frac{1}{2}(z_l - \mu_l)^T \boldsymbol{V}_l (z_l - \mu_l)\Big)$$

이며, 여기서 μ_l은 입력변수들과 같은 분포를 따르고, $\boldsymbol{V}_l = \boldsymbol{U}_l \boldsymbol{D}_l \boldsymbol{U}_l^T$로 $\boldsymbol{U}_l$은 임의의 직교행렬이며 $\boldsymbol{D}_l = \mathrm{diag}(d_{1l}, \cdots, d_{n_l,l})$, $\sqrt{d_{jl}} \sim U[0.1, 0.9]$이다. 이렇게 생성된 자료는 가법모형보다 복잡하며 2차 이상의 교호작용도 포함하게 된다.

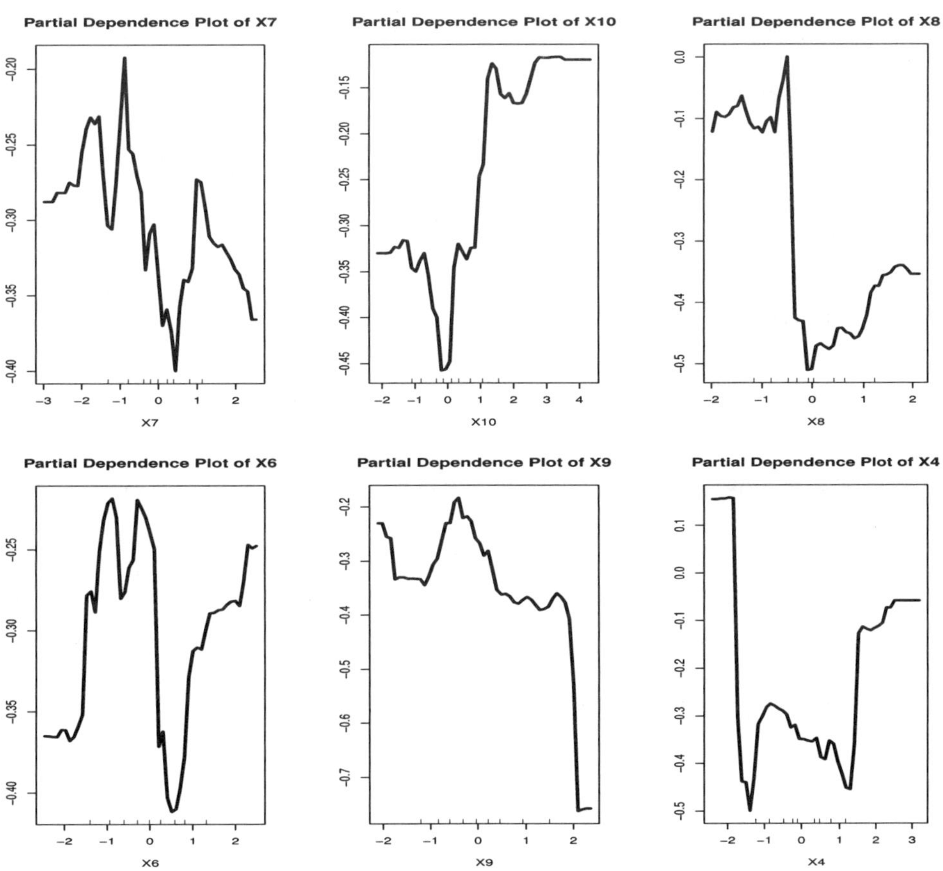

그림 13.3: 주요 변수들의 부분 의존성 도표

R의 랜덤 포레스트에서는 변수에 대한 중요도 지수를 제공한다. 특정 변수에 대한 중요도 지수는 그 변수를 포함하지 않는 경우에 대하여 그 변수를 포함할 때에 어느 정도 예측오차가 줄어드는지를 보여주는 것이다.

중요도 지수가 가장 높은 6개 변수를 뽑아 각각의 부분 의존성 도표를 그려보면 그림 13.3과 같다. 또한 중요도 지수가 가장 높은 X_7과 나머지 변수들간의 교호작용에 대한 부분 의존성 도표들 중 네 가지$\{X_7, X_2\}, \{X_7, X_3\}, \{X_7, X_4\}, \{X_7, X_5\}$를 골라낸 것이 그림 13.4이다. 그림 13.3을 보면 X_{10}이 나름대로 안정적인 형태를 보이고 있어서 하나의 기저를 형성하고 있을 가능성이 높다고 하겠다. 또한 그림 13.4을 보면 $\{X_7, X_3\}$간의 교호작용은 거의 보이지 않으며 그 외의 교호작용은 눈에 띈다. 그러나 그 패턴이 매우 복잡한 형태를 띄고 있어서 고차의 교호작용에 대한 검증작업이 필요할 것으로 생각된다.

부분 의존성 도표는 랜덤 포레스트외에도 배깅이나 부스팅에서도 사용이 가능하다. R에 있는 gbm에서는 부스팅에서의 부분 의존성 도표를 제공한다.

13.4 R 예제

13.4.1 배깅

2장에서 분석한 208개의 Sonar 자료를 145개를 훈련자료로 나머지는 검증자료로 하여 배깅과 의사결정나무를 비교하였다. Sonar 자료는 60개의 입력변수를 가지고 있으며 각 관측값은 금속과 암석으로 구분된다. 다음은 10개 묶음 교차확인오차를 통해서 구축한 의사결정나무의 오분류율을 구하는 것으로 교차확인오차는 0.3175로 확인되고 있다.

```
> ## Sonar data
> sonar <- read.table("sonar.all-data", sep=",", header=FALSE)
> clr <- sonar[,61]; sonar <- sonar[,1:60]
> snx <- as.matrix(sonar)
> set.seed(120); lst <- sample(208); tr <- lst[1:145]
```

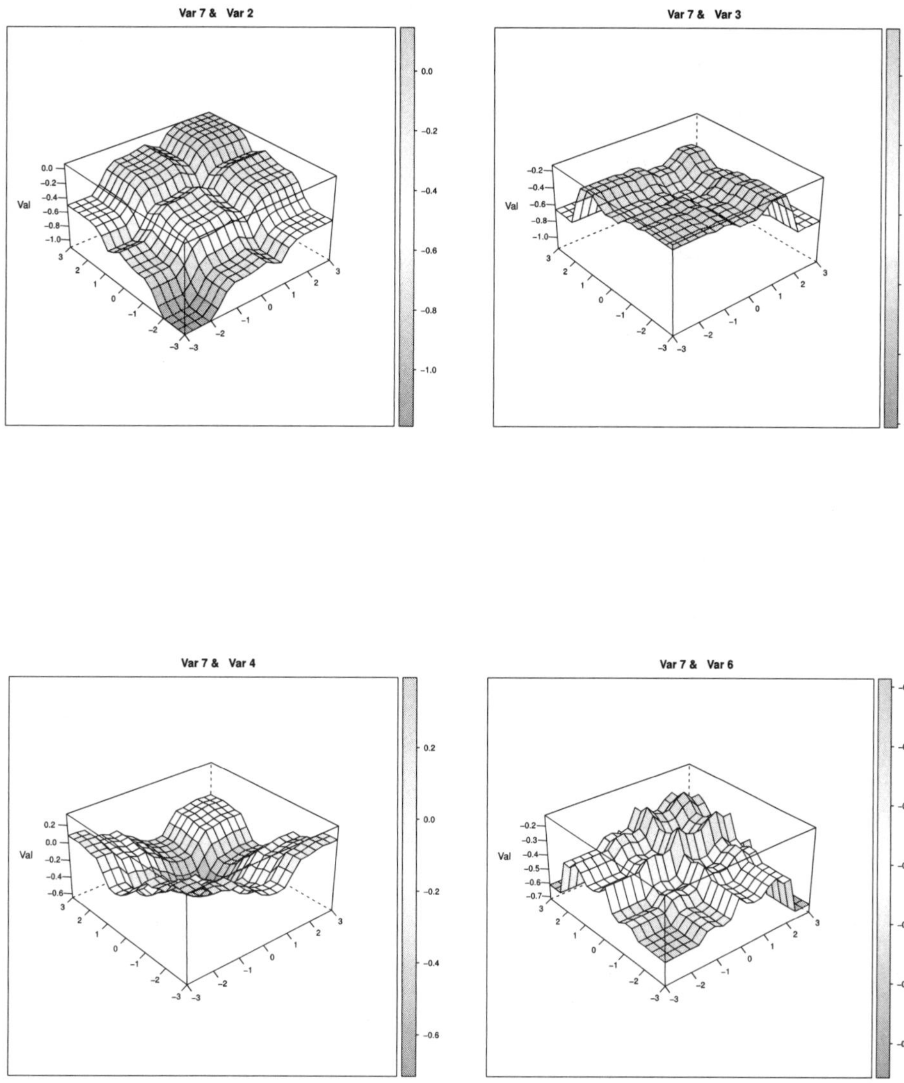

그림 13.4: 2인자 교호작용의 부분 의존성 도표

```
> val <- lst[146:208]
> da <- data.frame(y=clr, xx=snx)
> library(tree)
> fgl.tr <- tree(y ~ ., data=da, subset=tr)
> fgl.cv <- cv.tree(fgl.tr, , prune.tree, K=10)
> opt <- fgl.cv$k[which.min(fgl.cv$dev)]
> tt <- prune.tree(fgl.tr, k=opt)
> PP <- predict(tt, da[val,-1], type="class")
> print(round(1-sum(PP==clr[val])/length(PP), 4))
[1] 0.3175
```

다음에서는 배깅을 이용한 경우 붓스트랩의 횟수에 따라 오분류율이 변하게 되는 것을 볼 수 있는데, 여기에서는 500번 붓스트랩을 시행하였다.

```
> Itr <- 500
> PP <- matrix(0,length(val),1+Itr)
> PP[,1] <- clr[val]
> for(i in 1:Itr){
+   pp <- sample(tr, replace=TRUE)
+   fgl.tr <- tree(y ~ ., data=da, subset=pp)
+   PP[,i+1] <- predict(fgl.tr, da[val,-1], type="class")
>}
> err <- 1:Itr
> for(j in 2:Itr){
+   pp <- rowMeans(PP[,2:(j+1)])
+   pp <- abs(PP[,1]-round(pp))
+   err[j] <- sum(pp)/length(val)
>}
> print(round(err[as.integer(seq(2, Itr, length=40))], 4))
[1] 0.2857 0.2222 0.2222 0.2222 0.2222 0.2222 0.2222 0.2381 0.2063 0.2381
0.2063 0.2063 0.2063 0.2063 0.2063 0.2063 0.2063 0.2063 0.2063 0.2063
0.2063 0.2063 0.2063 0.2063 0.2063 0.2063 0.2063 0.2063 0.2063 0.2063
```

```
0.2063 0.2063 0.2063 0.2063 0.2063 0.2063 0.2063 0.2063 0.2063 0.2063
```

위 결과를 보면 오분류율이 0.3016에서 0.2063까지 떨어지게 된다. 이것은 배깅에 의해서 분산이 줄어들면서 오분류율이 줄어든 것으로 붓스트랩 횟수가 늘어날수록 오분류율이 낮게 안정되는 특성을 보이고 있다.

13.4.2 부스팅

이 자료는 UCI Machine Learning Repository에 공개된 자료로 Type은 포도주의 종류이며 Alcohol, Malic, Ash, Alcalinity, Magnesium, Phenols, Flavanoids, Nonflavanoids, Proanthocyanins, Color, Hue, Dilution, ProlineAlchol은 포도주의 특성을 나타내는 입력변수들이다. 포도주의 종류는 3종이 있는데 1종과 그것을 제외한 나머지를 2종으로 하여 두 개의 범주를 가지는 분류문제로 전환해서 부스팅으로 분석을 하였다. 자료의 수는 177개인데 이중 100개를 모형을 구축하는데 사용하고, 77개는 모형을 검증하는데 사용하였다. 다음에서 Adaboost와 로짓부스팅을 비교하였다.

```
> ## Wine data
> wine <- read.table("wine.data", sep=",", header=TRUE)
> colnames(wine) <- c("Type","Alcohol","Malic","Ash","Alcalinity",
                      "Magnesium","Phenols","Flavanoids","Nonflavanoids",
                      "Proanthocyanins","Color","Hue","Dilution",
                      "Proline")
> lst <- sample(nrow(wine)); tr <- lst[1:100]; ts <- lst[101:nrow(wine)]
> library(gbm)
> ds <- wine[tr,]; ds$Type <- as.numeric(ds$Type)
> ds$Type[ds$Type>1] <- 0;
> ds1.gbm <- gbm(Type ~ Alcohol + Malic + Ash + Alcalinity + Magnesium +
              Phenols + Flavanoids + Nonflavanoids +
              Proanthocyanins + Color + Hue + Dilution + Proline,
              data=ds, distribution="adaboost", n.trees=9000,
              cv.folds=5)
```

```
> best1.iter <- gbm.perf(ds1.gbm,method="cv")
> print(best1.iter)
[1] 3105

> ds2.gbm <- gbm(Type ~ Alcohol + Malic + Ash + Alcalinity + Magnesium +
               Phenols + Flavanoids + Nonflavanoids +
               Proanthocyanins + Color + Hue + Dilution + Proline,
               data=ds, distribution="bernoulli", n.trees=9000,
               cv.folds=5)
> best2.iter <- gbm.perf(ds2.gbm,method="cv")
> print(best2.iter)
[1] 5570

> pp <- predict(ds1.gbm,wine[ts,-1], type="response", n.trees=best1.iter)
> pyy <- wine$Type[ts]; pyy[pyy>1] <- 0
> qq <- (sign(pp)+1)/2 - pyy
> qq <- sum(abs(qq))/length(qq)
> print(qq)
[1] 0.02597403

> pp <- predict(ds2.gbm,wine[ts,-1], type="response", n.trees=best2.iter)
> pyy <- wine$Type[ts]; pyy[pyy>1] <- 0
> qq <- (sign(pp-0.5)+1)/2 - pyy
> qq <- sum(abs(qq))/length(qq)
> print(qq)
[1] 0.01298701
```

손실함수로는 지수손실함수와 로지스틱손실함수를 이용해 그 결과를 비교해 보았는데, 의사결정나무의 갯수는 5-묶음 교차확인법을 사용해서 결정하였다. 지수손실함수의 경우는 3105개, 로지스틱손실함수의 경우는 5570개가 최적의 의사결정나무의 갯수로 판별되었다. 검증자료에서의 오분류율은 각각 0.0260, 0.013

으로, 로지시틱손실함수가 더 좋은 성능을 보이고 있다.

13.4.3 랜덤 포레스트

Biomarker 자료는 바이오 마커 $X1$ (RANTES), $X2$ (AIAT), $X3$ (CYFRA21.1)를 입력변수로 폐암 유무를 출력변수로 갖는다. 훈련자료의 크기는 100으로 폐암에 걸린 사람들과 그렇지 않은 사람들의 비율은 50:50이다. 또한 시험자료의 크기는 40이고 폐암에 걸린 사람과 그렇지 않은 사람들의 비율은 마찬가지로 50:50이다.

각각의 바이오 마커가 특정 질병에 대하여 어떤 영향을 주는지 알아보기 위해 랜덤 포레스트를 이용하여 최종 학습기를 만들어 냈다. 최종 학습기는 임의의 입력값을 주면 랜덤 포레스트에 있는 의사결정나무들의 투표로 0,1 여부를 판단하게 된다.

```
> ## Biomarker data: Random forest
> rm(list = ls())
> library(randomForest)
> library(MASS)
> library(gbm)
>
> tr.d = read.csv("/trd.csv")
> ts.d = read.csv("/tsd.csv")
> tr.d$y = as.factor(tr.d$y)
> ts.d$y = as.factor(ts.d$y)
> RF_res <- randomForest(y ~ ., data=tr.d, ntree=1000,
+ Importance=TRUE, proximity=TRUE)
> RF_res$importance
> RF_res$confusion
>
  MeanDecreaseGini
X1        16.49486
X2        21.40310
X3        10.20555
```

```
   0  1 class.error
0 46  4        0.08
1  6 44        0.12
>
> plot(RF_res$votes[,1], type="h", lwd=2.0, col="red", cex.axis=2.0,
+     xlab="", ylab="", main="The results of voting", cex.main=1.5)
> rect(0,0,50.5,1, col="gray") ; rect(50.5,0,100,1, col="yellow")
> points(RF_res$votes[,1], type="h", lwd=2.0, col="red", cex.axis=2.0)
> abline(h=0.5, col="purple", lwd=3.0)
>
> layout(matrix(c(1,2,3),3,1)); NM <- colnames(tr.d)
> LL <- order(RF_res$importance,decreasing = T)
>
> for(k in 1:3){
+   partialPlot(RF_res, tr.d[,1:3], NM[LL[k]], xlab=NM[LL[k]],
+   main=paste("Partial Dependence Plot of",NM[LL[k]]),lwd=2.5)
+   abline(h=0, col="red", lwd=2.5)
+ }
>  PP <- predict(RF_res, ts.d[,1:3]); PP <- as.numeric(PP)-1
>  ll <- PP-(as.numeric(ts.d[,4])-1)
>  sum(abs(ll))/length(ll)
[1]  0.15
```

의사결정나무 갯수	훈련오차	시험오차
1000	0.1	0.15

표 13.3: Biomarker 자료에 대한 랜덤 포레스트의 예측오차

표 13.3은 랜덤 포레스트에서 사용한 의사결정나무의 갯수, 훈련오차, 시험오차를 보여준다. 0-1손실함수를 사용했기 때문에 두 오차는 훈련자료와 시험자

료에 대한 오분류율을 나타낸다. 실제 랜덤 포레스트를 적용할 때에는 사용하는 의사결정나무의 갯수를 교차확인법을 이용해 결정할 수도 있다. 그러나 이 예에서는 편의상 1000개로 고정시켜 놓았다.

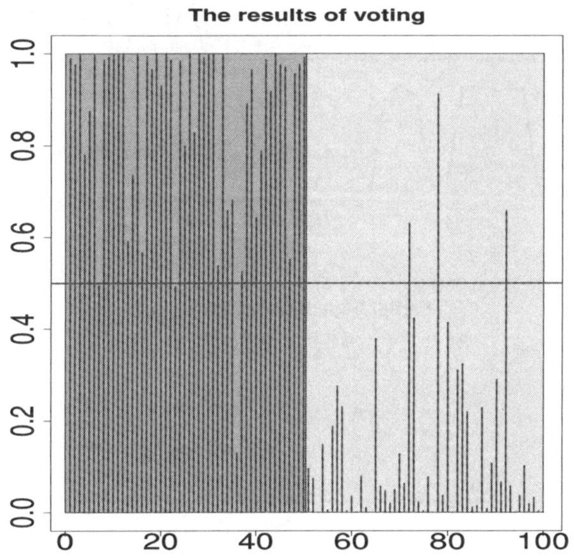

그림 13.5: Biomarker 훈련자료에서 랜덤 포레스트의 투표 결과

그림 13.5는 랜덤 포레스트에 속한 의사결정나무들이 훈련자료에서 한 투표 결과를 요약해 놓았다. 오른쪽 밝은색 바탕이 폐암에 걸린 사람들, 왼쪽 어두운 색 바탕이 폐암에 안 걸린 사람들에 해당된다. 각각의 값은 폐암에 걸린 쪽으로 투표한 의사결정나무들의 비율을 의미한다. 그림에서 폐암에 걸린 사람들 중에는 4명, 폐암에 걸리지 않은 사람들 중에는 6명이 잘못 분류되고 있다는 것을 알 수 있다.

그림 13.6은 $F(x) = \log\left(\dfrac{p(x)}{1-p(x)}\right)$로 놓은 경우에 각 변수에 대한 부분 의존성 도표를 보여준다. $X3$와 $X1$와 $X2$가 서로 반대 방향으로 영향을 주고 있으며, $X3$의 반응값의 범위가 제일 넓은 것으로 보아 $X2$의 영향력이 매우 크다는 것을 알 수 있다.

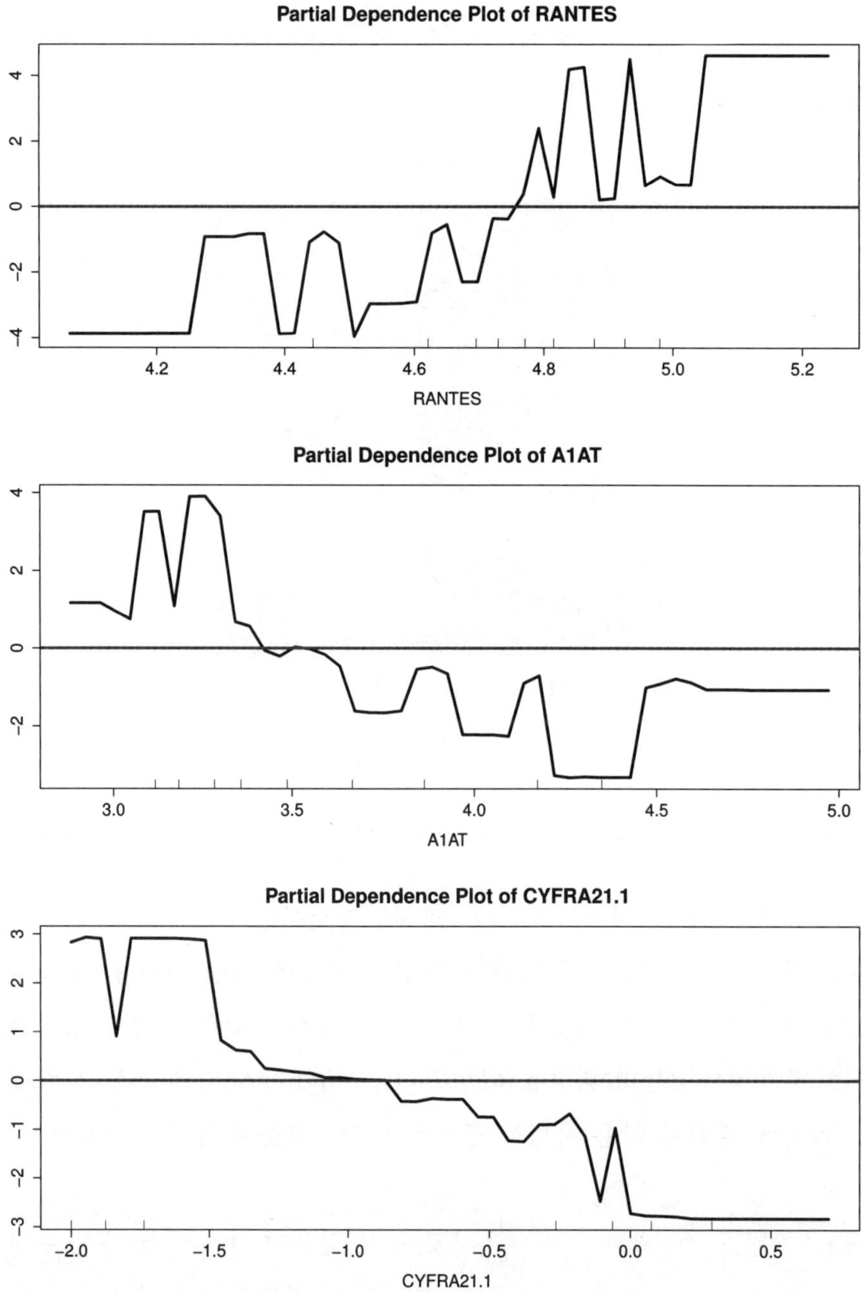

그림 13.6: Biomarker 자료에 대한 부분 의존성 도표

연습문제

1. 함수 ANOVA 분해에서 2인자 교호작용에 대하여 식 (13.2)가 함수집합 (13.1)에 포함되는 $\theta_{LL}, \theta_{LR}, \theta_{RL}$과 θ_{RR}의 네 가지 충분조건을 구하라.

2. $x_i, i = 1, \ldots, n$은 평균 μ, 분산 σ^2인 분포로부터 독립적으로 얻어진 표본이라고 하자. $\bar{x}_1^*$와 $\bar{x}_2^*$는 두 붓스트랩 표본의 평균값을 나타낸다. $\bar{x}_1^*$와 $\bar{x}_2^*$의 상관계수가 $n/(2n-1) \approx 0.5$임을 보여라. $\bar{x}_1^*$과 두 붓스트랩 표본에 대한 배깅 평균 $\bar{x}_{bag}$의 분산을 비교하라. [힌트: 배깅은 선형 통계량의 분산을 줄여주지 못한다.]

3. $x = (1, 0), (-1, 0)$이면 $y = 1$이고 $x = (0, -1), (0, 1)$이면 $y = -1$이다. 다음의 질문에 답하라.

   (a) 그루터기를 이용하여 4번의 AdaBoost 반복을 실시하고, 각 반복마다 w_i, err_m, c_m을 구하고 f_m의 분류경계를 그려라.

   (b) 부스팅 결과 훈련오차는 어떻게 되는가?

   (c) 이 자료에 대하여 왜 부스팅이 그루터기보다 적합이 잘되는지 설명하라.

4. `ISLR` 패키지의 `Carseats` 자료를 5:5로 훈련 및 시험자료로 분할하고 다음의 질문에 답하라.

   (a) `Sales`가 출력변수인 회귀나무모형을 훈련자료에 적합하고 시험오차를 구하라.

   (b) 교차확인오차를 이용하여 의사결정나무를 가지치기한 후 시험오차를 구하라.

   (c) 배깅을 적용하여 시험오차를 구하고 `importance` 함수를 이용하여 어떤 변수들이 설명력이 있는지 파악하라.

(d) 이번에는 랜덤 포레스트를 이용하여 자료를 분석하고 시험오차를 구하고 `importance` 함수를 이용하여 어떤 변수들이 설명력이 있는지 파악하라.

(e) (a)-(d)에서 구한 시험오차를 비교하라.

5. `mlbench` 패키지의 PimaIndiansDiabetes 자료에 대하여 의사결정나무와 AdaBoost의 예측력을 비교하라. 이 자료에 랜덤 포레스트를 사용하면 더 나은 결과를 얻을 수 있는가?

14 서포트 벡터 기계*

서포트 벡터 기계(support vector machines)는 Cortes와 Vapnik (1995)에 의하여 제안되었다. 서포트 벡터 기계라고 하면 흔히 서포트 벡터 분류를 의미한다. 그러나 서포트 벡터 기계는 분류문제뿐만 아니라 회귀문제에도 적용가능하며, 예측이 정확하고 여러 가지 형태의 자료에 대하여 적용이 쉽기 때문에 최근 여러 가지 예측문제에서 각광받고 있다. 기존의 대표적인 분류 방법인 로지스틱 회귀는 입력값이 주어졌을 때 출력값에 대한 조건부 확률을 추정하는데 비해, 서포트 벡터 기계는 확률 추정을 하지 않고 직접 분류 결과에 대한 예측만을 한다. 따라서 분류 효율 자체만을 놓고 보면 서포트 벡터 기계가 로지스틱 회귀나 판별분석 등의 확률 추정방법들에 비해 예측력이 전반적으로 높다. 그러나 확률 추정값을 요구하는 적용분야에서는 잘 사용되지 않는다. 서포트 벡터 기계는 앞에서 살펴본 벌점화 기법의 하나로 볼 수 있고, 계산량이 자료의 수에 비례하지만 차원의 크기에는 덜 민감하므로 생물정보학의 마이크로어레이 자료처럼 자료의 개수보다 차원이 훨씬 큰($n \ll p$) 경우에 계산상의 장점이 있다. 이 장에서는 서포트 벡터에 의한 이진 분류와 회귀분석을 소개한다.

14.1 서포트 벡터 기계에 의한 분류

14.1.1 선형 분류

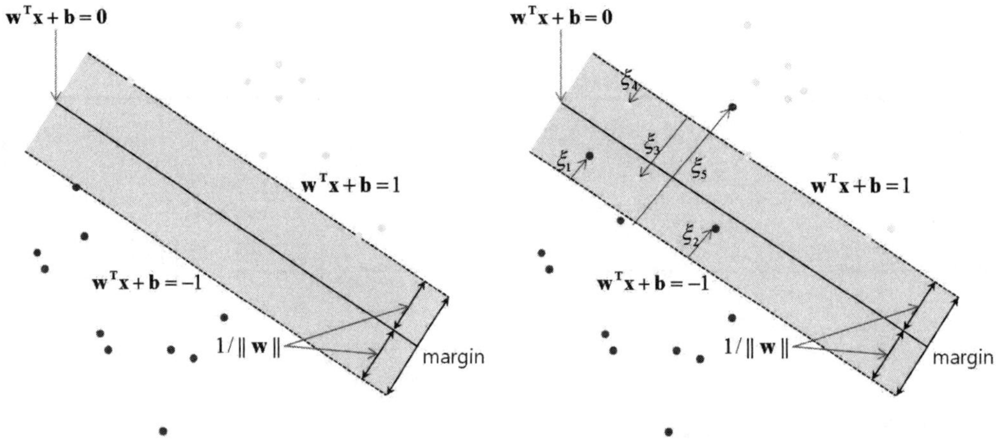

(a) 분리 가능한 경우　　　　(b) 분리 불가능한 경우

그림 14.1: 선형 서포트 벡터 기계

그림 14.1 (a)는 선형 분리 가능한 경우(linearly separable case)에 서포트 벡터에 의한 분류를 예시한다. 이러한 선형 서포트 벡터 기계는 훈련자료를 이용하여 $f(x) = \langle w, x\rangle + b$로 정의되는 선형 분류함수를 얻은 후 $f(x)$의 부호를 이용하여 새로운 입력값 x에 대한 출력값을 예측한다. 여기서 $\langle w, x\rangle = w^T x$이다. 자료가 선형함수로 분리 가능하므로 모든 $i(= 1, \ldots, n)$에 대하여 $y_i f(x_i) > 0$인 선형 초평면(linear hyperplane) $f(x) = 0$가 무수히 많이 존재한다. 서포트 벡터 기계는 다음과 같이 훈련자료들의 마진(margin) $C > 0$를 최대화하는 유일한 초평면을 찾아 준다.

$$\text{제약조건 } y_i(\langle w, x_i\rangle + b) \geq C, i = 1, \ldots, n\text{에 대하여 } \max_{b,w:\|w\|=1} C.$$

자료가 선형적으로 분리 가능하지 않은 경우(linearly nonseparable case)에는 그림 14.1 (b)와 같이 슬랙 변수(slack variable) $\xi_1, \ldots, \xi_n$을 도입함으로써 어느 정도 오분류를 허용하며 마진 C를 최대화하는 방식을 취한다. 즉, 제약조건

$y_i(\langle w, x_i\rangle + b) \ge 1 - \xi_i, \xi_i \ge 0, i = 1, \ldots, n$하에서

$$\min_{b,w:\|w\|=1} \left(\frac{1}{2}\|w\|^2 + C\sum_{i=1}^{n} \xi_i \right). \tag{14.1}$$

이때 $C > 0$는 훈련오차와 벌점간의 상대적 크기를 조절하는 조율모수로 볼 수 있다.

(14.1)에서 라그랑즈 승수법을 적용하면 다음과 같은 라그랑즈 원시 함수(Lagrange primal function)을 얻게 된다.

$$Q_P = \frac{1}{2}\|w\|^2 + C\sum_{i=1}^{n}\xi_i - \sum_{i=1}^{n}\alpha_i[y_i(\langle w, x_i\rangle + b) - (1 - \xi_i)] - \sum_{i=1}^{n}\mu_i\xi_i \tag{14.2}$$

따라서 (14.1)은 w, b, ξ_i에 대하여 Q_P를 최소화 문제와 동치이다. w, b, ξ_i에 대하여 Q_P의 도함수를 0으로 놓으면 $i = 1, \ldots, n$에 대하여 $\alpha_i, \mu_i, \xi_i \ge 0$조건과 함께

$$\begin{aligned} 0 &= \frac{\partial Q_P}{\partial w} = w - \sum_{i=1}^{n}\alpha_i y_i x_i, \qquad (14.3)\\ 0 &= \frac{\partial Q_P}{\partial b} = -\sum_{i=1}^{n}\alpha_i y_i, \\ 0 &= \frac{\partial Q_P}{\partial \xi_i} = C - \alpha_i - \mu_i, i = 1, \ldots, n \end{aligned}$$

를 얻는다.

흔히 라그랑즈 원시 함수를 직접 최적화하는 대신 동치인 라그랑즈 쌍대 목적 함수(Lagrange dual objective function) Q_D를 최적화하게 된다. Q_D는 위의 (14.3)의 관계식을 (14.2)에 대입하면 다음과 같이 계산된다. 제약조건

$$\sum_{i=1}^{n} y_i\alpha_i = 0, 0 \le \alpha_i \le C, i = 1, \ldots, n$$

하에서

$$Q_D = \frac{1}{2}\sum_{i=1}^{n}\sum_{j=1}^{n} y_i y_j \alpha_i \alpha_j \langle x_i, x_j\rangle - \sum_{i=1}^{n}\alpha_i. \tag{14.4}$$

결국 이러한 Q_D의 최적화는 이차계획법 문제가 된다. 식 (14.3)과 함께 다음의 제약 조건들을 KKT 조건이라 부른다. $i(=1,\dots,n)$에 대하여

$$\begin{aligned} \alpha_i[y_i(\langle w, x_i\rangle + b) - (1-\xi_i)] &= 0, \\ \mu_i\xi_i &= 0, \\ y_i(\langle w, x_i\rangle + b) - (1-\xi_i) &\geq 0. \end{aligned} \tag{14.5}$$

QP의 해를 $\hat{\alpha}_i, i = 1,\dots,n$으로 나타내면 (14.3)으로부터

$$\hat{w} = \sum_{i=1}^{n} \hat{\alpha}_i y_i x_i$$

로 표현됨을 알 수 있다. 로지스틱 회귀 등 기존의 분류방법에서는 모든 관측값들이 계산에 사용되는데 비해 서포트 벡터 분류기에서는 계수 $\hat{\alpha}_i$의 값이 0이 아닌 서포트 벡터(support vector)라 불리는 관측값들만 계산에 사용된다는 특징이 있다. $\hat{\alpha}_i > 0$인 경우 KKT 조건들로부터 $\mu_i = C - \hat{\alpha}_i$이므로 $(C - \hat{\alpha}_i)\xi_i = 0$를 만족함을 알 수 있다. 따라서 서포트 벡터는 $0 < \hat{\alpha}_i \leq C$ 또는 $\xi_i = 0$를 만족한다. $\hat{\alpha}_i < C$이면 $\xi_i = 0$이므로 편의항 b는 $0 < \hat{\alpha}_i < C$인 임의의 자료점에 대하여 (14.3)의 첫째식에서 유도되는 $b = y_i - \hat{\alpha}_i\langle w, x_i\rangle$로 계산할 수 있다.

일단 $\hat{w}$과 $\hat{b}$을 얻으면 분류함수의 해는

$$\hat{f}(x) = \langle \hat{w}, x\rangle + \hat{b}$$

로 표현되며 분류기 $C(x) = \text{sign}(\hat{f}(x))$를 이용하여 새로운 자료 x에 대한 예측값을 구할 수 있다.

14.1.2 비선형 분류

비선형 분류는 11장에서 다룬 커널방법론을 이용한다. 자료를 특성공간으로의 매핑하는 특성함수를 Φ라 하자. Φ에 의해 매핑된 특성값 $\Phi(x_i)$에 대하여 앞에서 설명한 선형 서포트 벡터 분류기를 적용하면 다음과 같은 최적화 문제를 얻는다.

제약조건 $\sum_{i=1}^{n} y_i\alpha_i = 0,\ 0 \le \alpha_i \le C,\ i = 1, \ldots, n$하에서

$$\min_{\alpha} \left(\frac{1}{2} \sum_{i=1}^{n} \sum_{j=1}^{n} y_i y_j \alpha_i \alpha_j \langle \Phi(x_i), \Phi(x_j) \rangle - \sum_{i=1}^{n} \alpha_i \right).$$

$\hat{\alpha}_i$는 선형인 경우와 마찬가지로 QP로 계산되며 $\hat{\beta} = \sum_{i=1}^{n} \hat{\alpha}_i y_i \Phi(x_i)$이고 $\hat{\beta}_0$는 선형인 경우에 편의항을 계산하는 방식으로 얻어진다. 따라서 분류함수의 해 $\hat{f}(x)$는

$$\hat{f}(x) = \langle \hat{\beta}, \Phi(x) \rangle + \hat{\beta}_0 = \sum_{i=1}^{n} \hat{\alpha}_i y_i \langle \Phi(x_i), \Phi(x) \rangle + \hat{\beta}_0$$

로 나타낼 수 있다.

그러면 특성함수 Φ의 선택은 다음과 같이 한다. 위의 식을 보면 구체적인 Φ를 모르더라도 그 내적값만 계산할 수 있으면 분류 함수를 얻을 수 있다. 즉, 커널함수

$$K(x, x') = \langle \Phi(x), \Phi(x') \rangle \tag{14.6}$$

만 알면 충분하다. 보통 적절한 커널을 정한 후 분류를 하게 되는데 많이 사용되는 커널은 다음과 같다. $x, x' \in \mathcal{X}$에 대하여

- 선형커널(linear kernel): $K(x, x') = \langle x, x' \rangle$.
- d-차 다항커널(d-th order polynomial kernel): $K(x, x') = (\langle x, x' \rangle + l)^d$. $l \in \mathbb{R}$은 낮은 차수의 단항식(monomial)에 대한 편의항이다. $l = 0$인 경우 특성공간은 본래의 특성값들의 차수 d인 단항식(monomial)으로 구성되어 있다.
- 가우스 커널(Gaussian kernel): $K(x, x') = \exp(-\|x - x'\|^2/\sigma^2)$. $\sigma > 0$는 대역폭(bandwidth)이라 한다.
- 시그모이드 커널(sigmoid kernel): $K(x, x') = \tanh(\kappa_1 \langle x, x' \rangle + \kappa_2)$. 여기서 $\kappa_1 > 0, \kappa_2 \ge 0$이다.

분류함수의 해를 커널을 이용하여 나타내면

$$\hat{f}(x) = \sum_{i=1}^{n} \hat{\alpha}_i y_i K(x_i, x) + \hat{\beta}_0$$

과 같다.

14.1.3 벌점화 기법으로서의 서포트 벡터 기계

우선 손실함수로 경첩손실함수 $(1-y_i f(x_i))_+ \triangleq \max(1-y_i f(x_i), 0)$을 고려한다. 여기서 $y_i f(x_i)$는 마진이라고 불리며 정분류되면 양수값을 오분류되는 경우에는 음수의 값을 갖는다. $\mathcal{H}$는 커널 K에 대응되는 재생 커널 힐버트 공간이라 하고, $f \in \mathcal{H}$에 대하여 $\|f\|^2$는 $\mathcal{H}$상의 f의 커널 노음이라 하자. 서포트 벡터 기계는 벌점화된 경첩손실함수를 최소화하는 함수 $f \in \mathcal{H}$을 찾고자 한다. 즉,

$$\min_{f\in\mathcal{H}} \left(\frac{1}{n} \sum_{i=1}^{n} (1-y_i f(x_i))_+ + \lambda \|f\|^2 \right). \tag{14.7}$$

첫째항은 경첩손실함수에 대한 훈련오차로서 f가 얼마나 자료를 잘 적합하는지를 나타내며, 두번째항은 과대적합을 방지하기 위한 벌점항이다. $\lambda > 0$으로 이러한 훈련오차와 벌점항간의 균형을 맞춰주는 조율모수이다.

결국 서포트 벡터 기계는 벌점화 방법의 한 예로 볼 수 있으며, 다음과 같은 대표자 정리가 성립한다. (14.7)의 해는

$$f(x) = \sum_{i=1}^{n} \alpha_i K(x_i, x)$$

로 표현된다. 즉, (14.7)의 최소해 f는 n개의 훈련자료점에서 계산된 커널의 선형결합으로 나타내진다는 것이다. Φ는 커널 K에 대응되는 특성함수이며 $\beta = \sum_{i=1}^{n} \alpha_i \, \Phi(x_i)$라 하면

$$\|f\|^2 = \sum_i \sum_j \alpha_i \alpha_j K(x_i, x_j) = \alpha \boldsymbol{K} \alpha = \|\beta\|^2$$

이 성립한다. 식 (14.7)을 다시 써보면

$$\min_{\beta,\beta_0} \left(\frac{1}{n} \sum_{i=1}^{n} (1-y_i(\beta_0 + \Phi(x_i)^T \beta))_+ + \lambda \|\beta\|^2 \right)$$

와 같다.

14.2 서포트 벡터 기계에 의한 회귀

서포트 벡터 분류에서는 마진을 이용하여 겹치지 않는 두 클래스간의 거리를 측정한다. 마진이 클수록 더 좋은 분류결과를 준다고 할 수 있다. 그러나 회귀분석에서는 자료점들의 분리가 아니라 자료점들을 잘 적합하는 것에 관심이 있다. 따라서 회귀분석에서 마진에 상응하는 것은 가장 많은 자료점들을 포함하는 참 회귀함수 둘레의 튜브(tube)라고 할 수 있다. 이 튜브에 포함되지 않는 점들은 슬랙변수를 통해 나타낼 수 있다.

참 회귀모형이 다음의 선형함수라 하자.

$$\mu(x) = \beta_0 + \langle \beta, x \rangle.$$

서포트 벡터 회귀는 다음과 같은 손실함수를 고려한다.

$$V_\varepsilon(y, \mu(x)) = (|y - \mu(x)| - \varepsilon)_+.$$

즉, 자료점 (x, y)에서 손실함수는 $|y - \mu(x)| \le \varepsilon$이면 0값을 갖고 $|y - \mu(x)| > \varepsilon$이면 $|y - \mu(x)| - \varepsilon$값을 갖는다. 이러한 V_ε은 ε-둔감손실함수(ε-insensitive loss function)라 부른다. 이 손실함수는 참 회귀함수 $\mu(x)$에서 $\pm\varepsilon$범위 내의 모든 오차를 무시하는 반면, $\pm\varepsilon$범위 밖의 자료에 대해서는 오차값에 선형적으로 비례하는 값을 갖는다.

이제 슬랙변수 ξ_i와 ξ_i'을 정의하도록 한다. 자료점 (x_i, y_i)가 ε-튜브 위쪽에 있으면 $\xi_i' = y_i - \mu(x_i) - \varepsilon \ge 0$이고 자료점 (x_j, y_j)가 ε-튜브 아랫쪽에 있으면 $\xi_j' = \mu(x_j) - \varepsilon - y_j \ge 0$이다. ε-튜브 안쪽의 자료점들에 대해서는 0으로 정의된다. 따라서 원시 최적화 문제는

$$\min_{\beta, \beta_0, \xi, \xi'} \left(\frac{1}{2} \|\beta\|^2 + C \sum_{i=1}^{n} (\xi_i + \xi_i') \right) \tag{14.8}$$

이고 제약조건은

$$
\begin{aligned}
& y_i - (\beta_0 + \langle \beta, x_i \rangle) \le \varepsilon + \xi_i', \qquad (14.9) \\
& (\beta_0 + \langle \beta, x_i \rangle) - y_i \le \varepsilon + \xi_i, \\
& \xi_i', \xi_i \ge 0, i = 1, \ldots, n
\end{aligned}
$$

이다. 상수 $C > 0$는 함수 μ의 평평한 정도와 ε보다 큰 편차에 대한 허용범위간의 균형을 맞춰주는 조율모수이다.

이에 대한 라그랑즈 원시 함수는

$$
\begin{aligned}
Q_P \;=\; & \frac{1}{2}\|\beta\|^2 + C\sum_{i=1}^{n}(\xi_i + \xi_i') - \sum_i a_i[y_i - (\beta_0 + \langle \beta, x_i \rangle) - \varepsilon - \xi_i'] \quad (14.10) \\
& - \sum_i b_i[(\beta_0 + \langle \beta, x_i \rangle) - y_i - \varepsilon - \xi_i] - \sum_i c_i \xi_i' - \sum_i d_i \xi_i
\end{aligned}
$$

이며 $i(=1,\ldots,n)$에 대하여 $a_i, b_i, c_i, d_i \ge 0$는 라그랑즈 승수를 나타낸다. Q_P의 도함수를 구해보면 다음과 같고

$$
\begin{aligned}
\frac{\partial Q_P}{\partial \beta_0} &= \sum_i a_i - \sum_i b_i \\
\frac{\partial Q_P}{\partial \beta} &= \beta + \sum_i a_i x_i - \sum_i b_i x_i \\
\frac{\partial Q_P}{\partial \xi_i} &= C + b_i - d_i \\
\frac{\partial Q_P}{\partial \xi_i'} &= C + a_i - c_i.
\end{aligned}
$$

이러한 도함수들을 0으로 놓고 풀면 다음의 해를 얻는다.

$$
\begin{aligned}
& \beta = \sum_i (b_i - a_i) x_i, \qquad (14.11) \\
& \sum_i (b_i - a_i) = 0, \\
& C + b_i - d_i = 0, C + a_i - c_i = 0, i = 1, \ldots, n.
\end{aligned}
$$

β는 $b_i - a_i$가 0이 아닌 자료점들에만 의존하므로 (14.11)의 첫째식을 서포트 벡터

전개(support vector expansion)라 부른다. 최종적인 서포트 벡터 회귀식은

$$\hat{\mu}(x) = \beta_0 + \sum_{i=1}^{n}(b_i - a_i)\langle x_i, x\rangle$$

으로 표현할 수 있다.

라그랑즈 원시함수에서 식 (14.11)의 나머지 식을 이용하면 다음의 쌍대 최적화 문제를 얻는다. 제약조건

$$0 \leq a, b \leq C1, \langle b - a, 1\rangle = 0 \tag{14.12}$$

하에서

$$\min_{a,b}\left(\langle b - a, y\rangle - \varepsilon\langle b + a, 1\rangle - \frac{1}{2}\|b - a\|^2\right) \tag{14.13}$$

이때 KKT 조건은 다음과 같이 표현된다. $i = 1, \ldots, n$에 대하여

$$\begin{aligned} a_i(\beta_0 + \langle\beta, x_i\rangle - y_i - \varepsilon - \xi_i) &= 0, \\ b_i(y_i - \beta_0 - \langle\beta, x_i\rangle - \varepsilon - \xi_i') &= 0, \\ \xi_i\xi_i' = 0, a_ib_i &= 0, \\ (a_i - C)\xi_i = 0, (b_i - C)\xi_i' = 0. \end{aligned} \tag{14.14}$$

이 최적화 문제의 해는 x에 대하여 선형함수를 생성하고, 이 회귀함수의 ε-튜브 밖의 점은 서포트 벡터가 된다. ε은 흔히 0.1 근처의 값을 선택한다.

이제 비선형 회귀로의 확장을 생각해보자. 분류문제에서와 마찬가지로 커널 K에 의해 정의되는 특성공간으로의 특성함수 Φ을 이용하면 다음과 같이 쉽게 확장할 수 있다. 서포트 벡터 전개는

$$\beta = \sum_{i=1}^{n}(b_i - a_i)\Phi(x_i)$$

로 표현되며 앞의 선형문제에서 내적 $\langle\cdot,\cdot\rangle$을 커널 $K(\cdot,\cdot)$로 대치하면 되고, 서포트 벡터 회귀식

$$\hat{\mu}(x) = \beta_0 + \sum_{i=1}^{n}(b_i - a_i)K(x_i, x)$$

을 얻을 수 있다. 연습삼아 각자 비선형인 경우에 대한 최적화 문제를 유도해보기 바란다.

14.3 R 예제

14.3.1 서포트 벡터 분류

먼저 Fisher의 붓꽃자료에 대하여 R의 e1071패키지를 이용하여 선형 서포트 벡터 기계를 적용해보자. 오분류행렬을 보면 모든 시험자료가 정확히 분류되었음을 알 수 있다. 그림 14.2의 왼쪽은 꽃받침 폭과 길이를 3과 4로 고정시켰을때 꽃잎 폭과 길이를 축으로 훈련자료와 분류경계를 표시한 것이다. 오른쪽은 범주형 자료에 대한 차원축소법인 고전적인 척도화법을 이용하여 훈련자료와 서포트 벡터를 표시한 것이다. 이 예에서는 조율모수 C에 대한 추정문제를 고려하지 않고 디폴트를 사용하였으나 tune.svm 함수를 이용하여 교차확인법으로 최적 C값을 추정할 수 있다.

```
> ## Iris data
> library(e1071)
> data(iris)
> attach(iris)
> N = nrow(iris)
> tr.idx = sample(1:N, size = N/2, replace=FALSE)
> y = iris[,5]
> x.te = iris[-tr.idx,-5]
> x.tr = iris[tr.idx, -5]
> # fit svm
> m2 = svm(Species~., data = iris[tr.idx,], kernel="linear")
> plot(m2, iris, Petal.Width ~ Petal.Length,
+      slice=list(Sepal.Width = 3, Sepal.Length = 4))
> summary(m2)
Call:
svm(formula = Species ~ ., data = iris[tr.idx, ], kernel = "linear")


Parameters:
   SVM-Type:  C-classification
```

```
 SVM-Kernel:  linear
       cost:  1
      gamma:  0.25

Number of Support Vectors:  22
 ( 10 9 3 )

Number of Classes:  3
Levels:
 setosa versicolor virginica
>
> # test
> pred = predict(m2, x.te)
>
> # check accuracy:
> table(pred, y[-tr.idx])
pred         setosa versicolor virginica
  setosa         24          0         0
  versicolor      0         25         0
  virginica       0          3        23
>
> # compute decision values
> pred = predict(m2, x.te, decision.values = TRUE)
> attr(pred, "decision.values")[1:4,]
  versicolor/virginica versicolor/setosa virginica/setosa
1             8.307688         -1.461066        -1.332208
3             7.828817         -1.539328        -1.321819
5             8.397788         -1.573550        -1.375275
7             7.612943         -1.563067        -1.293360
>
> # visualize (classes by color, SV by crosses):
```

```
> plot(cmdscale(dist(x.tr)),
+       col = as.integer(y[tr.idx]),
+       pch = c("o","+")[1:150 %in% m2$index + 1])
```

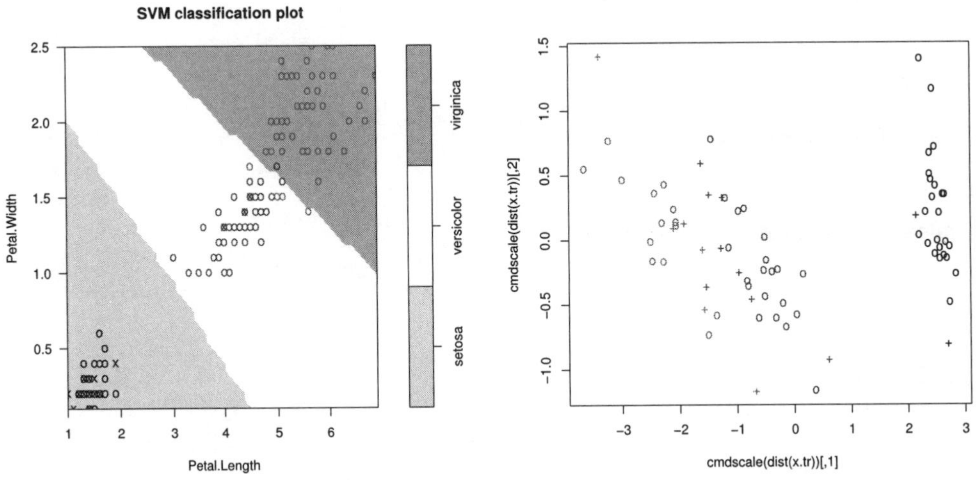

그림 14.2: 붓꽃자료에 대한 서포트 벡터 기계의 분류도표

두번째 분류 예제는 Hastie 외 (2009)의 스팸 자료에 대한 분석이다. 스팸 자료의 spam 변수는 스팸메일 여부를 나타내고, A.1-A.48은 이메일에서 특정 단어가 나타나는 비율이며, A.49-A.54는 특정 문자가 나타나는 비율을 나타낸다. A.55-A.57은 연속된 대문자열의 길이와 관련된 값이다.

```
> ## Spam example
> data(spam, package = "ElemStatLearn")
> str(spam)
'data.frame':   4601 obs. of  58 variables:
 $ A.1 : num  0 0.21 0.06 0 0 0 0 0 0.15 0.06 ...
 $ A.2 : num  0.64 0.28 0 0 0 0 0 0 0 0.12 ...
 $ A.3 : num  0.64 0.5 0.71 0 0 0 0 0 0.46 0.77 ...
 $ A.4 : num  0 0 0 0 0 0 0 0 0 0 ...
 $ A.5 : num  0.32 0.14 1.23 0.63 0.63 1.85 1.92 1.88 0.61 0.19 ...
```

```
 $ A.6 : num  0 0.28 0.19 0 0 0 0 0 0 0.32 ...
 $ A.7 : num  0 0.21 0.19 0.31 0.31 0 0 0 0.3 0.38 ...
 $ A.8 : num  0 0.07 0.12 0.63 0.63 1.85 0 1.88 0 0 ...
 $ A.9 : num  0 0 0.64 0.31 0.31 0 0 0 0.92 0.06 ...
 $ A.10: num  0 0.94 0.25 0.63 0.63 0 0.64 0 0.76 0 ...
 $ A.11: num  0 0.21 0.38 0.31 0.31 0 0.96 0 0.76 0 ...
 $ A.12: num  0.64 0.79 0.45 0.31 0.31 0 1.28 0 0.92 0.64 ...
 $ A.13: num  0 0.65 0.12 0.31 0.31 0 0 0 0 0.25 ...
 $ A.14: num  0 0.21 0 0 0 0 0 0 0 0 ...
 $ A.15: num  0 0.14 1.75 0 0 0 0 0 0 0.12 ...
 $ A.16: num  0.32 0.14 0.06 0.31 0.31 0 0.96 0 0 0 ...
 $ A.17: num  0 0.07 0.06 0 0 0 0 0 0 0 ...
 $ A.18: num  1.29 0.28 1.03 0 0 0 0.32 0 0.15 0.12 ...
 $ A.19: num  1.93 3.47 1.36 3.18 3.18 0 3.85 0 1.23 1.67 ...
 $ A.20: num  0 0 0.32 0 0 0 0 0 3.53 0.06 ...
 $ A.21: num  0.96 1.59 0.51 0.31 0.31 0 0.64 0 2 0.71 ...
 $ A.22: num  0 0 0 0 0 0 0 0 0 0 ...
 $ A.23: num  0 0.43 1.16 0 0 0 0 0 0 0.19 ...
 $ A.24: num  0 0.43 0.06 0 0 0 0 0 0.15 0 ...
 $ A.25: num  0 0 0 0 0 0 0 0 0 0 ...
 $ A.26: num  0 0 0 0 0 0 0 0 0 0 ...
 $ A.27: num  0 0 0 0 0 0 0 0 0 0 ...
 $ A.28: num  0 0 0 0 0 0 0 0 0 0 ...
 $ A.29: num  0 0 0 0 0 0 0 0 0 0 ...
 $ A.30: num  0 0 0 0 0 0 0 0 0 0 ...
 $ A.31: num  0 0 0 0 0 0 0 0 0 0 ...
 $ A.32: num  0 0 0 0 0 0 0 0 0 0 ...
 $ A.33: num  0 0 0 0 0 0 0 0 0.15 0 ...
 $ A.34: num  0 0 0 0 0 0 0 0 0 0 ...
 $ A.35: num  0 0 0 0 0 0 0 0 0 0 ...
 $ A.36: num  0 0 0 0 0 0 0 0 0 0 ...
```

```
 $ A.37: num  0 0.07 0 0 0 0 0 0 0 0 ...
 $ A.38: num  0 0 0 0 0 0 0 0 0 0 ...
 $ A.39: num  0 0 0 0 0 0 0 0 0 0 ...
 $ A.40: num  0 0 0.06 0 0 0 0 0 0 0 ...
 $ A.41: num  0 0 0 0 0 0 0 0 0 0 ...
 $ A.42: num  0 0 0 0 0 0 0 0 0 0 ...
 $ A.43: num  0 0 0.12 0 0 0 0 0 0.3 0 ...
 $ A.44: num  0 0 0 0 0 0 0 0 0 0.06 ...
 $ A.45: num  0 0 0.06 0 0 0 0 0 0 0 ...
 $ A.46: num  0 0 0.06 0 0 0 0 0 0 0 ...
 $ A.47: num  0 0 0 0 0 0 0 0 0 0 ...
 $ A.48: num  0 0 0 0 0 0 0 0 0 0 ...
 $ A.49: num  0 0 0.01 0 0 0 0 0 0 0.04 ...
 $ A.50: num  0 0.132 0.143 0.137 0.135 0.223 0.054 0.206 0.271 0.03 ...
 $ A.51: num  0 0 0 0 0 0 0 0 0 0 ...
 $ A.52: num  0.778 0.372 0.276 0.137 0.135 0 0.164 0 0.181 0.244 ...
 $ A.53: num  0 0.18 0.184 0 0 0 0.054 0 0.203 0.081 ...
 $ A.54: num  0 0.048 0.01 0 0 0 0 0 0.022 0 ...
 $ A.55: num  3.76 5.11 9.82 3.54 3.54 ...
 $ A.56: int  61 101 485 40 40 15 4 11 445 43 ...
 $ A.57: int  278 1028 2259 191 191 54 112 49 1257 749 ...
 $ spam: Factor w/ 2 levels "email","spam": 2 2 2 2 2 2 2 2 2 2 ...
```

우선 디폴트 옵션으로 서포트 벡터 기계를 적합한 후 훈련자료에 대한 오분류표를 얻었고 다음으로 10-묶음 교차확인오차를 이용하여 정분류율에 대한 추정값을 얻었다. 디폴트옵션에서는 가우스 커널을사용한다. 두 경우의 정분류율을 비교하면 각각 $(2697+1662)/4601 \approx 94.74\%$과 93.08%이다.

```
> # Spam data: classification
> model = svm(spam ~., data=spam) # without CV
> summary(model)
Call:
```

```
svm(formula = spam ~ ., data = spam)


Parameters:
   SVM-Type:  C-classification
 SVM-Kernel:  radial
       cost:  1
      gamma:  0.01754386


Number of Support Vectors:  1275
 ( 595 680 )


Number of Classes:  2
Levels:
 email spam


> pred = fitted(model)
> obs = spam$spam
> table(pred, obs)
       obs
pred    email spam
  email  2697  151
  spam     91 1662
>
> model = svm(spam ~., data = spam, cross = 10) # 10-fold CV
> summary(model)
Call:
svm(formula = spam ~ ., data = spam, cross = 10)


Parameters:
   SVM-Type:  C-classification
 SVM-Kernel:  radial
```

```
       cost:  1
      gamma:  0.01754386

Number of Support Vectors:  1275
 ( 595 680 )

Number of Classes:  2
Levels:
 email spam

10-fold cross-validation on training data:

Total Accuracy: 93.08846
Single Accuracies:
 91.95652 94.34783 92.6087 91.73913 93.69565 92.3913 90.2174 95 94.56522
 94.36009
```

더 만족스러운 결과를 얻기 위해서는 조율모수 C와 γ를 교차확인법에 의해 조율하여 최적화할 수 있는데 e1071패키지의 tune함수는 그러한 기능을 제공한다. 아래의 예에서는 A.16과 A.53변수에 의한 분류 모형을 $C = 0.25, 0.35$와 $\gamma = 1.95, 2.05$에 대하여 10-묶음 교차확인오차에 의한 격자 탐색(grid search)에 의해 최적 모수값을 찾아준다. 그 결과 $\gamma = 1.95$과 $C = 0.25$이 최적값으로 선택되었다.

```
> # tuning
> obj = tune(svm, spam ~ A.16 + A.53, data = spam,
+ ranges = list(gamma = c(1.95, 2.05), cost = c(0.25, 0.35)))
> summary(obj)
Parameter tuning of 'svm':
- sampling method: 10-fold cross validation
```

```
- best parameters:
 gamma cost
  1.95 0.25

- best performance: 0.1634528

- Detailed performance results:
  gamma cost     error dispersion
1  1.95 0.25 0.1634528 0.01708199
2  2.05 0.25 0.1636698 0.01800867
3  1.95 0.35 0.1638886 0.01722501
4  2.05 0.35 0.1638886 0.01722501
> plot(obj)
```

또한 그림 14.3과 같이 가우스 커널의 두 조율모수 γ와 C에 대하여 교차확인법에 의한 예측 오분류율을 등고선도로 나타낼 수 있다. 그림에서 보면 오른쪽 윗부분에서 오분류율이 가장 작음을 볼 수 있다.

14.3.2 서포트 벡터 회귀

첫번째 예제는 오존 자료에 대한 회귀분석 결과이다. 우선 자료를 2:1의 비율로 훈련 및 시험 자료로 분할한 후 $C = 1000$, $\gamma = 10^{-4}$인 가우스 커널 서포트 벡터 회귀와 의사결정나무를 적합한 후 시험자료에서의 MSE(즉, MSPE)를 구하였다. MSPE값은 SVM의 경우 7.978266으로 의사결정나무의 12.32360보다 훨씬 값이 작다. 이 예에서는 한 번만 자료를 분할하여 비교하였는데 연습삼아 각자 50회 반복 분할한 후 MSPE의 평균 및 표준오차를 비교하기 바란다.

```
> ## Ozone data: regression
> library(e1071)
> library(rpart)
> data(Ozone, package = "mlbench")
> index = 1:nrow(Ozone)
> testindex = sample(index, trunc(length(index)/3))
```

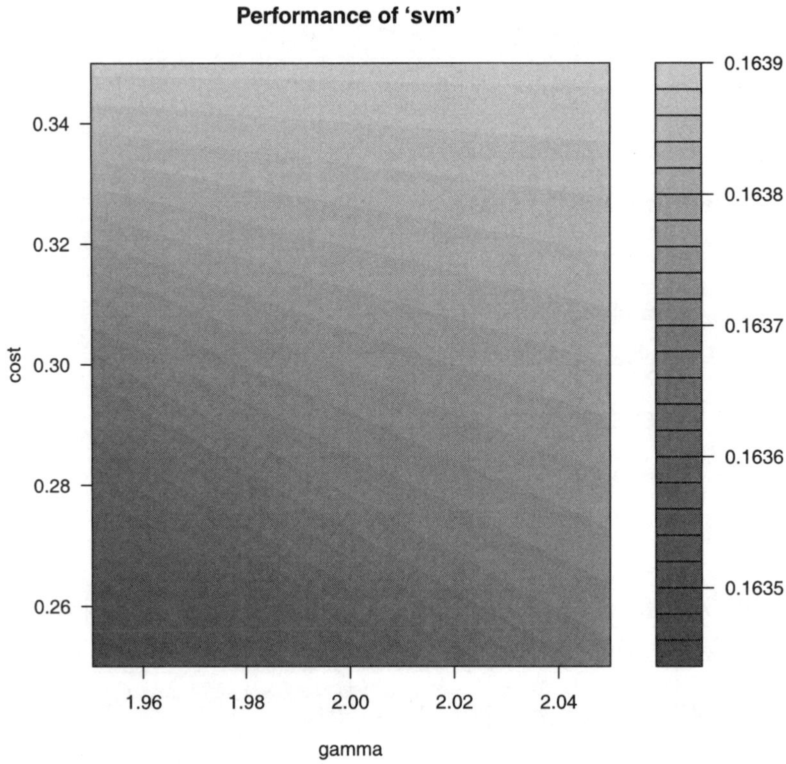

그림 14.3: 스팸 자료에서 격자 탐색에 의한 모수 선택

```
> testset = na.omit(Ozone[testindex, -3])
> trainset = na.omit(Ozone[-testindex, -3])
>
> svm.model = svm(V4 ~., data = trainset, cost = 1000, gamma = 1e-04)
> svm.pred = predict(svm.model, testset[,-3])
> crossprod(svm.pred - testset[,3]) / length(testindex)
         [,1]
[1,] 7.978266
>
> rpart.model = rpart(V4 ~., data = trainset)
> rpart.pred = predict(rpart.model, testset[,-3])
```

```
> crossprod(rpart.pred - testset[,3]) / length(testindex)
         [,1]
[1,] 12.32360
```

두번째 예제는 다음과 같은 모의실험이다. 참 회귀함수는 $\sin(x), 0 \leq x \leq 2\pi$이고, 참 회귀함수 값에 표준 정규난수를 따르는 잡음을 더하여 y값을 얻었다. 그림 14.4는 가우스 커널에 의해 추정된 회귀함수와 참 회귀함수를 훈련자료와 함께 보여준다. 이 예에서는 편의상 C와 γ는 디폴트 값을 사용하였으나 `tune` 함수를 이용하여 MSE에 대한 교차확인오차로 조율모수들의 값을 추정할 수 있다.

```
> ## Simulated data: support vector regression
> # create data
> x = seq(0, 2*pi, length = 100)
> y = sin(x) + rnorm(100)
>
> # estimate model and predict input values
> m   = svm(x, y)
> m
Call:
svm.default(x = x, y = y)
Parameters:
   SVM-Type:  eps-regression
 SVM-Kernel:  radial
       cost:  1
      gamma:  1
    epsilon:  0.1

Number of Support Vectors:  91

> new = predict(m, x)
> # visualize
> plot(x, y)
```

```
> lines(x, sin(x), col = 2, lty = 2)
> lines(x, new, col = 4, lty = 1)
> legend("bottomright", c("true","estimated"), col = c(2, 4), lty = c(2, 1))
```

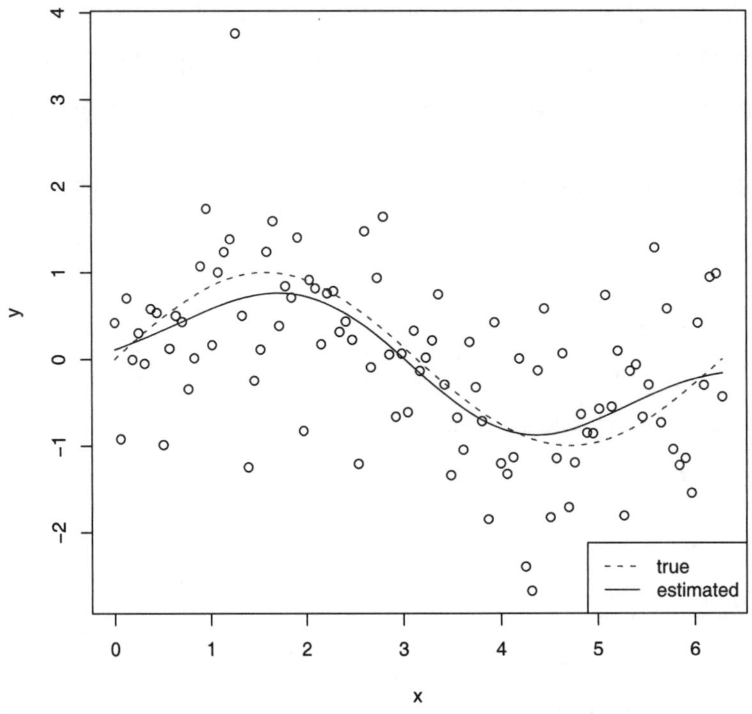

그림 14.4: 모의실험 자료에 대한 서포트 벡터 회귀

연습문제

1. 두 이차함수 $f(x) = x^2$과 $g(x) = (x-2)^2$이 주어졌을 때, 제약조건 $g(x) \leq 1$ 하에서 $\min f(x)$를 찾는다고 하자.

   (a) 라그랑즈 목적함수 $Q(x, \lambda)$를 써보고 KKT 조건을 이용하여 이 문제를 풀어라. 또한 쌍대 문제에 대한 식을 유도하라.

   (b) $y = Q(x, \lambda)$를 x와 λ의 결합함수로서 그려보아라. 또한 x와 λ의 프로파일(즉, $y = \max_\lambda Q(x, \lambda)$와 $y = \min_x Q(x, \lambda)$)을 그려보고 어떤 점에서 겹치는지 살펴보아라.

2. 선형 분리가능한 자료 $\{(x_i, y_i)\}_{i=1}^n$에 대하여 선형 서포트 벡터 기계를 생각해 보자. 교차확인오차는 예측오차에 대한 추정값으로 볼 수 있는데 이 경우 하나 남겨놓기 교차확인오차의 상한이 s/n임을 보여라. 여기서 s는 서포트 벡터의 개수이다. [힌트: $\hat{w} = \sum_{i:\hat{\alpha}_i>0} \hat{\alpha}_i y_i x_i$이며 자료점이 서포트 벡터인 경우와 그렇지 않은 경우로 나누어 생각해 볼 수 있다.]

3. $\mathbb{P}(Y = 1|x = x) = \mathbb{P}(Y = -1|x = x) = 1/2$이고 $Y = \pm 1$일 때의 x의 조건부 분포가 각각 $N(\mu_+, \mathbf{\Sigma})$ 또는 $N(\mu_-, \mathbf{\Sigma})$인 다변량 정규분포라 가정하자. $\lambda = 0$인 경우 선형 서포트 벡터 기계의 분류 경계가 선형 판별분석의 분류 경계와 일치함을 보여라.

4. 서포트 벡터 회귀에서 비선형 커널에 대한 최적화 문제를 유도하라.

5. 서포트 벡터 회귀에서 $\varepsilon = 0$이라 하자. 다음의 2-노음 최적화 문제를 생각해보자. 제약조건 $y_i - x_i^T\beta = \xi_i$, $i = 1, \ldots, n$하에서

$$\min_{\beta, \xi} \left(\lambda \|\beta\|^2 + \sum_{i=1}^n \xi_i^2 \right).$$

   라그랑즈 목적함수를 β, ξ에 대하여 미분하고, 도함수를 영으로 놓고 위의 식에 대입하여 라그랑즈 쌍대 최적화 문제를 유도하라. $\boldsymbol{K} = (\langle x_i, x_j \rangle)$이다.

쌍대 목적함수를 라그랑즈 승수 α에 대하여 미분한 후 해를 구하고 이 해를 능형회귀의 해와 비교하라.

6. `e1071` 패키지의 `svm` 함수에서 선형 커널을 이용하여 PimaIndiansDiabetes 자료를 적합하고 오분류표와 분류도표를 그려라. 동일한 방식으로 가우스 커널을 이용하여 오분류표와 분류도표를 그려보아라. 그리고 선형커널과 가우스 커널에 의한 결과를 비교하라.

7. 2:1의 비율로 `library(ElemStatLearn)`의 spam 자료를 훈련 및 시험 자료로 분할하고 로지스틱 회귀와 서포트 벡터 기계를 적용하여 각각의 오분류표를 비교하라.

제 III 편

부록

A R의 기초적인 사용법

R은 공개 소프트웨어로 http://www.r-project.org에서 다운로드 받을 수 있다. R 웹사이트에서는 여러가지 메뉴얼 및 관련 문서도 다운로드 받을 수 있으며, Search 메뉴로 여러가지 R 관련 정보를 검색할 수도 있다. R은 용량이 그리 크지 않기 때문에 설치시 전체설치(Full Installation)를 권장한다. 부록에 수록된 예제는 Paradis (2005)를 참고하였다.

A.1 R의 기초

할당 연산자인 '< −' 또는 '='을 이용하여 객체(object)를 다음과 같이 생성할 수 있다.

```
> n = 15
> n
[1] 15
> 5 -> n
> n
[1] 5
> x = 1
```

```
> x
[1] 1
```

기존의 객체에 값을 주면 새로운 값이 할당된다. rnorm은 표준정규 난수를 발생시키는 R의 기본 함수이다.

```
> x = 10 + rnorm(1)
> x
[1] 9.983822
```

R은 다음과 같이 계산기처럼 사용할 수 있다.

```
> (10 + 2) * 5
[1] 60
```

각 명령문의 끝에 ';' 연산자를 사용하면 한줄에 여러 명령문을 입력할 수 있고, ls 함수는 메모리상에 있는 객체들을 나열하며 pattern 옵션으로 특정한 문자열을 갖는 객체를 나열할 수도 있다. 또한 ls.str 함수는 객체의 타입 등의 세부적인 정보를 보여준다.

```
> name = "Carmen"; n1 = 10; n2 = 100; m = 0.5
> ls()
[1] "m"    "n"    "n1"   "n2"   "name" "x"
> ls(pat = "m")
[1] "m"    "name"
> ls.str()
m :  num 0.5
n :  num 5
n1 :  num 10
n2 :  num 100
name :  chr "Carmen"
x :  num 9.98
```

rm 함수는 메모리상의 객체를 삭제하는 기능을 가지며 객체이름을 입력하면 그 객체만 삭제된다. 옵션으로 list = ls()을 입력하면 메모리상의 모든 객체를 삭제한다.

```
> rm("m")
> ls()
[1] "n"    "n1"   "n2"   "name" "x"
> rm(list = ls())
> ls()
character(0)
```

다음으로 R을 사용하면서 가장 자주 쓰는 기능인 온라인 도움말(help)을 사용하는 방법을 간단히 알아보자. lm은 선형모형을 적합하는 함수로 앞에 ? 또는 help 함수를 이용하여 도움말을 볼 수 있다. 그러나 연산자인 *에 대해서는 ?는 작동하지 않는다.

```
> ? lm
> help("lm")
> ? *
Error: unexpected '*' in "? *"
> help("*")
```

다음 예에서는 bs라는 bspline 함수에 대한 도움말을 찾아 보았으나 찾을 수 없다고 나오는데, 그 이유는 help 함수가 현재 메모리에 로드된 기본 패키지에서만 찾기 때문이다. try.all.package 옵션을 TRUE로 설정하면 해당 패키지 이름을 나열한다. 그러면 예에서 처럼 splines라는 패키지의 bs 함수에 대한 도움말을 볼 수 있다.

```
> help("bs")
No documentation for 'bs' in specified packages and libraries:
you could try 'help.search("bs")'
> help("bs", try.all.packages = TRUE)
Help for topic 'bs' is not in any loaded package but can be found in
the following packages:

  Package               Library
  bs                    C:/PROGRA~1/R/R-26~1.2/library
```

```
  splines                  C:/PROGRA~1/R/R-26~1.2/library
  VGAM                     C:/PROGRA~1/R/R-26~1.2/library
> help("bs", package = "splines")
```

또 다른 유용한 함수로 apropos가 있다. appropos는 메모리에 로드된 패키지들 중에서 입력된 문자열을 갖는 객체의 이름을 나열한다.

```
> apropos("help")
[1] "help"            "help.search"    "help.start"      "link.html.help"
```

A.2 자료 처리

객체

모든 객체는 모드와 길이의 두가지 속성을 가진다. 모드는 객체 원소의 타입을 나타내며 숫자형, 문자형, 복소수형, 논리형(TRUE와 FALSE)이 있다. 그 밖의 모드로는 함수와 수식 등이 있다. 객체의 길이는 객체의 원소 개수를 의미한다. 다음과 같이 mode와 length라는 함수로 객체의 속성을 알아볼 수 있다.

```
> x = 1
> mode(x)
[1] "numeric"
> length(x)
[1] 1
> A = "Gomphotherium"; compar = TRUE; z = 1 + 2i
> mode(A); mode(compar); mode(z)
[1] "character"
[1] "logical"
[1] "complex"
```

모드에 관계없이 결측값은 NA (not available)로 나타낸다. 값이 큰 수는 지수로서 나타낼 수 있고, $\pm\infty$는 Inf와 -Inf, 숫자가 아닌 것은 NaN (not a number)으로 나타낸다.

```
> N = 2.1e23
> N
[1] 2.1e+23
> x = 5/0
> x
[1] Inf
> exp(x)
[1] Inf
> exp(-x)
[1] 0
> x - x
[1] NaN
```

문자열은 "로 입력할 수 있다. 중간의 \"는 "라는 문자값을 나타낸다. 문자열은 또한 '로도 나타낼 수도 있는데, '를 문자열상에 나타내기 위해 \'를 사용하는 것이 "를 사용할 때와 다른점이다.

```
> x = "Double quotes \" delimitate R's strings."
> x
[1] "Double quotes \" delimitate R's strings."
> x = 'Double quotes \" delimitate R\'s strings.'
> x
[1] "Double quotes \" delimitate R's strings."
```

A.2.1 파일을 이용한 자료 입력

R은 작업 디렉토리(working directory)에서 파일을 읽고 쓴다. 현재 작업 디렉토리를 보여주는 명령은 `getwd()`이고, 예를들어 C:\data로 작업 디렉토리로 변경하고자 하는 경우에는 `setwd("C:/data")`를 입력하거나 메뉴를 이용하여 변경할 수 있다.

R에서는 `read.table`, `read.csv`, `read.delim`, `scan` 등의 함수로 ASCII 형식의 파일을 읽을 수 있다. 또한 Excel, SAS, SPSS 등의 형식으로 저장된 파

일이나 SQL 데이터베이스의 자료를 읽는 함수도 있다. 가장 기본적인 함수인 read.table은 데이터 프레임 형식으로 자료를 읽는다.

```
> mydata = read.table("C:/temp/data.dat")
> mydata
  V1 V2 V3
1  1  0  0
2  0  2  0
3  0  0  3
```

다음은 read.table과 그 변형인 read.csv 등의 함수들의 기본형을 보여준다. 파일 형태(열을 분리하는 문자 등)에 따라 적절한 함수를 사용한다. 자세한 사항은 R의 도움말을 읽어보기 바란다.

```
read.table(file, header = FALSE, sep = "", quote = "\"'",
           dec = ".", row.names, col.names,
           as.is = !stringsAsFactors,
           na.strings = "NA", colClasses = NA, nrows = -1,
           skip = 0, check.names = TRUE, fill = !blank.lines.skip,
           strip.white = FALSE, blank.lines.skip = TRUE,
           comment.char = "#",
           allowEscapes = FALSE, flush = FALSE,
           stringsAsFactors = default.stringsAsFactors(),
           encoding = "unknown")

read.csv(file, header = TRUE, sep = ",", quote="\"", dec=".",
         fill = TRUE, comment.char="", ...)

read.csv2(file, header = TRUE, sep = ";", quote="\"", dec=",",
          fill = TRUE, comment.char="", ...)

read.delim(file, header = TRUE, sep = "\t", quote="\"", dec=".",
           fill = TRUE, comment.char="", ...)
```

```
read.delim2(file, header = TRUE, sep = "\t", quote="\"", dec=",",
            fill = TRUE, comment.char="", ...)
```

scan 함수는 자료를 벡터 형식으로 읽어주며 기본형은 다음과 같다.

```
scan(file = "", what = double(0), nmax = -1, n = -1, sep = "",
     quote = if(identical(sep, "\n")) "" else "'\"", dec = ".",
     skip = 0, nlines = 0, na.strings = "NA",
     flush = FALSE, fill = FALSE, strip.white = FALSE,
     quiet = FALSE, blank.lines.skip = TRUE, multi.line = TRUE,
     comment.char = "", allowEscapes = FALSE,
     encoding = "unknown")
```

A.2.2 파일을 이용한 자료 출력

기본함수로 `write.table`이 있고 기본형은 다음과 같다.

```
write.table(x, file = "", append = FALSE, quote = TRUE, sep = " ",
            eol = "\n", na = "NA", dec = ".", row.names = TRUE,
            col.names = TRUE, qmethod = c("escape", "double"))
write.csv(...)
write.csv2(...)
```

여기서 x는 R의 객체를 의미한다. append 옵션은 기존의 파일에 자료를 덧붙일 때 사용한다. append = `FALSE`인 경우 파일을 새로 생성한다는 사실에 주의하기 바란다.

R에서 작업한 여러 객체 `x, y, z`를 하나의 파일로 저장하는 경우에는 `save(x, y, z, file = "xyz.RData")` 명령을 입력한다. 이렇게 저장된 자료는 `load("xyz.RData")`명령으로 메모리상에 로드될 수 있다. 작업중인 메모리상의 전체 객체를 작업 디렉토리의 a.RData에 저장하는 경우에는 `save.image("a.RData")`를 사용하며 a.RData에 저장된 모든 객체를 `load.image( "a.RData" )`명령으로 메모리상에 로드할 수 있다.

A.2.3 자료의 생성

정수열은 :로 다음과 같이 생성될 수 있다. 여기서 괄호에 유의하기 바란다.

```
> 1:10-1
 [1] 0 1 2 3 4 5 6 7 8 9
> 1:(10-1)
[1] 1 2 3 4 5 6 7 8 9
```

실수열을 생성하는 함수로 seq가 있고 다음과 같이 사용된다. 이 함수의 옵션으로 from은 시작값, to는 끝값, length는 길이, by는 증분(increment)을 나타낸다. c는 combine의 약자로 직접 자료를 입력하는 경우에 사용된다.

```
> seq(1, 5, 0.5)
[1] 1.0 1.5 2.0 2.5 3.0 3.5 4.0 4.5 5.0
> seq(from = 1, to = 5, length = 9)
[1] 1.0 1.5 2.0 2.5 3.0 3.5 4.0 4.5 5.0
> c(1, 1.5, 2, 2.5, 3, 3.5, 4, 4.5, 5)
[1] 1.0 1.5 2.0 2.5 3.0 3.5 4.0 4.5 5.0
```

rep는 동일한 값을 갖는 벡터를 생성할 때 사용된다.

```
> rep(1, 30)
 [1] 1 1 1 1 1 1 1 1 1 1 1 1 1 1 1 1 1 1 1 1 1 1 1 1 1 1 1 1 1 1
```

expand.grid는 모든 벡터 또는 인자(factor)의 조합인 데이터 프레임을 생성하며 자료 또는 수식을 격자(grid)상에 시각화할 때 많이 사용된다.

```
> expand.grid(h = c(60, 80), w = c(100, 300), sex = c("Male", "Female"))
   h   w    sex
1 60 100   Male
2 80 100   Male
3 60 300   Male
4 80 300   Male
5 60 100 Female
```

```
6 80 100 Female
7 60 300 Female
8 80 300 Female
```

지금까지 살펴본 것들은 고정된 상수들의 수열이었다. R에서 랜덤한 수열도 발생할 수 있다. 분포명 앞에 r이 붙은 경우 난수값, d는 확률밀도함수값, p는 누적확률값, q는 분위수값을 구하는 함수들이다. 예를들어 정규분포에 대하여 rnorm(10)은 표준정규분포의 난수를 10개 발생시킨다.

```
> rnorm(10)
 [1] -0.9625838  0.3124014 -0.1761274  0.7750189  0.7623789 -0.1947686
 [7] -0.3398497  1.5308892 -1.1120178 -0.4479149
> qnorm(0.025)
[1] -1.959964
> pnorm(1.96)
[1] 0.9750021
```

다음은 몇가지 난수발생 함수들과 그 기본형이다. 주어진 수는 디폴트값이고 n은 발생할 난수 개수를 나타낸다. 다른 분포들에 대한 사항은 R의 도움말을 참조하라.

```
distribution              R-function
-----------------------------------------------------------

normal                    rnorm(n, mean = 0, sd = 1)
exponential               rexp(n, rate = 1)
gamma                     rgamma(n, shape, scale = 1)
Poisson                   rpois(n, lambda)
Cauchy                    rcauchy(n, location = 0, scale = 1)
beta                      rbeta(n, shape1, shape2)
t(df)                     rt(n, df)
F(df1, df2)               rf(n, df1, df2)
chi^2(df)                 rchisq(n, df)
uniform                   runif(n, min = 0, max = 1)
....
```

A.2.4 객체 다루기

객체의 생성

- 인자

  인자는 범주형 변수로서 다음과 같이 생성된다. levels 함수는 인자가 가질 수 있는 레벨값을 추출한다.

```
> factor(1:3, labels=c("A", "B", "C"))
[1] A B C
Levels: A B C
> ff = factor(c(2,4), levels=2:5)
> ff
[1] 2 4
Levels: 2 3 4 5
> levels(ff)
[1] "2" "3" "4" "5"
```

- 행렬

  행렬을 생성할 때 matrix 함수를 사용하며 자료, 행의 수, 열의 수를 입력한다. byrows = TRUE로 하면 행의 순으로 행렬을 생성하게 된다.

```
> matrix(0, 2, 2)
     [,1] [,2]
[1,]    0    0
[2,]    0    0
> matrix(1:6, 2, 3)
     [,1] [,2] [,3]
[1,]    1    3    5
[2,]    2    4    6
> matrix(1:6, 2, 3, byrow = TRUE)
     [,1] [,2] [,3]
[1,]    1    2    3
```

```
[2,]    4    5    6
```

또한 벡터에 dim 함수로 차원을 지정하여 행렬을 생성하는 방법이 있다. 이 방법은 3차원 이상의 행렬을 지정할 때에도 사용할 수 있다.

```
> x = 1:15
> dim(x)
NULL
> dim(x) = c(5, 3)
> x
     [,1] [,2] [,3]
[1,]    1    6   11
[2,]    2    7   12
[3,]    3    8   13
[4,]    4    9   14
[5,]    5   10   15
```

- 데이터 프레임
  데이터 프레임은 자료를 행렬로 저장할 뿐만 아니라 변수명, 관측치 번호, 변수형 등 여러가지 정보를 가지는 객체이다. 벡터들을 이용하여 데이터 프레임을 생성할 때에는 벡터들의 길이에 주의할 필요가 있다.

```
> x = 1:4; n = 10; M = c(10, 35); y = 2:4
> data.frame(x, n)
  x  n
1 1 10
2 2 10
3 3 10
4 4 10
> data.frame(A1 = x, A2 = M)
  A1 A2
1  1 10
```

```
2 2 35
3 3 10
4 4 35
> data.frame(x, y)
Error in data.frame(x, y) :
  arguments imply differing number of rows: 4, 3
```

- 리스트
  데이터 프레임과 유사하나 객체의 이름이 자동적으로 설정되지는 않는다. 행렬과는 달리 서로 다른 길이의 벡터들로 구성될 수 있다.

```
> L1 = list(x, y); L2 = list(A = x, B = y)
> L1
[[1]]
[1] 1 2 3 4

[[2]]
[1] 2 3 4

> L2
$A
[1] 1 2 3 4
$B
[1] 2 3 4

> names(L1)
NULL
> names(L2)
[1] "A" "B"
```

- 시계열
  ts 함수에 의하여 생성될 수 있고, start는 첫번째 관측 시점, end는 마지막 관측 시점, frequency는 단위 시간당 관측값의 개수 등을 나타낸다.

```
> ts(1:10, start = 1959)
Time Series:
Start = 1959
End = 1968
Frequency = 1
 [1]  1  2  3  4  5  6  7  8  9 10
> ts(1:47, frequency = 12, start = c(1959, 2))
     Jan Feb Mar Apr May Jun Jul Aug Sep Oct Nov Dec
1959       1   2   3   4   5   6   7   8   9  10  11
1960  12  13  14  15  16  17  18  19  20  21  22  23
1961  24  25  26  27  28  29  30  31  32  33  34  35
1962  36  37  38  39  40  41  42  43  44  45  46  47
> ts(1:10, frequency = 4, start = c(1959, 2))
     Qtr1 Qtr2 Qtr3 Qtr4
1959         1    2    3
1960    4    5    6    7
1961    8    9   10
> ts(matrix(rpois(36, 5), 12, 3), start = c(1961, 1), frequency = 12)
         Series 1 Series 2 Series 3
Jan 1961        7        2        6
Feb 1961        6        7        3
Mar 1961        5        6        6
Apr 1961        4        3        6
May 1961        5        6        8
Jun 1961        4        3        5
Jul 1961        5        2        4
Aug 1961        5        5        4
Sep 1961        6        5        0
Oct 1961        9        7        5
```

```
Nov 1961        7        6        3
Dec 1961        5        2        4
```

- 수식

  수학 공식으로 이해할 수 있고 eval 함수를 이용하여 그 값을 계산할 수 있다.

  ```
  > x = 3; y = 2.5; z = 1
  > exp1 = expression(x / (y + exp(z)))
  > exp1
  expression(x/(y + exp(z)))
  > eval(exp1)
  [1] 0.5749019
  ```

  그래프에서 수식을 표현하는데 많이 사용된다. 또한 R에서는 간단한 수식 연산을 지원한다. 다음의 D 함수는 편도함수를 계산한다.

  ```
  > D(exp1, "x")
  1/(y + exp(z))
  > D(exp1, "y")
  -(x/(y + exp(z))^2)
  > D(exp1, "z")
  -(x * exp(z)/(y + exp(z))^2)
  ```

객체의 변환

객체의 타입을 변환하는 함수로 as.numeric, as.logical, as.character, as.vector, as.matrix 등이 있다. 여기서는 몇가지 예제만 살펴보도록 하자.

```
> fac = factor(c(1, 10))
> fac
[1] 1  10
Levels: 1 10
```

```
> as.numeric(fac)
[1] 1 2
>
> fac2 = factor(c("Male", "Female"))
> fac2
[1] Male   Female
Levels: Female Male
> as.numeric(fac2)
[1] 2 1
>
> as.numeric(as.character(fac))
[1]  1 10
```

연산자

```
arithematic         comparison                    logical
-------------------------------------------------------------------------
+    addition       <    less than                ! x        not x
-    substraction   >    greater than             x & y      x and y
*    multiplication <=   less than or equal to    x | y      x or y
/    division       >=   greater than or equal to xor(x, y) exclusive or
^    power          ==   equal
%%   modulo         !=   different
%/% integer division
```

다음은 연산자에 대한 몇가지 R 예제이다. 벡터들에 대하여 논리연산 ==을 실행하면 대응되는 각 원소별로 비교 결과를 주며 identical 함수는 두 벡터가 동일한지 비교한다. 두 실수의 동일성을 비교할 때에는 주의해야 한다. 즉, 수치오차 때문에 ==로 비교하는 것은 잘못된 결과를 주기 쉽고, 대신 all.equal 함수를 이용하여 오차한계 내에서 두 수간에 차이가 있는지 비교하는 것이 바람직하다.

```
> x = 0.5
> 0 < x < 1  # wrong
```

```
Error: unexpected '<' in "0 < x <"
> 0 < x & x <1# right
[1] TRUE
>
> x = 1:3; y = 1:3
> x == y
[1] TRUE TRUE TRUE
> identical(x, y)
[1] TRUE
>
> 0.9 == (1 - 0.1)
[1] TRUE
> all.equal(0.9, 1 - 0.1)
[1] TRUE
>
> 0.9 == (1.1 - 0.2)
[1] FALSE
> all.equal(0.9, 1.1 - 0.2)
[1] TRUE
```

인덱스를 이용한 객체 접근법

인덱스 또는 인덱스 집합을 이용하여 벡터, 행렬, 데이터 프레임 등의 객체의 값에 접근할 수 있다. 인덱스에 -를 붙이면 그 인덱스에 해당되는 부분을 제외한 나머지를 의미한다. 또한 비교연산식을 인덱스로 사용할 수도 있다.

```
> x = 1:5
> x[3]
[1] 3
> x[3] = 20
> x
[1]  1  2 20  4  5
```

```
>
> i = c(1,3)
> x[i]
[1]  1 20
>
> x = matrix(1:6, 2, 3)
> x
     [,1] [,2] [,3]
[1,]    1    3    5
[2,]    2    4    6
> x[, 3] = 21:22
> x
     [,1] [,2] [,3]
[1,]    1    3   21
[2,]    2    4   22
>
> x[, -1]
     [,1] [,2]
[1,]    3   21
[2,]    4   22
> x[, -(1:2)]
[1] 21 22
>
> x = 1:10
> x[x >= 5] = 20
> x
 [1]  1  2  3  4 20 20 20 20 20 20
> x[x == 1] = 25
> x
 [1] 25  2  3  4 20 20 20 20 20 20
>
```

```
> x = rpois(40, lambda = 5)
> x
 [1] 3 2 9 3 7 6 5 6 4 6 8 5 7 5 7 3 5 6 6 6 4 5 1 1 6 9 5 9 4 5 4 4 9 5
 [35] 2 4 6 4 6 5
> x[ x %% 2 == 0]
 [1] 2 6 6 4 6 8 6 6 6 4 6 4 4 4 2 4 6 4 6
```

R의 편리한 인덱스 기법을 잘 활용하면 자료의 분할, 추출 등의 작업을 손쉽게 할 수 있다.

이름을 이용한 객체 접근법

객체의 이름을 리턴하는 함수들로 names, colnames, rownames, dimnames 등이 있다. 다음은 객체의 이름을 이용한 객체 접근법에 대한 예제들이다.

```
> x = 1:3
> names(x)
NULL
> names(x) = c("a", "b", "c")
> x
a b c
1 2 3
> names(x)
[1] "a" "b" "c"
>
> X = matrix(1:4, 2)
> rownames(X) = c("a", "b")
> colnames(X) = c("c", "d")
> X
  c d
a 1 3
b 2 4
```

```
> dimnames(X)
[[1]]
[1] "a" "b"

[[2]]
[1] "c" "d"

>
> A = array(1:8, dim = c(2,2,2))
> A
, , 1
     [,1] [,2]
[1,]    1    3
[2,]    2    4

, , 2
     [,1] [,2]
[1,]    5    7
[2,]    6    8

> dimnames(A) = list(c("a","b"), c("c", "d"), c("e", "f"))
> A
, , e
  c d
a 1 3
b 2 4

, , f
  c d
a 5 7
b 6 8
```

객체에 대한 인덱스 값 대신 이름을 이용하여 객체의 일부를 추출할 수 있다.

데이터 편집기

R에서는 엑셀과 같은 스프레드시트 방식으로 객체를 편집할 수도 있다. 명령줄(command line)에서 `data.entry(X)`를 입력하면 데이터 편집기로 이동하여 `X`의 자료값을 수정할 수 있다.

기본적인 함수들

벡터 `x`에 대한 기본적인 함수로 `sum`, `prod`, `max`, `min`, `which.max`, `which.min`, `range`, `length`, `mean`, `median`, `var`, `cov`, `cor`, 수학함수로 `log`, `exp`, `log10`, `log2`, `sin`, `cos`, `tan`, `asin`, `sqrt`, `abs` 등이 있다. 자세한 설명 및 예제는 `S4group Generic`의 도움말을 참조하라.

행렬의 연산

`rbind`, `cbind` 함수는 각각 행과 열을 기준으로 벡터와 행렬 등의 객체를 묶어주는 기능을 가진다. 덧셈, 뺄셈 등의 연산은 기본적으로 원소별로 이루어진다. *은 원소별 곱을 의미하며 행렬곱은 %*%연산자를 사용해야 한다. 그 밖에 대각행렬과 관련된 `diag`, 역행렬을 구하는 `solve`, 그리고 `svd`, `qr`, `eigen` 등의 행렬분해 함수들이 흔히 사용된다.

```
> m1 = matrix(1, 2, 2)
> m2 = matrix(2, 2, 2)
> rbind(m1, m2)
     [,1] [,2]
[1,]    1    1
[2,]    1    1
[3,]    2    2
[4,]    2    2
> cbind(m1, m2)
```

```
     [,1] [,2] [,3] [,4]
[1,]    1    1    2    2
[2,]    1    1    2    2
>
> m1 * m2# elementwise multiplication
     [,1] [,2]
[1,]    2    2
[2,]    2    2
> m1 %*% m2# matrix multiplication
     [,1] [,2]
[1,]    4    4
[2,]    4    4
>
> diag(m1)
[1] 1 1
> diag(3)
     [,1] [,2] [,3]
[1,]    1    0    0
[2,]    0    1    0
[3,]    0    0    1
> diag(c(1, 2, 3))
     [,1] [,2] [,3]
[1,]    1    0    0
[2,]    0    2    0
[3,]    0    0    3
> diag(2.1, 3, 5)
     [,1] [,2] [,3] [,4] [,5]
[1,]  2.1  0.0  0.0    0    0
[2,]  0.0  2.1  0.0    0    0
[3,]  0.0  0.0  2.1    0    0
```

A.3 그래픽 기법

x11 함수는 R 화면상에 그래프 윈도우를 띄우고, postscript, pdf, png 함수는 각각 확장자가 .ps, .pdf, .png인 그림 파일을 그래픽 디바이스로 잡아준다. dev.list 함수는 열려있는 디바이스의 목록을 보여주며, dev.cur는 현재의 활성(active) 디바이스 번호를 보여주고, dev.set은 활성 디바이스를 설정하며, dev.off는 특정 또는 전체 디바이스를 닫는 기능을 한다.

여러 그래프를 하나로 표시하고자 할 때 적절히 그래프의 영역을 나눌 수 있다. 예를들어 par(mfrow = c(1, 2))는 그래프의 영역을 행은 1이고 열이 2가 되도록 설정한다. 즉, 두 그래프를 나란히 정렬할 수 있게 한다. 그래프 영역을 원래대로 되돌리고자 하는 경우에는 par(mfrow = c(1,1))을 실행한다.

다변량 기법등 여러가지 그래픽 기법은 Rizzo (2008)와 Paradis (2005) 등을 참고하기 바라며, 이 절에서는 가장 기본적인 그래픽 함수인 plot에 대하여 간단히 예제를 통해 살펴보자. 다음은 R의 도움말에서 제공되는 기본적인 예제로 그 결과는 각자 실행하여 확인하기 바란다.

```
> Speed <- cars$speed
> Distance <- cars$dist
> plot(Speed, Distance, panel.first = grid(8,8),
+    pch = 0, cex = 1.2, col = "blue")
> plot(Speed, Distance,
+    panel.first = lines(stats::lowess(Speed, Distance), lty = "dashed"),
+    pch = 0, cex = 1.2, col = "blue")
>
> ## Show the different plot types
> x <- 0:12
> y <- sin(pi/5 * x)
> op <- par(mfrow = c(3,3), mar = .1+ c(2,2,3,1))
> for (tp in c("p","l","b",  "c","o","h",  "s","S","n")) {
+    plot(y ~ x, type = tp,
+          main = paste("plot(*, type = \"",tp,"\")",sep=""))
```

```
+    if(tp == "S") {
+       lines(x,y, type = "s", col = "red", lty = 2)
+       mtext("lines(*, type = \"s\", ...)", col = "red", cex=.8)
+    }
+ }
> par(op)
>
> ## Log-Log Plot  with  custom axes
> lx <- seq(1,5, length=41)
> yl <- expression(e^{-frac(1,2) * {log[10](x)}^2})
> y <- exp(-.5*lx^2)
> op <- par(mfrow=c(2,1), mar=par("mar")+c(0,1,0,0))
> plot(10^lx, y, log="xy", type="l", col="purple",
+      main="Log-Log plot", ylab=yl, xlab="x")
> plot(10^lx, y, log="xy", type="o", pch='.', col="forestgreen",
+      main="Log-Log plot with custom axes", ylab=yl, xlab="x",
+      axes = FALSE, frame.plot = TRUE)
> my.at <- 10^(1:5)
> axis(1, at = my.at, labels = formatC(my.at, format="fg"))
> at.y <- 10^(-5:-1)
> axis(2, at = at.y, labels = formatC(at.y, format="fg"), col.axis="red")
> par(op)
```

A.4 R 프로그래밍

A.4.1 루프와 벡터화

R 프로그래밍에 자주 사용되는 제어문에는 `for`, `if`, `while` 등이 있다. 예제의 `for`문은 {과 }로 둘러싸인 문장을 인덱스 i에 대하여 반복실행하며, `if`문은 조건을 만족하는 경우 `y[i] = 0`을 그렇지 않으면 `y[i] = 1`을 실행한다. `while`문은 조건식이 만족되는한 계속해서 괄호들 사이의 문장들을 실행하게 된다.

```
for (i in 1:length(x)) {
    y[i] = 0
    ...
}

if (x[i] == b)
    y[i] = 0
else
    y[i] = 1

while (a > b) {
    ...
}
```

R은 루프를 많이 사용하는 경우 처리속도가 매우 느려질 수 있다. 따라서 가능하면 코드를 벡터화(vectorization)하는 것이 실행속도 측면에서 도움이 된다. 벡터화란 루프대신 적절히 R의 벡터 또는 행렬연산을 사용하여 계산할 수 있도록 코딩하는 것을 말한다. 두 벡터 x와 y를 더해 z에 저장하는 경우

```
z = numeric(length(x))
for (i in 1:length(x))
    z[i] = x[i] + y[i]
```

보다는 `z = x + y`를 사용하는 것이 더 좋다. 앞의 예제의 `if...else`문도 다음과 같이 벡터화 할 수 있다.

```
y[x == b] = 0
y[x != b] = 1
```

벡터화에 유용하게 사용되는 함수들로 `apply`, `lapply`, `sapply` 등이 있다. 다음은 그 예들이다. 첫번째는 `X`라는 10×2 행렬에 `apply`문으로 행과 열에 대한 평균을 각각 구한 것이다. 두번째 예에서는 y가 출력변수일 때, x를 입력변수로 하는 모형과 입력변수가 x의 2차 다항식인 두 모형을 `forms`라는 리스트로 지정한 후, 리스트에 대한 `lapply` 함수로 `lm`을 적용하여 회귀분석을 실시하였다.

sapply는 lapply의 변형으로서 벡터나 행렬을 입력으로 받아 표와 같은 편리한 형식으로 결과를 준다. 자세한 사항은 도움말을 참조하라.

```
> x = rnorm(10, -5, 0.1)
> y = rnorm(10, 5, 2)
> X = cbind(x, y)
> apply(X, 1, mean)
 [1] -0.34960773 -0.13961485  0.44351533  0.08696084 -0.88437233 -0.07236149
 [7] -1.35637546  0.80920704  0.07183717  2.78627823
> apply(X, 2, mean)
        x         y
-5.014772  5.293865
>
> forms = list(y ~ x, y ~ poly(x, 2))
> lapply(forms, lm)
[[1]]

Call:
FUN(formula = X[[1L]])

Coefficients:
(Intercept)            x
     4.1101      -0.2361



[[2]]

Call:
FUN(formula = X[[2L]])

Coefficients:
```

```
(Intercept)  poly(x, 2)1  poly(x, 2)2
     5.2939      -0.1003      -3.3085
```

A.4.2 R 프로그램 작성

이전에 학습한 R 명령어를 배치(batch) 파일 형식으로 만들면 하나의 프로그램이 되는 것이다. 이것을 R 스크립트(script)라 하고 확장자는 .r을 갖는다. 메뉴의 Open Script, New Script 등이 이러한 스크립트를 열거나 새로 작성하는 기능을 갖는다. 스크립트 작성에 반드시 R에서 제공하는 편집기를 쓸 필요는 없고, 각자 편한 편집기(예를 들면 R-WinEdt, tinn-R, 윈도우의 워드패드 등)를 사용하여 작성할 수 있다. "mybird.r" 이라는 스크립트를 R에서 실행하려면 편집기에서 복사해서 실행할 수도 있고,

```
> source("mybird.r")
```

처럼 배치로 실행할 수 있다.

A.4.3 함수의 작성

sum과 같이 R에서 기본적으로 제공되는 함수는 바로 명령줄에서 직접 호출하여 사용할 수 있다. splines 패키지에서 제공되는 함수인 bs를 사용하고자 하는 경우에는 메뉴 또는 install.packages("spline") 명령으로 패키지를 인스톨한 후

```
> library(splines)
> bs...
```

와 같이 해당 패키지를 library로 불러들인 후에 사용할 수 있다. 그밖에 사용자가 직접 정의한 사용자 정의 함수라는 것이 있다.

다음은 사용자 정의 함수의 예이다. 첫번째 함수는 입력값 없이 객체 x값을 출력하는 함수이다. 두번째는 좀더 복잡한 함수로서 함수내의 x는 지역변수(local variable)로 함수밖에서 정의된 x와는 다르다. 세번째는 비선형 Ricker 모형

$$N_{t+1} = N_t \exp\left(r(1 - N_t/K)\right)$$

의 값을 시간을 축으로 $N_0, r, K = 1$, 시구간 등의 입력값에 대하여 그래프를 그려주는 함수이다. 함수 정의부분에서 `K=1, time=100, from=0, to=time`은 주어진 값들은 함수호출시 값을 정해주지 않으면 자동적으로 사용되는 입력변수들의 디폴트값을 지정한다. 다른 두 입력변수 `nzero, r`은 함수호출시 반드시 값을 정해주어야 실행된다.

```
> foo = function() print(x)
> x = 1
> foo()
[1] 1
>
> x = 1
> foo2 = function() { x = 2; print(x)}
> foo2()
[1] 2
>
> ricker = function(nzero, r, K=1, time=100, from=0, to=time)
+ {
+ N = numeric(time+1)
+ N[1] = nzero
+ for (i in 1:time)
+ N[i+1] = N[i] * exp(r*(1-N[i]/K))
+ Time = 0:time
+ plot(Time, N, type = "l", xlim = c(from, to))
+ }
>
> layout(matrix(1:3, 3, 1))
> ricker(0.1, 1); title("r=1")
> ricker(0.1, 2); title("r=2")
> ricker(0.1, 3); title("r=3")
```

B R과 데이터베이스와의 연동

R에서 데이터베이스를 연동하는 패키지로는 DBI (database interface)에 기반한 `RMySQL`, `ROracle`, `RSQLite`와 ODBC(open database connectivity) 기반의 `RODBC`가 있다. 필자가 테스트해본 결과 `RMySQL`등 DBI 기반의 패키지들은 불안정하였다. 따라서 이 책에서는 `RODBC`를 이용한 데이터베이스 연동만을 설명하고자 한다.

ODBC는 응용프로그램과 여러가지 데이터베이스 시스템을 중간에서 연결하는 역할을 하며 윈도우에서는 Excel('.xls'), Dbase('.dbf'), 텍스트 파일 등도 지원한다. 윈도우에서 `RODBC`를 사용하기 위해서는 우선 해당 데이터베이스에 대한 데이터베이스 클라이언트와 ODBC에 대한 DSN(data source name)이 있어야 한다. DSN 생성은 제어판-관리도구-데이터 원본(ODBC)을 선택하여 DSN 이름, 데이터베이스 서버 IP, 사용자 ID, 패스워드 등을 지정하면 된다.

예를 들어 사용될 DSN의 이름이 mysql, server가 localhost, 사용자 ID, 패스워드, 데이터베이스명이 statdb라 하자. 다음 예제에서는 고객정보를 저장하는 Customer_Info 테이블에서 성별이 1인 고객을 고객번호(CID)를 기준으로 정렬하여 `data`라는 객체로 읽어온다. 그리고 `odbcClose` 함수를 사용하여 연결된 ODBC를 닫는다.

```
> library(RODBC)
> mydb = odbcConnect("mysql", uid="statdb", case="tolower")
> data = sqlQuery(mydb, "select * from customer_info where sex='1'
+                  order by cid")
> odbcClose(mydb)
```

sqlQuery함수에서 따옴표로 묶인 부분에서는 SQL 질의문장을 사용할 수 있다. SQL 문법은 Oracle 등의 데이터베이스 소프트웨어에 따라 조금씩 다르므로 해당 메뉴얼을 찾아보기 바란다.

이때 주의할 점은 R에서는 메모리상에 불러올 수 있는 자료 크기에 제한이 있다는 것이다. 32비트 버전에서는 최대 4GB이내로 제한되며 64비트 버전의 경우에는 최대 8TB까지 제한된다. 참고로 할당된 메모리의 양을 보거나 증가시키는 함수로 memory.limit가 있다. 따라서 R을 이용하여 대용량의 자료를 분석하기 위해서는 흔히 자료를 몇 조각으로 쪼개서 분석하게 된다. 또다른 방법은 perl 스크립트나 데이터베이스 소프트웨어에 포함된 분석툴을 이용하여 기초적 통계 분석을 하고, 정밀분석이나 그래픽 작업이 필요한 것은 자료 크기를 줄여서 R로 작업하는 방법이다. 최근 빅 데이터(big data)에 대한 관심이 고조되면서, 자료를 메모리에 한꺼번에 올려 분석하는 기존의 분석기법 대신, 자료를 (변수 혹은 관측치를 기준으로) 여러 조각으로 나누어 분산처리하는 분석기법에 대한 관심이 높아지고 있다. 빅 데이터에 대한 자료처리 및 분석기법은 추후의 개정판 혹은 다른 책에서 소개할 수 있게 되기를 기대한다.

C R에서 C언어 함수 불러오기

R은 여러가지 형태의 자료를 다루기에 수월하게 디자인되어 있는 반면, MCMC와 같은 많은 반복을 요구하는 계산 알고리즘을 R 프로그램으로 작성하는 것은 속도면에서 비효율적일 수 있다. 이런 경우 R뿐만 아니라 C(혹은 Fortran)와 같은 프로그래밍 언어를 동시에 사용하면 원하는 계산 결과를 빠르게 얻을 수 있다. 본 장에서는 R에서 C로 작성된 함수를 불러오는 방법에 대하여 설명한다.

R에서 C언어 함수를 불러오기 위해서는 C로 작성된 함수는 아래와 같은 특별한 형태를 갖춰야 하며, 작성된 C언어 함수는 컴파일하여 DLL형태의 공유라이브러리로 만들어야 한다.

- 함수는 반환값을 갖지 않는다. 즉, 함수는 void 형으로 작성해야 한다. 만일 C언어 함수의 계산 결과를 R 루틴으로 보내기 위해서는 C 언어 함수의 인자에 포함시켜야 한다.

- 함수의 모든 인자는 반드시 포인터로 선언되어야 한다. 스칼라인 경우에도 마찬가지이다.

이를테면 R의 숫자형 벡터가 있는 경우, C언어 함수는 이 벡터를 전달받아 평균과 분산을 구하고, 그 결과를 다시 R로 전달하는 예를 생각해 보자. 이 경우

C언어 함수는 아래와 같이 작성된다.

```
/*
파일명: test.c
아래의 인수에서 double *m과 double *v는
C언어 함수의 계산 결과를 R로 보내기 위하여 선언 한 것임.
*/
void summaryC(int *len, double *x, double *m, double *v){
 int n = *len;
 int i;
 *m = 0;
 *v = 0;
 for (i=0; i<n; i++){
  *m += x[i];
  *v += x[i]*x[i];
 }
 *m /= n;
 *v = *v/n - *m*(*m);
}
```

위의 C코드를 컴파일하여 공유라이브러리로 만들기 위해서는 명령 프롬프트에서 아래의 명령을 이용한다.

```
RCMD SHLIB -o summaryC.dll test.c
```

위 명령의 결과로 소스 파일은 컴파일되며 공유라이브러리 summaryC.dll이 만들어 진다. 공유라이브러리가 만들어지면 R에서는 `dyn.load()` 함수를 이용하여 공유라이브러리를 로드하고, `.C` 함수를 통해 공유라이브러리에 있는 C 함수를 호출할 수 있다. 위의 예에서 C 함수를 호출하는 R 코드는 아래와 같다.

```
x= c(1,3,5,7,9,2,3,5,2)
```

```
dyn.load("test.dll")
out= .C("summaryC", n=length(x), x, m=double(1), v=double(1))
out
```

여기서 .C언어 함수의 첫번째 인수는 R에서 호출하는 C언어 함수의 이름을 지정하는 문자열이며 이는 C언어 함수로 전달되지 않는다. 그리고 첫번째를 제외한 나머지 인수들은 C언어 함수에 전달되며, C언어 함수에서 정의된 인수들과 자료형 및 순서가 일치해야 한다. R에서의 객체타입과 C언어 함수에서의 자료형은 서로 다르기 때문에 아래의 규칙에 따라 일치시킨다.

R 객체타입	C 자료형
logical	int *
integer	int *
double	double *
complex	Rcomplex *
character	char **
raw	unsigned char *

D R 패키지 생성법

R 시스템에는 기본적인 R 패키지들이 몇 가지가 포함되어 있으며, 이후에 필요에 따라서 다른 사람이 만들어 놓은 R 패키지를 다운로드하여 추가할 수 있다. 이처럼 R에서 패키지는 우리가 작성한 R 함수 혹은 코드를 이후에도 편리하게 사용하거나 다른 사람들과 공유하기 쉽도록 하기 위한 방법이다. 여기서는 윈도우 환경에서 R 패키지를 생성하는 방법을 단계적으로 설명한다. UNIX/LINUX 혹은 OS2 환경에서의 R 패키지 생성법에 대한 자세한 설명은 R Development Core Team (2009)를 참고하기 바란다.

D.1 필요한 도구의 설치

윈도우즈에서 R 패키지를 생성하기 위해서는 필요한 여러가지 도구들이 있으나, 그 중 우선적으로 `Rtools`를 설치해야 한다. `Rtools`에는 여러가지 커멘드라인 유틸리티들과 컴파일러(MinGW compilers, Perl) 등이 포함되어 있다.

`Rtools`이외에 패키지 및 패키지에 포함된 함수의 기능을 설명하는 도움말과 메뉴얼을 제작하기 위하여 Microsoft HTML Help Workshop과 MikTeX을 설치해야 한다. 이들 모두 `http://www.murdoch-sutherland.com/Rtools/`에서 다운

로드 받을 수 있다.

D.2 패키지 작성 절차

예를들어 아래에 정의된 my.summary 함수를 포함하는 R 패키지 mypackge를 새롭게 작성해 보자.

```
my.summary = function(x) {
     list(n=length(x), sum=sum(x), mean=mean(x), std=sd(x))
}
```

D.2.1 패키지 구조

R 패키지를 생성하기 위해서는 패키지 생성과 관련된 함수, 데이터 및 도움말 등의 소스를 정해진 구조에 의해 작성해야 한다. 여기서는 편의상 작업 디렉토리를 C:\Rpackage라 하고 설명한다. 먼저 작업 디렉토리에 생성하려는 **패키지의 이름과 동일하게** mypackage라는 서브디렉토리를 만든다. 이 때, 주의할 점은 윈도우즈 파일시스템은 대소문자를 구분하지 않기 때문에 디렉토리 이름은 소문자로 정한다. mypackage디렉토리에는 R 패키지 작성을 위해서 기본적으로 필요한 아래의 파일과 서브 디렉토리들이 있어야 한다.

```
DESCRIPTION #텍스트 파일
R           #서브 디렉토리
man         #서브 디렉토리
```

위의 서브 디렉토리들 중 R에는 R 함수의 소스코드가 저장되며, man에는 유저가 만든 함수 또는 자료의 사용법(용례)을 설명하는 파일이 포함된다. 만일 R 함수에서 호출하는 C 또는 Fortran 소스코드가 포함되어 있다면 서브디렉토리 src를, 패키지에 RData(R data file)를 포함하려 한다면 서브디렉토리 data를 추가적으로 만들어 필요한 파일들을 각각 저장한다. 참고로 package.skeleton는 새로운 패키지의 파일 및 디렉토리 구조를 자동으로 생성해 주는 R함수이다. 아래는 package.skeleton함수를 이용하여 디렉토리 구조를 자동으로 생성하는 예이다.

```
rm(list=ls()) # 현재 R workspace의 모든 객체를 삭제
#R 패키지에 포함될 객체(함수, 데이터등)를 생성한다.
setwd("c:/Rpackage") # 작업 홈디렉토리 지정
package.skeleton(name="mypakage")
```

D.2.2 DESCRIPTION파일의 작성

DESCRIPTION파일은 새로 만드는 패키지 정보를 기록하는 파일이며 아래와 같은 DCF(Debian-Control-file Format) 형식의 텍스트 파일이다.

```
keyword: value or explanations
```

여기서 keyword에는 주로 Package, Version, License, Description, Title, Author, Maintainer등이 있다. 여기서 Package와 Version에는 각각 패키지 이름과 버전정보를 기입한다. 패키지 이름은 알파벳으로 시작하며 구두점(.)과 숫자를 포함할 수 있으며, 버전은 0을 포함하는 정수로 표현하는데 구두점 혹은 대시(-)로 구분할 수도 있다. Title은 다른 패키지에서 참조 가능하도록 65문자이내이며 한 줄로 작성하여야 한다. Author, Maintainer, Description은 자유포맷으로 작성한다. 아래는 이러한 형식에 의해 작성된 DESCRIPTION파일의 작성 예이다.

```
Package: mypackage
Type: Package
Title: Simple R Package
Version: 1.0
Date: 2010-12-28
Author: Jinseog Kim, Changyi Park
Maintainer: Jinseog Kim <jinseog.kim@gmail.com>
```

```
Description: This is a sample to build a R package
License: GPL-2
LazyLoad: yes
```

D.2.3 R 함수의 도움말 파일 작성

Rgui에서 help(함수명)를 실행하면 R함수에 대한 도움말을 HTML 혹은 윈도우즈 도움말 형식으로 볼 수 있다. 이러한 다양한 형식의 도움말을 제공하기 위해서는 패키지 작성자는 man디렉토리에 도움말 소스를 작성해야 한다. 일반적으로 도움말 소스는 확장명이 .RD인 텍스트 파일로 작성되며 형식은 LaTeX과 유사하다. 우리의 예에서는 함수 이름이 my.summary이므로 이에 대응되는 도움말을 만들기 위해서는 이름이 my.summary.RD인 도움말 소스를 작성하여야 한다. R은 R함수에 대응되는 도움말 소스파일의 템플릿을 prompt() 함수의 실행을 통해서 제공하고 있다. Rgui에서 아래와 같이 실행하면

```
> prompt(my.summary)
```

my.summary.Rd라는 템플릿(template) 파일이 작업디렉토리에 만들어진다. 도움말 템플릿 파일은 여러개의 항목으로 나뉘어져 있고 각 항목의 형식은

```
\항목{설명}
```

형태로 구성되어 있다. 단, \keyword 항목은 반드시 하나 이상 필요하며, R홈디렉토리의 doc\KEYWORDS 파일에서 찾아 선택할 수 있다. 각 항목에 대한 자세한 사항은 R Development Core Team (2009)을 참고하기 바란다.

아래는 my.summary.Rd 파일을 적절히 수정한 예이다.

```
\name{my.summary}
\alias{my.summary}
\title{My new summary}
\description{
```

```
This is my own summary function
which computes summation, mean and standard deviation
for data set}
\usage{
my.summary(x)
}
\arguments{
  \item{x}{ a numeric vector }
}
\value{
A list of
  \item{n }{the number of data}
  \item{sum }{sum of data}
  \item{mean }{mean of data}
  \item{std }{standard deviation of data}
}
\author{Jinseog Kim}
\examples{
x=rnorm(100)
my.summary(x)
}
\keyword{misc}% at least one, from doc/KEYWORDS
```

D.3 패키지 체크, 컴파일 및 인스톨

패키지를 만들기 위한 사전 소스코딩 작업이 모두 끝나면 소스코드를 컴파일 해야 한다. 컴파일 하기 전에 DOS커멘드창을 열고 작업 디렉토리 (여기서는

C:\Rpackage)로 이동한 후에 아래의 명령으로 소스코드에 오류가 없는지를 체크한다.

```
C:\Rpackage> Rcmd check mypackage
C:\Rpackage> R CMD check mypackage # R 2.12.x 이후
```

위 과정에서는 패키지 소스의 디렉토리 구조, 파일 포맷, 도움말 컴파일, 예제실행 등이 이루어지며, 각 과정에서 오류 혹은 경고(warning)가 있으면 해당되는 소스 파일을 모두 찾아서 수정하고 위의 명령을 반복 실행한다. 패키지 체크과정에서 아무런 오류가 없다면 아래와 같이 출력된다.

```
C:\Rpackage>R CMD check mypackage
* using log directory 'C:/Rpackage/mypackage.Rcheck'
* using R version 2.12.1 (2010-12-16)
* using platform: i386-pc-mingw32 (32-bit)
* using session charset: CP949
* checking for file 'mypackage/DESCRIPTION' ... OK
* checking extension type ... Package
* this is package 'mypackage' version '1.0'
* checking package dependencies ... OK
* checking if this is a source package ... OK
* checking for executable files ... OK
* checking whether package 'mypackage' can be installed ... OK
* checking package directory ... OK
* checking for portable file names ... OK
* checking DESCRIPTION meta-information ... OK
* checking top-level files ... OK
* checking index information ... OK
* checking package subdirectories ... OK
```

```
* checking R files for non-ASCII characters ... OK
* checking R files for syntax errors ... OK
* checking whether the package can be loaded ... OK
* checking whether the package can be loaded with stated
  dependencies ... OK
* checking whether the package can be unloaded cleanly ... OK
* checking for unstated dependencies in R code ... OK
* checking S3 generic/method consistency ... OK
* checking replacement functions ... OK
* checking foreign function calls ... OK
* checking R code for possible problems ... OK
* checking Rd files ... OK
* checking Rd metadata ... OK
* checking Rd cross-references ... OK
* checking for missing documentation entries ... OK
* checking for code/documentation mismatches ... OK
* checking Rd \usage sections ... OK
* checking Rd contents ... OK
* checking for unstated dependencies in examples ... OK
* checking examples ... OK
* checking PDF version of manual ... OK
```

패키지 소스의 체크과정이 정상적으로 종료되면 다음의 명령을 실행함으로써 인스톨이 가능한 압축패키지 파일을 만들 수 있다.

```
C:\Rpackage> Rcmd build --binary mypackage
C:\Rpackage> R CMD INSTALL --build mypackage # R 2.12.x 이후
```

위의 명령이 성공적으로 수행되면 `C:\Rpacks`에 새로운 패키지인 mypackage_1.0.zip 파일이 생성 되며, 이 패키지 파일은 Rgui의 packages - install packages from local zip file 메뉴를 통해서 R에 설치될 수 있다.

```
C:\Rpackage>R CMD INSTALL --build mypackage
* installing to library 'C:/PROGRA~1/R/R-212~1.1/library'
* installing *source* package 'mypackage' ...
** R
** preparing package for lazy loading
** help
*** installing help indices
** building package indices ...
** testing if installed package can be loaded
* MD5 sums
packaged installation of 'mypackage' as mypackage_1.0.zip

* DONE (mypackage)
```

참고 문헌

Akaike, H. (1973). Information theory and the maximum likelihood principle, In *International Symposium on Information Theory*, Edited by Petrov, V. and Csáki, F. Akademiai Kiádo, Budapest, 267–281.

Bartlett, M. S (1937) The statistical conception of mental factors. *British Journal of Psychology*, **28**, 97–104.

Bertsekas, D.P., Nedic, A., Ozdaglar, A.E. (2004) *Convex analysis and optimization.* Athena Scientific, Massachusetts.

Berry, M. J. A. and Linoff, G. S. (1997) *Data Mining Techniques.* Wiley, New York.

Breiman, L., Fredman, J., Olshen, R., and Stone, C. (1984) *Classification and regression trees.* Wadsworth.

Breiman, L. (1996) Bagging predictors, *Machine Learning*, **26**, 123–140.

Breiman, L. (1996) Heuristics of instability and stabilization in model selection, *Annals of Statistics*, **24**, 2350–2383.

Breiman, L. (2001) Random Forests, *Machine Learning*, **45**, 5–32.

Brown, B. W. (1980) Prediction analysises for binary data, In : *Biostatistics Casebook*, R. G. Miller, B. Efron, B. W. Brown and L. E. Moses, eds. New York : John Wiley and Sons.

Bühlmann, P. and Hothorn, T. (2007) Boosting algorithms: regularization, prediction and model fitting. *Statistical Science*, **22**, 477–505.

Claeskens, G. and Hjort, N.L. (2008) *Model selection and model averaging*, Cambridge.

Cortes, C. and Vapnik, V. (1995) Support-vector networks. *Machine Learning*, **20**, 273–297.

Davison, A.C. and Hinkley, D.V. (1997) *Bootstrap methods and their application.* Cambridge University Press, Cambridge, UK.

Dempster, A. P., Laird, N. M., and Rubin, D. B. (1977) Maximum likelihood from incomplete data via the EM algorithm. *Jornal of the Royal Statistical Society, Series B*, **39**, 1–38.

Donoho, D. L. and Johnstone, J. M. (1994) Ideal spatial adaptation by wavelet shrinkage, *Biometrika*, **81**, 425.

Domingos, P. and Pazzani, M. (1997) On the optimality of the simple Bayesian classifier under zero-one loss. *Machine Learning*, **29**, 103–137.

Duda, R. O. (2001) *Pattern Classification.* Second Edition, Wiley, New York.

Efron, B., Hastie, T., Johnstone, I., and Tibshirani, R. (2004) Least angle regression. *Annals of Statistics*, **32**, 407–499.

Fan, J. and Li, R. (2001) Variable selection via nonconcave penalized likelihood and its oracle properties. *Journal of the American Statistical Association*, **96**, 1348–1360.

Faraway, J. J. (2004) *Linear models with R.* Chapman & Hall/CRC, London.

A statistical view of some chemometrics regression tools (with discussion), *Technometrics*, **35**, 109–148.

Freund, Y. and Schapire, R. (1997) A decision-theoretic generalization of on-line learning and an application to boosting. *Journal of Computer and System Sciences*, **55**, 119–139.

Friedman, J. H. and Stuetzle, W. (1981) Projection pursuit regression. *Journal of the American Statistical Association*, **76**, 817–823.

Friedman, J. H. (1991) Multivariate adaptive regression splines (with discussion). *Annals of Statistics*, **19**, 1–141.

Friedman, J.H. (2001) Greedy Function Approximation : A Gradient Boosting Machine, *Annals of Staitstics*, **29**, 1189–1232.

Gao, H. Y. and Bruce, A. G. (1997) WaveShrink with firm shrinkage, *Statistica Sinica*, **7**, 855–874.

Gärtner, T. (2008) *Kernels for structured data.* World Scientific, Singapore.

George, E. I. and Foster, D. P. (1994) The risk inflation criterion for multiple regression, *The Annals of Statistics*, **22**, 1947–1975.

Hall, P., Marron, J. S., Neeman, A. (2005) Geometric representation of high dimension low sample size data. *Journal of the Royal Statistical Society: Series B*. **67**, 427–444.

Hand, D., Mannila, H., and Smyth, P. (2001) *Principles of Data Mining.* MIT Press, Cambridge, MA.

Hand, D. J. and Adams, N. M. (2000) Defining attributes for scorecard construction in credit scoring. *Journal of Applied Statistics*, **27**, 527–540.

Hand, D. J. and Henley, W. E. (1997) Statistical classification methods in consumer credit scoring: a review. *Jornal of the Royal Statistical Society, Series A*, **160**, 523–541.

Hand, D. J. and Yu, K. (2001) Idiot's Bayes-not so stupid after all? *International Statistical Review*, **69**, 385–399.

Hartigan, J. A. (1975) *Clustering algorithms.* Wiley, New York.

Hastie, T. and Tibshirani, R. (1990) *Generalized additive models.* Chapman and Hall, London.

Hastie, T. and Tibshirani, R. (1996) Discriminant analysis by Gaussian mixtures. *Journal of the Royal Statististical Society, Serise B*, **58**, 158–176.

Hastie, T., Tibshirani, R., and Friedman, J. (2009) *The element of statistical learning: data mining, inference, and prediction (2nd Edition)*. Springer, New York.

Hayashi, C. (1950) On the quantification of qualitative data from the mathematico-statistical point of view, *Annals of Institute of Mathematical Statistics*, **2**, 237–251.

Hirschfeld, H. O. (1935) A connection between correlation and contingency, Proceedings of the Cambridge Philosophical Society, **31**, 520–524.

Hofmann, T., Schölkopf, B., and Smola, A. J. (2008) Kernel methods in machine learning. *Annals of Statistics*, **36**, 1171–1220.

Hyvarinen, A. and Oja, E. (2000) Independent Component Analysis: Algorithms and Applications, *Neural Networks*, **13** 411–430.

Hyvarinen, A., Karhunen, J., and Oja, E. (2001) *Independent Component Analysis.* First Edition, JohnWiley & Sons, New Jersey.

Izenman, A. J. (2008) *Modern Multivariate Statistical Techniques: Regression, Classification, and Manifold Learning.* Springer, New York.

Johnson, R. A. and Wichern, D. W. (2002) *Applied multivariate statistical analysis (5th Edition)*, Prentice-Hall. London.

I.T. Jolliffe, I. T. (2002) *Principal Component Analysis.* Second Edition, Springer, New York.

Jolliffe, I. T. and Uddin, M. (2003) A modified principal component technique based on the lasso, *Journal of Computational and Graphical Statistics*, **12**, 531–547.

Joreskog, K. G. (1972) Factor analysis by generalized least squares. *Psychometrika*, **37**, 243–260.

Kim, Y., Choi, H., and Oh, H-S. (2008) Smoothly clipped absolute deviation on high-dimensions, *Journal of the American Statistical Association*, **103**, 1665–1673.

Boosting on the functional ANOVA decomposition, *Statistics and Its Interface*, **2**, 361–368.

Kim, Y. and Kwon, S. (2012) The global optimality of the nonconvex penalized estimators, *Biometrika*, **99**, 315–325.

Knaus, J. and Porzelius, C. (2009) Tutorial: Parallel computing using R package snowfall. Statistical Computing 2009 Reisensburg.

Koo, J.-Y., Park, C., and Jhun, M. (2009) A classification spline machine for building a credit scorecard. *Journal of Statistical Computation and Simulation*, **79**, 681–689.

Kruskal, J. B. (1964a) Multidimensional Scaling by Optimizing Goodness of Fit to a Nonmetric Hypothesis, *Psychometrika*, **29**, 1–27.

Kruskal, J. B. (1964b) Nonmetric Multidimensional Scaling: A Numerical Method, *Psychometrika*, **29**, 115–129.

Krzanowski, W.J. and Hand, D. J. (2009) *ROC Curves for Continuous Data.* Chapman & Hall/CRC, London.

Kwon, S. and Kim, Y. (2010) Moderately clipped absolute deviation, Manuscript.

Lange, K. (2004) Optimization, *Springer*, New York.

Lee, Y., Lin, Y., and Wahba, G. (2004) Multicategory support vector machines: theory and application to the classification of microarray data and satellite radiance data. *Journal of the American Statistical Association*, **99**, 67–81.

Lee, D. D. and Seung ,H. S. (1999) Learning the parts of objects by non-negative matrix factorization, *Nature*, **401**, 788–791.

Liu, B. (2009) *Web Data Mining: Exploring Hyperlinks, Contents, and Usage Data* Springer, New York.

McCulloch, W. and Pitts, W. (1943) A logical calculus of the ideas immenent in nervous activity. *Bulluetin of Mathematical Biophysics*, **5**, 115–133.

McLachlan, G. J. and Krishnan, T. (2008) *The EM algorithm and extensions.* Second Edition, JohnWiley & Sons, New Jersey.

Mooijaart, A. (1985) Factor analysis for non-normal variables. *Psychometrika*, **50**, 323–342.

Morgan, J. N. and Sonquist, J. A. (1963) *Discriminant analysis and statistical pattern recognition.* Wiley, New York.

Nenadić, O. and Greenacre, M. (2007) Correspondence analysis in R, with Two- and Three-dimensional graphics: The ca Pacakage, *Journal of Statistical Software*, **20**, 1–12.

Paradis, E. (2005) *R for beginners.* `http://cran.r-project.org/other-docs.html`.

Prentice, R.L. and Pyke, R. (1979). Logistic disease incidence models and case-control studies. *Biometrika*, **66**, 403–11.

Quinlan, J. R. (1993) *C4.5: programs for machine learning.* Morgan Kaufmann Publishers, 1993.

Rasmussen, C. E. and Williams, C. K. I. (2006) *Gaussian processes for machine learning.* MIT Press, Cambridge, Massachusets.

R Development Core Team (2009) *Writing R extensions.* Version 2.9.2.

Rizzo, M. L. (2008) *Statistical computing with R.* Chapman & Hall/CRC, New York.

Rosenblatt, F. (1958) The perceptron: a probabilistic model for information storate and organization in the brain. *Psychological Review*, **65**, 386–408.

Rosset, S. and Zhu, J. (2007) Piecewise linear regularized solution paths. *Annals of Statistics*, **35**, 1012–1030.

Rothkopf, E. Z. (1957) A measure of stimulus similarity and errors in some paired-associate learning tasks, *Journal of Experimental Psychology*, **53**, 94–101.

Schapire, R. E. and Singer, Y. (1999) Improved boosting algorithms using confidence-rated predictions, *Machine Learning*, **37**, 297–336.

Schwarz, G. (1978) Estimating the dimension of a model, *The Annals of Statistics*, **6**, 461–464.

Schölkopf, B., Smola, A. J., and MScholler, K. R. (1998) Nonlinear Component Analysis as a Kernel Eigenvalue Problem, *Neural Computation*, **10**, 1299–1319.

Schölkopf, B., Platt, J. C., Shawe-Taylor, J., Smola, A. J., and Williamson, R. C. (2001) Estimating the support of a high-dimensional distribution. *Neural Computation*, **13**, 1443–1471.

Schölkopf, B. and Smola, A. (2002) *Learning with kernels-support vector machines, regularization, optimization and beyond.* MIT Press, Cambridge.

Seber, G. A. F. and Lee, A. J. (2003) *Linear Regression Analysis.* Second Edition, Wiley, New York.

Shepard, R. N. (1962) The Analysis of Proximities: Multidimensional Scaling with an Unknown Distance Function, I and II, *Psychometrika*, **27**, 125–139, 219–246.

Siddiqi, N. (2006) *Credit risk scorecards: developing and implementing intelligent credit scoring.* JohnWiley & Sons, New Jersey.

Tibshirani, R. and Saunders, M. (2005) Sparsity and smoothness via the fused lasso, *Jornal of the Royal Statistical Society, Series B*, **67**, 91–108.

Tibshirani, R. and Knight, K. (1999) The covariance inflation criterion for model selection, *Jornal of the Royal Statistical Society, Series B*, **61**, 529–546.

Tibshirani, R. and Walther, G. and Hastie, T. (2001) Estimating the number of clusters in a data set via the gap statistic, *Journal of Royal Statistical Society, B*, **63**, 411–423.

Tenenbaum, J. B., Silva, V. d., and Langford, J. C. (2000) A Global Geometric Framework for Nonlinear Dimensionality Reduction, *Science*, **290**, 2319–2323.

Thomas, L. C., Edelman, D. B., and Crook, J. N. (2002) *Credit scoring and its applications.* SIAM, Philadelpia.

Tibshirani, R. (1996) Regression shrinkage and selection via the lasso. *Journal of the Royal Statistical Society Ser. B*, **58**, 267–288.

Tikhonov, A.N. and Arsenin, V.Y. (1977) *Solutions of Ill-posed Problems.* Winston, Washington, D.C.

Thomson, G. (1951) *The factorial analysis of human ability.* fifth Edition, Houghton Mufflin, New Yourk.

Torgerson, W. S. (1952) Multidimensional scaling: I. Theory and method. *Psychometrika*, **17**, 401–419.

Vapnik, V. (1998) *Statistical Learning Theory.* Wiley.

Wahba, G. (1990) *Spline Models for Observational Data.* CMBS-NSF Regional Conference Series in Applied Mathematics, SIAM.

Witten, D. and Tibshirani, R. (2009) Covariance-regularized regression and classification for high-dimensional problems, *Journal of the Royal Statistical Society, Series B*, **71**, 615–636.

Yuan, M. and Lin, Y. (2007) Model selection and estimation in regression with grouped variables, *Jornal of the Royal Statistical Society, Series B*, **68**, 49–67.

Yuan, M., Joseph, R., and Zou, H. (2009) Strucured variable selection and estimation, *Annals of Applied Statistics*, **3**, 1738–1757.

Young, G. and Householder, A. S. (1938) Discussion of a set of points in terms of their mutual distance, *Psychometrika*, **41**, 19–22.

Zou, H. and Hastie, T. (2005) Regularization and variable selection via the elastic net, *Jornal of the Royal Statistical Society, Series B*, **67**, 301–320.

Zou, H. (2006) The adaptive lasso and its oracle properties. *Journal of the American Statistical Association*, **101**, 1418–1429.

Zhang, C-H. (2010) Nearly unbiased variable selection under minimax concave penalty, *The Annals of Statistics* **38**, 894–942.

Zhao, P. and Yu, B. (2006) On model selection consistency of LASSO, *Journal of Machine Learning Research*, **7**, 2541–2563.

Zhao, P., Rocha, G. and Yu, B. (2009) The composite absolute penalties for grouped and hierarchical variable selection, *The Annals of Statistics*, **37**, 3468–3497.

Zhu, J. and Hastie, T. (2005) Kernel logistic regression and the import vector machine, *Journal of Computational and Graphical Statistics*, **14**, 185–205.

강현철 외 (2006) *고객관계관리(CRM)를 위한 데이터마이닝 방법론*. 자유아카데미.

김기영 · 전명식 (1994) *다변량 통계자료분석*. 자유아카데미.

김연형 외 (2007) *고객관계관리와 데이터마이닝(개정판)*. 교우사.

박성현 (2003) *회귀분석(3판)*. 민영사.

배화수 외 (2005) *SAS Enterprise Miner를 이용한 데이터마이닝(개정판)*. 교우사.

허명회 (1999) *사회과학을 위한 다변량자료분석*. 자유아카데미.

허명회 · 이용구 (2003) *데이터마이닝 모델링과 사례*. SPSS 아카데미.

박창이
서울대학교 계산통계학과 (이학사)
서울대학교 대학원 통계학과 (이학석사)
미국 오하이오주립대학교 대학원 통계학과 (Ph.D.)
고려대학교 통계연구소 연구조교수
현: 서울시립대학교 통계학과 부교수
E-mail: park463@uos.ac.kr

김용대
서울대학교 계산통계학과 (이학사)
서울대학교 대학원 통계학과 (이학석사)
미국 오하이오주립대학교 대학원 통계학과 (Ph.D.)
미국 NIH 연구원
한국외국어대학교 정보통계학과 조교수
이화여자대학교 통계학과 조교수
현: 서울대학교 통계학과 교수
E-mail: ydkim903@snu.ac.kr

김진석
서울대학교 계산통계학과 (이학사)
서울대학교 대학원 통계학과 (이학석사, 이학박사)
서울대학교 복잡계통계연구센터 박사후 과정
미국 미네소타대학교 IMA Visiting Scholar
현: 동국대학교 응용통계학과 부교수
E-mail: jinseog.kim@gmail.com

송종우
서울대학교 계산통계학과 (이학사)
서울대학교 대학원 통계학과 (이학석사)
미국 시카고대학교 대학원 통계학과 (Ph.D.)
미국 퍼듀대학교 통계학과 조교수
현: 이화여자대학교 통계학과 부교수
E-mail: josong@ewha.ac.kr

최호식
서울대학교 통계학과 (이학사)
서울대학교 대학원 통계학과 (이학석사박사과정 수료, 이학박사)
서울대학교 BK21 고차원자료 모형화사업단 박사후과정
호서대학교 정보통계학과 조교수
현: 경기대학교 응용정보통계학과 조교수
E-mail: choi.hosik@kyonggi.ac.kr

(개정판) R을 이용한 데이터마이닝

개정판 3쇄 발행 2022년 10월 20일
지은이 박창이·김용대·김진석·송종우·최호식 / **펴낸이** 오판근
펴낸곳 (주) 교 우
주 소 서울시 동대문구 약령시로 8 교우빌딩 2층 (주)교우
전 화 02-925-2861 / **팩 스** 02-925-2860. **편집부** 02-925-2825
홈페이지&북스토어 www.kyowoo.co.kr / 이메일 kyowoo@kyowoo.co.kr
등 록 1994년 3월 24일 제1994-000013호
ISBN 978-89-8172-893-9 (93310)

Published by Kyowoo Co., Ltd. Printed in Korea

값 35,000원

교우미디어는 (주) 교우의 Imprint 사입니다.
수학정원·과학정원은 (주) 교우의 새로운 브랜드명입니다.